建立端到端的影像機器學習

電腦視覺機器學習實務

Practical Machine Learning for Computer Vision

End-to-End Machine Learning for Images

Valliappa Lakshmanan, Martin Görner,
and Ryan Gillard　著

楊新章　譯

目錄

前言

在影像上進行機器學習正在徹底改變醫療保健、製造、零售和許多其他領域的現狀與未來。許多以前的難題，現在可以透過訓練機器學習（machine learning, ML）模型來識別影像中的物件而解決。本書的目的是，提供對支援這個快速發展領域的機器學習架構的直覺解釋，並提供實用的程式碼來使用這些機器學習模型，以解決涉及分類、測量、偵測、分割、表達、產生、計數，還有其他的更多問題。

影像分類是深度學習的「hello world」。因此，本書還對深度學習進行了端到端的實用介紹，它可以作為其他深度學習領域的墊腳石，例如自然語言處理。

您將學習如何為電腦視覺任務設計 ML 架構，並使用那些以 TensorFlow 和 Keras 所編寫之流行的、且經過良好測試的預建構模型來進行模型的訓練。您還將學習到如何提高準確性和可解釋性的技術。最後，本書將教您如何設計、實作和調整端到端 ML 生產線（pipeline）以完成影像理解任務。

目標讀者

本書主要目標讀者是想要對影像進行機器學習的軟體開發人員，它適用於將會使用 TensorFlow 和 Keras，來解決常見電腦視覺使用案例的開發人員。

本書中討論的方法附有程式碼範例，這些程式碼範例可以從 *https://github.com/ GoogleCloudPlatform/practical-ml-vision-book* 中取得。本書的大部分內容都涉及開源的 TensorFlow 和 Keras，無論您是在本地端、Google Cloud 還是其他雲端環境執行程式碼都可以。

有興趣使用 PyTorch 的開發人員，會發現本書中的文字解釋很有用，但可能需要在別的地方尋找實際的程式碼片段。我們也非常樂見各位也能貢獻與書中程式碼範例同等實用的 PyTorch 程式碼；請向我們的 GitHub 儲存庫提出拉取（pull）請求。

如何使用本書

我們建議您按順序閱讀本書。請確保閱讀、理解並執行本書 GitHub 儲存庫（*https://github.com/GoogleCloudPlatform/practical-ml-vision-book*）中所附的筆記本（notebook）── 您可以在 Google Colab 或 Google Cloud 的 Vertex Notebook 中執行它們。建議您在閱讀每一段文本後動手嘗試程式碼，以確保您完全理解所介紹的概念和技術並強烈建議在繼續下一章之前完成每一章中的筆記本。

Google Colab 是免費的，足以執行本書中的大部分筆記本；Vertex Notebook 更強大，因此將能幫助您更快的執行筆記本。第 3、4、11 和 12 章中更複雜的模型和更大的資料集，會受益於 Google Cloud TPU 的使用。因為本書中所有程式碼都是使用開源的 API 來編寫的，所以這些程式碼也應該可以在安裝了最新版本 TensorFlow 的任何其他 Jupyter 環境中執行，無論是您的筆記型電腦、Amazon Web Services（AWS）Sagemaker 還是 Azure ML。但是，我們尚未在這些環境中對其進行測試；如果您發現必須進行任何更改，才能使程式碼在其他環境中運作的情形，請提交拉取請求以幫助其他讀者。

書中程式碼是在 Apache 開源授權下提供給您，它主要是用作教學工具，但也可以作為產出模型的起點。

本書架構

本書的其餘部分架構如下：

- 在第 2 章中，將介紹機器學習、如何讀取影像以及如何使用 ML 模型進行訓練，評估和預測。第 2 章介紹的模型是泛用的，因此在影像上執行得並不是特別好，但是本章中介紹的概念，對於本書的其餘部分是不可或缺的。

- 在第 3 章中，將介紹了一些在影像上運作良好的機器學習模型。從遷移學習（transfer learning）和微調（fine-tuning）開始，然後介紹各種卷積（convolutional）模型，隨著越來越深入本章，這些模型的複雜性也會增加。

- 在第 4 章中,探討如何使用電腦視覺,來解決物件偵測和影像分割問題。第 3 章中介紹的任何骨幹架構,都可以在第 4 章中使用。

- 第 5 章到第 9 章深入研究了建立生產(production)電腦視覺機器學習模型的細節。我們將逐步瞭解標準的 ML 生產線,檢視第 5 章中的資料集建立、第 6 章中的前置處理、第 7 章中的訓練、第 8 章中的監控和評估,以及第 9 章中的部署。這些章節中所討論的方法,適用於第 3 章和第 4 章中討論的任何模型架構和使用案例。

- 第 10 章討論了三個新興趨勢。我們將第 5 章到第 9 章中涵蓋的所有步驟,連結到一個端到端、容器化的 ML 生產線中,然後嘗試了一個無程式碼影像分類系統,該系統可用於快速原型設計,並作為更多客製化模型的基準。最後,我們展示了如何將可解釋性(explainability)建構到影像模型預測中。

- 第 11 章和第 12 章展示了如何使用電腦視覺的基本積木,來解決各種問題,包括影像產生、計數、姿勢偵測等,並為這些進階使用案例提供了實作。

本書字體慣例

本書使用以下的字體慣例:

斜體(*Italic*)
> 指出新字、網址、電子郵件地址、檔名、以及副檔名。

定寬(`Constant width`)
> 用於程式列表、以及在段落中提及的程式元素,例如變數或函數名稱、資料庫、資料型別、環境變數、敘述、以及關鍵字。

定寬粗體(**`Constant width bold`**)
> 顯示命令或其他應由使用者輸入的文字。

定寬斜體(*`Constant width italic`*)
> 顯示應該被使用者所提供或由語境(context)決定的值所取代的文字。

 這個元素用來提出一個提示或建議。

這個元素用來提出一個一般性注意事項。

 這個元素指出一個警告或警示事項。

使用程式碼範例

您可以在 *https://github.com/GoogleCloudPlatform/practical-ml-vision-book* 中下載補充資料（程式碼範例、習題等）。

如果您有技術上的問題或程式碼範例問題，請寄電子郵件到 *bookquestions@oreilly.com*。

本書是用來幫您完成工作的。一般而言，您可以在程式及說明文件中使用本書所提供的程式碼。您不用聯絡我們來獲得許可，除非您重製大部份的程式碼。例如，在您的程式中使用書中的數段程式碼並不需要獲得我們的許可。但是販售或散佈歐萊禮的範例光碟則必須獲得授權；引用本書或書中範例來回答問題不需要獲得許可，但在您的產品文件中使用大量的本書範例則應獲得許可。

我們會感謝 —— 但不強制 —— 您註明出處。一般出處說明包含有書名、作者、出版商、與 ISBN。例如：「Practical Machine Learning for Computer Vision，Valliappa Lakshmanan、Martin Göner 及 Ryan Gillard 著。Copyright 2021 Valliappa Lakshmanan、Martin Göner 及 Ryan Gillard，9781098102364」。

若您覺得對範例程式碼的使用，已超過合理使用或上述許可範圍，請透過 *permissions@oreilly.com* 與我們聯繫。

致謝

我們非常感謝 Salem Haykal 和 Filipe Gracio，他們是我們的超級評論家，審閱了本書的每一章 —— 他們對細節的關注貫穿整本書。我們還要感謝 O'Reilly 的技術審閱者 Vishwesh Ravi Shrimali 和 Sanyam Singhal 建議重新排序，以改進本書的組織。此外，我們還要感謝 Rajesh Thallam、Mike Bernico、Elvin Zhu、Yuefeng Zhou、Sara Robinson、Jiri Simsa、Sandeep Gupta 和 Michael Munn，感謝他們審閱了與其專業領域一致的章節。當然，任何殘留的錯誤都歸咎於我們。

我們還要感謝 Google Cloud 使用者、我們的團隊成員以及 Google Cloud Advanced Solutions Lab 的許多團隊，感謝他們促使我們做出更清晰的解釋謝謝 TensorFlow、Keras 和 Google Cloud AI 工程團隊，成為深思熟慮的合作夥伴。

我們的 O'Reilly 團隊提供了重要的回饋和建議。Rebecca Novack 建議要更新 O'Reilly 早期一本關於這個主題的書，並對我們的建議保持開放態度，也就是實用的電腦視覺書籍現在應該要涉及機器學習，因此該書需要完全重寫。我們在 O'Reilly 的編輯 Amelia Blevins 讓我們一直堅持下去；我們的內文編輯 Rachel Head 和我們的製作編輯 Katherine Tozer 極大程度的提高了我們寫作的清晰度。

最後，也是最重要的，還要感謝我們各自家人的支持。

— *Valliappa Lakshmanan, Bellevue, WA*
Martin Görner, Bellevue, WA
Ryan Gillard, Pleasanton, CA

## 第一章

電腦視覺之機器學習

想像一下，您正坐在花園裡，觀察周圍發生的事情。您的身體有兩個系統在工作：您的眼睛充當感測器（sensor）並建立場景的表達法；而您的認知系統正在理解您的眼睛所看到的東西。因此，您可能會看到一隻鳥、一條蟲子和一些動作，並意識到這隻鳥已經沿著小徑走過去並正在吃一條蟲子（見圖 1-1）。

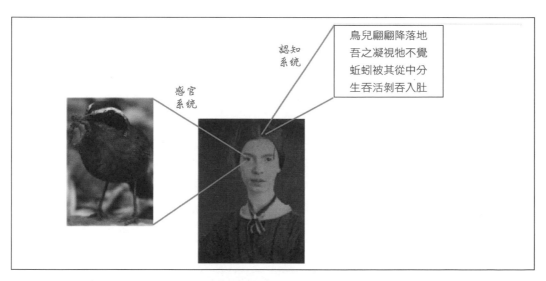

圖 1-1　人類視覺涉及我們的感官和認知系統。

電腦視覺試圖透過提供影像形成（模仿人類感官（*sensory*）系統）和機器感知（模仿人類認知（*cognitive*）系統）的方法來模仿人類視覺能力。對人體感官系統的模仿側重於硬體以及感測器（如相機）的設計和置放；模仿人類認知系統的現代方法，包括用於從影像中萃取資訊的機器學習（ML）方法。我們在本書中介紹的正是這些方法。

例如，當我們看到雛菊的照片時，我們的人類認知系統能夠將其識別為雛菊（見圖1-2）。我們在本書中所建構的用於影像分類的機器學習模型，將從雛菊的照片開始模仿人類的這種能力。

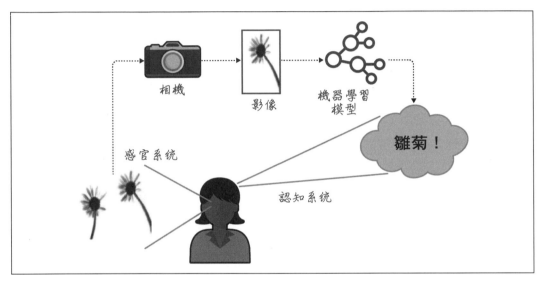

圖 1-2　影像分類機器學習模型模仿人類的認知系統。

機器學習

如果你在 2010 年代初期讀了一本關於電腦視覺的書，那麼用於從照片中萃取資訊的方法並不會涉及機器學習；相反的，您將學習去除雜訊、邊緣尋找、紋理偵測和形態（基於形狀）操作。隨著人工智慧的進步（更具體地說，機器學習的進步），這種情況發生了變化。

人工智慧（artificial intelligence, AI）探索了電腦可以模仿人類能力的方法。機器學習（*machine learning*）是 AI 的一個子領域，它透過向電腦展示大量資料並指導它們從中學習來教電腦做到這一點。專家系統（*expert system*）是人工智慧的另一個子領域 —— 專家系統透過以程式設計方式，讓電腦遵循人類邏輯來教導電腦模仿人類的能力。在 2010 年代之前，影像分類等電腦視覺任務，通常是透過建構能夠實作出專家所制定的邏輯的訂製影像過濾器來完成的。如今，影像分類是透過卷積網路（convolutional network）達成，這是一種深度學習形式（見圖 1-3）。

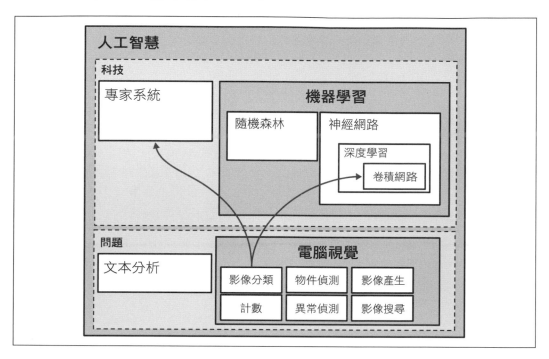

圖 1-3　電腦視覺是人工智慧的一個子領域，試圖模仿人類的視覺系統；雖然它過去依賴於專家系統方法，但現在則是透過機器學習完成的。

以圖 1-2 中的雛菊影像為例。機器學習方法透過向電腦顯示大量影像及其標籤（label）（或正確答案）來教導電腦去識別影像中的花朵類型。因此，我們會向電腦顯示大量雛菊影像、大量鬱金香影像等等。基於這樣一個已標記訓練資料集（labeled training dataset），電腦會學習如何對它以前沒有遇到過的影像進行分類。第 2 章和第 3 章討論了這件事是如何發生的。

另一方面，在專家系統方法中，我們會先採訪人類植物學家，瞭解他們如何對花卉進行分類。如果植物學家解釋說 bellis perennis（雛菊的學名）是由圍繞黃色中心的白色細長花瓣和綠色圓形葉子組成的，我們會嘗試設計影像處理過濾器來比對這些標準。例如，我們會尋找影像中白色、黃色和綠色的盛行率（prevalence）。然後我們會設計邊緣過濾器來識別葉子的邊界，並設計匹配的形態（morphological）過濾器來查看它們是否與預期的圓形相匹配。我們可能會在 HSV（色調、飽和度、值）空間中平滑化影像，以決定與花瓣顏色相比之下的花朵中心的顏色。根據這些標準，我們可能會為影像計算一個分數，以評估它是雛菊的可能性；同樣的，我們會為玫瑰、鬱金香、向日葵等設計和應用不同的規則集合。為了對新影像進行分類，我們會選擇該影像得最高分的那個類別。

上面的描述說明了建立影像分類模型所需的大量訂製工作。這就是為何影像分類在過去適用性有限原因。

隨著 AlexNet 論文（*https://dl.acm.org/doi/10.1145/3065386*）的發表，這一切在 2012 年發生了變化。該論文作者——Alex Krizhevsky、Ilya Sutskever 和 Geoffrey E. Hinton——將卷積網路（在第 3 章中會介紹）應用於 ImageNet 大規模視覺識別挑戰賽（ImageNet Large-Scale Visual Recognition Challenge, ILSVRC）中使用的基準資料集，並且能夠大幅超越任何現有的影像分類方法。他們達成了 15.3% 的前 5 名[1]錯誤率，而亞軍的錯誤率則超過了 26%。像這樣的比賽中典型的改進大約是 0.1%，所以 AlexNet 展示的改進是大多數人預期的一百倍之多！這是非常引人注目的表現。

神經網路（neural networks）在 1970 年代就已經存在（*https://oreil.ly/IRHqY*），而自那時起大約 20 年後卷積神經網路（convolutional neural network, CNN）就出現了——Yann LeCun 在 1989 年就提出了這個想法（*https: //oreil.ly/EqY3a*）。那麼，AlexNet 有什麼新鮮事呢？就是這四件事：

圖形處理器（*graphics processing unit, GPU*）

　　卷積神經網路是一個好主意，但它們在計算上非常昂貴。AlexNet 的作者在稱為 GPU 的特殊用途晶片所提供的圖形渲染（graphics rendering）程式庫上，實作了一個卷積網路。當時，GPU 主要用於高端視覺化和遊戲上。該論文將卷積分組以適配跨兩個 GPU 的模型。GPU 使卷積網路的訓練成為可能（我們將在第 7 章討論跨 GPU 的分散模型訓練）。

整流線性單元（*rectified linear unit, ReLU*）的激發

　　AlexNet 的建立者在他們的神經網路中使用了一種稱為 ReLU 的非飽和激發函數（non-saturating activation function）。我們將在第 2 章中更詳細的討論神經網路和激發函數；現在，知道使用分段（piecewise）線性非飽和激發函數能使他們的模型收斂得更快就足夠了。

1　前 5 名準確度（*top-5 accuracy*）意味著如果模型在結果的前 5 項中傳回影像正確標籤的話，我們就認為模型是正確的。

正則化（*regularization*）

> ReLU 的問題 —— 以及它們直到 2012 年才被大量使用的原因 —— 是因為它們不會飽和，神經網路的權重在數值上會變得不穩定。 AlexNet 的作者使用了一種正則化技術來防止權重變得太大。我們也會在第 2 章討論正則化。

深度

> 由於能夠更快的進行訓練，他們能夠訓練具有更多神經網路層的複雜模型。我們會說層數越多的模型較深；深度的重要性將在第 3 章中討論。

值得肯定的是，正是神經網路深度的增加（前三個想法的結合所促成的）造成 AlexNet 的世界領先地位。CNN 可以使用 GPU 來加速，這一點已在 2006 年得到證實（*https://oreil.ly/9p3Ba*）。ReLU 激發函數本身並不新鮮，正則化更是一種眾所周知的統計技術。最終而言，該模型的卓越性能要歸功於作者的洞察力，也就是他們可以將所有這些結合起來以訓練比以前更深的卷積神經網路。

深度對於人們對神經網路重新興起的興趣非常重要，以至於整個領域都被稱為*深度學習*（*deep learning*）。

深度學習使用案例

深度學習是機器學習的一個分支，它使用多層神經網路。深度學習優於先前存在的電腦視覺方法，現在已成功應用於許多其他形式的非結構化資料：視訊、音訊、自然語言文本等。

深度學習使我們能夠從影像中萃取資訊，而無需建立訂製的影像處理過濾器，或用程式設計出人類的邏輯。在使用深度學習進行影像分類時，我們需要成百上千甚至數百萬張影像（越多越好），而且我們知道它們正確的標籤（如「鬱金香」或「雛菊」）。這些標記的影像，可用於訓練影像分類深度學習模型。

只要您能將任務制定為自資料中學習的話，就可以使用電腦視覺機器學習方法來解決問題。例如，考慮光學字元辨識（optical character recognition, OCR）的問題 —— 獲取掃描影像並從中萃取文本。最早的 OCR 方法涉及教導電腦對單一字母的外觀進行樣式匹配（pattern matching）。由於一些原因，這被證明是種具有挑戰性的方法。例如：

- 有多種字體存在，因此一個字母可以用多種方式書寫。

- 字母有不同的大小，因此樣式匹配必須是尺度不變（scale-invariant）的。

- 裝訂的書籍無法平放，因此掃描的字母會變形。

- 僅辨識單一字母是不夠的；我們需要萃取整個文本。構成單字、行或段落的規則很複雜（參見圖 1-4）。

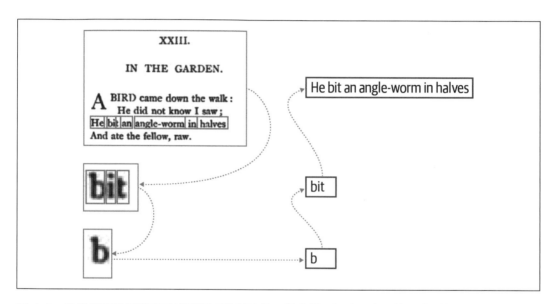

圖 1-4 　基於規則的光學字元辨識需要識別線條，將它們分解成單字，然後識別每個單字的組成字母。

另一方面，透過使用深度學習，OCR 可以很容易地制定為影像分類系統。有許多書籍已經數位化，可以透過向模型展示書籍的掃描影像，並使用數位化文本作為標籤來訓練模型。

電腦視覺方法為各種真實世界的問題提供了解決方案。除 OCR 外，電腦視覺方法已成功應用於醫學診斷（使用 X 光和 MRI 等影像）、自動化零售運算（例如讀取二維條碼、識別空的貨架、檢查蔬菜品質等）、監控（透過衛星影像監控作物產量、監控野生動物攝影機、入侵者偵測等）、指紋辨識，以及汽車安全（在安全距離內跟車、透過路標辨識速限變化、自動停車、自動駕駛等）。

電腦視覺已應用在許多行業中。在政府中，它已被用於監控衛星影像、建設智慧城市以及海關和安全檢查；在醫療保健領域，它已被用於識別眼部疾病，並從乳房 X 光照片中發現癌症的早期跡象；在農業中，它已被用於發現故障的灌溉幫浦、評估作物產量和識別葉子的疾病；在製造業中，它可用於工廠間的品質控制和視覺檢查，在保險領域，它已被用於在事故發生後自動評估車輛的損壞情況。

總結

電腦視覺幫助電腦理解照片等數位影像的內容。從 2012 年的一篇開創性論文開始，電腦視覺的深度學習方法已經取得了巨大的成功。如今，我們發現電腦視覺在眾多行業中得到了成功應用。

我們將在第 2 章中透過建立我們的第一個機器學習模型來開始我們的旅程。

視覺機器學習模型

在本章中,您將學習如何表達影像並訓練基本的機器學習模型來對影像進行分類。您會發現線性和完全連接神經網路在影像上的效能很差。但是,在此過程中,您將學習到如何使用 Keras API 來實作 ML 原語(primitive)以及訓練 ML 模型。

 本章的程式碼位於本書 GitHub 儲存庫(*https://github.com/GoogleCloudPlatform/practical-ml-vision-book*)的 *02_ml_models* 資料夾中。我們提供適用於該處的程式碼範例和筆記本檔名。

用於機器感知的資料集

就本書的目標而言,如果針對一個實際問題並建構各種機器學習模型來解決它的話,將會很有幫助。假設我們已經收集並標記了近四千張花朵照片的資料集。*5-flowers* 資料集中有五種類型的花朵(參見圖 2-1),資料集中的每張影像都已經用它所呈現的花朵類型進行了標記。

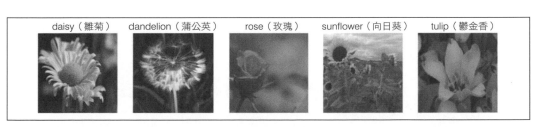

圖 2-1　5-flowers 資料集中的照片有五種花:雛菊、蒲公英、玫瑰、向日葵和鬱金香。

假設我們想要建立一個電腦程式，當提供影像時，它會告訴我們影像中的花是什麼類型。我們要求機器學習模型去學習感知影像中的內容，因此您可能會看到這種任務被稱為機器感知（*machine perception*）。具體來說，感知的類型類比於人類的視覺，所以這個課題被稱為電腦視覺（*computer vision*），在此案例中我們將透過影像分類來解決它。

5-Flowers 資料集

5-flowers 資料集是由 Google 建立的，並以創用 CC（Creative Commons）授權置於公共領域（public domain）。它以 TensorFlow 資料集（*https://oreil.ly/tqwFi*）進行發布，並以 JPEG 檔案的形式，在公共的 Google Cloud Storage 儲存桶（`gs://cloud-ml-data/`）中提供使用。這使得此資料集既逼真（它由現成的相機所收集的 JPEG 照片組成）又易於存取。因此，我們將在本書中持續使用它作為範例。

一個範例，但不是模板

5-flowers 資料集是一個很好的學習資料集，但您不應將其用作建立訓練資料集的模板（template）。從作為模板的角度來看，有幾個因素使 5-flowers 資料集不符合標準：

數量
> 要從頭開始訓練 ML 模型，您通常需要收集數百萬張影像。有一些替代方法可以處理較少的影像，但您應該嘗試收集最大的實用（且合乎倫理！）的資料集。

資料格式
> 將影像儲存為單獨的 JPEG 檔案是非常沒有效率的，因為您的大部分模型訓練時間，都將花費在等待資料的讀取上。最好是使用 TensorFlow Record 格式。

內容
> 資料集本身由找到的資料所組成 —— 並不是只包含針對該分類任務而收集的影像。如果您的問題領域允許的話，您應該更有目的性的收集資料。稍後會詳細說明。

標籤
> 影像標籤本身就是一個主題。本資料集是手動標記的。對於較大的資料集來說，這件事可能會變得不切實際。

我們將在整本書中討論這些因素並提供有關如何設計、收集、組織、儲存和標記資料的最佳實務。

在圖 2-2 中，您可以看到幾張鬱金香照片。請注意，它們的範圍涵蓋了從特寫照片到鬱金香田的照片，這些全部都是人類可以毫無問題的標記為鬱金香的照片，但如果只能使用簡單的規則，對我們來說會是一個困難的問題 —— 例如，如果我們說鬱金香是一朵細長的花，那只有第一張和第四張影像合格。

圖 2-2　這五張鬱金香照片在焦段、花色，以及和圖框中的內容方面差異很大。

標準化影像收集

我們選擇要解決一個難題，也就是花朵影像都是在真實世界情況下收集的。但是，在實務中，您通常可以透過將影像的收集方式，進行標準化來簡化機器感知問題。例如，您可以指定必須在受控條件、使用泛光打法（flat lighting）和相同變焦下收集影像。這在製造業中很常見 —— 可以精確指定工廠的條件。以這樣的方式設計掃描器也很常見，也就是物體只能以一個方向來放置。作為機器學習從業者，您應該尋找使機器感知問題更容易的方法。這不是作弊 —— 這是為成功做好準備的明智之舉。

但是請記住，您的訓練資料集必須能夠反映模型要進行預測時所需的條件。如果您的模型僅針對專業攝影師拍攝的花朵照片進行訓練，那麼對於業餘愛好者拍攝的照片，其照明、變焦和取景選擇可能會有所不同，它的效果可能會很差。

讀取影像資料

為了訓練影像模型，我們需要將影像資料讀入我們的程式。要能讀取 JPEG 或 PNG 等標準格式的影像，並準備好用它來訓練機器學習模型這件事包含四個步驟（完整程式碼可在本書的 GitHub 儲存庫中的 *02a_machine_perception.ipynb* 中找到）：

```
import tensorflow as tf
def read_and_decode(filename, reshape_dims):
    # 1. 讀取檔案。
    img = tf.io.read_file(filename)
    # 2. 將壓縮的字串轉換為 3D uint8 張量。
    img = tf.image.decode_jpeg(img, channels=3)
    # 3. 將 3D uint8 轉換為 [0,1] 範圍間的浮點數。
    img = tf.image.convert_image_dtype(img, tf.float32)
    # 4. 調整影像為想要的大小。
    return tf.image.resize(img, reshape_dims)
```

我們首先從持久性儲存裝置中讀取影像資料到記憶體中成為位元組序列：

```
img = tf.io.read_file(filename)
```

此處的變數 `img` 是一個包含位元組陣列的張量（tensor）（請參閱第 13 頁的〈張量是什麼？〉）我們剖析這些位元組以將它們轉換為像素資料 —— 這也稱為解碼（*decoding*）資料，因為像 JPEG 這樣的影像格式，要求您從查找表（lookup table）來解碼像素值：

```
img = tf.image.decode_jpeg(img, channels=3)
```

在這裡，我們指定我們只需要 JPEG 影像中的三個顏色頻道（紅色、綠色和藍色），然後不要不透明度（opacity），即第四個頻道。您可用的頻道取決於檔案本身。灰階（grayscale）影像可能只有一個頻道。

像素將由 uint8 型別且在 [0,255] 範圍內的 RGB 值來組成。因此，在第三步中，我們將它們轉換為浮點數，並將值縮放到範圍 [0,1] 內。這是因為機器學習優化器有經過調整，可以妥善的處理小數值：

```
img = tf.image.convert_image_dtype(img, tf.float32)
```

最後，我們將影像調整為所需的大小。機器學習模型是被建構成處理已知大小的輸入。由於真實世界中的影像可能具有任意的大小，因此您可能需要縮小、裁剪或擴展它們以適配您所需的大小。例如，要將影像調整為 256 像素寬和 128 像素高，我們將指定：

```
tf.image.resize(img,[256, 128])
```

在第 6 章中,我們將看到此方法並不會保留長寬比(aspect ratio),而且我們也會查看其他調整影像大小的選項。

張量是什麼?

在數學中,一維陣列被稱為向量(vector),二維陣列稱為矩陣(matrix)。張量(*tensor*)是一個可以有任意維數的陣列(維度數稱為秩(*rank*))。一個 12 列(row)18 行(column)的矩陣會被說成是具有 (12, 18) 的形狀(shape)和 2 的秩。因此,張量可以具有任意形狀。

Python 中常見的陣列數學程式庫稱為 numpy。您可以使用這個程式庫來建立 *n* 維陣列,但問題是它們不是硬體加速(hardware-accelerated)的。例如,這是一個形狀為 (4) 的一維陣列:

```
x = np.array([2.0, 3.0, 1.0, 0.0])
```

而這是一個 5D 的零陣列(請注意,形狀中有五個數字):

```
x5d = np.zeros(shape=(4, 3, 7, 8, 3))
```

要使用 TensorFlow 獲得硬體加速,您可以使用下列方式將任一 numpy 陣列轉換為張量,也就是 TensorFlow 表達陣列的方式:

```
tx = tf.convert_to_tensor(x, dtype=tf.float32)
```

您可以使用以下方法將張量轉換回 numpy 陣列:

```
x = tx.numpy()
```

在數學上,numpy 陣列和 TensorFlow 張量是同一回事。然而,有一個重要的實際區別 —— 所有的 numpy 算術都是在 CPU 上完成的,而 TensorFlow 程式碼則是在 GPU 上執行(如果有的話)。因此,做這件事:

```
x = x * 0.3
```

一般會比下面這樣更沒效率:

```
tx = tx * 0.3
```

一般來說,使用 TensorFlow 運算的次數越多,程式的效率就越高。如果您對程式碼進行向量化(*vectorize*)(以處理批次影像),這樣您就可以執行單一原地(in-place)張量運算,而不是一堆微小的純量(scalar)運算,那麼效率也會更高。

這些步驟不是一成不變的。如果您的輸入資料包含以頻帶交錯（band interleaved）格式提供的衛星遙測影像，或以醫學數位成像與通訊（Digital Imaging and Communications in Medicine, DICOM）格式提供的腦部掃描影像的話，您顯然不會使用 decode_jpeg() 來解碼這些影像。同樣的，您可能不會總是需要調整影像的大小。在某些情況下，您可能會選擇將資料裁剪到所需的大小或用零來填充它。在其他情況下，您可能會調整大小、保持長寬比不變、然後填充剩餘的像素。這些前置處理運算將在第 6 章中討論。

視覺化影像資料

永遠要視覺化（visualize）一些影像以確保您已正確的讀取資料 —— 一個常見的錯誤是以旋轉或鏡像影像的方式來讀取資料。將影像視覺化也有助於瞭解機器感知問題的挑戰性。

我們可以使用 Matplotlib 的 imshow() 函數來視覺化影像，但為此我們必須首先使用 numpy() 函數將影像（TensorFlow 張量）轉換為 numpy 陣列。

```
def show_image(filename):
    img = read_and_decode(filename, [IMG_HEIGHT, IMG_WIDTH])
    plt.imshow(img.numpy());
```

請在我們的其中一張雛菊影像的上試用它，我們會得到如圖 2-3 所示的結果。

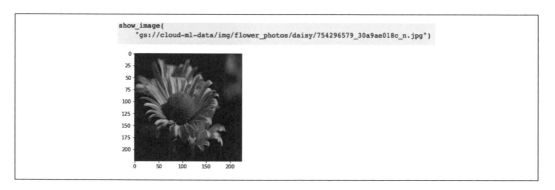

圖 2-3　確保將資料視覺化以確保您正確讀取資料。

請注意圖 2-3 中的檔案名稱包含了花的類型（daisy，雛菊）。這意味著我們可以使用 TensorFlow 的 glob() 函數來進行萬用（wildcard）匹配以獲取所有鬱金香影像：

```
tulips = tf.io.gfile.glob(
    "gs://cloud-ml-data/img/flower_photos/tulips/*.jpg")
```

圖 2-2 顯示了執行此程式碼來視覺化包含了五張鬱金香照片的面板的結果。

讀取資料集檔案

我們現在知道如何讀取影像了。但是為了訓練機器模型，我們需要讀取許多影像。我們還必須獲得每張影像的標籤。我們可以透過使用 glob() 來進行萬用匹配以獲取所有影像的串列：

```
tf.io.gfile.glob("gs://cloud-ml-data/img/flower_photos/*/*.jpg")
```

然後，在得知我們資料集中的影像有命名慣例的情況下，我們可以取一個檔名並使用字串運算來萃取標籤。例如，我們可以使用以下方法刪除字首：

```
basename = tf.strings.regex_replace(
    filename,
    "gs://cloud-ml-data/img/flower_photos/", "")
```

並使用以下方法取得類別：

```
label = tf.strings.split(basename, '/')[0]
```

像往常一樣，請參閱本書的 GitHub 儲存庫以獲取完整程式碼。

然而，出於泛化和可重複性的原因（在第 5 章中會進一步解釋），最好提前保留我們將用於評估的影像。在 5-flowers 資料集中這件事已經完成，用於訓練和評估的影像被列在與影像同一個 Cloud Storage 儲存桶中的兩個檔案中：

```
gs://cloud-ml-data/img/flower_photos/train_set.csv
gs://cloud-ml-data/img/flower_photos/eval_set.csv
```

這些是逗號分隔值（comma-separated value, CSV）檔案，其中的每一列包含一個檔案名稱，後面跟著它的標籤。

讀取 CSV 檔案的一種方法是使用 TextLineDataset 來讀取文本行，我們傳入一個函數來處理透過 map() 函數讀取的每一行：

```
dataset = (tf.data.TextLineDataset(
    "gs://cloud-ml-data/img/flower_photos/train_set.csv").
    map(parse_csvline))
```

我們正在使用 tf.data API，它可以透過一次僅讀取少量資料元素並在讀取時同時執行轉換來處理大量資料(即使它不能全部放入記憶體中)。這件事是透過使用了稱為 tf.data.Dataset 的抽象化來表達元素的序列來達成的。在我們的生產線中，每個元素都是一個包含了兩個張量的訓練範例。第一個張量是影像，第二個則是標籤。不同類型的 Dataset 會對應到不同的檔案格式。我們正在使用 TextLineDataset，它會讀取文本檔案並假設每一行都是不同的元素。

parse_csvline() 是我們提供的一個函數，用於解析行、萃取影像的檔名、讀取影像、並傳回影像及其標籤：

```
def parse_csvline(csv_row):
    record_defaults = ["path", "flower"]
    filename, label = tf.io.decode_csv(csv_row, record_defaults)
    img = read_and_decode(filename, [IMG_HEIGHT, IMG_WIDTH])
    return img, label
```

傳入 parse_csvline() 函數的 record_defaults，指明了在處理缺少一個或多個值的那些行時，TensorFlow 需要替換的內容。

為了驗證此程式碼是否有效，我們可以印出訓練資料集的前三個影像的每個頻道平均像素值：

```
for img, label in dataset.take(3):
    avg = tf.math.reduce_mean(img, axis=[0, 1])
    print(label, avg)
```

在此程式碼片段中，take() 方法將資料集截斷為包含三個項目。請注意，因為 decode_csv() 傳回了一個元組 (img, label)，這就是我們在迭代資料集時會獲得的。印出整個影像是一個糟糕的主意，因此我們使用 tf.reduce_mean() 來印出影像中的平均像素值。

結果的第一行是（為了可讀性添加了換行字元）：

```
tf.Tensor(b'daisy', shape=(), dtype=string)
tf.Tensor([0.3588961  0.36257887 0.26933077],
          shape=(3,), dtype=float32)
```

請注意，標籤是一個字串張量，平均值是長度為 3 的一維張量。為什麼我們會得到一維張量呢？那是因為我們向 reduce_mean() 傳入了一個 axis 參數：

```
avg = tf.math.reduce_mean(img, axis=[0, 1])
```

如果我們沒有提供軸的話，那麼 TensorFlow 就會計算所有維度的平均值並傳回一個純量值。回想一下，影像的形狀是 [IMG_HEIGHT, IMG_WIDTH, NUM_CHANNELS]。因此，透過提供 axis=[0, 1]，我們要求 TensorFlow 計算所有行（axis=0）和所有列（axis=1）的平均值，而不是平均的 RGB 值（參見圖 2-4）。

 還有另一個原因使得像這樣印出影像的統計資料是有幫助的。如果您的輸入資料已損壞並且您的影像中存在無法表達的浮點資料（技術上稱為NaN（*https://oreil.ly/E0xc2*）的話，那麼平均值本身也將是NaN。這是確保您在讀取資料時沒有出錯的便捷方法。

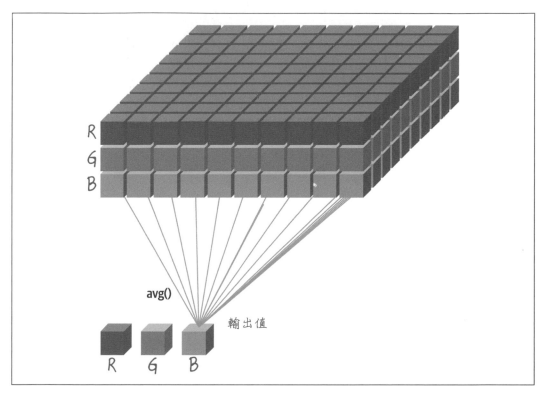

圖 2-4　我們沿影像的列軸和行軸計算 reduce_mean()。

使用 Keras 的線性模型

如圖 2-4 所示，reduce_mean() 函數對影像中的每個像素值賦予同樣的權重。如果我們對影像中的每個「寬 * 高 * 3 個像素頻道點」應用不同的權重會怎樣呢？

給定一張新影像，我們可以計算其所有像素值的加權平均值。然後我們可以使用這個值在五種花朵中進行選擇。因此，我們將計算 5 個這樣的加權平均值（這樣我們實際上是在學習 寬 * 高 * 3 * 5 個權重值；見圖 2-5），並根據輸出最大的情況來選擇花朵類型。

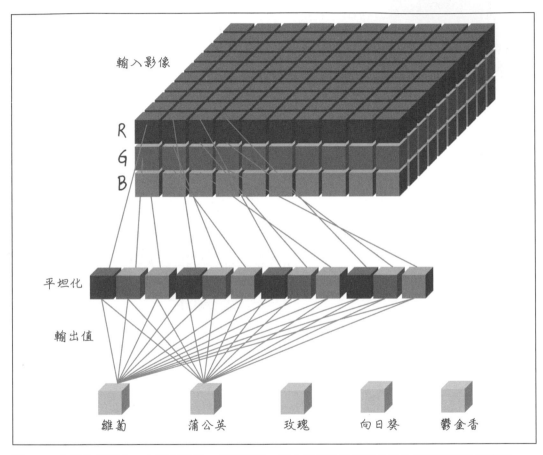

圖 2-5　在線性模型中，有五個輸出，每個類別一個；每個輸出值都是輸入像素值的加權總和。

在實務上，還會添加了一個稱為偏差（bias）的常數項，因此我們可以將每個輸出值表達為：

$$Y_j = b_j + \sum_{列} \sum_{行} \sum_{頻道} (w_i * x_i)$$

沒有偏差的話，如果所有像素都是黑色，我們將強制輸出為零。

Keras 模型

與使用低階 TensorFlow 函數來編寫上述方程式相比,使用更高階的抽象化(abstraction)會更方便。TensorFlow 1.1 附帶了一個這樣的抽象化,也就是 Estimator API,而且目前仍然支援 Estimator 以達成向下相容性。但是,自從 TensorFlow 2.0 以來,Keras API 一直是 TensorFlow 的一部分,我們建議您使用它。

線性模型可以在 Keras 中表達如下:

```
model = tf.keras.Sequential([
    tf.keras.layers.Flatten(input_shape=(IMG_HEIGHT, IMG_WIDTH, 3)),
    tf.keras.layers.Dense(len(CLASS_NAMES))
])
```

循序模型(*sequential model*)由連接的層(*layer*)所組成,使得某一層的輸出是下一層的輸入。層是一個 Keras 的組件,它接受張量作為輸入,再對該輸入應用一些 TensorFlow 運算,然後輸出一個張量。

第一層是內隱式的(implicit)輸入層,它要求一個 3D 影像張量。第二層(Flatten 層)接受 3D 影像張量作為輸入,並將其重塑(reshape)為具有相同數量的值的 1D 張量。此 Flatten 層連接到一個 Dense 層,每一類的花朵在此都有一個輸出節點。Dense 這個名稱意味著每個輸出都是每個輸入的加權總和,並且沒有共享權重。我們將在本章後面遇到其他常見類型的層。

要使用此處所定義的 Keras 模型,我們需要對訓練資料集呼叫 model.fit(),並對要分類的每張影像呼叫 model.predict()。為了訓練模型,我們需要告訴 Keras 如何根據訓練資料集來優化權重。要這樣做的方法是編譯(*compile*)模型、指定要使用的優化器(*optimizer*)、要最小化的損失(*loss*)、以及要報告的量度(*metric*)。例如:

```
model.compile(
    optimizer='adam',
    loss=tf.keras.losses.SparseCategoricalCrossentropy(from_logits=True),
    metrics=['accuracy'])
```

Keras 的 predict() 函數將對影像進行模型計算。如果我們先看一下預測程式碼,compile() 函數的參數會更有意義,所以讓我們從那裡開始。

預測函數

因為模型在其內部狀態中包含了訓練好的權重集合,我們可以透過呼叫 model.predict() 並傳入影像來計算影像的預測值:

```
pred = model.predict(tf.reshape(img,
        [1, IMG_HEIGHT, IMG_WIDTH, NUM_CHANNELS]))
```

呼叫 reshape() 的原因是 predict() 需要一批次(batch)的影像,因此我們將 img 張量重塑為由一個影像所組成的批次。

從 model.predict() 輸出的 pred 張量是長什麼樣子的呢?回想一下,模型的最後一層是一個有五個輸出的 Dense 層,所以 pred 的形狀是 (5) —— 也就是說,它由對應到五種花朵類型的五個數字所組成。第一個輸出是模型對詢問中的影像是雛菊的信賴度(confidence),第二個輸出是模型對影像是蒲公英的信賴度,依此類推。預測的信賴度值被稱為 *logit*,範圍為負無限大到正無限大。

模型的預測結果是具有最高信賴度的那個標籤:

```
pred_label_index = tf.math.argmax(pred)
pred_label = CLASS_NAMES[pred_label_index]
```

我們可以透過對它們應用一個稱為 softmax 的函數將 logit 轉換為機率。所以,對應到預測標籤的機率為:

```
prob = tf.math.softmax(pred)[pred_label_index]
```

機率、發生比(odds)、logit、sigmoid 和 softmax

分類模型的輸出是一個機率(*probability*)—— 一個事件在多次試驗中發生的可能性。因此,在建構分類模型時,了解與機率相關的幾個概念會很重要。例如,如果您正在建構一個將機器零件分類為有缺陷或無缺陷的模型,則該模型不會提供布林(Boolean)(真或假)輸出。相反的,它應該輸出零件有缺陷的機率。

假設您有一個發生機率為 p 的事件。那麼,它不會發生的機率會是 $1 - p$。它在任何給定試驗中發生的發生比(*odds*)是事件發生的機率除以它不發生的機率,也就是 $p / (1 - p)$。例如,如果 $p=0.25$,那麼事件發生的發生比是 $0.25 / 0.75 = 1{:}3$。另一方面,如果 $p=0.75$,那麼它會發生的發生比是 $0.75 / 0.25 = 3{:}1$。

---

logit 是事件會發生的發生比的自然對數。因此，對於 *p*=0.25 的事件，logit 會是 log(0.25 / 0.75) 或 −1.098。對於 *p*=0.75 的事件，logit 為 1.098。當機率接近 0 時，logit 會接近負無限大，當機率接近 1 時，logit 會接近正無限大。因此，logit 佔據了整個實數空間，如圖 2-6 所示。

sigmoid 是 logit 函數的反函數。因此，1.098 的 sigmoid 是 0.75。在數學上，sigmoid 由下式定義：

$$\sigma(Y) = \frac{1}{1 + e^{-Y}}$$

sigmoid 的範圍是 0-1。如果我們在 Keras 中有一個帶有一個輸出節點的 `Dense` 層，透過對其應用 sigmoid，我們可以獲得一個會輸出有效機率的二元分類器。

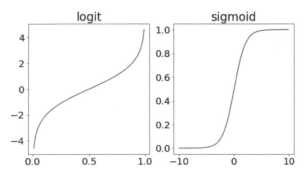

圖 2-6　logit 和 sigmoid 函數互為反函數（第一個圖中的 x 軸和第二個圖中的 y 軸為機率）。

softmax 是 sigmoid 的多類別對應品。如果您有 *N* 個互斥事件，並且它們的 logit 為 Y_j，則 softmax(Y_j) 提供了第 *j* 個事件的機率。在數學上，softmax 由下式定義：

$$S\left(Y_j\right) = \frac{e^{-Y_j}}{\sum\limits_{j} e^{-Y_j}}$$

softmax 函數是非線性的，具有壓縮較小值和提升最大值的效果，如圖 2-7 所示。請注意，兩個實例中的機率總和為 1.0。這個特性很有用，因為我們可以在 Keras 中擁有一個具有五個輸出節點的 `Dense` 層，而透過對其應用 softmax，我們可以獲得可靠的機率分佈。

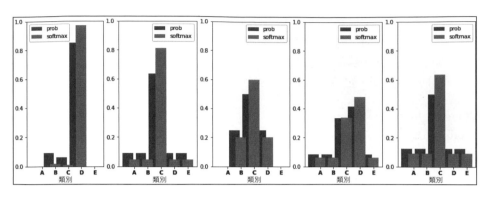

圖 2-7　softmax 函數會壓縮較小值並提升最大值。

激發函數

僅僅呼叫 model.predict() 是不夠的，因為 model.predict() 會傳回一個無界的（unbounded）加權總和。我們可以將這個加權總和視為 logit 並應用 sigmoid 或 softmax 函數（取決於我們是二元分類問題還是多分類問題）來獲得機率：

```
pred = model.predict(tf.reshape(img,
                      [1, IMG_HEIGHT, IMG_WIDTH, NUM_CHANNELS]))
prob = tf.math.softmax(pred)[pred_label_index]
```

如果我們在模型的最後一層添加一個激發函數（activation function）的話，我們可以讓終端使用者更方便：

```
model = tf.keras.Sequential([
    tf.keras.layers.Flatten(input_shape=(IMG_HEIGHT, IMG_WIDTH, 3)),
    tf.keras.layers.Dense(len(CLASS_NAMES), activation='softmax')
])
```

如果我們這樣做的話，那麼 model.predict() 將傳回五個機率（不是 logit），每個類別一個。客戶端程式碼不需要呼叫 softmax()。

Keras 中的任何層都可以將激發函數應用於其輸出。它支援的激發函數包括 linear、sigmoid 和 softmax。我們將在本章稍後介紹其他的激發函數。

優化器

Keras 允許我們根據訓練資料集來選擇我們希望用來調整權重的優化器。可用的優化器包括：

隨機梯度下降（*stochastic gradient descent, SGD*）
　　最基本的優化器。

Adagrad（自適應梯度（*adaptive gradients*））和 *Adam*
　　透過添加能夠更快收斂的功能來改進基本優化器。

Ftrl
　　一種在具有許多分類特徵的極稀疏資料集上運行良好的優化器。

Adam 是深度學習模型久經考驗的選擇。我們建議使用 Adam 作為電腦視覺問題的優化器，除非您有充分的理由不這樣做。

SGD 及其所有變體，包括 Adam，都依賴於接收迷你批次（mini-batch）（通常簡稱為批次（*batch*））的資料。對於每批次的資料，我們將其進行前饋（feed forward）通過模型並計算誤差和梯度（*gradient*），也就是每個權重對誤差的貢獻有多大；然後優化器使用此資訊來更新權重，並為下一批資料做好準備。因此，當我們讀取訓練資料集時，我們還必須對它進行批次處理：

```
train_dataset = (tf.data.TextLineDataset(
    "gs://cloud-ml-data/img/flower_photos/train_set.csv").
    map(decode_csv)).batch(10)
```

梯度下降

訓練神經網路實際上意味著使用訓練影像和標籤來調整權重和偏差，從而最小化交叉熵（cross-entropy）損失。交叉熵是模型的權重和偏差、訓練影像的像素，以及其已知類別的函數。

如果計算獨立調整每個權重時交叉熵變化的程度，我們就會得到交叉熵的偏導數（*partial derivative*）。我們可以根據為了給定的影像、標籤以及當前權重和偏差所計算的偏導數，來計算不同方向的梯度。梯度的數學特性是它指向「上方」，也就是如果向那個方向移動的話，損失會增加。既然我們想去交叉熵較低的地方，我

們就去梯度下降最多的那個方向。為此，我們透過梯度的某一比例來更新權重和偏差。然後我們在訓練迴圈中使用下一批訓練影像和標籤，一次又一次地做同樣的事情。訓練過程如圖 2-8 所示，希望這會收斂到交叉熵最小的地方，儘管這樣並不能保證這個最小值是唯一的，甚至是全域最小值。

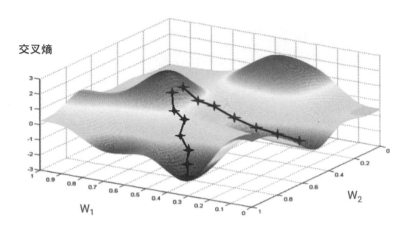

圖 2-8　訓練過程會在損失減少最多的方向上小步前進。

請注意，您不能在每次迭代時根據整個梯度長度來更新權重和偏差 —— 您會從山谷的一側跳到另一側。要到達底部，您需要透過僅使用梯度的一小部分來執行更小的步驟，通常是在 1/1,000 範圍內。這個比例稱為學習率（learning rate）；我們將在本章後面更詳細的討論它。

您可以只在一張範例影像上計算梯度並立即更新權重和偏差，但是在一批次（例如 128 張影像）上這樣做也會得到一個梯度，該梯度可以更好的表達不同範例影像所施加的約束，因此可能會更快的收斂到解答。迷你批次的大小是一個可調的參數。

這種技術稱為隨機梯度下降（stochastic gradient descent）。它還有另一個更實用的好處：處理批次處理也意味著處理更大的矩陣，而它們通常更容易在 GPU 和 TPU（張量處理單元（tensor processing unit），這是加速機器學習運算的專用硬體）上進行優化。

訓練損失

優化器嘗試選擇出會使模型在訓練資料集上的誤差最小的權重。對於分類問題來說，選擇交叉熵作為要進行最小化的誤差是有很強的數學原因。為了計算交叉熵，我們將模型的輸出機率（第 j 個類別的 p_j）與該類別的真實標籤（L_j）進行比較，並使用以下公式對所有類別求總和：

$$\sum_j - L_j \log(p_j)$$

換句話說，我們取機率的對數來預測正確的標籤。如果模型完全正確的話，則該機率為 1；而 log(1) 為 0，因此損失為 0。如果模型完全錯誤，則此機率為 0；log(0) 是負無限大，因此損失是正無限大，這是可能的最壞損失。使用交叉熵作為我們的誤差度量，允許我們根據指派給正確標籤的機率的小幅改進來調整權重。

為了計算損失，優化器需要將標籤（由 `parse_csvline()` 函數傳回）與 `model.predict()` 的輸出進行比較。您具體使用的損失將取決於您表達標籤的方式，以及模型最後一層傳回的內容。

如果您的標籤是一位有效編碼（one-hot encoded）（例如，如果雛菊影像的標籤被編碼成 [1 0 0 0 0]），那麼您應該使用分類交叉熵（*categorical cross-entropy*）作為您的損失函數。這將顯示在您的 `decode_csv()` 中，如下所示：

```
def parse_csvline(csv_row):
    record_defaults = ["path", "flower"]
    filename, label_string = tf.io.decode_csv(csv_row, record_defaults)
    img = read_and_decode(filename, [IMG_HEIGHT, IMG_WIDTH])
    label = tf.math.equal(CLASS_NAMES, label_string)
    return img, label
```

因為 `CLASS_NAMES` 是一個字串陣列，與單個標籤相比將傳回一個一位有效編碼陣列，其中相對應位置的布林值為 1。您將按以下方式指定損失：

```
tf.keras.losses.CategoricalCrossentropy(from_logits=False)
```

請注意，建構子函數（constructor）接受一個參數，該參數指定模型的最後一層是否會傳回機率的 logit，或者您是否已經完成了 softmax。

另一方面，如果您的標籤將被表達為整數索引（例如，4 表示鬱金香），那麼您的 `decode_csv()` 會透過正確類別的位置來表達標籤：

```
label = tf.argmax(tf.math.equal(CLASS_NAMES, label_string))
```

損失將指定成：

```
tf.keras.losses.SparseCategoricalCrossentropy(from_logits=False)
```

同樣的，請注意要適當的指定 `from_logits` 的值。

為什麼有兩種方法來表達標籤？

當我們進行一位有效編碼時，我們將一朵雛菊表達為 [1 0 0 0 0]，將一朵鬱金香表達為 [0 0 0 0 1]。一位有效編碼向量的長度就是類別的數量。雛菊的稀疏表達法為 0，鬱金香的稀疏表達法為 4。稀疏表達法佔用更少的空間（特別是如果有成百上千個可能的類別的時候），因此效率更高。

那麼，為什麼 Keras 支援兩種表達標籤的方式呢？

如果我們的問題是多標籤多類別問題的話，稀疏表達法將不起作用。如果影像可以同時包含雛菊和鬱金香，使用一位有效編碼表達法對其進行編碼會非常簡單直觀：[1 0 0 0 1]。對於稀疏表達法，除非您願意為每個可能的類別組合建立單獨的類別，否則無法表達這種情況。

因此，我們建議您對大多數問題使用稀疏表達法；但請記住，對標籤進行一位有效編碼並使用 `CategoricalCrossentropy()` 損失函數，將幫助您處理多標籤多類別的情況。

誤差度量

雖然我們可以使用交叉熵損失來最小化訓練資料集上的誤差，但商業使用者通常需要一個更容易理解的誤差度量。用於此目的的最常見的誤差度量是*準確度*（*accuracy*），它就只是被正確分類的實例的比例。

但是，當其中一個類別非常罕見時，準確度度量就會失敗。假設您正在嘗試識別假身份證，並且您的模型具有以下效能特徵：

	識別為假身份證	識別為真身份證
真的是假身份證	8 (TP)	2 (FN)
真的是真身份證	140 (FP)	850 (TN)

該資料集有 990 張真身份證和 10 張假身份證 —— 存在著類別不平衡（class imbalance）。在偽造的身份證中，有 8 張被正確識別為偽造。這些是真陽性（true positive, TP）。因此，此資料集的準確度將是 (850 + 8) / 1,000 或 0.858。我們可以立即看出，由於假身份證非常罕見，因此該模型在該類別上的表現，對其整體準確度的得分幾乎沒有影響 —— 即使模型僅正確識別了 10 張假身份證中的 2 張，準確度也幾乎保持在 0.852 不變。事實上，該模型只需將所有卡片都識別為真，即可達到 0.99 的準確度！這種情況下，通常會報告另外兩個度量：

精確度（precision）

識別為陽性案例中真陽性的比例：TP / (TP + FP)。在這裡，模型已經識別了 8 個真陽性和 140 個偽陽性，因此精確度只有 8/148。這個模型非常不精確。

召回率（recall）

在資料集中的所有陽性案例中被識別出的比例：TP / (TP + FN)。在這裏，完整資料集中有 10 個陽性案例，模型已識別出其中的 8 個，因此召回率為 0.8。

除了精確度和召回率之外，還經常會報告 F1 分數（F1 score），也就是那兩個數的調和平均值（harmonic mean）：

$$F1 = \frac{2}{\left[\dfrac{1}{精確度} + \dfrac{1}{召回率}\right]}$$

在一個二元分類問題中，像是我們在這裡考慮的那個（識別假身份證），準確度、精確度和召回率，都依賴我們選擇的機率閾值（threshold），來決定是要將一個實例分類到一個類別還是另一個類別。透過改變機率閾值，我們可以在精確度和召回率方面獲得不同的取捨。所得到的曲線稱為精確度 - 召回率曲線（precision-recall curve）（見圖 2-9）。這條曲線的另一個變體，即真陽性率與偽陽性率的關係，稱為接受者操作特徵（receiver operating characteristic, ROC）曲線。ROC 曲線下的面積（area under the ROC curve，通常縮寫為 AUC）也經常用作效能的綜合衡量標準。

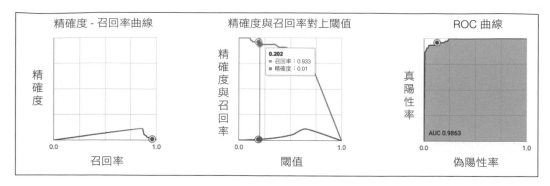

圖 2-9　透過改變閾值，可以得到不同的精確度和召回率度量。

我們通常不想在訓練資料集上報告這些度量，而是在獨立的評估資料集上報告這些度量。這是為了驗證模型並不是只會簡單的記住訓練資料集的答案而已。

訓練模型

現在讓我們將上一節中介紹的所有概念放在一起，來建立和訓練 Keras 模型。

建立資料集

要訓練線性模型，我們需要一個訓練資料集。實際上，我們需要兩個資料集 —— 一個訓練資料集和一個評估資料集 —— 來驗證訓練後的模型是否具有泛化能力，或者是否適用於在訓練期間未見過的資料。

因此，我們先取得訓練和評估資料集：

```
train_dataset = (tf.data.TextLineDataset(
    "gs://cloud-ml-data/img/flower_photos/train_set.csv").
    map(decode_csv)).batch(10)

eval_dataset = (tf.data.TextLineDataset(
    "gs://cloud-ml-data/img/flower_photos/eval_set.csv").
    map(decode_csv)).batch(10)
```

其中 decode_csv() 會讀取和解碼 JPEG 影像：

```
def decode_csv(csv_row):
    record_defaults = ["path", "flower"]
    filename, label_string = tf.io.decode_csv(csv_row, record_defaults)
    img = read_and_decode(filename, [IMG_HEIGHT, IMG_WIDTH])
```

```
label = tf.argmax(tf.math.equal(CLASS_NAMES, label_string))
return img, label
```

這段程式碼中傳回的 label 是稀疏表達法 —— 代表鬱金香的數字 4，也就是該類別的索引 —— 而不是一位有效編碼的表達法。我們對訓練資料集進行批次處理，因為優化器類別需要批次處理。我們也對評估資料集進行批次處理，以避免在我們的所有方法中建立兩個不同版本（一個是批次操作，另一個是一次處理一張影像）。

建立和查看模型

現在已經建立了資料集，我們需要建立要使用這些資料集來進行訓練的 Keras 模型：

```
model = tf.keras.Sequential([
    tf.keras.layers.Flatten(input_shape=(IMG_HEIGHT, IMG_WIDTH, 3)),
    tf.keras.layers.Dense(len(CLASS_NAMES), activation='softmax')
])
model.compile(optimizer='adam',
    loss=tf.keras.losses.SparseCategoricalCrossentropy(from_logits=False),
    metrics=['accuracy'])
```

我們可以使用以下方法查看模型：

```
tf.keras.utils.plot_model(model, show_shapes=True, show_layer_names=False)
```

這會產生了圖 2-10 中的圖表。請注意，輸入層接受一批次（就是那個「？」）的 [224, 224, 3] 影像。問號表示這個維度的大小直到執行時才會定義；如此一來，模型可以動態的適應任何批次大小。Flatten 層接受此輸入並傳回一批次的 224 * 224 * 3 = 150,528 個數字，然後將這些數字連接到 Dense 層中的五個輸出。

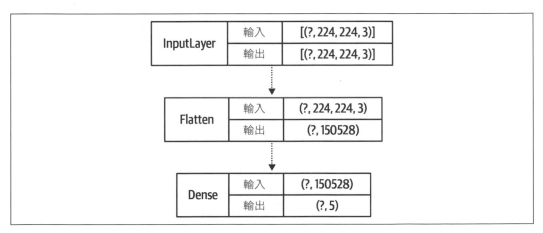

圖 2-10　用於對花朵進行分類的 Keras 線性模型。

我們可以使用 model.summary() 來驗證 Flatten 運算不需要任何可訓練的權重，但是 Dense 層則會有 150,528 * 5 = 752,645 個權重需要進行訓練，結果如下：

```
Model: "sequential_1"

_____
Layer (type)                 Output Shape              Param #
=================================================================
flatten_1 (Flatten)          (None, 150528)            0
_____
dense_1 (Dense)              (None, 5)                 752645
=================================================================
Total params: 752,645
Trainable params: 752,645
Non-trainable params: 0
```

擬合模型

接下來，我們使用 model.fit() 來訓練模型並傳入訓練和驗證資料集：

```
history = model.fit(train_dataset,
                    validation_data=eval_dataset, epochs=10)
```

請注意，我們傳入了用於訓練的訓練資料集，以及用於報告準確度度量的驗證資料集。我們要求優化器遍歷訓練資料 10 次（一個週期（epoch）是一次完整的資料集遍歷）。我們希望 10 個週期足以讓損失收斂，但我們應該透過繪製損失和誤差度量的歷史記錄來驗證這一點。我們可以透過查看歷史記錄來做到這一點：

```
history.history.keys()
```

我們得到下列串列：

```
['loss', 'accuracy', 'val_loss', 'val_accuracy']
```

然後我們可以使用以下方法繪製損失和驗證損失：

```
plt.plot(history.history['val_loss'], ls='dashed');
```

這產生了圖 2-11 左側面板中顯示的圖形。請注意，損失不會平緩的下降；相反的，它非常的波濤洶湧。這指示我們對於批次大小和優化器設定的選擇還可以改進 —— 不幸的是，ML 過程的這部分只能進行嘗試錯誤。驗證損失會下降，然後再開始增加。這指明已經開始發生**過度擬合**（overfitting）：網路已經開始記住在驗證資料集中沒有出現哪些訓練資料集的細節（這些細節稱為**雜訊**（noise））。10 個週期有可能太長，或是我們需要添加正則化。過度擬合和正則化是我們將在下一節中會更詳細討論的主題。

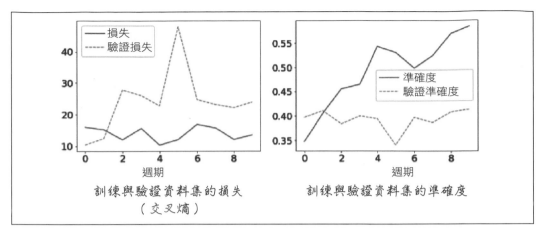

圖 2-11　訓練（實線）和驗證（虛線）資料集的損失和準確度曲線。

我們還可以使用以下方法繪製訓練資料集和驗證資料集的準確度：

```
training_plot('accuracy', history)
```

結果圖顯示在圖 2-11 的右側面板中。請注意，我們訓練的時間越長，訓練資料集的準確度就會不斷增加，而驗證資料集的準確度則趨於平穩。

這些線也是波瀾起伏的，為我們提供了和損失曲線中所獲得的相同的洞察。然而，我們在評估資料集上獲得的準確度 (0.4)，比我們從隨機機會所獲得的準確度 (0.2) 更好。這指明了模型已經能夠學習並變得對任務有點熟練。

繪製預測

我們可以透過在訓練資料集中的一些影像上繪製預測，來查看模型學到了什麼：

```
batch_image = tf.reshape(img, [1, IMG_HEIGHT, IMG_WIDTH, IMG_CHANNELS])
batch_pred = model.predict(batch_image)
pred = batch_pred[0]
```

請注意，我們需要接受我們擁有的單一影像並將其製作為批次，因為這是模型的訓練內容和預期輸入。幸運的是，我們不需要正好傳入 10 張影像（我們訓練期間的批次大小為 10），因為該模型被設計為接受任何批次大小（回想一下圖 2-10 中的第一個維度是 ? ）。

訓練和評估資料集的前幾個預測如圖 2-12 所示。

圖 2-12　來自訓練（上列）和評估（下列）資料集的前幾張影像 —— 第一張影像，實際上是一朵雛菊，但被錯誤地分類為蒲公英，機率為 0.74。

影像迴歸

到目前為止，我們一直專注於影像分類的任務。您可能會遇到的另一個電腦視覺的問題是影像迴歸（*regression*），儘管它不太常見。我們可能想要這樣做的一個原因，是因為我們想要測量影像中的某些內容。這裡的問題不是計算某種類型的物件的數量，這是我們將在第 11 章用另一種方法解決的問題，而是測量更真實數值的屬性，如高度、長度、體積等。

例如，我們可能希望從覆蓋在我們感興趣的區域上的雲層空拍影像，來預測降雨量。透過使用雲層影像的圖塊作為輸入（見圖 2-13，其中標記了兩個圖塊），和地面上的降雨量，作為訓練影像迴歸模型的標籤，我們將能夠學習到從雲層影像到降雨量的映射。

由於我們以毫米（mm）為單位來測量降雨量，因此標籤是連續的實數。當然可以透過將一定數量的累積降雨量分為低、中、和高降雨量等類別，來將其重新定義為分類問題，但這可能與目前這個特定使用案例無關。

幸運的是，迴歸並不比影像分類複雜。我們只需要將我們的最終神經網路層，也就是 Dense 輸出層，從具有 sigmoid 或 softmax 激發更改為 None，並將 units 的數量更改為我們想要從這張影像進行的迴歸預測的數量（在這個假設案例中，只有一個）。

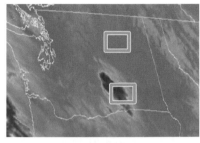 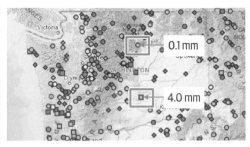

衛星雲圖（輸入）　　　　　　　　　　地面雨量計觀測值（標籤）

圖 2-13　影像迴歸學習預測降雨量 ── 左側雲層影像的圖塊被視為輸入，標籤是地面降雨的測量值 (由圖塊中心處的雨量計測量)。圖片由 NOAA(左) 和 USGS(右) 提供。

程式碼如下所示：

```
tf.keras.layers.Dense(units=1, activation=None)
```

另外，既然這是一個迴歸問題，我們應該使用迴歸損失函數，例如均方誤差（mean squared error, MSE）：

```
tf.keras.losses.MeanSquaredError()
```

一旦我們的模型經過訓練後，在推論時我們就可以為模型提供雲層的影像，它會傳回對地面降雨量的預測。

使用 Keras 的神經網路

在上一節中介紹的線性模型中，我們將 Keras 模型編寫成：

```
model = tf.keras.Sequential([
    tf.keras.layers.Flatten(input_shape=(IMG_HEIGHT, IMG_WIDTH, 3)),
    tf.keras.layers.Dense(len(CLASS_NAMES), activation='softmax')
])
```

輸出是扁平化的輸入像素值的加權平均值的 softmax：

$$Y = \text{softmax}\left(B + \sum_{\text{像素}} W_i X_i\right)$$

B 是偏差張量，W 是權重張量，X 是輸入張量，Y 是輸出張量。這通常會以矩陣形式寫成（使用 $ 來代表 softmax）：

$$Y = \$(B + WX)$$

如圖 2-10 所示，在以下模型摘要中，只有一個可訓練層，即 Dense 層。Flatten 運算是一種重塑（reshape）運算，不包含任何可訓練的權重：

```
Layer (type)                 Output Shape              Param #
=================================================================
flatten_1 (Flatten)          (None, 150528)            0
_____
dense_1 (Dense)              (None, 5)                 752645
```

線性模型很棒，但它們可以建模的內容有限。我們如何獲得更複雜的模型？

神經網路

獲得更複雜模型的一種方法是，在輸入層和輸出層之間插入一個或多個 Dense 層。這導致了一種稱為神經網路（*neural network*）的機器學習模型，其原因我們將在稍後解釋。

隱藏層

假設我們使用以下方法插入另一個 Dense 層：

```
model = tf.keras.Sequential([
    tf.keras.layers.Flatten(input_shape=(IMG_HEIGHT, IMG_WIDTH, 3)),
    tf.keras.layers.Dense(128),
    tf.keras.layers.Dense(len(CLASS_NAMES), activation='softmax')
])
```

該模型現在具有三層（見圖 2-14）。具有可訓練權重的層，例如我們添加的那個既不是輸入層也不是輸出層的層，稱為隱藏（*hidden*）層。

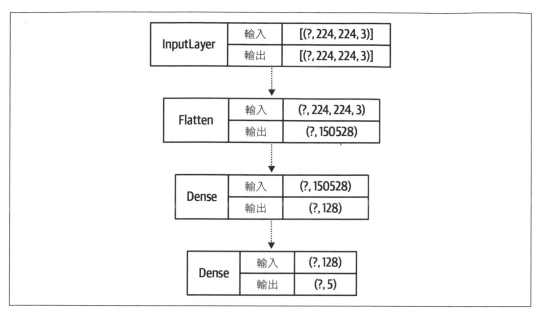

圖 2-14　具有一個隱藏層的神經網路。

數學上，輸出現在會是：

$$Y = \S\big(B_2 + W_2(B_1 + W_1X)\big)$$

像這樣簡單的包裝多個層是沒有意義的，因為我們可以將第二層的權重（W_2）乘入方程式中 —— 模型仍然是一個線性模型。但是，如果我們添加一個非線性激發（*activation*）函數 $A(x)$ 來轉換隱藏層的輸出：

$$Y = \S\big(B_2 + W_2A(B_1 + W_1X)\big)$$

然後輸出就變得能夠表達比簡單的線性函數更複雜的關係。

在 Keras 中，我們以下列方式引入激發函數：

```
model = tf.keras.Sequential([
    tf.keras.layers.Flatten(input_shape=(IMG_HEIGHT, IMG_WIDTH, 3)),
    tf.keras.layers.Dense(128, activation='relu'),
    tf.keras.layers.Dense(len(CLASS_NAMES), activation='softmax')
])
```

整流線性單元（rectified linear unit, ReLU）是隱藏層最常用的激發函數（見圖 2-15）。其他常用的激發函數包括 *sigmoid*、*tanh*、和 *elu*。

圖 2-15 中顯示的三個激發函數，都是鬆散的基於如果來自樹突（dendrite）的總和輸入超過了某個最小閾值（見圖 2-16）時人腦中的神經元（neuron）是如何激發的。因此，具有帶著非線性激發函數的隱藏層的模型就被稱為「神經網路」。

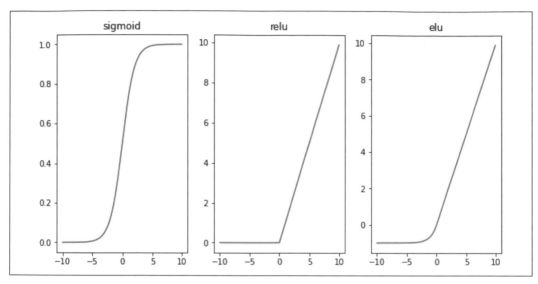

圖 2-15　一些非線性激發函數。

sigmoid 是一個連續函數，其行為與大腦神經元的工作方式最相似 —— 輸出在兩個極端都會飽和。然而，sigmoid 函數存在著收斂速度慢的問題，因為每一步的權重更新會與梯度成正比，並且接近極值的梯度會非常小。ReLU 則更常用，以便讓在函數的活動部分的權重更新會保持相同的大小。在具有 ReLU 激發函數的 Dense 層中，如果輸入的加權總和大於 -b，則激發函數會「觸發（fire）」，其中 b 是偏差。觸發的強度與輸入的加權總和成正比。ReLU 的問題在於它一半的定義域（domain）是零。這導致了一個稱為死 ReLU（dead ReLU）的問題，在其中不會發生權重更新。elu 激發函數（見圖 2-15）透過使用一個小的指數負值而不是零來解決這個問題。然而，由於指數的關係，計算成本會很高。因此，一些 ML 從業人員轉而使用 Leaky ReLU，它使用一個小的負斜率。

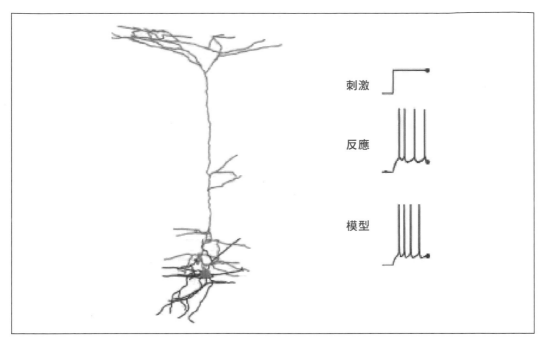

圖 2-16　當輸入的總和超過某個最小閾值時，大腦中的神經元就會激發。圖片來源：Allen Institute for Brain Science, Allen Human Brain Atlas，可從 *human.brain-map.org* 取得。

訓練神經網路

訓練神經網路類似於訓練線性模型。我們編譯模型、傳入優化器、損失和度量。然後我們呼叫 model.fit()，並傳入資料集：

```
model.compile(optimizer='adam',
              loss=tf.keras.losses.SparseCategoricalCrossentropy(
                  from_logits=False),
              metrics=['accuracy'])
history = model.fit(train_dataset,
                    validation_data=eval_dataset,
                    epochs=10)
```

結果如圖 2-17 所示，揭露了我們所獲得的最佳驗證準確度 (0.45) 會和我們使用線性模型所獲得的相似。曲線也是不平滑的。

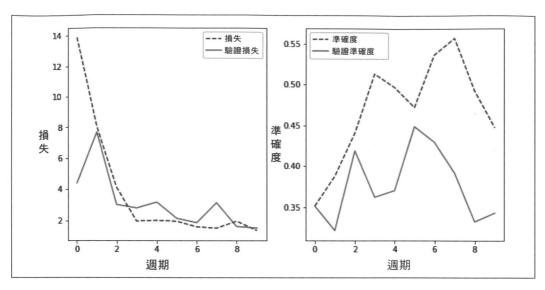

圖 2-17　訓練神經網路時訓練和驗證資料集的損失和準確度。

我們通常會期望向模型添加了層之後會提高模型擬合訓練資料的能力,從而降低損失。
的確如此 —— 線性模型的交叉熵損失約為 10,而神經網路的交叉熵損失約為 2。然而,
它們的準確度非常相似,這表明大部份的改善是來自於模型的驅動機率(如 0.7 更接近
於 1.0),而不是因為它可以讓線性模型無法正確分類的項目變成可以正確的被分類。

不過,我們仍然可以嘗試一些改進。例如,我們可以改變學習率和損失函數,以及更好
的利用驗證資料集。接下來我們會看看這些作法。

學習率

梯度下降優化器的運作,是透過查看每個點的所有方向並選擇誤差函數下降最快的方
向,然後它會朝那個方向邁出一步並再次嘗試。例如,在圖 2-18 中,從第一個點(標記
為 1 的圓圈)開始,優化器在兩個方向(實際上是 2^N 個方向,其中 N 是要優化的權重
張量的維度)並選擇方向 2,因為它是損失函數下降最快的方向;然後,優化器透過在
該方向上邁出一步伐(step)來更新權重值,如虛線所示。每個權重值的步伐的大小與
稱為學習率(learning rate)的模型超參數(hyperparameter)成正比。

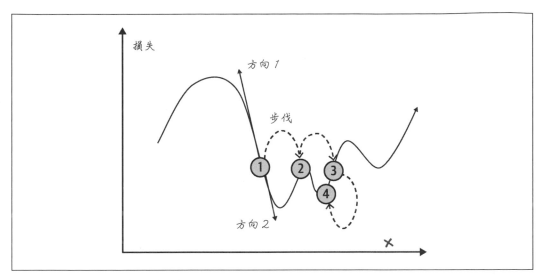

圖 2-18　梯度下降優化器的工作原理。

如您所見，如果學習率過高，優化器可能會完全跳過極小值。在這一步伐之後（以圖中標記為 2 的圓圈來表示），優化器再次向兩個方向看，然後繼續前往第三點，因為損失曲線在那個方向下降得更快；在此步伐之後，會再次評估梯度。現在方向指向後面，優化器設法找到了位於第二和第三點之間的區域極小值（local minimum），然而，在第一步和第二步之間的全域極小值已經被錯過了。

為了不跳過極小值，我們應該使用一個比較小的學習率值。但是如果學習率太小，模型就會陷入區域極小值。此外，學習率的值越小，模型的收斂速度就越慢。因此，在不錯過極小值和讓模型快速收斂之間存在取捨。

Adam 優化器的預設學習率為 0.001。我們可以透過改變傳遞給 compile() 函數的優化器來改變它：

```
model.compile(optimizer=tf.keras.optimizers.Adam(learning_rate=0.0001),
              loss=..., metrics=...)
```

以較低的訓練率重複進行訓練，我們在準確度方面會得到相同的最終結果，但曲線明顯的不會那麼波濤洶湧了（見圖 2-19）。

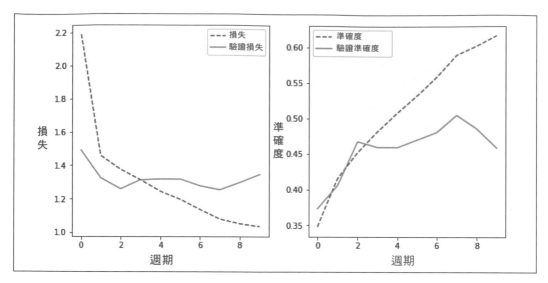

圖 2-19　學習率降低到 0.0001 時的損失和準確度曲線。

正則化

另外值得注意的是,神經網路中可訓練參數的數量是線性模型中可訓練參數數量的 128 倍(1900 萬對 75 萬)。然而,我們只有大約 3,700 張影像。更複雜的模型可能會表現得會更好,但我們可能需要更多的資料 —— 大約要數十萬張影像。在本書的後面,我們將研究資料擴增(data augmentation)技術,以充分利用我們擁有的資料。

鑑於我們的模型複雜性卻使用相對較小的資料集,模型可能會開始使用個別的可訓練權重來「記住」訓練資料集中單張影像的分類答案 —— 這是我們可以在圖 2-19 中看到發生的過度擬合(即使訓練準確率仍在下降,驗證集的損失會開始增加)。當這種情況發生時,權重值會開始高度調整到非常特定的像素值並達到非常高的值[1]。因此,我們可以透過改變損失,來對權重值本身施加懲罰來減少過度擬合的發生率。這種應用於損失函數的懲罰稱為正則化(regularization)。

兩種常見的形式是:

$$ 損失 = 交叉熵 + \sum_i |w_i| $$

1　在 DataCamp.com(*https://oreil.ly/N2qH5*)上可以找到對這種現象的一個很好的非數學解釋。

以及：

$$損失 = 交叉熵 + \sum_i w_i^2$$

第一種懲罰稱為 *L1* 正則化項（*L1 regularization term*），第二種稱為 *L2* 正則化項（*L2 regularization term*），任何一種懲罰都會導致優化器更偏好較小的權重值。L1 正則化將許多權重值驅動為零，但比 L2 正則化更能容忍個別的大權重值，後者傾向於將所有權重驅動為小但非零的值。出現這種情況的數學原因超出了本書的範圍，但如果我們想要一個精簡的模型（因為我們可以修剪零權重），我們會使用 L1，而如果我們想限制過度擬合到最大極限的話，我們會使用 L2，理解這些會很有用。

以下是我們將正則化項應用於 Dense 層的方式：

```
regularizer = tf.keras.regularizers.l1_l2(0, 0.001)
model = tf.keras.Sequential([
    tf.keras.layers.Flatten(input_shape=(
                        IMG_HEIGHT, IMG_WIDTH, IMG_CHANNELS)),
    tf.keras.layers.Dense(num_hidden,
                        kernel_regularizer=regularizer,
                        activation=tf.keras.activations.relu),
    tf.keras.layers.Dense(len(CLASS_NAMES),
                        kernel_regularizer=regularizer,
                        activation='softmax')
])
```

打開 L2 正則化後，我們從圖 2-20 中可以看到損失值變得更高了（因為它們包含了懲罰項）。然而，很明顯的，在第 6 輪之後仍然會發生過度擬合，這表明我們需要增加正則化的量。同樣的，這將會是一種嘗試錯誤過程。

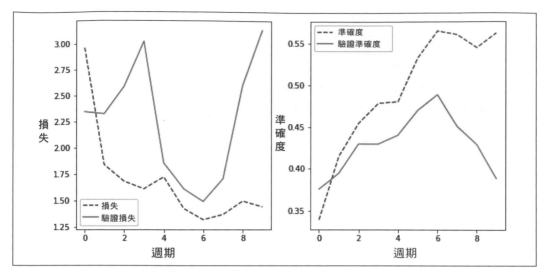

圖 2-20　添加 L2 正則化時的損失和準確度曲線。

提前停止（early stopping）

仔細查看圖 2-20 中的右側面板。訓練集和驗證集的準確度平穩的增加，直到第 6 個週期為止。在那之後，即使訓練集的準確度繼續提高，驗證準確度卻會開始下降。這是一個典型的徵兆，表明模型已經停止泛化到沒看過的資料，而會開始擬合訓練資料集中的雜訊。

如果我們可以在驗證準確度停止增加時停止訓練的話，那就太好了。為此，我們將回呼（callback）傳遞給 `model.fit()` 函數：

```
history = model.fit(train_dataset,
    validation_data=eval_dataset,
    epochs=10,
    callbacks=[tf.keras.callbacks.EarlyStopping(patience=1)]
)
```

因為收斂過程可能有點顛簸，`patience` 參數允許配置希望驗證準確度在訓練停止之前，不會降低的週期數。

 只有在您調整了學習率和正則化以獲得平滑、表現良好的訓練曲線後，才添加 `EarlyStopping()` 回呼。如果您的訓練曲線起伏不定，提前停止可能會讓你錯過表現更好的機會。

超參數調整

我們為模型選擇了許多參數：隱藏節點的數量、學習率、L2 正則化等。怎麼知道這些是最優化的？我們並不知道。我們需要調整（*tune*）這些超參數。

一種方法是使用 Keras Tuner。為了使用 Keras Tuner，我們實作了模型建構函數來使用超參數（完整程式碼位於 GitHub 上的 *02_ml_models/02b_neural_network.ipynb*）：

```python
import kerastuner as kt

# 參數化為前一個細胞格中的值
def build_model(hp):
    lrate = hp.Float('lrate', 1e-4, 1e-1, sampling='log')
    l1 = 0
    l2 = hp.Choice('l2', values=[0.0, 1e-1, 1e-2, 1e-3, 1e-4])
    num_hidden = hp.Int('num_hidden', 32, 256, 32)

    regularizer = tf.keras.regularizers.l1_l2(l1, l2)

    # 具有一個隱藏層的神經網路
    model = tf.keras.Sequential([
        tf.keras.layers.Flatten(
            input_shape=(IMG_HEIGHT, IMG_WIDTH, IMG_CHANNELS)),
        tf.keras.layers.Dense(num_hidden,
                        kernel_regularizer=regularizer,
                        activation=tf.keras.activations.relu),
        tf.keras.layers.Dense(len(CLASS_NAMES),
                        kernel_regularizer=regularizer,
                        activation='softmax')
    ])
    model.compile(optimizer=tf.keras.optimizers.Adam(learning_rate=lrate),
                loss=tf.keras.losses.SparseCategoricalCrossentropy(
                        from_logits=False),
                metrics=['accuracy'])
    return model
```

如您所見，我們定義了從中取得超參數的空間。學習率（`lrate`）是一個介於 1e-4 和 1e-1 之間的浮點值，以對數（而不是線性）方式選擇。L2 正則化值是從一組包含五個預定義值（0.0、1e-1、1e-2、1e-3 和 1e-4）中選擇的。隱藏節點的數量（`num_hidden`）是從 32 到 256 的範圍內，以 32 為增量選擇的一個整數。然後這些值將和平常一樣用於模型建構程式碼。

我們將 build_model() 函數傳遞給 Keras Tuner 優化演算法。它支援多種演算法
（*https://keras-team.github.io/keras-tuner/documentation/tuners/*），但貝氏優化（Bayesian
optimization）是一種舊的立即可用演算法，適用於電腦視覺問題：

```
tuner = kt.BayesianOptimization(
    build_model,
    objective=kt.Objective('val_accuracy', 'max'),
    max_trials=10,
    num_initial_points=2,
    overwrite=False) # True 以重新開始
```

在此處，我們指定目標是要最大化驗證準確度，並且希望貝氏優化器從 2 個隨機選擇的
種子點開始執行 10 次試驗。調整器可以從它停止的地方開始，我們會要求 Keras 這樣
做，告訴它重用在以前的試驗中所學到的資訊，而不是從頭開始。

建立調整器後，我們可以執行搜尋：

```
tuner.search(
    train_dataset, validation_data=eval_dataset,
    epochs=5,
    callbacks=[tf.keras.callbacks.EarlyStopping(patience=1)]
)
```

在執行結束時，我們可以使用以下方法獲得排名前 N 名的試驗（以最高驗證準確度結束
的試驗）：

```
topN = 2
for x in range(topN):
    print(tuner.get_best_hyperparameters(topN)[x].values)
    print(tuner.get_best_models(topN)[x].summary())
```

當我們對 5-flowers 問題進行超參數調整時，我們決定的最佳參數集是：

```
{'lrate': 0.00017013245197465996, 'l2': 0.0, 'num_hidden': 64}
```

所獲得的最佳驗證準確度為 0.46。

深度神經網路

線性模型給了我們 0.4 的準確度。帶有一個隱藏層的神經網路則給了我們 0.46 的準確
度。如果我們添加更多的隱藏層會怎樣呢？

深度神經網路（*deep neural network*, DNN）是一種具有多個隱藏層的神經網路。每增加一層，可訓練參數的數量就會增加。因此，我們將需要更大的資料集。我們仍然只有 3,700 張花朵影像，但是正如您將看到的，我們可以使用一些技巧（也就是 dropout 和批次正規化（batch normalization））來限制發生過度擬合的數量。

建構 DNN

我們可以將 DNN 的建立過程參數化如下：

```python
def train_and_evaluate(batch_size = 32,
                       lrate = 0.0001,
                       l1 = 0,
                       l2 = 0.001,
                       num_hidden = [64, 16]):
    ...

    # 具有多個隱藏層的神經網路
    layers = [
            tf.keras.layers.Flatten(
                input_shape=(IMG_HEIGHT, IMG_WIDTH, IMG_CHANNELS),
                name='input_pixels')
    ]
    layers = layers + [
            tf.keras.layers.Dense(nodes,
                kernel_regularizer=regularizer,
                activation=tf.keras.activations.relu,
                name='hidden_dense_{}'.format(hno))
            for hno, nodes in enumerate(num_hidden)
    ]
    layers = layers + [
            tf.keras.layers.Dense(len(CLASS_NAMES),
                kernel_regularizer=regularizer,
                activation='softmax',
                name='flower_prob')
    ]

    model = tf.keras.Sequential(layers, name='flower_classification')
```

請注意，我們為那些層提供了可讀的名稱。這會在列印模型摘要時顯示出來，並且對於要根據名稱來取得一個層時也很有用。例如，這裡是 num_hidden 為 [64, 16] 的模型：

```
Model: "sequential_4"
_____
```

```
Layer (type)                 Output Shape              Param #
=================================================================
input_pixels (Flatten)       (None, 150528)            0
_____
hidden_dense_0 (Dense)       (None, 64)                9633856
_____
hidden_dense_1 (Dense)       (None, 16)                1040
_____
flower_prob (Dense)          (None, 5)                 85
=================================================================
Total params: 9,634,981
Trainable params: 9,634,981
Non-trainable params: 0
```

一旦建立模型後，就像以前一樣進行訓練。不幸的是，最終的驗證準確度比使用線性模型或神經網路所獲得的還要差，如圖 2-21 所示。

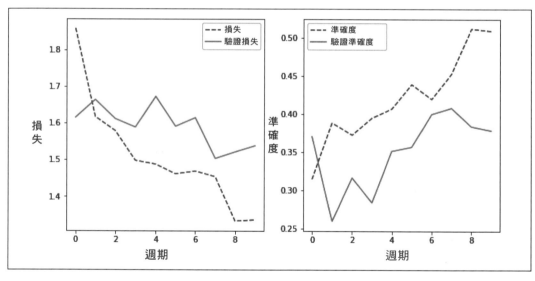

圖 2-21 具有兩個隱藏層的深度神經網路的損失和準確度曲線。

5-flowers 資料集太小了，我們無法利用 DNN 的額外的層所提供的額外建模能力。回想一下，當開始使用神經網路時，也遇到過類似的情況。最初，我們並沒有比線性模型做得更好，但是透過添加正則化和降低學習率，能夠獲得更好的效能。

我們可以應用一些技巧來提高 DNN 的效能嗎？很高興您問了！有兩個點子 —— dropout 層（dropout layer）和批次正規化（batch normalization）—— 值得一試。

Dropout

Dropout 是深度學習中最古老的正則化技術之一。在每次訓練迭代中，dropout 層會從網路中丟棄隨機的神經元，其機率為 p（通常為 25% 到 50%）。實務上，被丟棄的神經元的輸出會被設置為零。結果是這些神經元在這次並不會參與損失的計算，也不會更新權重（見圖 2-22）。每次訓練迭代都會丟棄不同的神經元。

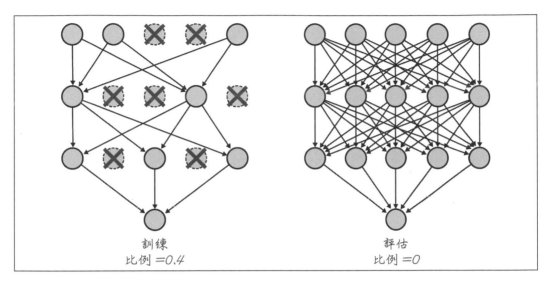

圖 2-22　dropout 層是在訓練期間應用的 —— 在這裡，當 dropout 比例為 0.4 時，在訓練的每一步驟都會隨機丟棄層中 40% 的節點。

在測試網路效能時，我們需要考慮所有的神經元（dropout 比例 =0）。Keras 會自動執行此運算，因此您只需添加一個 `tf.keras.layers.Dropout` 層就可以了。它將在訓練和評估時自動進行正確的行為：在訓練期間，層會隨機的進行丟棄；但在評估和預測過程中，不會有任何層進行丟棄。

 dropout 背後的理論是，神經網路在其眾多層之間具有非常大的自由度，以至於某一層完全有可能發展出不良的行為，而下一層則完全有可能再對其進行補償。這不是神經元的理想用途。使用 dropout，在給定的訓練回合中，會 "修復" 問題的神經元很可能並不存在。因此，違規層的不良行為變得明顯，使得權重朝著更好的行為發展。dropout 還有助於在整個網路中傳播資訊流，為所有權重提供差不多相等的訓練量，這有助於保持模型平衡。

批次正規化

我們的輸入像素值會落在 [0, 1] 範圍內，這與典型的激發函數和優化器的動態範圍相容。然而，一旦我們添加了一個隱藏層，產生的輸出值將不再位於後續層激發函數的動態範圍內（見圖 2-23）。發生這種情況時，神經元的輸出將為零，且由於不管在哪一方向上進行少量移動都沒有區別，因此梯度為零。網路沒有辦法逃離死區。

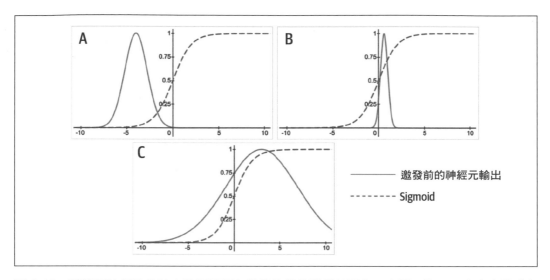

圖 2-23　隱藏層神經元的輸出值可能不在激發函數的動態範圍內。它們可能 (A) 向左太遠（在 sigmoid 激發後，這個神經元幾乎總是輸出零），(B) 太窄（在 sigmoid 激發後，這個神經元從不輸出明確的 0 或 1），或 (C) 沒那麼糟糕（在 sigmoid 激發之後，這個神經元將在迷你批次中輸出 0 到 1 之間的合理範圍的輸出）。

為了解決這個問題，批次正規化透過減去平均值並除以標準差（standard deviation）來對訓練資料批次中的神經元輸出進行正規化。然而，只是這樣做可能會導致極端狀況出現 —— 在完美置中且處處分佈正常的情況下，所有神經元都將具有相同的行為。訣竅是為每個神經元引入兩個額外的可學習參數，稱為尺度（scale）和中心（center），並使用這些值將輸入給神經元的資料進行正規化：

$$正規化後 = \frac{(輸入 - 中心)}{尺度}$$

這樣，網路可以透過機器學習來決定對每個神經元應用多少的置中（centering）和重新縮放（rescaling）。在 Keras 中，您可以選擇性的使用其中之一。例如：

```
tf.keras.layers.BatchNormalization(scale=False, center=True)
```

批次正規化的問題在於進行預測時,您沒有可以用來計算神經元輸出統計的訓練批次,但您還是需要那些值。因此,在訓練期間,神經元的輸出統計是使用在「足夠」數量的批次中進行指數平均(exponential average)來計算,然後在推論時使用這些統計資訊。

好消息是,在 Keras 中,您可以使用 tf.keras.layers.BatchNormalization 層,所有這些會計行為都會自動發生。使用批次正規化時,請記住:

* 在應用激發函數之前會對層的輸出執行批次正規化。因此,與其在 Dense 層的建構子函數中設定 activation='relu',我們寧願省略那裡的激發函數,然後添加一個分別的 Activation 層。

* 如果在批次正規化中使用 center=True,則您的層中不需要偏差。批次正規化的偏移(offset)發揮了偏差的作用。

* 如果您使用尺度不變(scale-invariant)的激發函數(也就是,即使放大它也不會改變形狀),那麼您可以設定 scale=False。ReLu 是尺度不變的。Sigmoid 則不是。

透過 dropout 和批次正規化,隱藏層現在變成:

```
for hno, nodes in enumerate(num_hidden):
    layers.extend([
        tf.keras.layers.Dense(nodes,
                              kernel_regularizer=regularizer,
                              name='hidden_dense_{}'.format(hno)),
        tf.keras.layers.BatchNormalization(scale=False, # ReLU
                              center=False, # have bias in Dense
                              name='batchnorm_dense_{}'.format(hno)),
        # 將激發移動到批次正規化之後
        tf.keras.layers.Activation('relu',
                                   name='relu_dense_{}'.format(hno)),
        tf.keras.layers.Dropout(rate=0.4,
                                name='dropout_dense_{}'.format(hno)),

    ])

    layers.append(
        tf.keras.layers.Dense(len(CLASS_NAMES),
                              kernel_regularizer=regularizer,
                              activation='softmax',
                              name='flower_prob')
    )
```

請注意，我們已將激發從 Dense 層移到批次處理正規化後的分別層中：

hidden_dense_0 (Dense)	(None, 64)	9633856
batchnorm_dense_0 (BatchNorm	**(None, 64)**	**128**
relu_dense_0 (**Activation**)	(None, 64)	0
dropout_dense_0 (Dropout)	(None, 64)	0

結果訓練指出，這兩個技巧提高了模型的泛化能力和收斂速度，如圖 2-24 所示。我們現在得到了 0.48 的準確度，而不是沒有使用批次正規化和 dropout 的 0.40。但是，從根本上說，DNN 並不比線性模型好多少（0.48 對 0.46），因為密集網路並不是建立更深度網路的正確方法。

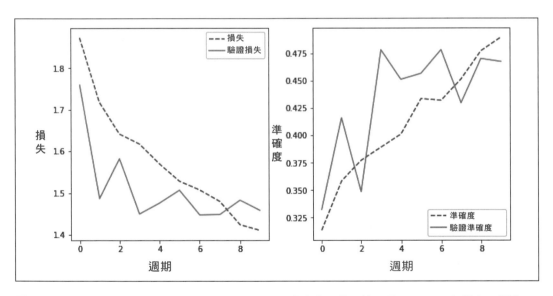

圖 2-24　具有兩個隱藏層的深度神經網路的損失和準確度曲線，使用了 dropout 和批次正規化。

上圖的曲線表現不佳（注意驗證曲線的波動）。為了讓它們更平滑，我們將不得不嘗試不同的正則化值，然後像以前一樣進行超參數調整。一般來說，您必須針對您選擇的任何模型嘗試所有這些想法（正則化、提前停止、dropout、批次正規化）。在本書的其餘部分，我們只是展示程式碼，但在實務上，模型建立之後總會進行一段時間的實驗和超參數調整。

總結

在本章中，我們探索了如何建構一個簡單的資料生產線，來讀取影像檔案並建立二維浮點陣列。這些陣列被用作是完全連接的機器學習模型的輸入。我們從一個線性模型開始，然後添加了更多的 Dense 層。我們發現正則化對於限制過度擬合很重要，並且改變學習率會影響學習能力。

本章中建構的模型沒有利用影像的特殊結構，也就是相鄰的像素是高度相關的。這是我們在第 3 章中要做的。不過，本章中所介紹的那些用來讀取影像、視覺化影像、建立 ML 模型和使用 ML 模型進行預測的工具仍將適用，即使模型本身變得更加複雜也一樣。您在此處學到的技術 —— 隱藏層、改變學習率、正則化、提前停止、超參數調整，dropout 和批次正規化 —— 將用於我們在本書中討論的所有模型。

本章介紹了很多重要的術語。為了快速參考，下面是一個簡短的術語表。

術語表

準確度（*accuracy*）

　　衡量分類模型中正確預測比例的誤差度量：(TP + TN) / (TP + FP + TN + FN)，其中，舉例而言，TP 代表真陽性。

激發函數（*activation function*）

　　應用於神經網路中節點的輸入的加權總和的函數。這就是將非線性添加到神經網路的方式。常見的激發函數包括 ReLU 和 sigmoid。

AUC

　　真陽性率與偽陽性率的曲線下的面積。AUC 是與閾值無關的誤差度量。

批次（*batch*）或迷你批次（*mini-batch*）

　　訓練總是對成批的訓練資料和標籤進行。這樣做有助於演算法收斂。批次維度通常是資料張量的第一維度。例如，形狀為 [100, 192, 192, 3] 的張量包含 100 張 192x192 像素的影像，每個像素具有三個值（RGB）。

批次正規化（*Batch normalization*）

　　為每個神經元添加兩個額外的可學習參數，以在訓練期間對神經元的輸入資料進行正規化。

交叉熵損失（*cross-entropy loss*）

分類器中經常使用的特殊損失函數。

密集層（*dense layer*）

一層神經元，其中每個神經元都連結到前一層中的所有神經元。

dropout

深度學習中的一種正則化技術，在每次訓練迭代期間，從網路中隨機選擇的神經元會被丟棄。

提前停止（*early stopping*）

當驗證集錯誤開始惡化時停止訓練運行。

週期（*epoch*）

在訓練期間完全跑過一次訓練資料集。

誤差度量（*error metric*）

將神經網路的輸出與正確答案進行比較的誤差函數。要報告的是評估資料集上的誤差。常見的誤差度量包括精確度、召回率、準確度和 AUC。

特徵（*feature*）

用於指稱神經網路輸入的術語。在現代影像模型中，像素值就形成特徵。

特徵工程（*feature engineering*）

確定將資料集的哪些部分（或部分的組合）輸入神經網路以獲得良好預測的藝術。在現代影像模型中，不需要特徵工程。

展平（*flattening*）

將多維張量轉換為包含所有值的一維張量。

超參數調整（*hyperparameter tuning*）

一個「外部」優化循環，其中會訓練具有不同模型超參數值（如學習率和節點數）的多個模型，並選擇這些模型中最好的。在我們稱為訓練迴圈（*training loop*）的「內部」優化循環中，模型的參數（權重和偏差）會被優化。

標籤（*label*）

「類別」的另一個名稱，或監督式分類問題中的正確答案。

學習率（*learning rate*）

在訓練迴圈的每次迭代中用於更新權重和偏差的梯度比例。

logit

應用激發函數之前的一層神經元的輸出。該術語來自邏輯函數（*logistic function*），也就是 sigmoid 函數，它曾經是最流行的激發函數。「邏輯函數之前的神經元輸出」被縮寫為「logits」。

損失（*loss*）

將神經網路輸出與正確答案進行比較的誤差函數。

神經元（*neuron*）

神經網路最基本的單元，它計算其輸入的加權總和、加上一個偏差，並透過激發函數提供結果。訓練資料集的損失是在訓練過程中最小化的。

一位有效編碼（*one-hot encoding*）

將分類值表示為二元向量。例如，5 個類別中的第 3 個類別會被編碼成由五個元素所組成的向量，其中除了第三個元素是 1 之外其他元素都是 0：[0 0 1 0 0]。

精確度（*precision*）

一種誤差度量，用於測量已識別的陽性集合中真陽性的比例：TP / (TP + FP)。

召回率（*recall*）

一種誤差度量，用於測量資料集中所有真陽性中被識別的比例：TP / (TP + FN)。

正則化（*regularization*）

訓練期間對權重或模型函數施加的懲罰，以限制過度擬合的數量。*L1* 正則化會將許多權重值驅動為零，但比 *L2* 正則化更能容忍個別的大權重值，後者則傾向於將所有權重驅動為小但非零的值。

ReLU

整流線性單元。一種流行的神經元激發函數。

sigmoid

作用於無界純量並將其轉換為介於 [0,1] 之間的值的激發函數。它被用來當作二元分類器的最後一步。

softmax

作用於向量的特殊激發函數。它增加了最大成分與所有其他成分之間的差異，並將向量正規化為總和為 1，以便將其解讀為機率向量。用來當作多類別分類器的最後一步。

張量（*tensor*）

張量就像一個矩陣，但具有任意數量的維度。一維張量是一個向量，二維張量是一個矩陣，您可以擁有三、四、五或更多維的張量。在本書中，我們將使用張量這個術語來指稱支援 GPU 加速的 TensorFlow 運算的數值型別。

訓練（*training*）

優化機器學習模型的參數以降低訓練資料集的損失。

## 第三章

影像視覺

在第 2 章中，我們研究了將像素視為獨立輸入的機器學習模型。傳統的完全連接神經網路層在影像上表現不佳，因為它們沒有利用相鄰像素會高度相關的事實（見圖 3-1）。此外，完全連接多個層並沒有對影像的二維階層式本質做出任何特殊準備。彼此靠近的像素一起合作以建立形狀（例如直線和弧形），而這些形狀本身又一起合作，以建立物件的可識別部分（例如花的莖和花瓣）。

在本章中，我們將透過一些會利用影像特殊屬性的技術和模型架構來解決這個問題。

本章的程式碼位於本書 GitHub 儲存庫（*https://github.com/Google CloudPlatform/practical-ml-vision-book*）的 *03_image_models* 資料夾中。我們將在適用的情況下提供程式碼範例和筆記本的檔名。

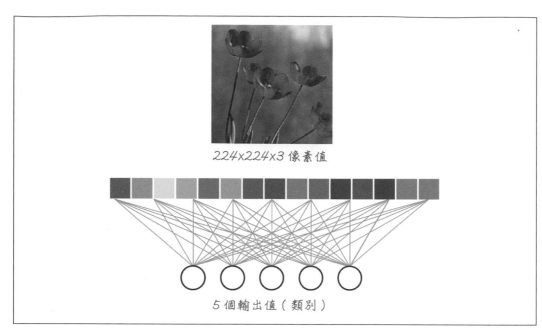

圖 3-1　將完全連接層應用於影像的所有像素，會將像素視為獨立輸入，並忽略了影像具有相鄰像素會共同合作以建立形狀的特性。

預訓練嵌入

我們在第 2 章中開發的深度神經網路有兩個隱藏層，一個有 64 個節點，另一個有 16 個節點。考慮這種網路架構的一種方式如圖 3-2 所示。從某種意義上說，輸入影像中包含的所有資訊都由倒數第二層來表達，它的輸出由 16 個數字組成。提供影像表達法的這 16 個數字被稱為嵌入（*embedding*）。當然，較前面的層也從輸入影像中獲取資訊，但它們通常不會用來當作嵌入，因為它們缺少一些階層性資訊。

在本節中，我們將討論如何建立嵌入（不同於分類模型），以及如何使用嵌入來使用兩種不同的方法（遷移學習和微調）在不同資料集上訓練模型。

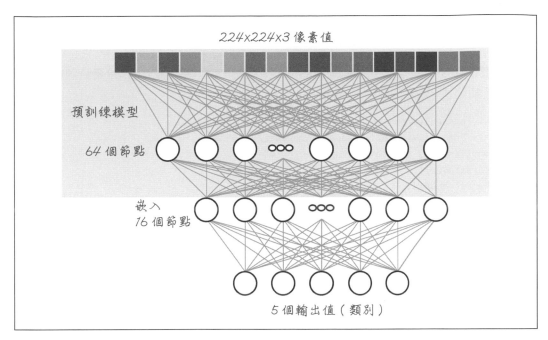

圖 3-2　構成嵌入的 16 個數字，提供了整張影像中所有資訊的表達法。

預訓練模型

嵌入是透過對輸入影像應用一組數學運算來建立的。回想一下，我們在第 2 章中申明，我們所獲得的大約 0.45 的模型準確度，是因為我們的資料集不夠大，無法支援完全連接深度學習模型中的數百萬個可訓練權重。如果想要在已經在更大資料集上訓練完成的模型中，重新建構嵌入建立的部分要怎麼辦呢？我們不能重新調整整個模型的用途，因為該模型還沒有被訓練來對花朵進行分類。但是，我們可以丟棄該模型的最後一層（或稱預測頭（*prediction head*）），並將其替換成我們自己的。模型的重新利用部分可以用一個非常大的泛用資料集進行預訓練（*pretrain*），然後可以將知識遷移（*transfer*）到想要分類的實際資料集。回顧一下圖 3-2，我們可以將標記為「預訓練模型」的框中的 64 個節點層替換為已經在更大資料集上進行訓練的模型的前幾層。

預訓練模型是在大型資料集上訓練的模型，可用來作為建立嵌入的一種方式。例如，MobileNet 模型（*https://oreil.ly/JNk0O*）是在 ImageNet（ILSVRC）資料集（*https://oreil.ly/B9Q85*）上訓練的具有 1 至 4 百萬個參數的模型，此資料集包含了從網路上抓取的數百個類別的數以百萬計的影像。因此，由此產生的嵌入能夠有效壓縮在各種影像中發現的資訊。只要我們想要分類的影像本質上與 MobileNet 所訓練的影像相似，

MobileNet 的嵌入就應該為我們提供一個很好的預訓練嵌入，我們可以把它當作我們自己的較小資料集上訓練模型的起點。

TensorFlow Hub 上提供了預訓練的 MobileNet，我們可以透過將 URL 傳遞給訓練模型，輕鬆將其載入為 Keras 層：

```
import tensorflow_hub as hub
huburl= "https://tfhub.dev/google/imagenet/\
    mobilenet_v2_100_224/feature_vector/4"
hub.KerasLayer(
    handle=huburl,
    input_shape=(IMG_HEIGHT, IMG_WIDTH, IMG_CHANNELS),
    trainable=False,
    name='mobilenet_embedding')
```

在此程式碼片段中，我們匯入了套件 tensorflow_hub、建立了一個 hub.KerasLayer、並傳入了我們影像的 URL 和輸入形狀。攸關重要的是，我們指定該層為不可訓練的，而是應該假設為已經預訓練了。透過這樣做，我們確保不會根據花朵資料來修改其權重；它將是唯讀的。

遷移學習

模型其餘部分類似於之前建立的 DNN 模型。以下是一個使用從 TensorFlow Hub 載入的預訓練模型作為其第一層的模型（完整程式碼可在 *03a_transfer_learning.ipynb* 中找到）：

```
layers = [
    hub.KerasLayer(..., name='mobilenet_embedding'),
    tf.keras.layers.Dense(units=16,
                          activation='relu',
                          name='dense_hidden'),
    tf.keras.layers.Dense(units=len(CLASS_NAMES),
                          activation='softmax',
                          name='flower_prob')
]
model = tf.keras.Sequential(layers, name='flower_classification')
...
```

得到的模型摘要如下：

```
Model: "flower_classification"

Layer (type)                    Output Shape                Param #
=================================================================
mobilenet_embedding (KerasLa    (None, 1280)                2257984

_____

dense_hidden (Dense)            (None, 16)                  20496

_____

flower_prob (Dense)             (None, 5)                   85
=================================================================
Total params: 2,278,565
Trainable params: 20,581
Non-trainable params: 2,257,984
```

請注意,我們稱為 mobilenet_embedding 的第一層有 226 萬個參數,但它們是不可訓練的。只有 20,581 個參數是可訓練的:1,280 * 16 個權重 + 16 個偏差 = 來自隱藏密集層的 20,496,再加上從密集層到五個輸出節點的 16 * 5 個權重 + 5 個偏差 = 85。因此,儘管 5-flowers 資料集不足以訓練數百萬個參數,但它足以訓練僅僅 20K 個參數。

這種透過用影像嵌入來替換其輸入層以訓練模型的過程稱為**遷移學習**(*transfer learning*),因為我們把 MobileNet 建立者從更大型的資料集中所學到的知識,遷移到我們的問題中了。

因為我們要用 Hub 層替換掉模型的輸入層,所以確保資料生產線會以 Hub 層所期望的格式來提供資料很重要。TensorFlow Hub 中的所有影像模型都使用通用的影像格式,並期望像素值為 [0,1) 範圍內的浮點數。我們在第 2 章中使用的影像讀取程式碼,會將 JPEG 影像縮放到這個範圍內,所以我們不會有問題。

Keras 中的預訓練模型

我們剛剛向您展示了如何從 TensorFlow Hub 載入預訓練模型。最流行的預訓練模型可直接在 Keras 中獲得。它們可以透過在 **tf.keras.applications.*** 中實例化相對應的類別來載入。例如:

```
pretrained_model = tf.keras.applications.MobileNetV2(
    weights='imagenet',include_top=False,
    input_shape=[IMG_HEIGHT, IMG_WIDTH, 3])
pretrained_model.trainable = False  # 用於遷移學習
```

以下的程式碼使用了預訓練模型來建構客製化分類器，方法是將客製化分類頭附加到它裏面：

```
model = tf.keras.Sequential([
  # 將影像格式由 int [0,255]
  # 轉換到本模型所預期的格式
  tf.keras.layers.Lambda(
    lambda data: tf.keras.applications.mobilenet.preprocess_input(
      tf.cast(data, tf.float32)),
    input_shape=[IMG_HEIGHT, IMG_WIDTH, 3]),
  pretrained_model,
  tf.keras.layers.GlobalAveragePooling2D(),
  tf.keras.layers.Dense(256, activation='relu'),
  tf.keras.layers.Dense(len(CLASSES),
  activation='softmax')
])
```

請注意程式碼片段如何處理預訓練模型的預期輸入和輸出：

1. `tf.keras.applications.*` 中的每個模型都期望其輸入影像具有特定範圍內的像素值，例如 [0, 1] 或 [–1, 1]。它為每個模型提供了一個名為 `tf.keras.applications.<MODEL_NAME>.preprocess_input()` 的格式轉換函數。它將像素值在 [0, 255] 範圍內的浮點數的影像轉換為預訓練模型所預期的像素格式。如果您使用 `tf.io.decode_image()` 運算來載入影像，該運算會傳回範圍為 [0, 255] 的 uint8 格式的像素，那麼在應用 `preprocess_input()` 之前需要將其轉換為浮點數。

這與 TensorFlow Hub 中使用的影像格式慣例不同。TensorFlow Hub 中的所有影像模型都期望像素值是在 [0, 1] 範圍內的浮點數。獲得該格式影像的最簡單方法是使用 `tf.io.decode_image()` 後面跟著 `tf.image.convert_image_dtype(..., tf.float32)`。

2. 使用 `include_top=False` 選項時，`tf.keras.applications.*` 中的所有模型都會傳回一個 3D 特徵圖。使用者有責任從中計算出一維特徵向量，以便可以附加密集層的分類頭。為此，您可以使用 `tf.keras.layers.GlobalAveragePooling2D()` 或是 `tf.keras.layers.Flatten()`。

這裏再次和 TensorFlow Hub 中的模型通常會傳回嵌入的方式有所不同。TensorFlow Hub 中名稱中包含 `feature_vector` 的所有模型都會傳回 1D 特徵向量，而不是 3D 特徵圖。可以在它們之後立即添加一個密集層以實作客製化分類頭。

訓練此模型與上一節中訓練 DNN 的方式相同（有關詳細資訊，請參閱 GitHub 儲存庫中的 *03a_transfer_learning.ipynb*）。由此產生的損失和準確度曲線如圖 3-3 所示。

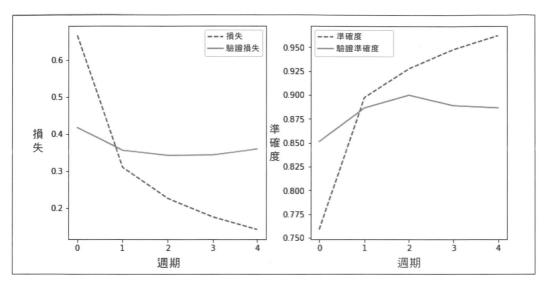

圖 3-3　具有兩個隱藏層的深度神經網路的損失和準確度曲線，有進行 dropout 和批次正規化。

令人印象深刻的是，我們使用遷移學習獲得了 0.9 的準確度（見圖 3-4），而在我們的資料上從頭開始訓練一個完全連接的深度神經網路時，我們只得到了 0.48。當您的資料集相對較小時，我們推薦使用遷移學習。只有當您的資料集開始超過每個標籤包含約五千張影像時，您才應該開始考慮從頭開始訓練。在本章的後面，我們將看到一些技術和架構，如果我們有一個大型資料集並且可以從頭開始訓練的話，它們可以讓我們獲得更高的準確度。

與第二列中的第一張影像的雛菊預測相關的機率可能會令人吃驚。機率怎麼可能是 0.41 呢？不是應該大於 0.5 嗎？回想一下，這不是一個二元預測問題。有五種可能的類別，如果輸出機率為 [0.41, 0.39, 0.1, 0.1, 0.1] 的話，中麼 `argmax` 將對應到雛菊，其機率為 0.41。

圖 3-4　MobileNet 遷移學習模型對評估資料集裏的部分影像的預測。

微調

在遷移學習期間，我們採用了構成 MobileNet 的所有層並按原樣來使用它們，我們是透過讓層無法被訓練來做到這一點。在 5-flowers 資料集上我們只調整了最後兩個密集層。

在許多情況下，如果我們允許我們的訓練迴圈也去適應預訓練層的話，我們可能會獲得更好的結果。這種技術稱為微調（*fine-tuning*）。預訓練的權重被用來當作神經網路權重的初始值（通常，神經網路訓練是從初始化為隨機值的權重開始）。

從理論上講，從遷移學習切換到微調所需要做的，就是在載入預訓練模型並且訓練資料時將 trainable 旗標從 False 翻轉為 True。然而，在實務中，在微調預訓練模型時，您經常會注意到如圖 3-5 所示的訓練曲線。

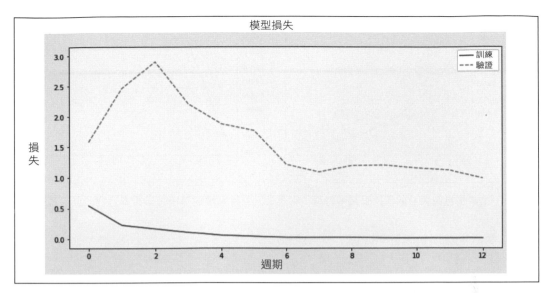

圖 3-5 　使用選擇不佳的學習率行程進行微調時的訓練和驗證損失曲線。

此處的訓練曲線呈現了模型在數學上是收斂的。然而，它在驗證資料上的效能很差，並且一開始很糟糕，後來才有所恢復。如果學習率設定得太高，預訓練的權重會以大步伐改變，造成預訓練期間學習的所有資訊都會丟失。找到一個有效的學習率可能會很棘手——將學習率設定得太低，收斂速度會很慢；太高，預訓練的權重又會丟失。

有兩種技術可以用來解決這個問題：學習率行程（learning rate schedule）和逐層學習率（layer-wise learning rate）。*03b_finetune_MOBILENETV2_flowers5.ipynb* 中提供了展示這兩種技術的程式碼。

學習率行程

訓練神經網路時最傳統的學習率行程是讓學習率從高開始，然後在整個訓練過程中以指數方式進行衰減。在對預訓練模型進行微調時，可以添加預熱斜坡（warm-up ramp）期間（見圖 3-6）。

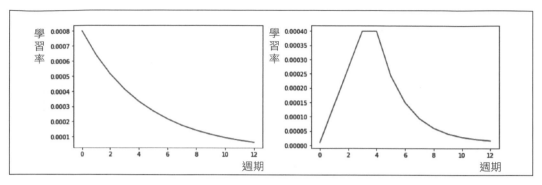

圖 3-6　左邊是指數衰減的傳統學習率行程；右邊是一個具有預熱斜坡的學習率行程，更適合微調。

圖 3-7 顯示了這種新學習率行程的損失曲線。

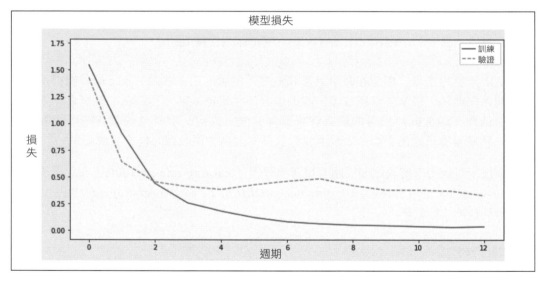

圖 3-7　使用修正後的學習率行程進行微調。

請注意，驗證損失曲線上仍有一個小麻煩，但沒有以前那麼糟糕（與圖 3-5 相比）。這將我們導引到用來選擇微調學習率的第二種方法。

差分學習率

另一個很好的取捨是應用 *差分學習率*（*differential learning rate*），我們對預訓練層使用低學習率，對客製化分類頭的層使用正常的學習率。

事實上，我們可以在預訓練層本身就延伸差分學習率的想法 —— 我們可以將學習率乘上一個基於層的深度而變化的因子，然後逐漸增加每層的學習率，並且在分類頭以完整的學習率而結束。

為了在 Keras 中應用像這樣複雜的差分學習率，我們需要編寫一個客製化優化器。但幸運的是，已經存在一個名為 AdamW（*https://oreil.ly/z1IfS*）的開源 Python 套件，我們可以透過為不同層指定學習率的乘數來使用它（完整程式碼請參見 GitHub 儲存庫中的 *03_image_models/03b_finetune_MOBILENETV2_flowers5.ipynb*）：

```
mult_by_layer={
    'block1_': 0.1,
    'block2_': 0.15,
    'block3_': 0.2,
    ... # 這裏是區塊 4 到 11
    'block12_': 0.8,
    'block13_': 0.9,
    'block14_': 0.95,
    'flower_prob': 1.0, # 用於分類頭
}

optimizer = AdamW(lr=LR_MAX, model=model,
                  lr_multipliers=mult_by_layer)
```

 我們怎麼知道載入的預訓練模型中層的名稱是什麼呢？我們執行的程式碼一開始沒有任何名稱，故使用了 lr_multipliers={}。客製化優化器在執行時會印出所有層的名稱。然後我們找到了用來標識網路中層深度的層名稱的子字串。客製化優化器透過傳遞給其 lr_multipliers 引數的子字串來匹配層的名稱。

使用逐層學習率和帶斜坡的學習率行程，我們可以將 tf_flowers（5-flowers）資料集上微調後的 MobileNetV2 的準確度提高到 0.92，僅用斜坡時則提高為 0.91，而僅使用遷移學習時提高到 0.9（參見 *03b_finetune_MOBILENETV2_flowers5.ipynb* 中的程式碼）。

此處微調的獲益很小，因為 tf_flowers 資料集很小。對於我們即將探索的進階架構來說，我們需要一個更具挑戰性的基準（benchmark）。在本章的其餘部分，我們將使用 *104 flowers* 資料集。

104 Flowers 資料集

104 flowers 資料集包含 104 種花卉的 23,000 多張已標記影像。它是為 Kaggle 上的「Petals to the Metal」（*https://oreil.ly/s232c*）比賽從各種公開可用的影像資料集組裝而成的。一些範例如圖 3-8 所示。

圖 3-8　摘自 104 flowers 資料集。

我們將在本章的其餘部分使用這個資料集。作為一個較大的資料集，它也需要更多的資源來訓練。這就是為什麼本章其餘部分的所有範例都設置為在 GPU 和 TPU 上執行（有關 TPU 的更多資訊將在第 7 章中提供）。資料儲存在 TFRecord 中，原因我們會在第 5 章中解釋。

該資料集也具有挑戰性，因為它嚴重的不平衡，某些類別有數千張影像，而有些其他類別的範例則不到一百。這反映了如何在真實生活中找到資料集。準確度 —— 即正確分類影像的百分比 —— 對於不平衡的資料集來說不是一個好的度量標準。因此，將改為使用**精確度**、**召回率**和 *F1* **分數**。正如您在第 2 章中瞭解到的，「雛菊」類別的精確度分數，是雛菊的預測是正確的比例，而召回率分數則是資料集中雛菊被正確分類的比例；F1 分數則是兩者的調和平均值。整體精確度是所有類別的精確度的加權平均值，由每個類別的實例數來進行加權。有關這些度量的更多資訊，請參見第 8 章。

GitHub 儲存庫包含了三個筆記本，用於在更大的 104 flowers 資料集上對這些微調技術進行試驗。結果如表 3-1 所示。對於這個任務，我們使用了 Xception，一個比 MobileNet 具有更多權重和層數的模型，因為 104 flowers 資料集更大，可以支援這個更大的模型。如您所見，學習率斜坡或逐層差分學習率並不是絕對必要的，但在實務上它會使收斂更加穩定，並且更容易找到可行的學習率參數。

表 3-1　在較大的 104 flowers 資料集上微調後的較大模型 (Xception) 所獲得的結果摘要。

Notebook 名稱	斜坡 學習率	差分 學習率	五次執行平均 F1 分數	五次執行的 標準差	備註
lr_decay_xception	否	否	0.932	0.004	好，變異數相對較低
lr_ramp_xception	是	否	0.934	0.007	非常好，高變異數
lr_layers_lr_ramp_xception	是	是	0.936	0.003	最好，極低變異數

到目前為止，我們已經使用 MobileNet 和 Xception 進行遷移學習和微調，但就我們而言，這些模型都是黑盒子。我們不知道它們有多少層，或者這些層由什麼所組成。在下一節中，我們將討論一個關鍵概念 —— 卷積（*convolution*），它幫助這些神經網路在萃取影像的語意資訊內容方面運作良好。

卷積網路

卷積層是專門為影像設計的。它們在二維中操作，而且可以捕捉形狀資訊；它們透過在影像上以兩個方向滑動一個稱為卷積過濾器（*convolutional filter*）的小視窗來運作。

卷積過濾器

典型的 4x4 過濾器對於影像的每個頻道都有獨立的過濾器權重。對於具有紅色、綠色和藍色頻道的彩色影像，過濾器總共有 4 * 4 * 3 = 48 個可學習的權重。要將過濾器應用於影像中的單一位置，我們會把該位置附近的像素值乘以過濾器權重並將它們相加，如圖 3-9 所示。此運算稱為張量點積（*dot product*）。透過在影像上滑動過濾器來計算影像中每個位置的點積的過程稱為卷積（*convolution*）。

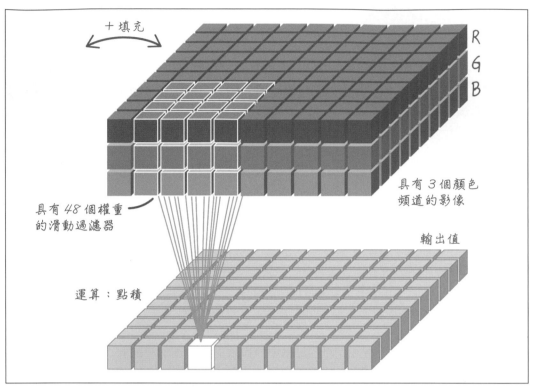

圖 3-9　使用單一 4x4 卷積過濾器來處理影像 —— 過濾器在兩個方向上滑過影像，在每個位置產生一個輸出值。

為什麼卷積過濾器有效？

卷積過濾器在影像處理中已經被使用了很長的時間。它們可以達成許多不同的效果。例如，所有權重都相同的過濾器是「平滑」過濾器（因為視窗內的每個像素對產生的輸出像素都有相同的貢獻）並產生圖 3-10 所示的第二個面板。以其他特定方式組織權重可以建立邊緣和影像強度偵測器（有關詳細資訊，請參閱 GitHub 儲存庫中的 *03_image_models/diagrams.ipynb*）。

原始	平滑	邊緣	影像強度

圖 3-10　不同卷積過濾器的效果。

更有趣的過濾器，例如圖 3-10（面板 3）中的邊緣（edge）過濾器，使用相鄰像素的相關性（correlation）和反相關性（anti-correlation）來計算有關影像的新資訊。事實上，相鄰的像素往往高度相關，並協同工作以建立我們在小尺度上所謂的*紋理*（*texture*）和*邊緣*（*edge*）以及更大尺度上的所謂*形狀*（*shape*）。這就是影像資訊被編碼的所在之處，這也是卷積過濾器能夠良好偵測的東西。

因此，卷積神經網路過濾器使得機器學習模型，可以學習到最能從訓練資料中獲取相關細節的權重安排方式。網路將學習可以最小化損失的任何權重組合。

卷積過濾器的另一個優點是一個 5x5x3 的過濾器只有 75 個權重，並且在整個影像上滑動的權重都是相同的。將此與完全連接的網路層形成對比，其中 200x200x3 的影像最終將在下一層中的*每個節點*具有 120K 權重！因此，卷積過濾器可以幫助限制神經網路的複雜性。由於我們訓練所需的資料集大小與可訓練參數的數量有關，因此使用卷積過濾器可以讓我們更有效的使用我們的訓練資料。

單一卷積過濾器可以用很少的可學習參數來處理整張影像 —— 事實上，它少到已無法充份學習和表達影像的複雜性，需要多個這樣的過濾器才行。一個卷積層通常包含數十或數百個類似的過濾器，每個過濾器都有自己獨立的可學習權重（見圖 3-11）。它們依次應用於影像，每個都產生一個輸出值*頻道*（*channel*）。卷積層的輸出是一個 2D 值的多頻道集合。請注意，這個輸出和輸入影像具有相同的維度數，輸入影像已經是 2D 像素值的三頻道集合。

瞭解卷積層的結構，讓我們可以輕鬆的計算它的可學習權重的數量，如圖 3-12 所示。該圖還介紹了將用於本章模型的卷積層的示意圖。

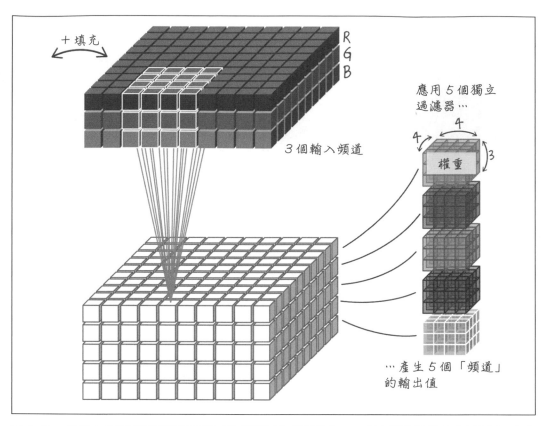

圖 3-11　使用由多個卷積過濾器所組成的卷積層來處理影像 —— 所有過濾器的大小都相同 (此處為 4x4x3),但具有獨立的可學習權重。

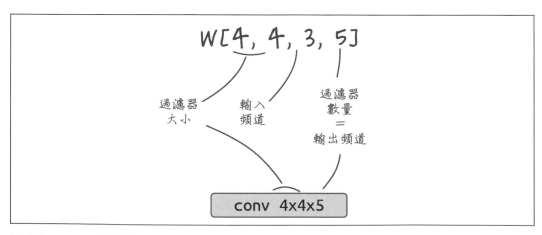

圖 3-12　W,卷積層的權重矩陣。

在此案例中，應用了 5 個過濾器後，該卷積層中可學習的權重總數為 4 * 4 * 3 * 5 = 240。

Keras 中有揜供卷積層：

```
tf.keras.layers.Conv2D(filters,
                       kernel_size,
                       strides=(1, 1),
                       padding='valid',
                       activation=None)
```

以下是參數的簡化說明（有關完整詳細資訊，請參閱 Keras 說明文件（*https://oreil.ly/NLRBL*））：

filters

應用於輸入的獨立過濾器的數量。這也將是輸出中的輸出頻道數。

kernel_size

每個過濾器的大小。這可以是單一數字，例如 4 表示 4x4 過濾器，或一對數字，例如 (4, 2) 表示一個矩形的 4x2 過濾器。

strides

過濾器每步滑過輸入影像的步幅。兩個方向的預設步幅均為 1 個像素。使用更大的步幅將跳過輸入像素，並產生更少的輸出值。

padding

'valid' 代表無填充或 'same' 代表在邊緣用零填充。如果將過濾器應用於具有 'valid' 填充的輸入，則僅當視窗內的所有像素都有效時才執行卷積，因此邊界像素將被忽略。因此，輸出在 x 和 y 方向上會稍微小一些。'same' 值則啟用輸入的零填充，以確保輸出具有與輸入相同的寬度和高度。

activation

像任何神經網路層一樣，卷積層後面可以跟著一個激發（非線性）。

圖 3-11 所示的卷積層，具有五個 4x4 過濾器、輸入填充、和兩個方向的預設步幅 1，可以按以下方式實作：

```
tf.keras.layers.Conv2D(filters=5, kernel_size=4, padding='same')
```

卷積層的輸入和輸出預計會是 4D 張量。第一個維度是批次大小，所以完整的形狀是 [批次，高度，寬度，頻道]。例如，一批次 16 張的 512x512 像素的（RGB）影像將表達成維度為 [16, 512, 512, 3] 的張量。

堆疊卷積層

上一節所述是一個通用卷積層，會將形狀為 [批次，高度，寬度，頻道] 的 4D 張量作為輸入，並產生另一個 4D 張量作為輸出。為了簡單起見，我們將忽略圖中的批次維度，並展示了形狀為 [高度，寬度，頻道] 的單張 3D 影像會發生什麼。

一個卷積層將一個「立方體（cube）」的資料轉換成另一個「立方體」的資料，然後又可以被另一個卷積層所使用。卷積層可以像圖 3-13 所示那樣進行堆疊。

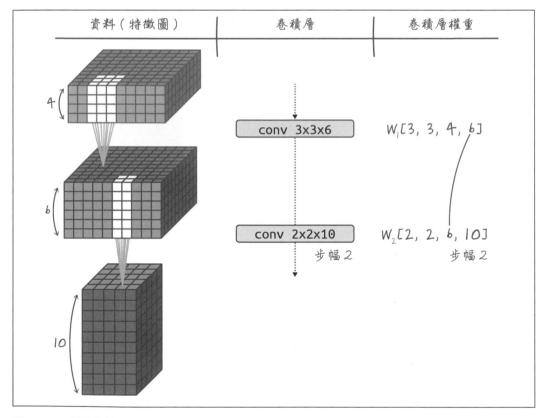

圖 3-13　由兩個依序應用的卷積層進行轉換的資料。右側顯示了可學習的權重。第二個卷積層的步幅為 2，有六個輸入頻道，與前一層的六個輸出頻道相匹配。

圖 3-13 顯示了資料如何透過兩個卷積層進行轉換。從頂部開始,第一層是一個 3x3 過濾器,應用於具有四個資料頻道的輸入。過濾器被應用在輸入六次,每次使用不同的過濾器權重,從而產生六個頻道的輸出值。然後再輸入到使用 2x2 過濾器的第二個卷積層。請注意,第二個卷積層在應用其過濾器以獲得更少的輸出值(在水平平面中)時使用 2(每隔一個像素)的步幅。

池化層

每個卷積層中應用的過濾器數量,決定了輸出所包含的頻道數量。但是如何控制每個頻道的資料量呢?神經網路的目標,通常是從由數百萬個像素所組成的輸入影像中萃取資訊到少數類別。因此,我們需要能夠對每個頻道中的資訊進行組合或向下採樣(downsample)的層。

最常用的向下採樣運算是 2x2 最大池化(*max pooling*)。使用最大池化,僅會保留來自頻道的每組四個輸入值裏的最大值(圖 3-14)。平均池化(*average pooling*)以類似的方式工作,將四個值取平均值而不是保留最大值。

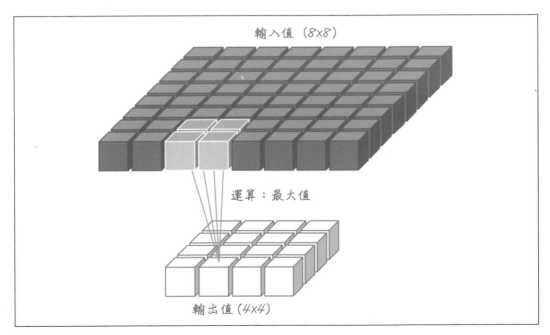

圖 3-14　應用於單一輸入資料頻道的 2x2 最大池化運算。對每組 2x2 輸入值取最大值,並且在每個方向上每兩個值重複一次運算(步幅為 2)。

請注意，最大池化層和平均池化層沒有任何可訓練的權重。它們純粹是大小調整圖層。

關於為什麼最大池化層與神經網路中的卷積層可以配合得很好，有一個有趣的物理解釋。卷積層是一系列可訓練的過濾器，訓練後，每個過濾器專門匹配某些特定的影像特徵。卷積神經網路中的第一層對輸入影像中的像素組合做出反應，但後續的層會對前幾層的特徵組合做出反應。例如，在訓練用來識別貓的神經網路時，第一層會對基本影像成分（如水平線和垂直線或毛皮紋理）做出反應；隨後的層會對線條和毛皮的特定組合做出反應，以識別尖耳朵、鬍鬚或貓眼；更後面的層甚至能夠偵測到尖耳朵 + 鬍鬚 + 貓眼的組合作為貓的頭部。最大池化層僅保留以最大強度偵測到某些特徵 X 的值。如果目標是減少值的數量，保留偵測到的值裏最具代表性的是有道理的。

池化層和卷積層對偵測到的特徵的位置也有不同的效果。卷積層傳回一個特徵圖，其高值會位於它的過濾器偵測到重要事物的位置；另一方面，池化層會降低特徵圖的解析度並使得位置資訊不太準確。有時位置或相對位置很重要，例如眼睛通常位於臉部的鼻子上方。卷積確實能為網路中的其他層產生位置資訊以供使用；然而，在其他時候，定位特徵所在並不是我們的目標 —— 例如，在花朵分類器中，您希望訓練模型來識別影像中的任何花朵。在這種情況下，在訓練位置的不變性時，池化層有助於在一定程度上模糊位置的資訊，但無法完全模糊。如果要成為真正的位置不可知網路的話，就必須對顯示了許多不同位置的花朵影像進行訓練。影像的隨機裁剪等資料擴增方法，可用於強制網路去學習這種位置不變性。第 6 章會介紹資料擴增。

向下採樣頻道資訊的第二個選項是，應用步幅為 2 或 3 而不是 1 的卷積。然後卷積過濾器在輸入影像上按每個方向 2 或 3 個像素的步幅滑動。這會機械性的產生特定大小的輸出值，如圖 3-15 所示。

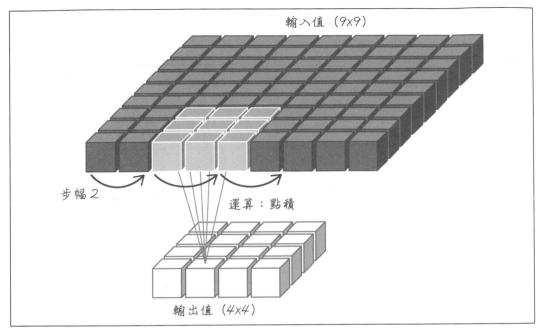

圖 3-15 應用於單一資料頻道的 3x3 過濾器，兩個方向的步幅均為 2，且無填充。過濾器會一次跳躍 2 個像素。

我們現在準備將這些層組裝成我們的第一個卷積神經分類器。

AlexNet

最簡單的卷積神經網路架構是卷積層和最大池化層的混合。它將每個輸入影像轉換為最終長方體形狀的值，通常稱為**特徵圖**（*feature map*），然後將它輸入多個完全連接的層，最後輸入一個 softmax 層以計算類別機率。

AlexNet 是由 Alex Krizhevsky 等人在 2012 年的論文（*https://oreil.ly/sMlqQ*）中介紹的。如圖 3-16 所示，就是這樣一種架構。它是為 ImageNet 競賽（*https://oreil.ly/G1jfu*）所設計，該競賽要求參賽者基於超過一百萬張影像的訓練資料集，將影像分為一千個類別（汽車、花卉、狗等）。AlexNet 是神經影像分類領域最早的成功案例之一，它在準確度方面取得了巨大的進步，並證明深度學習比現有技術更能解決電腦視覺問題。

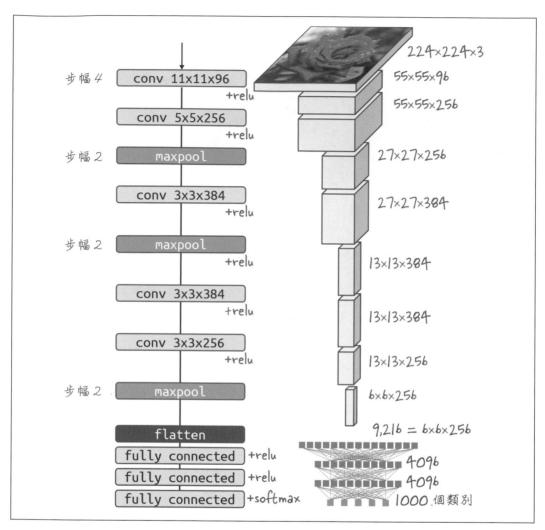

圖 3-16　AlexNet 架構：左側表示神經網路層。右側是特徵圖（由層轉換而來）。

在這種架構中，卷積層改變了資料的深度 —— 即頻道的數量。最大池化層在高度和寬度方向上對資料進行向下採樣。第一個卷積層的步幅為 4，這也是它對影像進行向下採樣的原因。

AlexNet 使用步幅為 2 的 3x3 最大池化運算，更傳統的選擇是步幅為 2 的 2x2 最大池化。AlexNet 研究聲稱這種「重疊的」最大池化具有一些優勢，但似乎並不顯著。

每個卷積層都由 ReLU 激發函數來激發。最後四層構成了 AlexNet 的分類頭,採用最後一個特徵圖,將其所有值展平為一個向量,並將它饋入三個完全連接的層。因為 AlexNet 是為一千個類別所設計的,最後一層是由具有一千個輸出的 softmax 來激發,這些輸出會計算一千個目標類別的機率。

所有卷積層和完全連接層都使用加成性偏差(additive bias)。當使用 ReLU 激發函數時,習慣上在訓練前會將偏差初始化為一個小的正值,這樣在激發之後,所有層都將以非零輸出和非零梯度開始(記住 ReLU 曲線對所有負值都是平坦的零)。

在圖 3-16 中,請注意 AlexNet 從一個非常大的 11x11 卷積過濾器開始。就可學習的權重而言,這是代價高昂的,而且在更現代的架構中也可能不會這樣做。然而,大型 11x11 過濾器的一個優點是它們所學到的權重可以視覺化為 11x11 像素的影像。AlexNet 論文的作者這樣做了;他們的結果如圖 3-17 所示。

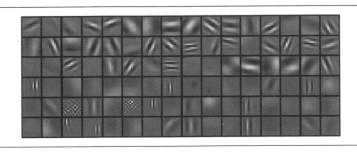

圖 3-17　來自 AlexNet 第一層的全部 96 個過濾器。它們的大小為 11x11x3,這意味著它們可以顯示為彩色影像。這張圖顯示了他們訓練後的權重。圖片來自於 Krizhevsky 等人,2012(*https://oreil.ly/X3xRb*)。

如您所見,該網路學會了偵測各種方向的垂直、水平和傾斜線。兩個過濾器呈現棋盤格子圖案,這可能會對影像中的顆粒紋理做出反應。您還可以看到針對單一顏色或相鄰顏色對的偵測器。這些全部都是後續卷積層會用來組裝成在語意上更重要的那些構造的基本特徵。例如,神經網路會將紋理和線條組合成「車輪」、「車把」和「鞍座」等形狀,然後將這些形狀組合成「自行車」。

我們選擇在這裡展示 AlexNet,因為它是開創性的卷積架構之一,交替使用卷積層和最大池化層仍然是現代網路的一個特徵。但是,在此架構下的其他選擇不再能代表是目前被公認的最佳實務作法。例如,後來發現在第一個卷積層中使用非常大的 11x11 過濾器,並不是可學習權重的最佳用途(3x3 更好,我們將在本章後面看到)。此外,最後三個完全連接層有超過 2,600 萬個可學習的權重!這比所有卷積層的總和(370 萬)還高一個數量級。網路也很淺，只有八個神經層。現代神經網路顯著的增加了層的數量，達到一百層或更多。

然而，這個非常簡單的模型一個優點是，它可以在 Keras 中非常簡潔的進行實作（您可以在 GitHub 上的 *03c_fromzero_ALEXNET_flowers104.ipynb* 中查看完整範例）：

```
model = tf.keras.Sequential([
    tf.keras.Input(shape=[IMG_HEIGHT, IMG_WIDTH, 3]),
    tf.keras.layers.Conv2D(filters=96, kernel_size=11, strides=4,
                           activation='relu'),
    tf.keras.layers.Conv2D(filters=256, kernel_size=5,
                           activation='relu'),
    tf.keras.layers.MaxPool2D(pool_size=2, strides=2),
    tf.keras.layers.Conv2D(filters=384, kernel_size=3,
                           activation='relu'),
    tf.keras.layers.MaxPool2D(pool_size=2, strides=2),
    tf.keras.layers.Conv2D(filters=384, kernel_size=3,
                           activation='relu'),
    tf.keras.layers.Conv2D(filters=256, kernel_size=3,
                           activation='relu'),
    tf.keras.layers.MaxPool2D(pool_size=2, strides=2),
    tf.keras.layers.Flatten(),
    tf.keras.layers.Dense(4096, activation='relu'),
    tf.keras.layers.Dense(4096, activation='relu'),
    tf.keras.layers.Dense(len(CLASSES), activation='softmax')
])
```

該模型在 104 flowers 資料集上收斂到 39% 的準確度，雖然對於實際的花朵識別沒有什麼用，但對於這樣一個簡單的架構來說已經是出奇的好了。

AlexNet 概覽

架構
　　交替的卷積層和最大池化層

出版品
　　Alex Krizhevsky et al., "ImageNet Classification with Deep Convolutional Neural Networks," NIPS 2012, *https://oreil.ly/X3xRb*

程式碼範例
03c_fromzero_ALEXNET_flowers104.ipynb

表 3-2　AlexNet 概覽

模型	參數 （不含分類頭 [a]）	ImageNet 準確度	104 flowers F1 分數 [b]（從頭訓練）
AlexNet	370 萬	60%	39%，精確度：44%，召回率：38%

a　從參數計數中排除分類頭，以方便架構之間的比較。如果沒有分類頭，網路中的參數數量與解析度
　　無關。此外，在微調範例中，可能會使用不同的分類頭。

b　對於準確度、精確度、召回率和 F1 分數值而言，越高就越好。

在本章的其餘部分，我們將對不同的網路架構以及它們引入的概念和積木進行直觀的解
釋。儘管我們向您展示了 Keras 中 AlexNet 的實作，但您通常不會自己去實作我們討論
的架構。相反的，這些模型通常可以直接在 Keras 中作為預訓練模型來使用，以進行遷
移學習或微調。例如，您可以透過以下方式實例化預訓練的 ResNet50 模型（有關更多
資訊，請參閱第 59 頁的「Keras 中的預訓練模型」）：

```
tf.keras.applications.ResNet50(weights='imagenet')
```

如果模型在 `keras.applications` 中尚不可用，它通常可以在 TensorFlow Hub 中找到。
例如，這是從 TensorFlow Hub 實例化相同的 ResNet50 模型的方式：

```
hub.KerasLayer(
    "https://tfhub.dev/tensorflow/resnet_50/classification/1")
```

因此，請隨意瀏覽本章的其餘部分以瞭解基本概念，然後閱讀有關如何為您的問題選擇
模型架構的最後一節。您不用瞭解本章中網路架構的所有細微差別，就可以理解本書的
其餘部分，因為您很少需要從頭開始實作這些架構中的任何一個或設計自己的網路架
構。大多數情況下，您將選擇我們在本章最後一節中所建議的架構之一；然而，瞭解這
些架構的建構方式是很有趣的事。瞭解架構還將幫助您在實例化它們時選擇出正確的
參數。

對於深度的探索

在 AlexNet 之後，研究人員開始增加卷積網路的深度。他們發現添加更多層會導致更好的分類準確度。對此，有多種解釋：

表達性論證

單層是一個線性函數。無論參數的數量如何，它都無法趨近複雜的非線性函數。然而，每一層都是用非線性激發函數來激發的，例如 sigmoid 或 ReLU。堆疊多個層會導致多個連續的非線性，而更有可能趨近所需的高度複雜的功能性，例如區分貓和狗的影像。

泛化論證

將參數添加到單一層會增加神經網路的「記憶」，並允許它學習更複雜的東西。但是，它傾向於透過記住輸入範例來學習它們。這樣無法良好地泛化。另一方面，堆疊許多層迫使網路在語意上將輸入分解為特徵的階層式結構。例如，初始層將識別毛皮和鬍鬚，隨後的層將組合它們以識別貓頭，然後識別整隻貓。這樣所得到的分類器可以更好的泛化。

知覺場域論證

如果貓的頭部覆蓋了影像的很大一部分 —— 比如 128x128 像素的區域 —— 單層卷積網路將需要 128x128 的過濾器才能捕獲它，就可學習的權重而言，這將非常昂貴。另一方面，堆疊層可以使用小的 3x3 或 5x5 過濾器，並且如果它們的卷積堆疊足夠深，仍然能夠「看到」任何的 128x128 像素的區域。

為了在增加參數數量不失控的情況下設計更深的卷積網路，研究人員還開始設計更便宜的卷積層。讓我們看看要如何做。

過濾器因式分解

哪個更好呢：一個 5x5 卷積過濾器，或按順序應用兩個 3x3 過濾器？兩者都會有一個 5x5 的接收區域（見圖 3-18）。儘管它們不執行完全相同的數學運算，但它們的效果很可能是相似的。不同之處在於依次應用的兩個 3x3 過濾器總共有 2 * 3 * 3 = 18 個可學習參數，而單個 5x5 過濾器則有 5 * 5 = 25 個可學習權重。因此，兩個 3x3 過濾器更便宜。

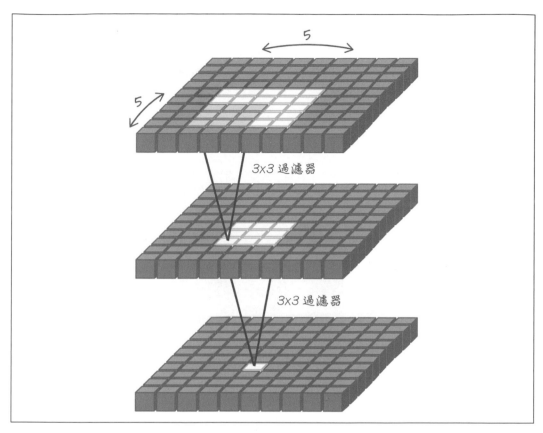

圖 3-18　兩個 3x3 過濾器依次被應用。每個輸出值都是從一個 5x5 的接受域（receptive field）計算出來的，這類似於 5x5 過濾器的工作方式。

另一個優點是一對 3x3 卷積層將涉及兩次激發函數的應用，因為每個卷積層後面都有一個激發函數。單一的 5x5 層只有單一的激發。激發函數是神經網路中唯一的非線性部分，依序的非線性組合很可能能夠表達輸入的更複雜的非線性表達法。

在實務上，已經發現兩個 3x3 層比一個 5x5 層效果更好，同時使用更少的可學習權重。這就是為什麼您會看到 3x3 卷積層在現代卷積架構中廣泛被使用的原因。這有時被稱為**過濾器因式分解**（*filter factorization*），儘管它不完全是數學意義上的因式分解。

目前流行的另一種過濾器尺寸是 1x1 卷積。讓我們看看為什麼。

1x1 卷積

在影像上滑動單像素過濾器聽起來很傻。它會將影像乘以一個常數。然而，在每個頻道具有不同的權重的多頻道輸入上，這其實是有道理的。例如，將 RGB 影像的三個顏色頻道乘以三個可學習的權重，然後將它們相加會產生顏色頻道的實際有用的線性組合。一個 1x1 卷積層執行多個這樣的線性組合，每次都有一組獨立的權重，產生多個輸出頻道（圖 3-19）。

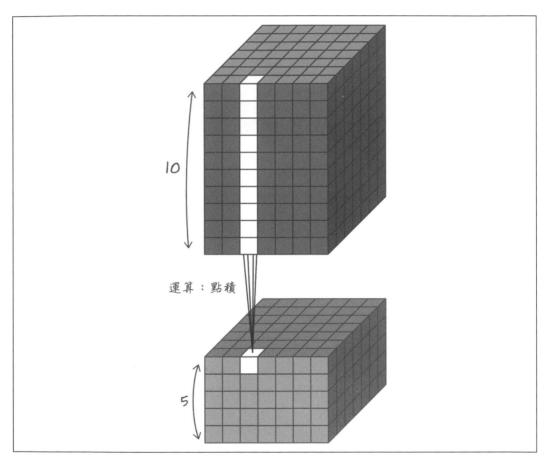

圖 3-19　一個 1x1 的卷積層。每個過濾器有 10 個參數，因為它作用於 10 頻道的輸入。應用了 5 個這樣的過濾器，每個過濾器都有自己的可學習參數（圖中未顯示），從而產生 5 個輸出資料頻道。

1x1 卷積層是調整資料頻道數的有用工具；第二個優點是 1x1 卷積層在可學習參數的數量方面，比 2x2、3x3 或更大的層還便宜。用來表達上圖中 1x1 卷積層的權重張量如圖 3-20 所示。

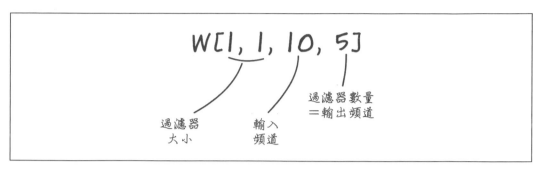

圖 3-20　圖 3-19 中 1x1 卷積層的權重矩陣。

可學習權重的數量為 1 * 1 * 10 * 5 = 50。具有相同數量的輸入和輸出頻道的 3x3 層將需要 3 * 3 * 10 * 5 = 450 個權重，多了一個數量級！

接下來，讓我們看一下採用這些技巧的架構。

VGG19

VGG19 由 Karen Simonyan 和 Andrew Zisserman 在 2014 年的論文（*https://arxiv.org/abs/1409.1556*）中提出，是最早專門使用 3x3 卷積的架構之一。圖 3-21 顯示了 19 層的樣子。

除了使用 softmax 激發的最後一層之外，該圖中的所有神經網路層，都使用了偏差並使用 ReLU 激發。

VGG19 透過變的更深來改進 AlexNet，它有 16 個卷積層而不是 5 個。它還專門使用 3x3 卷積而不會損失準確度。然而，它使用了與 AlexNet 完全相同的分類頭，其中所包含的三個大的完全連接層佔了超過 1.2 億個權重，而卷積層只有 2,000 萬個權重。還有更便宜的替代品。

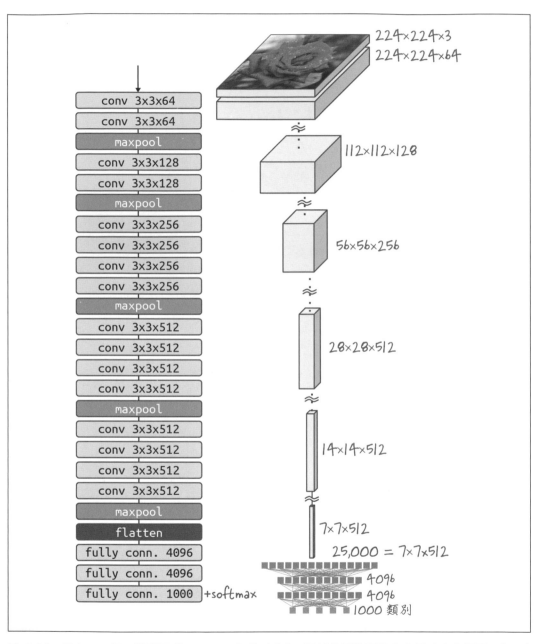

圖 3-21 具有 19 個可學習層的 VGG19 架構（左）。資料的形狀顯示在右側（未全部顯示）。請注意，所有卷積層都使用 3x3 過濾器。

全域平均池化

我們再來看看分類頭的實作。在 AlexNet 和 VGG19 架構中，最後一個卷積層輸出的特徵圖被轉化為一個向量（展平化），然後饋入一個或多個完全連接層（見圖 3-22）。目標是在由 softmax 激發的完全連接層上結束，而該層的神經元數量與手頭上的分類問題中的類別一樣多 —— 例如，ImageNet 資料集有 1,000 個類別，或者前一章所使用的 5-flowers 資料集有 5 個類別。這個完全連接層有輸入 * 輸出個權重，那通常會很多。

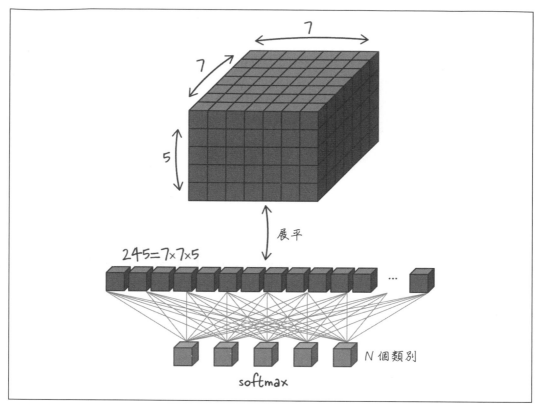

圖 3-22　卷積網路末端的傳統分類頭。來自卷積層的資料被展平並送入完全連接層。Softmax 激發用於獲得類別的機率。

如果我們唯一的目標是獲得 N 個值來饋入 N- 路（N-way）softmax 函數的話，那麼有一種簡單的方法可以達成：調整卷積堆疊，使其在具有恰好 N 個頻道的最終特徵圖上結束，並簡單的對每個頻道進行平均，如圖 3-23 所示。這稱為**全域平均池化**（*global average pooling*）。全域平均池化不涉及可學習的權重，因此從這個角度來看它很便宜。

全域平均池化之後可以直接跟著一個 softmax 激發（就像在 SqueezeNet 中，如圖 3-26 所示），儘管在本書所描述的大多數架構中，它後面會跟著一層 softmax 激發的完全連接層（例如在 ResNet 中，如圖 3-29 所示）。

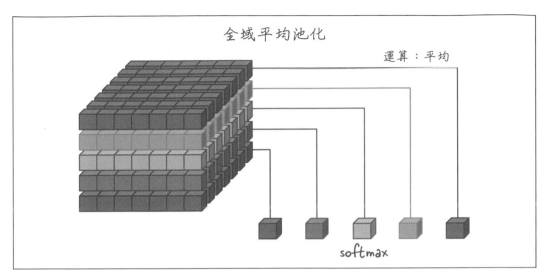

圖 3-23　全域平均池化。每個頻道被平均為一個值。全域平均池化後面跟著一個 softmax 函數，實作了一個具有零個可學習參數的分類頭。

平均去除了頻道中存在的大量位置資訊。根據應用程式不同，這可能是也可能不是一件好事。卷積過濾器會偵測它們被訓練來在特定位置上偵測的事物。例如，如果網路正在對貓和狗進行分類，則位置資料（例如，在頻道中的位置 x、y 處偵測到的「貓的鬍鬚」）可能在分類頭中沒什麼用處。它唯一感興趣的是「在任何地方偵測到狗」信號對上「在任何地方偵測到貓」信號。不過對於其他應用程式來說，全域平均池化層可能不是最佳選擇。例如，在物件偵測或物件計數使用案例中，偵測物件的位置很重要，不應使用全域平均池化。

模組化架構

連續的卷積層和池化層足以建構一個基本的卷積神經網路。然而，為了進一步提高預測準確度，研究人員設計了更複雜的積木，或模組（*module*），且通常被賦予神秘的名稱，例如「Inception 模組」、「殘差區塊（residual block）」或「反向殘差瓶頸（inverted residual bottleneck）」，然後將它們組裝成完整的卷積架構。擁有更高層級的積木還可以更輕鬆地建立自動化演算法來搜尋更好的架構，正如將在神經架構搜尋那部分中所看到的那樣。本節將探討其中的幾種模組化架構以及它們背後的研究。

Inception

Inception 架構以克里斯托弗諾蘭（Christopher Nolan）的 2010 年電影 **全 面 啟 動** （*Inception*）命名，由李奧納多狄卡皮歐（Leonardo DiCaprio）主演。電影對話中的一句話——「我們需要更深入（We need to go deeper）」（*https://oreil.ly/uSwgP*）——成為了網路迷因（meme）。建構越來越深的神經網路是當時研究人員的主要動機之一。

Inception V3（*https://arxiv.org/abs/1512.00567v3*）架構專門使用 3x3 和 1x1 卷積過濾器，就像現在大多數卷積架構的習慣一樣。然而，它試圖用一種非常原始的方法來解決另一個問題。在神經網路中排列卷積層和池化層時，設計者有多種選擇，但是最好的選擇並不明顯。與其依賴猜測和實驗，為什麼不在網路本身中建構多個選項並讓它學習哪個是最好的呢？這就是 Inception 的「模組」背後的動機（見圖 3-24）。

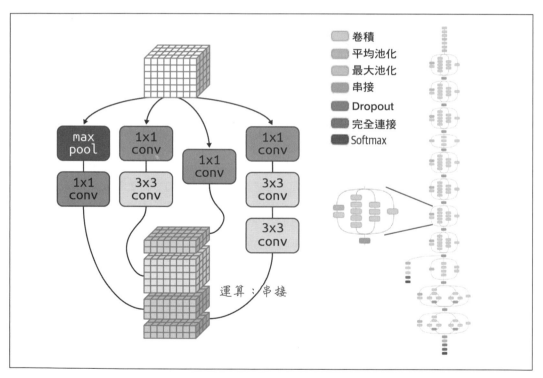

圖 3-24　Inception 模組的範例。整個 InceptionV3 架構（右側）由許多這樣的模組組成。

Inception 模組不是事先決定最合適的層的序列，而是根據資料和訓練來提供網路可以選擇的幾種替代方案。如圖 3-24 所示，不同路徑的輸出連接成最終的特徵圖。

我們不會在本書中詳細介紹完整的 InceptionV3 架構，因為它相當複雜，並且已經被更新、更簡單的替代方案所取代。接下來會介紹一個簡化的變體，同樣基於 "模組" 的想法。

InceptionV3 概覽

架構
多路徑卷積模組的序列。

出版品
Christian Szegedy et al., "Rethinking the Inception Architecture for Computer Vision," 2015, *https://arxiv.org/abs/1512.00567v3.*

程式碼範例
03e_finetune_INCEPTIONV3_flowers104.ipynb

表 3-4　InceptionV3 概覽

模型	參數 （不含分類頭 [a]）	ImageNet 準確度	104 flowers F1 分數 [b] （微調）
InceptionV3	2200 萬	78%	95%，精確度：95%， 召回率：94%
與先前最佳相比			
VGG19	2000 萬	71%	88%，精確度：89%， 召回率：88%

[a]　從參數計數中排除分類頭，以方便架構之間的比較。如果沒有分類頭，網路中的參數數量與解析度無關。此外，在微調範例中，可能會使用不同的分類頭。
[b]　對於準確度、精確度、召回率和 F1 分數值而言，越高就越好。

SqueezeNet

SqueezeNet（*https://arxiv.org/abs/1602.07360*）架構簡化了模組的概念，該架構保留了為網路提供多條路徑可供選擇的基本原則，但將模組本身簡化為最簡單的表達（圖 3-25）。SqueezeNet 論文稱它們為「火模組（fire module）」。

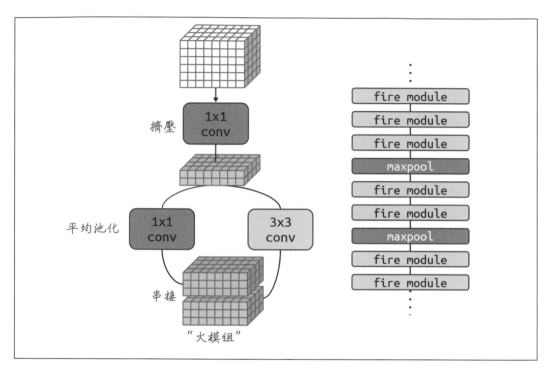

圖 3-25　來自 SqueezeNet 架構的簡化和標準化卷積模組。右側顯示的架構將這些「火模組」與最大池化層交替使用。

SqueezeNet 架構中使用的模組交替進行收縮階段，其中頻道數透過 1x1 卷積而減少，而在擴展階段頻道數再次增加。

為了節省權重，SqueezeNet 在最後一層使用全域平均池化。此外，每個模組的三個卷積層中有兩個是 1x1 卷積，這樣可以節省可學習的權重（見圖 3-26）。

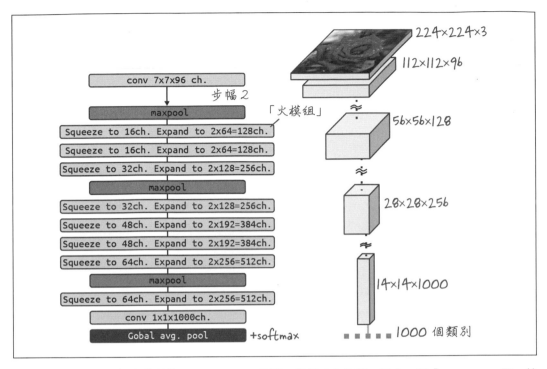

圖 3-26　具有 18 個卷積層的 SqueezeNet 架構。每個「火模組」包含一個「squeeze」層，然後是兩個平行的「expand」層。圖中的網路包含 120 萬個可學習參數。

在圖 3-26 中，「maxpool」是一個標準的 2x2 最大池化運算，其步幅為 2。此外，該架構中的每個卷積層都是 ReLU 激發的，並使用批次正規化。一千個類別的分類頭是透過首先用 1x1 卷積將頻道數拉伸到一千，然後對這一千個頻道求平均（全域平均池化），最後再應用 softmax 激發來實作的。

SqueezeNet 架構旨在簡單和經濟（在可學習的權重方面），但仍包含建構卷積神經網路的大多數最新的最佳實務。當您想要實作自己的卷積骨幹時，它的簡單性使其成為一個不錯的選擇，無論是出於教育目的還是因為您需要根據需求來對其進行調整。現在可能不被視為最佳實務的一個架構元素是大型的 7x7 初始卷積層，它的靈感直接來自 AlexNet。

為了在 Keras 中實作 SqueezeNet 模型，我們必須使用 Keras Functional API 模型。我們不能再使用 Sequential 模型，因為 SqueezeNet 不是一連串的層。我們首先建立一個幫助函數來實例化火模組（完整程式碼可在 GitHub 上的 *03f_fromzero_SQUEEZENET24_flowers104.ipynb* 中找到）：

```
def fire(x, squeeze, expand):
    y  = tf.keras.layers.Conv2D(filters=squeeze, kernel_size=1,
                                activation='relu', padding='same')(x)
    y = tf.keras.layers.BatchNormalization()(y)
    y1 = tf.keras.layers.Conv2D(filters=expand//2, kernel_size=1,
                                activation='relu', padding='same')(y)
    y1 = tf.keras.layers.BatchNormalization()(y1)
    y3 = tf.keras.layers.Conv2D(filters=expand//2, kernel_size=3,
                                activation='relu', padding='same')(y)
    y3 = tf.keras.layers.BatchNormalization()(y3)
    return tf.keras.layers.concatenate([y1, y3])
```

正如您在函數的第一行中看到的，使用 Keras Functional API，tf.keras.layers.
Conv2D() 實例化了一個卷積層，然後使用輸入 x 來呼叫該層。我們可以稍微改變
fire() 函數，以讓它使用相同的語意：

```
def fire_module(squeeze, expand):
    return lambda x: fire(x, squeeze, expand)
```

這是客製化的 24 層 SqueezeNet 的實作。它在 104 flowers 資料集上的表現相當不錯，
F1 分數為 76%，考慮到它是從頭開始訓練的，這還算不錯：

```
x = tf.keras.layers.Input(shape=[IMG_HEIGHT, IMG_WIDTH, 3])
y = tf.keras.layers.Conv2D(kernel_size=3, filters=32,
                           padding='same', activation='relu')(x)
y = tf.keras.layers.BatchNormalization()(y)
y = fire_module(16, 32)(y)
y = tf.keras.layers.MaxPooling2D(pool_size=2)(y)
y = fire_module(48, 96)(y)
y = tf.keras.layers.MaxPooling2D(pool_size=2)(y)
y = fire_module(64, 128)(y)
y = fire_module(80, 160)(y)
y = fire_module(96, 192)(y)
y = tf.keras.layers.MaxPooling2D(pool_size=2)(y)
y = fire_module(112, 224)(y)
y = fire_module(128, 256)(y)
y = fire_module(160, 320)(y)
y = tf.keras.layers.MaxPooling2D(pool_size=2)(y)
y = fire_module(192, 384)(y)
y = fire_module(224, 448)(y)
y = tf.keras.layers.MaxPooling2D(pool_size=2)(y)
y = fire_module(256, 512)(y)
y = tf.keras.layers.GlobalAveragePooling2D()(y)
```

```
y = tf.keras.layers.Dense(len(CLASSES), activation='softmax')(y)

model = tf.keras.Model(x, y)
```

在最後一行，我們透過傳入初始輸入層和最終輸出來建立模型。該模型可以像
Sequential 模型一樣的使用，因此其餘程式碼保持不變。

SqueezeNet 概覽

架構
　　由平行的 3x3 和 1x1 卷積建構的簡化卷積模組

出版品
　　Forrest Iandola et al., "SqueezeNet: AlexNet-Level Accuracy with 50x Fewer
　　Parameters," 2016, *https://arxiv.org/abs/1602.07360.*

程式碼範例
　　03f_fromzero_SQUEEZENET24_flowers104.ipynb

表 3-5　SqueezeNet 概覽

模型	參數 （不含分類頭[a]）	ImageNet 準確度	104 flowers F1 分數[b] （從頭開始訓練）
SqueezeNet，24 層	270 萬		76%，精確度：77%， 召回率：75%
SqueezeNet，18 層	120 萬	56%	
與先前最佳相比			
AlexNet	370 萬	60%	39%，精確度：44%， 召回率：38%

[a]　從參數計數中排除分類頭，以方便架構之間的比較。如果沒有分類頭，網路中的參數數量與解析度
　　無關。此外，在微調範例中，可能會使用不同的分類頭。

[b]　對於準確度、精確度、召回率和 F1 分數值而言，越高就越好。

ResNet 和跳過連接

在 2015 年由 Kaiming He 等人的論文（*https://arxiv.org/abs/1512.03385*）中引入的
ResNet 架構，延續了增加神經網路深度的趨勢，但處理了極深度神經網路的一個共同挑
戰 —— 由於梯度消失或爆炸問題，它們往往會收斂的很差。在訓練期間，神經網路會看

到它正在犯什麼錯誤（或損失），並嘗試透過調整其內部權重來最小化此錯誤。它由誤差的一階導數（或梯度）來引導。不幸的是，在許多層的情況下，梯度往往在所有層上分佈得太薄，並且網路會收斂的很緩慢或根本不收斂。

ResNet 試圖透過在其卷積層旁邊添加**跳過連接**（*skip connection*）來解決這個問題（圖 3-27）。跳過連接會按原樣傳送信號，然後將其與經過一個或多個卷積層轉換的資料重新組合。組合運算是一個簡單的逐元素（element-by-element）加法。

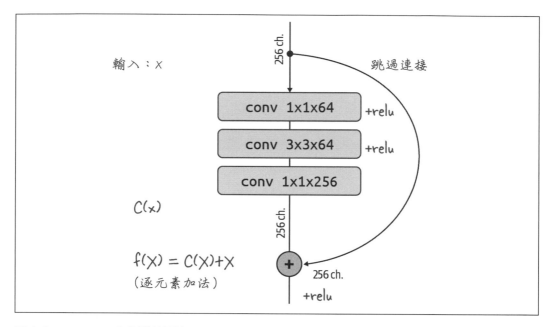

圖 3-27　ResNet 中的殘差區塊。

從圖 3-27 中可以看出，區塊 $f(x)$ 的輸出是卷積路徑 $C(x)$ 和跳過連接 (x) 的輸出之和。卷積路徑被訓練來計算 $C(x) = f(x) - x$，也就是期望的輸出與輸入之間的差值。ResNet 論文的作者認為，這種「殘差（residue）」對於網路來說更容易學習。

一個明顯的限制是，逐元素加法只有在資料的維度保持不變的情況下才能起作用。被跳過連接跨越的一序列的層（稱為**殘差區塊**（*residual block*））必須保留資料的高度、寬度和頻道數。

當需要調整大小時，會使用不同類型的殘差區塊（圖 3-28）。透過使用 1x1 卷積而不是恆等（identity），可以在跳過連接中匹配不同數量的頻道。高度和寬度調整是透過在卷積路徑和跳過連接中都使用 2 的步幅來獲得的（是的，使用 1x1 卷積步幅 2 來實作跳過連接會忽略一半的輸入值，但在實務中這似乎不是很重要）。

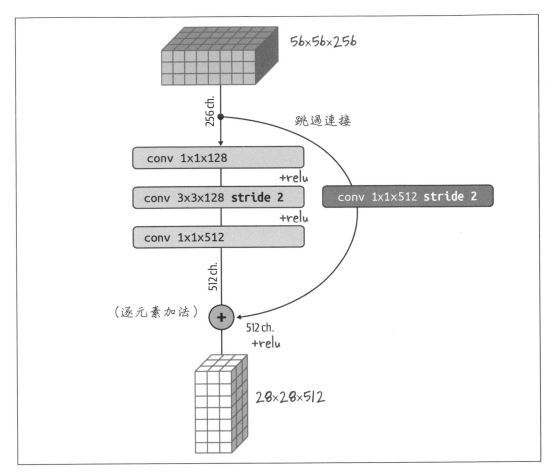

圖 3-28. 具有高度、寬度和頻道數調整的殘差區塊。透過使用 1x1 卷積而不是恆等函數來改變跳過連接中的頻道數。透過在卷積路徑和跳過連接中使用一個步幅為 2 的卷積層，對資料高度和寬度進行向下採樣。

ResNet 架構可以透過堆疊越來越多的殘差區塊，來實例化各種深度。流行的大小是 ResNet50 和 ResNet101（圖 3-29）。

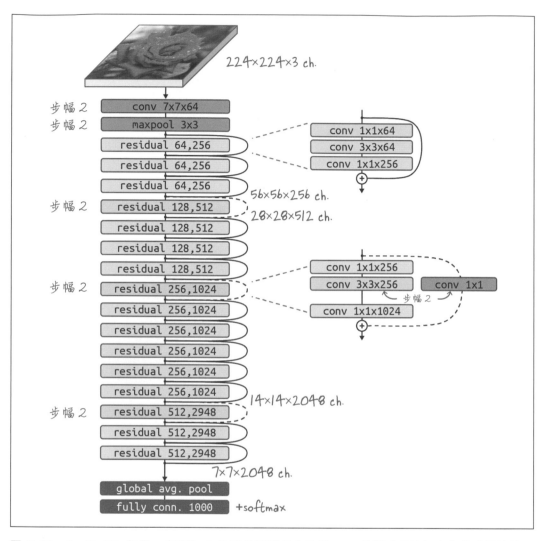

圖 3-29　ResNet50 架構。步幅為 2 的殘差區塊具有使用 1x1 卷積（虛線）實作的跳過連接。ResNet 101 架構很類似，只不過「residual 256, 1,024」區塊重複了 23 次而不是 6 次。

在圖 3-29 中，所有卷積層都被 ReLU 激發並使用批次正規化。具有這種架構的網路可以增長得非常深 —— 就像名稱中所指出的，50、100 或更多層對於 ResNet 是常見的 —— 但它仍然能夠找出哪些層需要針對任何給定的輸出錯誤調整其權重。

在優化（倒傳遞（backpropagation））階段，跳過連接似乎有助於梯度流過網路。對此事已經提出了幾種解釋，以下是最受歡迎的三個。

ResNet 論文的作者推測加法運算（見圖 3-27）起著重要作用。在常規神經網路中，會透過調整內部權重以產生所需的輸出，例如分類為一千個類別。然而，對於跳過連接，神經網路層的目標是輸出那些介於輸入和所需的最終輸出之間的增量（delta）（或「殘差（residue）」）。作者認為，這對網路來說是一項「更容易」的任務，但他們沒有詳細說明是什麼讓它變得更容易。

第二個有趣的解釋是殘差連接實際上會使網路更淺。在梯度倒傳遞階段，梯度會流過卷積層，在那裡它們的幅度可能會減小，而透過跳過連接，它們可以保持不變。在論文《Residual Networks Behave Like Ensembles of Relatively Shallow Networks》（*https://arxiv.org/abs/1605.06431*）中，Veit 等人測量了 ResNet 架構中的梯度強度。結果（圖 3-30）顯示了在 50 層的 ResNet 神經網路中，信號如何流過卷積層和跳過連接的各種組合。

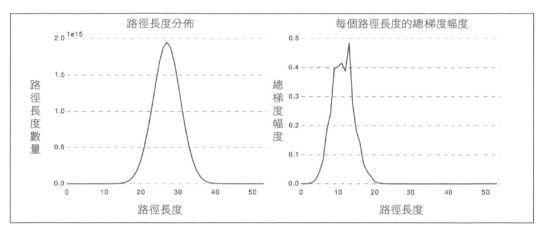

圖 3-30　ResNet50 模型中路徑長度的理論分佈與倒傳遞期間有意義的梯度實際採用的路徑。圖片來自 Veit 等人，2016 年（*https://arxiv.org/abs/1605.06431*）。

最可能的路徑長度（以尋訪的卷積層數衡量）介於 0 和 50 之間（左圖）。然而，Veit 等人測量到在經過訓練的 ResNet 中，提供實際有用的非零梯度的路徑甚至會更短，尋訪了大約 12 層。

根據這個理論，一個 50 層或 100 層深的 ResNet 被充當為一個集成（ensemble）——也就是一組較淺的網路，可以最佳的解決分類問題的不同部分。綜合起來，它們匯集了它們的分類優勢，但它們仍然可以有效的收斂，因為它們實際上並不是很深。與實際的模型集成相比，ResNet 架構的優勢在於，它作為單一模型進行訓練，並自行學會為每個輸入選擇最佳路徑。

第三種解釋著眼於訓練期間所優化的損失函數的拓撲地景。在〈視覺化神經網路的損失地景（Visualizing the Loss Landscape of Neural Nets）〉（*https://arxiv.org/abs/1712.09913*）中，Li 等人設法以 3D 而非原始的百萬左右的維度來描繪損失地景，並展現使用跳過連接時，更容易獲得良好的最小值（圖 3-31）。

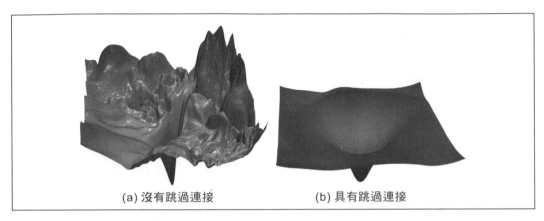

(a) 沒有跳過連接　　　　(b) 具有跳過連接

圖 3-31　透過 Li 等人的「過濾器正規化方案」進行視覺化的 56 層 ResNet 的損失地景。添加跳過連接使得更容易達到全域最小值。圖片來自 Li 等人，2017（*https://arxiv.org/abs/1712.09913*）。

在實務上，ResNet 架構運作良好，已成為該領域最流行的卷積架構之一，也是衡量所有其他進展的基準。

ResNet 概覽

架構
　　具有跳過連接的卷積模組

出版品
　　Kaiming He et al., "Deep Residual Learning for Image Recognition," 2015, *https://arxiv.org/abs/1512.03385.*

程式碼範例
　　03g_finetune_RESNET50_flowers104.ipynb 與 *03g_fromzero_RESNET50_flowers104.ipynb*

表 3-6　ResNet 概覽

模型	參數（不含分類頭[a]）	ImageNet 準確度	104 flowers F1 分數[b]（微調）	104 flowers F1 分數（從頭訓練）
ResNet50	2300 萬	75%	94%，精確度：95%，召回率：94%	73%，精確度：76%，召回率：72%
與先前最佳相比				
InceptionV3	2200 萬	78%	95%，精確度：95%，召回率：94%	
SqueezeNet, 24 層	270 萬			76%，精確度：77%，召回率：75%

[a] 從參數計數中排除分類頭，以方便架構之間的比較。如果沒有分類頭，網路中的參數數量與解析度無關。此外，在微調範例中，可能會使用不同的分類頭。

[b] 對於準確度、精確度、召回率和 F1 分數值而言，越高就越好。

> ResNet的分類效能略低於 InceptionV3，但它的主要目標是允許非常深的架構仍然可以訓練和收斂。除了 ResNet50 之外，具有 101 和 152 層的 ResNet101 和 ResNet152 變體也可使用。

DenseNet

DenseNet 架構以一種全新的想法重新審視了跳過連接的概念。在 Gao Huang 等人關於 DenseNet 的論文（*https://arxiv.org/abs/1608.06993*）中，他們建議透過建立盡可能多的跳過連接，來將前一層的所有輸出饋入到卷積層。這一次，資料是透過沿深度軸（頻道）的串接（concatenation）進行組合，而不是像在 ResNet 中那樣用加法的方式。顯然，導致 ResNet 架構的直覺 —— 應該加上來自跳過連接的資料，因為「殘差」信號會更容易學習 —— 並不是基本的。串接也是有效的。

密集區塊（*dense block*）是 DenseNet 的基本積木。在密集區塊中，卷積被成對的分組，每對卷積接收所有先前卷積對的輸出作為其輸入。在圖 3-32 中描繪的密集區塊中，資料透過逐頻道串接（channel-wise concatenation）來組合。所有卷積都是 ReLU 激發的，並使用批次正規化。逐頻道串接僅在資料的高度和寬度維度相同時才有效，因此密集區塊中的卷積都是步幅 1 且不會改變這些維度。必須在密集區塊之間插入池化層。

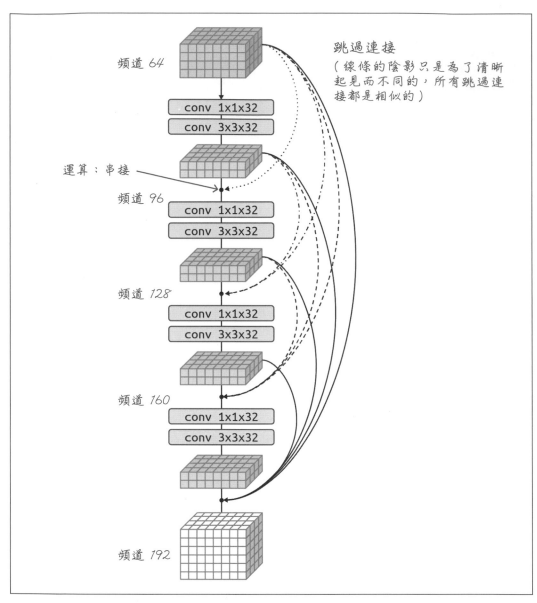

圖 3-32　一個「密集區塊」，DenseNet 架構的基本積木。卷積被成對分組。每對卷積接收所有先前卷積對的輸出作為輸入。請注意，頻道數會隨著層數而線性增長。

直覺上，人們會認為串接所有以前看到的輸出會導致頻道和參數的數量爆炸性的增長，但事實並非如此。DenseNet 在可學習參數方面出奇地經濟。原因是每個串接後的區塊（可能具有相對較多的頻道數）總是首先透過 1x1 卷積來饋入，該卷積會將其減少到少量頻道，K。1x1 卷積的參數數量很便宜。接下來是具有相同頻道數 (K) 的 3x3 卷積。然後將 K 個結果頻道串接到所有先前產生的輸出的集合。每一步驟都使用了一對 1x1 和 3x3 卷積，將 K 個頻道添加到資料中。因此，頻道數僅會隨著密集區塊中的卷積步驟數而線性增長。成長率 K 在整個網路中是一個常數，並且 DenseNet 已被證明在 K 值相當低的情況下表現良好（在原始論文中介於 $K=12$ 和 $K=40$ 之間）。

密集區塊和池化層會交錯以建立完整的 DenseNet 網路。圖 3-33 顯示了具有 121 層的 DenseNet121，但該架構是可配置的，並且可以輕鬆的擴展到 200 層以上。

使用淺卷積層（例如 $K=32$）是 DenseNet 的一個特徵。在以前的架構中，超過一千個過濾器的卷積並不少見。DenseNet 可以使用淺卷積，因為每個卷積層都能看到所有先前計算的特徵。在其他架構中，資料在每一層中都會被轉換，而且網路必須主動工作以保持資料頻道的原樣，如果這是正確的做法的話。它必須使用它的一些過濾器參數來建立一個恆等函數，這是一種浪費。作者認為，DenseNet 的建構是為了允許特徵重用，因此每個卷積層需要的過濾器會少得多。

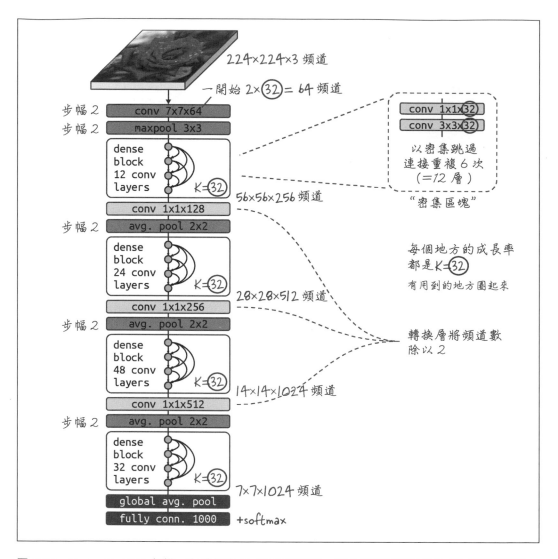

圖 3-33　DenseNet121 架構。在成長率 K=32 的情況下，所有卷積層都會產生 32 個輸出頻道，除了用來當作密集區塊之間轉換的 1x1 卷積外，這些卷積層旨在將頻道數量減半。有關密集區塊的詳細資訊，請參見前圖。所有卷積都是 ReLU 激發的，並使用批次正規化。

深度可分離卷積

傳統的卷積一次性的過濾輸入的所有頻道。然後人們使用許多過濾器，讓網路有機會用相同的輸入頻道做許多不同的事情。讓我們以 3x3 卷積層應用到 8 個輸入頻道和 16 個輸出頻道為例。它有 16 個形狀為 3x3x8 的卷積過濾器（圖 3-34）。

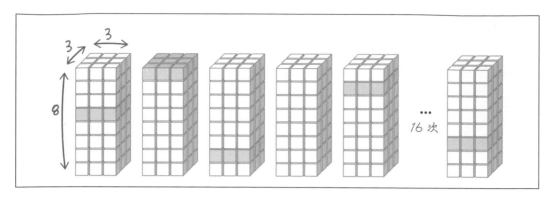

圖 3-34　具有 8 個輸入和 16 個輸出（16 個過濾器）的 3x3 卷積層的權重。許多個別的 3x3 過濾器在訓練後可能是相似的（陰影部分）；例如，水平線偵測器過濾器。

在每個 3x3x8 過濾器中，實際上有兩個運算同時發生：一個 3x3 過濾器應用於跨影像的高度和寬度（空間維度）的每個輸入頻道，並且過濾後的輸出以各種方式跨頻道重新組合。簡而言之，這兩個運算是空間過濾，以過濾後輸出的線性重組進行組合。如果這兩個運算被證明是獨立的（或可分離的），並且不影響網路的效能，則可以使用較少的可學習權重來執行它們。讓我們看看為什麼。

如果我們看一看訓練層的 16 個過濾器，很可能網路不得不在其中的許多過濾器中重新建立相同的 3x3 空間過濾器，只是因為它想以不同的方式組合它們。事實上，這可以透過實驗來視覺化（圖 3-35）。

圖 3-35　來自一個訓練後的神經網路的第一個卷積層的一些 12x12 過濾器的視覺化。非常相似的過濾器已被多次重新建立。圖片來自 Sifre，2014 年（*https://oreil.ly/7Y4LL*）。

這樣看起來，傳統的卷積層使用參數的效率很低。這就是 Laurent Sifre 在其 2014 年的論文《Rigid-Motion Scattering for Image Classification》（*https://oreil.ly/7Y4LL*）的第 6.2 節中建議使用一種稱為深度可分離卷積（*depth-separable convolution*）的另一種類型卷積的原因，它也被稱為可分離卷積（*separable convolution*）。主要的想法是使用一組獨立的過濾器逐個頻道來過濾輸入，然後使用 1x1 卷積分別的組合輸出，如圖 3-36 所示。它的假設是跨頻道所能萃取的「形狀」資訊很少，因此將它們組合起來只需要一個加權總和（1x1 卷積是頻道的加權總和）。另一方面，影像的空間維度中有很多「形狀」資訊，因此需要 3x3 或更大的過濾器來捕捉它。

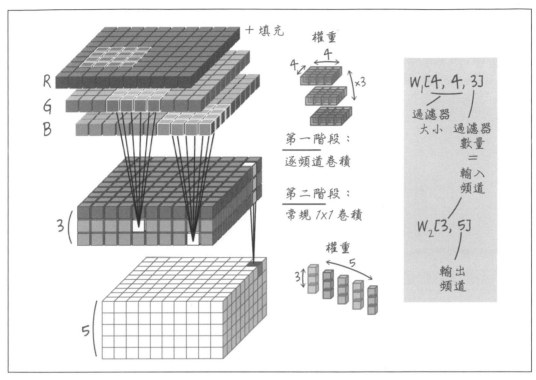

圖 3-36 一個 4x4 深度可分離卷積層。在第一階段，4x4 過濾器獨立的應用於每個頻道，產生相同數量的輸出頻道。然後在第二階段，使用 1x1 卷積（頻道的多個加權總和）重新組合輸出頻道。

在圖 3-36 中，可以使用新的過濾器權重來重複第一階段的過濾運算，以產生兩倍或三倍的頻道數。這被稱為**深度乘數**（*depth multiplier*），但它的一般值為 1，這就是為什麼在右側權重數的計算中沒有表示該參數的原因。

圖 3-36 中範例卷積層使用的權重數可以很容易的計算出來：

- 使用可分離的 3x3x8x16 卷積層：3 * 3 * 8 + 8 * 16 = 200 個權重

- 使用傳統的卷積層：3 * 3 * 8 * 16 = 1,152 個權重（用於比較用途）

由於可分離卷積層不需要多次重新建立每個空間過濾器，因此它們在可學習權重方面要便宜得多。問題是它們是否同樣有效。

François Chollet 在 他 的 論 文《Xception: Deep Learning with Depthwise Separable Convolutions》（*https://arxiv.org/abs/1610.02357*）中認為，可分離卷積實際上是一個與上一節中看到的 Inception 模組非常相似的概念。圖 3-37(A) 顯示了一個具有三個卷積路徑的簡化 Inception 模組，每個路徑由一個 1x1 卷積和一個 3x3 卷積組成。這完全等同於圖 3-37(B) 中的表達法，其中單個 1x1 卷積輸出了比以前多三倍的頻道。然後透過 3x3 卷積選擇這些頻道區塊中的每一個頻道。從那裡，只需要調整參數 —— 即增加 3x3 卷積的數量 —— 就可以得到圖 3-37(C)，其中從 1x1 卷積出來的每個頻道，都會被它自己的 3x3 卷積所拾取。

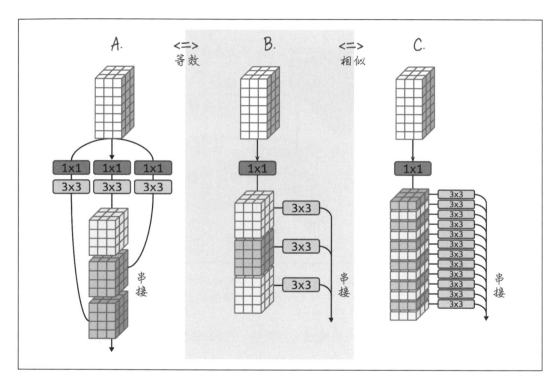

圖 3-37　Inception 模組和深度可分離卷積之間的架構相似性：(A) 具有三個平行卷積路徑的簡化的 Inception 模組； (B) 一個完全等效的設定，其中只有一個 1x1 卷積，但輸出的頻道數是其三倍； (C) 具有更多 3x3 卷積的非常相似的設定。這正是交換了 1x1 和 3x3 運算順序的可分離卷積。

圖 3-37(C) 實際上代表了一個深度可分離卷積，其中 1x1（深度方向）和 3x3（空間）運算被互換了。在將這些層進行堆疊的卷積架構中，這種順序變化是無關緊要的。總

之，簡化的 Inception 模組在功能上與深度可分離卷積非常相似。這個新的積木將使卷積架構在可學習權重方面更簡單、更經濟。

Keras 中提供了可分離卷積層：

```
tf.keras.layers.SeparableConv2D(filters,
                                kernel_size,
                                strides=(1, 1),
                                padding='valid',
                                depth_multiplier=1)
```

與傳統卷積層相比，新的參數是 depth_multiplier 參數。以下是參數的簡化說明（有關完整資訊，請參閱 Keras 說明文件（*https://oreil.ly/0ymie*））：

filters

　　在最終的 1x1 卷積中產生的輸出頻道數。

kernel_size

　　每個空間過濾器的大小。這可以是單一數字，例如 3 表示 3x3 過濾器，或是像 (4, 2) 的數對來表示矩形的 4x2 過濾器。

strides

　　空間過濾的卷積步幅。

padding

　　'valid' 表示無填充，或 'same' 表示用零填充。

depth_multiplier

　　重複執行空間過濾運算的次數。預設為 1。

Xception

Xception（*https://arxiv.org/abs/1610.02357*）架構（圖 3-38）將可分離卷積與 ResNet 風格的跳過連接相結合。由於可分離卷積在某種程度上相當於 Inception 風格的分支（branching）模組，Xception 在更簡單的設計中，提供了 ResNet 和 Inception 架構特性的組合。當您想要實作自己的卷積骨幹時，Xception 的簡單性使其成為一個不錯的選擇。 Xception 的 Keras 實作（*https://oreil.ly/rcCq6*）的原始碼可以從說明文件中輕鬆存取。

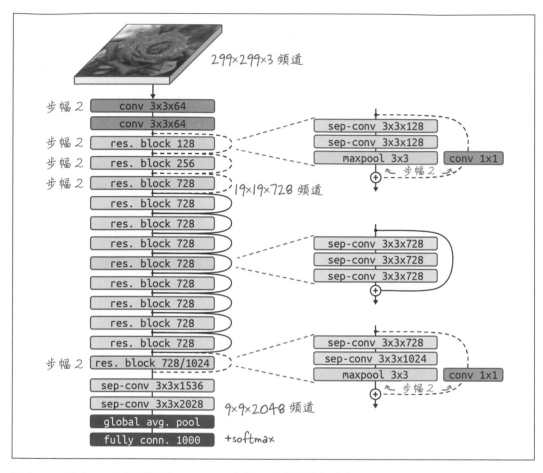

圖 3-38　具有 36 個卷積層的 Xception 架構。該架構的靈感來自於 ResNet，但使用可分離卷積代替傳統卷積，前兩層除外。

在圖 3-38 中，所有卷積層都被 ReLU 激發並使用批次正規化。所有可分離卷積都使用 1 的深度乘數（無頻道擴展）。

Xception 中的殘差區塊與其 ResNet 中的對應者不同：它們使用 3x3 可分離卷積，而不是 ResNet 中 3x3 和 1x1 傳統卷積的混合。這是有道理的，因為 3x3 可分離卷積已經是 3x3 和 1x1 卷積的組合（見圖 3-36）。這進一步簡化了設計。

還需要注意的是，雖然深度可分離卷積有一個深度乘數參數，允許初始的 3x3 卷積以獨立的權重多次的應用於每個輸入頻道，但 Xception 架構在深度乘數為 1 的情況下就可以獲得了很好的結果。實際上這也是最常見的做法。本章中描述的所有其他基於深度可分離卷積的架構都使用它們，而沒有深度乘數（將其保留為 1）。看來似乎只要為可分離卷積的 1x1 部分添加參數，就足以讓模型捕獲輸入影像中的相關資訊。

Xception 概覽

架構
   基於深度可分離卷積層的殘差區塊

出版品
   François Chollet, "Xception: Deep Learning with Depthwise Separable Convolutions," 2016, *https://arxiv.org/abs/1610.02357.*

程式碼範例
   03i_finetune_XCEPTION_flowers104.ipynb 與 *03i_fromzero_XCEPTION_flowers104.ipynb*

表 3-8   Xception 概覽

模型	參數 （不含 分類頭 [a]）	ImageNet 準確度	04 flowers F1 分數 [b] （微調）	104 flowers F1 分數 （從頭訓練）
Xception	2100 萬	79%	95%，精確度：95%， 召回率：95%	83%，精確度：84%， 召回率：82%
與先前最佳相比				
DenseNet201	1800 萬	77%	95%，精確度：96%， 召回率：95%	
DenseNet121	700 萬	75%		76%，精確度：80%， 召回率：74%
InceptionV3	2200 萬	78%	95%，精確度：95%， 召回率：94%	
SqueezeNet， 24 層	270 萬			76%，精確度：77%， 召回率：75%

a   從參數計數中排除分類頭，以方便架構之間的比較。如果沒有分類頭，網路中的參數數量與解析度無關。此外，在微調範例中，可能會使用不同的分類頭。

b   對於準確度、精確度、召回率和 F1 分數值而言，越高就越好。

神經架構搜尋設計

前幾頁中描述的卷積架構都是由以不同方式排列的相似元素所組成：3x3 和 1x1 卷積、3x3 可分離卷積、加法、串接……尋找理想組合的過程不能自動化嗎？讓我們看看可以做到這一點的架構。

NASNet

自動化搜尋最佳的運算組合正是 NASNet 論文（*https://arxiv.org/abs/1707.07012*）的作者所做的。但是，對整個可能的運算集合進行暴力（brute-force）搜尋將是一件太大的任務。有太多的方法可以選擇層並將其組裝到一個完整的神經網路中。此外，每個部分都有許多超參數，例如其輸出頻道的數量或過濾器的大小。

相反的，他們以巧妙的方式簡化了問題。回顧 Inception、ResNet 或 Xception 架構（分別如圖 3-24、3-29 和 3-38），很容易看出它們由兩種類型的重複模組建構而成：一種是會保留特徵的寬度和高度（「正常細胞」），而另一種會將它們切半（「縮減細胞」）。NASNet 作者使用自動化演算法來設計這些基本細胞的結構（見圖 3-39），然後透過使用合理的參數（例如頻道深度）來堆疊細胞以手動組裝出卷積架構。然後他們訓練產生的網路，看看哪個模組設計的效果最好。

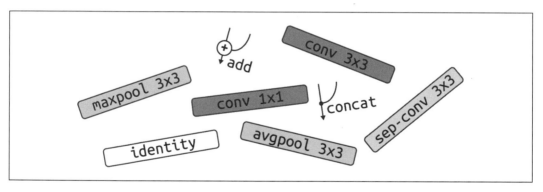

圖 3-39　一些用來當作 NASNet 積木的個別運算。

搜尋演算法可以是隨機搜尋，它實際上在研究中表現並不差，也可以是更複雜的基於神經網路的演算法，稱為**強化學習**（*reinforcement learning*）。要瞭解有關強化學習的更多資訊，請參閱 Andrej Karpathy 的《Pong from Pixels》（*https://oreil.ly/Qjy9V*）貼文或 Martin Görner 和 Yu-Han Liu 的《Reinforcement Learning Without a PhD》（*https://oreil.ly/BMIeQ*）Google I/O 2018 視訊影片。

圖 3-40 顯示了演算法找到的最佳正常和縮減細胞的結構。請注意，搜尋空間不僅允許來自前一階段的連接，還允許來自前前階段的連接，以模擬更密集連接的架構，如 DenseNet。

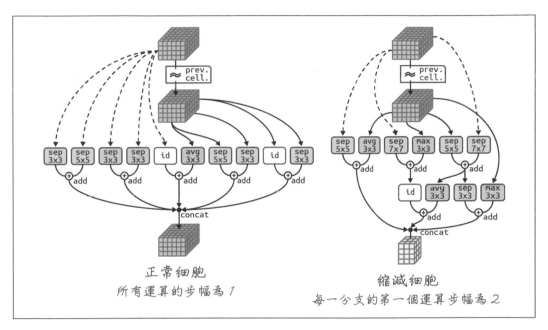

圖 3-40　透過 NASNet 論文中的神經架構搜尋所找到的效能最佳的卷積細胞。它們由可分離卷積以及平均和最大池化層所組成。

論文指出，可分離卷積總是被加倍使用（圖 3-40 中的「sep 3x3」實際上表示兩個連續的 3x3 可分離卷積），經實驗發現這可以提高效能。

圖 3-41 顯示了細胞是如何堆疊以形成一個完整的神經網路。

透過調整 N 和 M 參數可以獲得不同的 NASNet 規模 —— 例如，對於使用最廣泛的變體（N=7 和 M=1,920）來說，它有 2,260 萬個參數。圖中所有的卷積層都是 ReLU 激發的，並使用批次正規化。

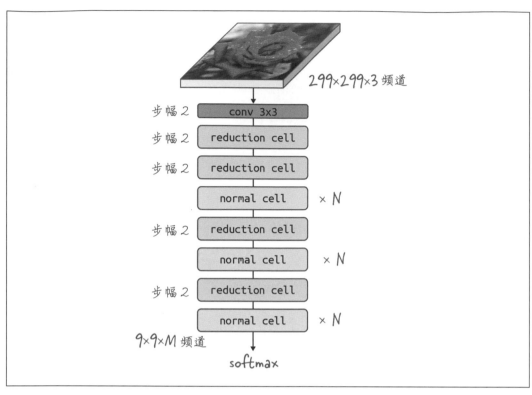

圖 3-41　堆疊正常細胞和縮減細胞以建立完整的神經網路。正常細胞重複 N 次。每個縮減細胞的頻道數會乘以 2，以在最後得到 M 個輸出頻道。

關於演算法的運作，有一些有趣的細節需要注意：

- 它僅使用可分離卷積，儘管常規卷積是搜尋空間的一部分。這似乎證實了可分離卷積的好處。

- 合併分支時，演算法選擇相加結果而不是串接它們。這類似於 ResNet，但和使用串接的 Inception 或 DenseNet 不同。（請注意，每個細胞中的最後一個串接是由架構強制執行的，而不是由演算法選擇的。）

- 在正常細胞中，演算法會選擇多個平行分支，而不是更少的分支和更多的轉換層。這更像是 Inception，而不像 ResNet。

- 該演算法使用了具有大型 5x5 或 7x7 過濾器的可分離卷積，而不是使用 3x3 卷積來實作所有東西。這與本章前面概述的「過濾器因式分解」中的假設相反，並指出該假設可能根本不成立。

然而，有些選擇似乎令人懷疑，並且可能是搜尋空間設計的產物。例如，在正常細胞中，步幅為 1 的 3x3 平均池化層基本上是模糊（blur）運算。也許模糊是有用的，但是將相同的輸入模糊兩次然後相加結果必然不是最佳的。

MobileNet 家族

在接下來的幾節中，我們將描述 MobileNetV2/MnasNet/EfficientNet 家族的架構。MobileNetV2（*https://arxiv.org/abs/1801.04381*）適合「神經架構搜尋」這節，因為它引入了新積木，有助於設計更有效率的搜尋空間。儘管最初的 MobileNetV2 是手工設計的，但後續的版本 MnasNet（*https://arxiv.org/abs/1807.11626*）和 EfficientNet（*https://arxiv.org/abs/1905.11946*）使用了相同的積木來自動化神經架構搜尋，並最終得到最佳化但非常相似的架構。然而，在我們討論這組架構之前，首先我們需要介紹兩個新的積木：逐深度卷積和反向殘差瓶頸。

逐深度卷積

為了理解 MobileNetV2 架構，我們需要解釋的第一個積木是逐深度卷積（depthwise convolution）。MobileNetV2（*https://arxiv.org/abs/1801.04381*）架構重新審視了深度可分離卷積，以及它們和跳過連接間的互動。為了使這種細粒度（fine-grained）分析成為可能，我們必須首先將前面描述的深度可分離卷積（圖 3-36）拆分為它們的基本組件：

- 空間過濾部分，稱為逐深度卷積（圖 3-42）

- 1x1 卷積

在圖 3-42 中，可以使用新的過濾器權重來重複執行過濾運算，以產生兩倍或三倍的頻道數。這被稱為「深度乘數」，但它的通常值為 1，這就是它沒有在圖片中表示的原因。

Keras 中提供了逐深度卷積層：

```
tf.keras.layers.DepthwiseConv2D(kernel_size,
                                strides=(1, 1),
                                padding='valid',
                                depth_multiplier=1)
```

請注意一個深度可分離的卷積，例如：

```
tf.keras.layers.SeparableConv2D(filters=128, kernel_size=(3,3))
```

也可以在 Keras 中表示為兩層的序列：

```
tf.keras.layers.DepthwiseConv2D(kernel_size=(3,3))
tf.keras.layers.Conv2D(filters=128, kernel_size=(1,1))
```

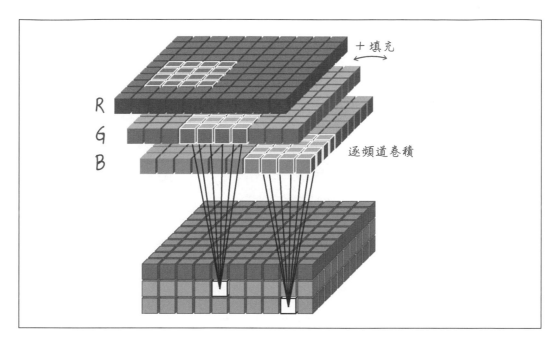

圖 3-42　逐深度卷積層。卷積過濾器獨立應用於每個輸入頻道，產生相同數量的輸出頻道。

反向殘差瓶頸

MobileNet 系列中第二個，也是最重要的積木是反向殘差瓶頸。ResNet 或 Xception 架構中使用的殘差區塊，傾向於讓流經跳過連接的頻道數量很高（參見下面的圖 3-43）。在 MobileNetV2 論文（*https://arxiv.org/abs/1801.04381*）中，作者假設跳過連接幫忙保留的資訊在本質上是低維度的，這在直覺上是有道理的。如果卷積區塊專門偵測「貓鬚」，則它的輸出中的資訊（「在位置 (3, 16) 處偵測到的鬍鬚」）可以表達為三個維度：類別、x、y。與鬍鬚的像素表達法相比，它確實是低維度的。

MobileNetV2 架構引入了一種新的殘差區塊設計，在頻道數較少的地方放置跳過連接，並擴展殘差區塊內的頻道數。圖 3-43 將此新設計與 ResNet 和 Xception 中所使用的典型殘差塊進行了比較。ResNet 區塊中的頻道數量會遵循「多 - 少 - 多」序列，並在「多頻道」階段之間加入跳過連接。Xception 所做的是「多 - 多 - 多」。新的 MobileNetV2 設計則遵循「少 - 多 - 少」的順序。論文稱這種技術為反向殘差瓶頸（*inverted residual bottleneck*）──「反向」是因為它與 ResNet 方法完全相反，「瓶頸」是因為頻道數被擠壓在殘差區塊之間，就像瓶頸一樣。

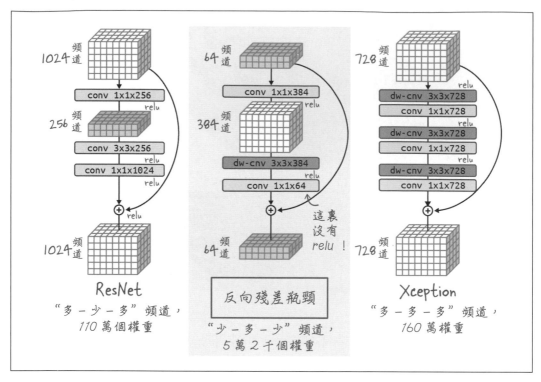

圖 3-43　MobileNetV2 中的新殘差區塊設計（稱為「反向殘差瓶頸」），與 ResNet 和 Xception 殘差區塊的比較。「dw-cnv」代表逐深度卷積。Xception 使用的可分離卷積由它們的成份表達：「dw-cnv」後面跟著「conv 1x1」。

這個新的殘差區塊的目標是提供與先前設計相同的表達能力，同時可以顯著的減少權重，更重要的是，減少推論時的延遲。MobileNetV2 確實是為在計算資源稀缺的手機上使用而設計的。ResNet、MobileNetV2 和 Xception 表達在圖 3-43 中的典型殘差區塊的權重計數分別為 1.1M、52K 和 1.6M。

MobileNetV2 論文的作者認為，他們的設計可以用更少的參數獲得良好的結果，因為在殘差區塊之間流動的資訊本質上會是低維度的，因此可以在有限數量的頻道中表達。然而，一個構造細節很重要：反向殘差區塊中的最後一個 1x1 卷積，也就是會將特徵圖壓縮回「少」頻道的卷積，後面並沒有接著非線性激發。MobileNetV2 論文對這個主題進行了一定的討論，但簡短的版本是在低維度空間中，ReLU 激發會破壞太多資訊。

我們現在已經準備好建構一個完整的 MobileNetV2 模型，然後使用神經架構搜尋，將其精煉為最佳化但卻非常相似的 MnasNet 和 EfficientNet 架構。

MobileNetV2

我們現在可以將 MobileNetV2 卷積堆疊放在一起。MobileNetV2 由多個反向殘差區塊建構而成,如圖 3-44 所示。

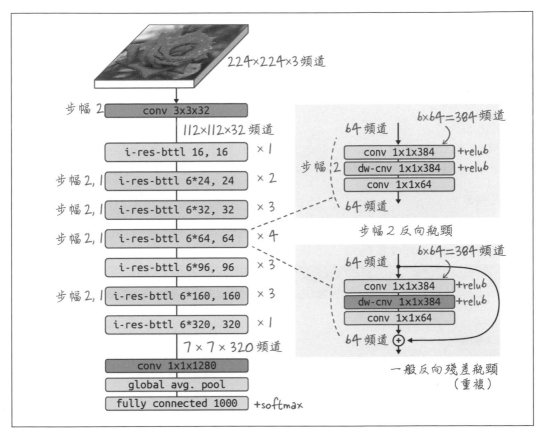

圖 3-44　基於重複的反向殘差瓶頸的 MobileNetV2 架構。重複計數位於中心行。「conv」表示常規卷積層,而「dw-cnv」表示逐深度卷積。

在圖 3-44 中,反向殘差瓶頸區塊被標記為「i-res-bttl N, M」,並透過它們的內部(N)和外部頻道深度(M)進行參數化。每個標記為「strides 2, 1」的序列都以一個反向瓶頸區塊開始,步幅為 2,而且沒有跳過連接。該序列會繼續使用常規的反向殘差瓶頸區塊。所有卷積層都使用批次正規化。請注意,反向瓶頸區塊中的最後一個卷積層並不使用激發函數。

MobileNetV2 中的激發函數是 ReLU6，而不是通常的 ReLU。MobileNetV2 後來的演變又回到使用標準的 ReLU 激發函數。在 MobileNetV2 中使用 ReLU6 並不是一個基礎的實作細節。

MobileNetV2 概覽

架構

反向殘差瓶頸的序列

出版品

Mark Sandler et al., "MobileNetV2: Inverted Residuals and Linear Bottlenecks," 2018, *https://arxiv.org/abs/1801.04381*.

程式碼範例

03k_finetune_MOBILENETV2_flowers104.ipynb

表 3-10　MobileNetV2 概覽

模型	參數 （不含分類頭 [a]）	ImageNet 準確度	104 flowers F1 分數 [b] （微調）
MobileNetV2	230 萬	71%	92%，精確度：92%， 召回率：92%
與先前最佳相比			
NASNetLarge	8500 萬	82%	89%，精確度：92%， 召回率：99%
DenseNet201	1800 萬	77%	95%，精確度：96%， 召回率：95%
Xception	2100 萬	79%	95%，精確度：95%， 召回率：95%

[a] 從參數計數中排除分類頭，以方便架構之間的比較。如果沒有分類頭，網路中的參數數量與解析度無關。此外，在微調範例中，可能會使用不同的分類頭。

[b] 對於準確度、精確度、召回率和 F1 分數值而言，越高就越好。

 MobileNetV2 針對低權重進行了優化，並為此犧牲了一些準確度。此外，在 104 flowers 微調範例中，它的收斂速度明顯慢於其他模型。當行動推論效能很重要時，它仍然是一個不錯的選擇。

MobileNetV2 重複的反向殘差瓶頸區塊的簡單結構非常適合自動化神經架構搜尋方法。這就是 MnasNet 和 EfficientNet 架構的建立方式。

EfficientNet：將它們全部放在一起

建立 MobileNetV2 的團隊後來透過自動化神經架構搜尋改進了架構，使用反向殘差瓶頸作為其搜尋空間的積木。MnasNet 論文（*https://arxiv.org/abs/1807.11626*）總結了他們的初步發現。該研究最有趣的結果是，自動化演算法再次將 5x5 卷積重新引入到混合中。正如我們之前看到的，這在 NASNet 中已經存在。這很有趣，因為所有手動建構的架構都標準化為 3x3 卷積，並用過濾器因式分解假設證明了此選擇的合理性。顯然的，像 5x5 這樣更大的過濾器還是有用的。

我們將跳過對 MnasNet 架構的正式描述，而偏愛其下一世代：EfficientNet（*https://arxiv.org/abs/1905.11946*）。該架構是使用與 MnasNet 完全相同的搜尋空間和網路架構搜尋演算法開發的，但優化目標被調整為預測準確度而不是行動推論延遲（mobile inference latency）。來自 MobileNetV2 的反向殘差瓶頸再次成為基本積木。

EfficientNet 實際上是一個包含不同大小的神經網路的家族，其中非常關注家族中網路的縮放性。卷積架構有三種主要的縮放方式：

- 使用更多層。

- 在每一層中使用更多頻道。

- 使用更高解析度的輸入影像。

EfficientNet 論文指出，這三個縮放軸並不是獨立的：「如果輸入影像更大，那麼網路就需要更多層來增加接受域，也需要更多頻道以在更大的影像上捕獲更多細粒度的樣式」。

EfficientNetB0 到 EfficientNetB7 神經網路家族的新穎之處，在於它們沿著全部三個縮放軸進行縮放，而不是像 ResNet50/ResNet101/ResNet152 等早期架構系列中那樣只沿著一個縮放軸縮放。EfficientNet 家族是當今許多應用機器學習團隊的主力，因為它為每個權重計數提供了最佳效能等級；然而，研究進展很快，到本書出版時，很可能會發現更好的架構。

圖 3-45 描述了基線 EfficientNetB0 架構。請注意它和 MobileNetV2 的相似之處。

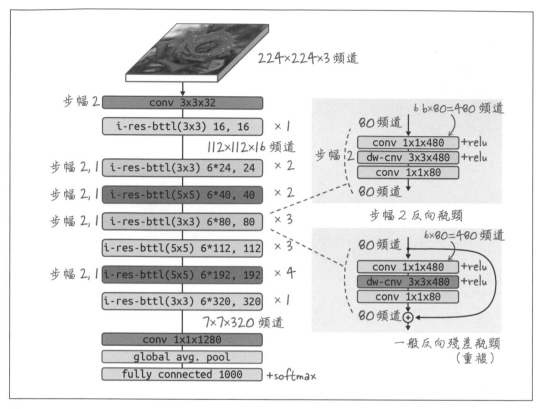

圖 3-45 EfficientNetB0 架構。請注意它和 MobileNetV2 的強烈相似性（圖 3-44）。

在圖 3-45 中，記錄了反向殘差瓶頸的序列 [i-res-bttl(KxK) $P*Ch, Ch$] × N，其中：

- Ch 是每個區塊輸出的外部頻道數。

- 內部頻道數通常是外部頻道的 P 倍：$P*Ch$。

- KxK 是卷積過濾器大小，通常為 3x3 或 5x5。

- N 是此類連續層區塊的數量。

每個標記為「strides 2, 1」的序列都以一個反向瓶頸塊開始，其步幅為 2，且沒有跳過連接。該序列繼續使用常規的反向殘差瓶頸區塊。如前所述，「conv」表示常規卷積層，而「dw-cnv」則表示逐深度卷積。

EfficientNetB1 到 B7 具有完全相同的總體結構，帶有七個反向殘差瓶頸序列；只是參數不同。圖 3-46 提供了整個系列的縮放參數。

EfficientNetB0	EfficientNetB1	EfficientNetB2
ideal image res.: 224x224 px	ideal image res.: 240x240 px	ideal image res.: 260x260 px
weight count: 5.3M	weight count: 7.9M	weight count: 9.2M
[i-res-bttl(3x3) 16, 16] x 1	[i-res-bttl(3x3) 16, 16] x 2	[i-res-bttl(3x3) 16, 16] x 2
[i-res-bttl(3x3) 144, 24] x 2	[i-res-bttl(3x3) 144, 24] x 3	[i-res-bttl(3x3) 144, 24] x 3
[i-res-bttl(5x5) 240, 40] x 2	[i-res-bttl(5x5) 240, 40] x 3	[i-res-bttl(5x5) 288, 48] x 3
[i-res-bttl(3x3) 480, 80] x 3	[i-res-bttl(3x3) 480, 80] x 4	[i-res-bttl(3x3) 528, 88] x 4
[i-res-bttl(5x5) 672, 112] x 3	[i-res-bttl(5x5) 672, 112] x 4	[i-res-bttl(5x5) 720, 120] x 4
[i-res-bttl(5x5) 1152, 192] x 4	[i-res-bttl(5x5) 1152, 192] x 5	[i-res-bttl(5x5) 1248, 208] x 5
[i-res-bttl(3x3) 1920, 320] x 1	[i-res-bttl(3x3) 1920, 320] x 2	[i-res-bttl(3x3) 2112, 352] x 2

EfficientNetB3	EfficientNetB4	EfficientNetB5
ideal image res.: 300x300 px	ideal image res.: 380x380 px	ideal image res.: 456x456 px
weight count: 12.3M	weight count: 19.5M	weight count: 30.6M
[i-res-bttl(3x3) 24, 24] x 2	[i-res-bttl(3x3) 24, 24] x 2	[i-res-bttl(3x3) 24, 24] x 3
[i-res-bttl(3x3) 192, 32] x 3	[i-res-bttl(3x3) 192, 32] x 4	[i-res-bttl(3x3) 240, 40] x 5
[i-res-bttl(5x5) 288, 48] x 3	[i-res-bttl(5x5) 336, 56] x 4	[i-res-bttl(5x5) 384, 64] x 5
[i-res-bttl(3x3) 576, 96] x 5	[i-res-bttl(3x3) 672, 112] x 6	[i-res-bttl(3x3) 768, 128] x 7
[i-res-bttl(5x5) 816, 136] x 5	[i-res-bttl(5x5) 960, 160] x 6	[i-res-bttl(5x5) 1056, 176] x 7
[i-res-bttl(5x5) 1392, 232] x 6	[i-res-bttl(5x5) 1632, 272] x 8	[i-res-bttl(5x5) 1824, 304] x 9
[i-res-bttl(3x3) 2304, 384] x 2	[i-res-bttl(3x3) 2688, 448] x 2	[i-res-bttl(3x3) 3072, 512] x 3

EfficientNetB6	EfficientNetB7	EfficientNetB8
ideal image res.: 528x528 px	ideal image res.: 600x600 px	ideal image res.: 672x672 px
weight count: 43.3M	weight count: 66.7M	
[i-res-bttl(3x3) 32, 32] x 3	[i-res-bttl(3x3) 32, 32] x 4	[i-res-bttl(3x3) 32, 32] x 4
[i-res-bttl(3x3) 240, 40] x 6	[i-res-bttl(3x3) 288, 48] x 7	[i-res-bttl(3x3) 336, 56] x 8
[i-res-bttl(5x5) 432, 72] x 6	[i-res-bttl(5x5) 480, 80] x 7	[i-res-bttl(5x5) 528, 88] x 8
[i-res-bttl(3x3) 864, 144] x 8	[i-res-bttl(3x3) 960, 160] x 10	[i-res-bttl(3x3) 1056, 176] x 11
[i-res-bttl(5x5) 1200, 200] x 8	[i-res-bttl(5x5) 1344, 224] x 10	[i-res-bttl(5x5) 1488, 248] x 11
[i-res-bttl(5x5) 2064, 344] x 11	[i-res-bttl(5x5) 2304, 384] x 13	[i-res-bttl(5x5) 2544, 424] x 15
[i-res-bttl(3x3) 3456, 576] x 3	[i-res-bttl(3x3) 3840, 640] x 4	[i-res-bttl(3x3) 4224, 704] x 4

圖 3-46　EfficientNetB0 到 EfficientNetB7 家族，顯示了構成 EfficientNet 架構的七個反向殘差瓶頸序列的參數。

如圖 3-46 所示，家族中的每個神經網路都有一個理想的輸入影像大小。它已經在這種大小的影像上進行了訓練，但它也可以用在其他影像大小。層數和每層中的頻道數會隨著輸入影像的大小一起縮放。反向殘差瓶頸中的外部和內部頻道數之間的乘數始終為 6，除了在第一列中為 1 之外。

那麼這些縮放參數真的有效嗎？ EfficientNet 論文表明它們真的有效。上面概述的複合縮放會比單獨按層、頻道或影像解析度來縮放網路更為有效（圖 3-47）。

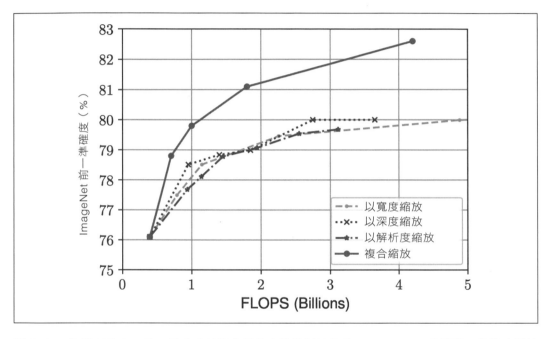

圖 3-47　使用 EfficientNet 論文中的複合縮放方法進行縮放的 EfficientNet 分類器，準確度對比按單一因子進行縮放：寬度（卷積區塊中的頻道數）、深度（卷積層數）或影像解析度。圖片來自 Tan & Le，2019 年（*https://arxiv.org/abs/1905.11946*）。

EfficientNet 論文的作者還使用了 Zhou et al., 2016（*https://arxiv.org/abs/1512.04150*）的類別激發圖（class activation map）技術來視覺化已訓練網路所「看到」的內容。同樣的，複合縮放透過協助網路專注於影像的重要部分來獲得更好的結果（圖 3-48）。

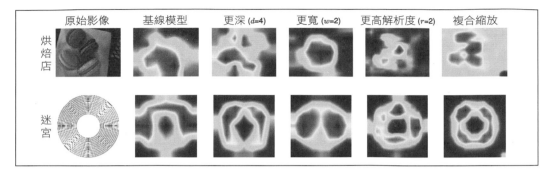

圖 3-48　透過幾個 EfficientNet 變體看到的兩個輸入影像的類別激發圖（Zhou et al., 2016）。透過複合縮放（最後一行）獲得的模型，聚焦於具有更多物件細節的更多相關區域。圖片來自 Tan & Le，2019 年（*https://arxiv.org/abs/1905.11946*）。

EfficientNet 還包含一些額外的優化。簡要的說明如下：

- 根 據 Jie 等人，2017（*https://arxiv.org/abs/1709.01507*）透 過「 擠 壓 — 激 發（squeeze-excite）」頻道優化來進一步優化每個反向瓶頸區塊。這種技術是一種逐頻道的注意力機制，在每個區塊的最終 1x1 卷積之前「重新正規化」輸出頻道（即增強一些並減弱其他的）。就像任何的「注意力」技術一樣，涉及一個小型額外神經網路，它會進行學習以產生理想的重新正規化（renormalization）權重。這個額外的網路在圖 3-45 中沒有顯示出來，它對可學習權重總數的貢獻很小。這種技術可以應用於任何卷積區塊，而不僅僅是反向殘差瓶頸，並可以將網路準確度提高大約一個百分點。

- 在 EfficientNet 家族中的所有成員，都使用 dropout 來幫助解決過度擬合問題。家族中較大的網路使用稍大的 dropout 率（對於 EfficientNetB0 到 B7，分別為 0.2、0.2、0.3、0.3、0.4、0.4、0.5 和 0.5）。

- EfficientNet 中使用的激發函數是 SiLU（也稱為 Swish-1），如 Ramachandran 等 人，2017（*https://arxiv.org/abs/1710.05941*） 中 所 述。 函 數 為 $f(x) = x \cdot$ sigmoid(x)。

- 訓練資料集使用 AutoAugment 技術自動擴展，如 Cubuk 等人，2018（*https://arxiv.org/abs/1805.09501*）中所述。

- 訓練期間使用「隨機深度（stochastic depth）」技術，如 Huang 等人，2016（*https://arxiv.org/abs/1603.09382*）中所述。我們不確定這部分的效果如何，因為隨機深度論文本身報告說，該技術不適用於在 ImageNet 上訓練的 ResNet152。它可能會在更深的網路上做到一些事情。

EfficientNet 概覽

架構
反向殘差瓶頸的序列

程式碼範例
03l_finetune_EFFICIENTNETB6_flowers104.ipynb、*03l_finetune_EFFICIENTNETB7_TFHUB_flowers104.ipynb*、和 *03l_fromzero_EFFICIENTNETB4_flowers104.ipynb*

出版品
Mingxing Tan and Quoc V. Le, "EfficientNet: Rethinking Model Scaling for Convolutional Neural Networks," 2019, *arXiv:1905.11946.*

EfficientNetB6 和 B7 目前以 84% 的準確度在 ImageNet 分類圖表中名列前茅。然而，在我們的 104 flowers 資料集上進行了微調，它們的表現僅略好於 Xception、DenseNet201 或 InceptionV3。所有這些模型都傾向於在該資料集上達成 95% 的精確度和召回率值並在那裡達到飽和。這個資料集可能太小而無法進一步改善。

您將在下一節中找到總結所有結果的表格。

超越卷積：Transformer 架構

本章討論的電腦視覺架構都依賴於卷積過濾器。與第 2 章中討論的單純密集神經網路相比，卷積過濾器減少了要學習如何從影像中萃取資訊時所需的權重數量。然而，隨著資料集大小的不斷增加，會有一個時刻我們不再需要進行這樣的權重縮減了。

Ashish Vaswani 等人在 2017 年的一篇論文（*https://arxiv.org/abs/1706.03762*）中提出了用於自然語言處理的 Transformer 架構，標題是《Attention Is All You Need》。正如標題所示，Transformer 架構的關鍵創新是注意力（*attention*）的概念 —— 在預測每個單

字時，讓模型專注於輸入文本序列的某些部分。例如，假設有一個模型需要將法語片語「ma chemise rouge」翻譯成英語（「my red shirt」）。在預測英文翻譯的第二個單字 *red* 時，該模型將學習專注於單字 *rouge*。Transformer 模型透過使用位置編碼（*positional encoding*）來達成這一點。它不是簡單的用輸入片語裏的單字來表達它，而是將每個單字的位置添加為輸入：(ma, 1), (chemise, 2), (rouge, 3)。然後，模型從訓練資料集中學習在預測輸出的特定單字時，需要關注輸入的哪個單字。

Vision Transformer（ViT）（*https://arxiv.org/abs/2010.11929*）模型採用了 Transformer 的想法來處理影像。影像中的單字等價物是正方形的像素塊（patch），所以第一步是將輸入影像打碎成像素塊，如圖 3-49 所示（完整程式碼在 GitHub 上的 *03m_transformer_flowers104.ipynb*）：

```
patches = tf.image.extract_patches(
    images=images,
    sizes=[1, self.patch_size, self.patch_size, 1],
    strides=[1, self.patch_size, self.patch_size, 1],
    rates=[1, 1, 1, 1],
    padding="VALID",
)
```

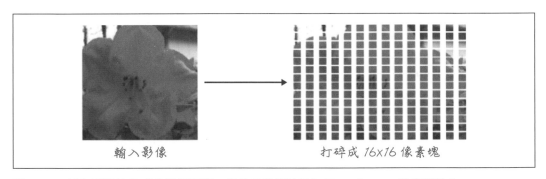

輸入影像　　　　　打碎成 16x16 像素塊

圖 3-49　輸入影像被分成多個像素塊，這些像素塊被視為 Transformer 的序列輸入。

像素塊透過串接影像中的像素塊像素值和像素塊位置來表達：

```
encoded = (tf.keras.layers.Dense(...)(patch) +
           tf.keras.layers.Embedding(...)(position))
```

請注意，像素塊位置是像素塊的序號（第 5、第 6 等）並被視為分類變數。我們採用可學習的嵌入來獲取具有相關內容的像素塊之間的密切關係。

像素塊表達法會通過多個 transformer 區塊，每個 transformer 區塊由一個注意力頭所組成（以瞭解輸入的哪些部分需要關注）：

```
x1 = tf.keras.layers.LayerNormalization()(encoded)
attention_output = tf.keras.layers.MultiHeadAttention(
    num_heads=num_heads, key_dim=projection_dim, dropout=0.1
)(x1, x1)
```

注意力的輸出用於強調像素塊表達法：

```
# 跳過連接 1
x2 = tf.keras.layers.Add()([attention_output, encoded])
# 層正規化 2
x3 = tf.keras.layers.LayerNormalization()(x2)
```

並通過一組密集層：

```
# 多層感知機 (mlp)，一組密集層。
x3 = mlp(x3, hidden_units=transformer_units,
        dropout_rate=0.1)
# 跳過連接 2 形成給下個區塊的輸入
encoded = tf.keras.layers.Add()([x3, x2])
```

這個訓練迴圈類似於本章中所討論的任何卷積網路架構。請注意，與卷積網路模型相比，ViT 架構需要更多的資料 —— 作者建議在大量資料上預訓練 ViT 模型，然後在較小的資料集上進行微調。事實上，在 104 flowers 資料集上從頭開始訓練只能產生 34% 的準確度。

儘管目前對於我們相對較小的資料集來說感覺並不是特別有希望，但將 Transformer 架構應用於影像的想法很有趣，並且是電腦視覺一種新的創新的潛在來源。

選擇模型

本節將提供一些有關為您的任務來選擇模型架構的提示。首先，使用無程式碼服務來建立一個基準以訓練 ML 模型，這樣您就可以深入的瞭解您的問題可以達到什麼樣的準確度。如果您在 Google Cloud 上進行訓練，請考慮使用了神經架構搜尋（NAS）的 Google Cloud AutoML（*https://oreil.ly/bw0fE*）。如果您使用的是 Microsoft Azure，請考慮 Custom Vision AI（*https://www.customvision.ai*）。DataRobot（*https://oreil.ly/I6GHs*）和 H2O.ai（*https://oreil.ly/dubZl*）採用了遷移學習進行無程式碼影像分類。您獲得的準確度不太可能明顯高於這些服務所提供的開箱即用的準確度，因此您可以使用它們作為快速進行概念驗證的一種方式，以避免在不可行的問題上投入太多時間。

效能比較

讓我們總結一下目前看到的效能資料,首先是微調(表 3-11)。請注意底部的新來者,稱為「集成(ensemble)」。我們將在下一節中介紹這一點。

表 3-11　在 104 flowers 資料集上進行微調的八種模型架構

模型	參數(不含分類頭 [a])	ImageNet 準確度	104 flowers F1 分數 [b](微調)
EfficientNetB6	4000 萬	84%	95.5%
EfficientNetB7	6400 萬	84%	95.5%
DenseNet201	1800 萬	77%	95.4%
Xception	2100 萬	79%	94.6%
InceptionV3	2200 萬	78%	94.6%
ResNet50	2300 萬	75%	94.1%
MobileNetV2	230 萬	71%	92%
NASNetLarge	8500 萬	82%	89%
VGG19	2000 萬	71%	88%
集成	7900 萬 (DenseNet210 + Xception +EfficientNetB6)	-	96.2%

[a]　從參數計數中排除分類頭,以方便架構之間的比較。如果沒有分類頭,網路中的參數數量與解析度無關。此外,在微調範例中,可能會使用不同的分類頭。

[b]　對於準確度、精確度、召回率和 F1 分數值而言,越高就越好。

現在看看從頭開始訓練(表 3-12)的結果。由於微調在 104 flowers 資料集上效果更好,因此並非所有模型都有從頭開始訓練。

表 3-12　在 104 flowers 資料集上從頭開始訓練的六個模型架構

模型	參數(不含分類頭 [a])	ImageNet 準確度	104 flowers F1 分數 [b](微調)
Xception	2100 萬	79%	82.6%
SqueezeNet,24 層	270 萬	-	76.2%
DenseNet121	700 萬	75%	76.1%
ResNet50	2300 萬	75%	73%
EfficientNetB4	1800 萬	83%	69%
AlexNet	370 萬	60%	39%

[a]　從參數計數中排除分類頭,以方便架構之間的比較。如果沒有分類頭,網路中的參數數量與解析度無關。此外,在微調範例中,可能會使用不同的分類頭。

[b]　對於準確度、精確度、召回率和 F1 分數值而言,越高就越好。

Xception 在這裡排名第一，這有點令人驚訝，因為它不是最新的架構。Xception 的作者還在他的論文中注意到，當應用於除了 ImageNet 和學術界所使用的其他標準資料集之外的真實世界資料集時，他的模型似乎比其他模型表現的更好。排名第二的位置被本書作者快速拼湊出來的類 SqueezeNet 的模型所佔據，這一事實意義重大。當您想嘗試自己的架構時，SqueezeNet 的程式很好寫而且非常有效率。該模型也是所有選擇中最小的模型。它的大小可能剛好可以適配到相對較小的 104 flowers 資料集（大約 20K 張圖片）。DenseNet 架構與 SqueezeNet 並列第二。它是迄今為止這個選擇中最非常規的架構，但它似乎在非常規資料集上具有很大的潛力。

查看這些模型的其他變體和版本可能是值得的，以讓我們選擇出最合適和最新的模型。如前所述，在我們撰寫本書時（2021 年 1 月），EfficientNet 是最先進的模型。當您閱讀本書時，可能會有更新的內容。您可以查看 TensorFlow Hub（*https://www.tensorflow.org/hub*）以獲取新模型資訊。

最後一種選擇是同時使用多個模型，這種技術稱為**集成**（*ensemble*）。我們接下來會看看這個技術。

集成

在我們尋找最大準確度時，而且當模型大小和推論時間不是問題時，可以同時使用多個模型並將它們的預測結合起來。這種**集成模型**（*ensemble model*）通常比組成它們的任何模型都能給出更好的預測。他們的預測在現實生活中的影像上也會更加可靠。選擇要進行集成的模型時的關鍵考慮因素是去選擇盡可能不同的模型。具有非常不同架構的模型更有可能會具有不同的弱點。當組合成一個整體時，不同模型的優勢和劣勢將相互彌補，只要它們不屬於同一種類即可。

GitHub 儲存庫中提供了一個筆記本 *03z_ensemble_finetune_flowers104.ipynb*，展示了三個在 104 flowers 資料集上進行微調的模型的集成：DenseNet210、Xception、和 EfficientNetB6。如表 3-13 所示，集作以可觀的優勢獲勝。

表 3-13　模型集成與個別模型的比較

模型	參數（不含分類頭 [a]）	ImageNet 準確度	104 flowers F1 分數 [b]（微調）
EfficientNetB6	4000 萬	84%	95.5%
DenseNet201	1800 萬	77%	95.4%
Xception	2100 萬	79%	94.6%
集成	7900 萬		96.2%

[a]　從參數計數中排除分類頭，以方便架構之間的比較。如果沒有分類頭，網路中的參數數量與解析度無關。此外，在微調範例中，可能會使用不同的分類頭。

[b]　對於準確度、精確度、召回率和 F1 分數值而言，越高就越好。

集成這三個模型的最簡單方法是對它們預測的類別機率求平均值。另一種理論上更好的可能性是平均它們的 logit（在 softmax 激發之前最後一層的輸出）並在平均值上應用 softmax 來計算類別機率。範例筆記本展示了這兩個選項。在 104 flowers 資料集上，兩者表現相當。

 平均 logit 時需要注意的一點是，與機率相反，logit 並未正規化。它們在不同模型中可能具有非常不同的值。在這種情況下，計算加權平均值而不是簡單平均值可能會有所幫助。應使用訓練資料集來計算最佳的權重。

推薦策略

這是我們推薦的用來解決電腦視覺問題的策略。

首先，根據資料集的大小來選擇訓練方法：

- 如果您的資料集非常小（每個標籤包含少於一千張影像），請使用遷移學習。

- 如果您有一個中等大小的資料集（每個標籤包含一到五千張影像），請使用微調。

- 如果您有一個大型資料集（每個標籤包含超過五千張影像），請從頭開始訓練。

這些數字是經驗法則，根據使用案例的難度、模型的複雜性、和資料的品質而會有所不同。您可能需要嘗試幾個選項。例如，104 flowers 資料集中根據類別不同每類別有 10 到 3,000 張影像；微調對它還是很有效的。

無論您是進行遷移學習、微調還是從頭開始訓練，您都需要選擇模型架構。您應該選擇哪一個呢？

- 如果您想設計自己的層，請從 SqueezeNet 開始。這是效能良好的最簡單模型。

- 對於邊緣設備，您通常希望優化那些可以快速被下載、在裝置上佔用很少空間、並且在預測過程中不會產生高延遲的模型。如果要的是在低功耗裝置上可以快速執行的小型模型的話，請考慮 MobileNetV2。

- 如果您沒有大小／速度限制（例如，如果要在自動擴展雲端系統上進行推論）並且想要最好／最奇特的模型，請考慮 EfficientNet。

- 如果您所屬的保守組織堅持要的是經過驗證的真實事物，請選擇 ResNet50 或者它的一種較大的變體。

如果不關心訓練成本和預測延遲的話，或者模型準確度的小幅改進可以帶來外部回報的話，請考慮使用三個互補模型的集成。

總結

本章聚焦於影像分類技術。我們首先解釋了如何使用預訓練模型並使它們適配新的資料集。這是迄今為止最流行的技術，如果預訓練資料集和目標資料集至少有一些相似之處的話，它就會起作用。我們探索了這種技術的兩種變體：其一是遷移學習，在其中預訓練模型被凍結並用來當作靜態影像編碼器；其二為微調，在其中預訓練模型的權重被用來當作在新資料集上執行的新訓練中的初始值。然後，我們檢查了從 AlexNet 到 EfficientNets 的歷史和當前最先進的影像分類架構。解釋了這些架構的所有積木，當然是從卷積層開始，讓您全面瞭解這些模型的工作原理。

在第 4 章中，我們將著眼於使用這些影像模型架構中的任何一種來解決常見的電腦視覺問題。

物件偵測和影像分割

在本書中到目前為止，我們已經研究了各種機器學習架構，但僅使用它們來解決一種問題 —— 對整個影像進行分類（或迴歸）。在本章中，我們將討論二個新的視覺問題：物件偵測、實例分割和全場景語意分割（圖 4-1）。第 11 章和第 12 章介紹了其他更進階的視覺問題，如影像產生、計數、姿態估計和生成模型。

圖 4-1　從左到右：物件偵測、實例分割、全場景語意分割。影像來自 Arthropods（*https://oreil. ly/sRrvU*）和 Cityscapes（*https://oreil.ly/rs9zf*）資料集。

本章的程式碼位於本書 GitHub 儲存庫（*https://github.com/ GoogleCloudPlatform/practical-ml-vision-book*）的 *04_detect_ segment* 資料夾中。我們將在適用的情況下提供程式碼範例和筆記本 的檔名。

物件偵測

對我們大多數人來說，觀看事物是如此輕鬆，以至於當我們眼角瞥見一隻蝴蝶，並轉頭 去欣賞它的美麗時，我們甚至不會考慮到有數百萬個視覺細胞和神經元正在發揮作用、 捕捉光線、解碼信號、並將它們處理成越來越高的抽象層次。

我們在第 3 章中看到了 ML 中的影像識別如何運作。然而，那一章中所介紹的模型是 為了對影像進行整體性的分類 —— 它們無法告訴我們一朵花在影像中的哪個位置。在本 節中，我們將研究建構可提供此位置資訊的 ML 模型的方法。這是一項稱為**物件偵測** （*object detection*）的任務（圖 4-2）。

圖 4-2　一個物件偵測任務。影像來於自 Arthropods 資料集（*https://oreil.ly/sRrvU*）。

事實上，卷積層確實可以識別和定位它們所偵測到的東西。第 3 章的卷積骨幹已經萃取了一些位置資訊。但是在分類問題中，網路並不使用這些資訊。在它們所接受的訓練目標中，位置是無關緊要的；只要在蝴蝶出現在蝴蝶的照片影像中的任何地方，都會被分類為這個類別。相反的，對於物件偵測來說，我們會向卷積堆疊添加元素以萃取和精煉位置資訊，並訓練網路用最大準確度來執行此工作。

最簡單的方法是在卷積骨幹的末端添加一些東西，來預測所偵測到的物件周圍的定界框（bounding box）。這就是 YOLO（You Only Look Once）法，我們將從它開始。然而，許多重要資訊也包含在卷積骨幹的中間層，為了萃取它，我們將建構稱為特徵金字塔網路（feature pyramid network, FPN）的更複雜架構，並說明它們在 RetinaNet 中的運用。

在本節中，我們將使用在 Kaggle.com（*http://kaggle.com*）上免費提供的 Arthropod Taxonomy Orders Object Detection（簡稱為 Arthropods）資料集（*https://oreil.ly/sRrvU*）。該資料集包含了七個類別 —— 鞘翅目（Coleoptera）（甲蟲）、蜘蛛目（Aranea）（蜘蛛）、半翅目（Hemiptera）（真蟲）、雙翅目（Diptera）（蒼蠅）、鱗翅目（Lepidoptera）（蝴蝶）、膜翅目（Hymenoptera）（蜜蜂、黃蜂和螞蟻）和蜻蜓目（Odonata）（蜻蜓）—— 以及定界框。圖 4-3 顯示了一些範例。

圖 4-3　Arthropods 資料集中用於物件偵測的一些範例。

除了 YOLO 之外，本章還將介紹 RetinaNet 和 Mask R-CNN 架構。它們的實作可以在 TensorFlow Model Garden 的官方視覺儲存庫（*https://oreil.ly/FYKgH*）中找到。在撰寫本文時，我們將使用位於儲存庫「beta」資料夾中的新實作版本。

您可以在 GitHub 上的 *04_detect_segment* 中與第 4 章對應的資料夾中找到展示了如何將這些偵測模型應用於客製化資料集（如 Arthropods）的範例程式碼。

除了 TensorFlow Model Garden 之外，在 keras.io 網站上也有很好的 RetinaNet 分步實作（*https://oreil.ly/LWG3c*）。

YOLO

YOLO（you only look once）（*https://arxiv.org/abs/1506.02640*）是最簡單的物件偵測架構。它不是最準確的，但在預測時間方面是最快的架構之一。出於這個原因，它被用於許多即時系統，例如安全攝影機。該架構可以奠基於第 3 章中的任何卷積骨幹。影像會透過卷積堆疊來處理，就像在影像分類案例中一樣，但分類頭被物件偵測與分類頭（object detection and classification head）來取代。

YOLO 架構已經有最新變體存在（YOLOv2（*https://arxiv.org/abs/1612.08242*）、YOLOv3（*https://arxiv.org/abs/1804.02767*）、YOLOv4（*https://arxiv.org/abs/2004.10934*）），但我們不會在這裡介紹它們。我們將使用 YOLOv1 作為我們進入物件偵測架構的第一個墊腳石，因為它是最容易理解的。

YOLO 網格

YOLOv1（為了簡單起見，以下簡稱「YOLO」）將圖片劃分為 *NxM* 個細胞的網格（grid），例如 7x5（圖 4-4）。對於每個細胞，它嘗試預測以該細胞為中心的物件的定界框。預測出來的定界框可以大於它起源的細胞；唯一的限制是框的中心必須在細胞內的某個地方。

預測定界框是什麼意思呢？讓我們來看一下。

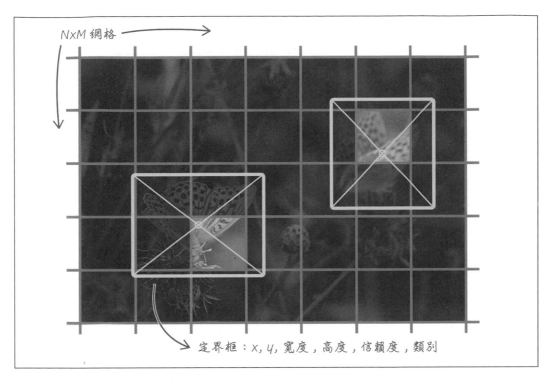

定界框：X, y, 寬度, 高度, 信賴度, 類別

圖 4-4　YOLO 網格。每個網格細胞會預測一個物件的定界框，且該物件的中心位於該細胞的某處。影像來自於 Arthropods 資料集（*https://oreil.ly/sRrvU*）。

物件偵測頭

預測一個定界框相當於預測六個數字：定界框的四個坐標（在此案例中為中心的 x 和 y 坐標，以及寬度和高度），一個告訴我們是否偵測到物件的信賴度（confidence）因子，最後是物件的類別（例如，「蝴蝶」）。YOLO 架構直接在最後一個特徵圖上做這件事，由它正在使用的卷積骨幹來產生。

在圖 4-5 中，x 和 y 坐標的計算使用了雙曲正切（tanh）激發，以使坐標落在 [−1, 1] 範圍內。它們將是偵測框中心的坐標，相對於它們所屬的網格細胞的中心。

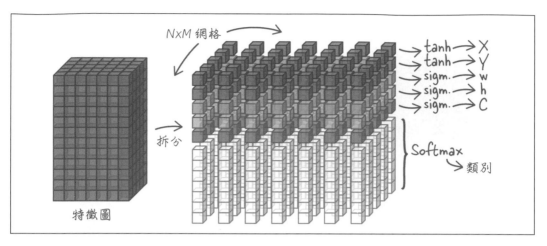

圖 4-5　YOLO 的偵測頭為每個網格細胞預測定界框（x, y, w, h）、該位置存在物件的信賴度 C、以及物件的類別。

寬度和高度（w, h）的計算使用了 sigmoid 激發以落在 [0, 1] 範圍內。它們將會表現出偵測框相對於整張影像的大小。這允許偵測框大於它們起源的網格細胞。信賴因子 C 也會落在 [0, 1] 範圍內。最後再使用 softmax 激發來預測偵測到的物件的類別。tanh 和 sigmoid 函數如圖 4-6 所示。

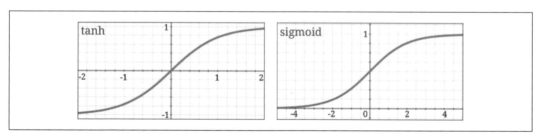

圖 4-6　tanh 和 sigmoid 激發函數。tanh 會輸出 [–1, 1] 範圍內的值，而 sigmoid 函數會輸出 [0, 1] 範圍內的值。

一個有趣的實務問題是，如何獲得具有正確維度的特徵圖。在圖 4-4 的範例中，它必須恰好包含 7 * 5 * (5 + 7) 個值。7 * 5 是因為我們選擇了 7x5 YOLO 網格。然後，每個網格細胞需要五個值來預測一個框（x, y, w, h, C），另外還需要七個額外的值，因為在本範例中，我們要將節肢動物（arthropod）分為七類（鞘翅目、蜘蛛目、半翅目、雙翅目、鱗翅目、膜翅目、蜻蜓目）。

如果您控制了卷積堆疊，您可以嘗試對其進行調整，以最終能獲得 7 * 5 * 12 (420) 個輸出。但是，有一種更簡單的方法：將卷積骨幹傳回的任何特徵圖進行展平，並將其饋入到具有該數量的輸出的完全連接層。然後，您可以將 420 個值重塑為 7x5x12 網格，並應用適當的激發，如圖 4-5 所示。YOLO 論文的作者認為，完全連接層實際上增加了系統的準確性。

損失函數

就像在任何監督學習設置中一樣，在物件偵測中正確的答案會在訓練資料中提供：真實值（ground truth）框和它們的類別。在訓練過程中，網路會預測偵測框，它必須考慮框的位置和大小的誤差，以及錯誤分類誤差（misclassification error），並懲罰不包含任何物件的偵測。不過，第一步是將真實值框與預測框正確的配對，以便進行比較。在 YOLO 架構中，如果每個網格細胞只預測單一框的話，這會很簡單。也就是如果真實值框和預測框位於同一個網格細胞的中心的話，那它們就是配對的（參見圖 4-4 以便於理解）。

然而在 YOLO 架構中，每個網格細胞的偵測框數量是一個參數。它可以是不止一個。如果您回頭看一下圖 4-5，您可以看到每個網格細胞預測了 10 或 15 個（x, y, w, h, C）坐標而不是 5 個，並且產生了 2 或 3 個偵測框而不是 1 個。將這些預測框與真實值框配對需要更加小心。這是透過計算網格細胞內所有真實值框和所有預測框之間的*交聯比*（*intersection over union*, IOU；見圖 4-7）並選擇 IOU 最高的配對來完成的。

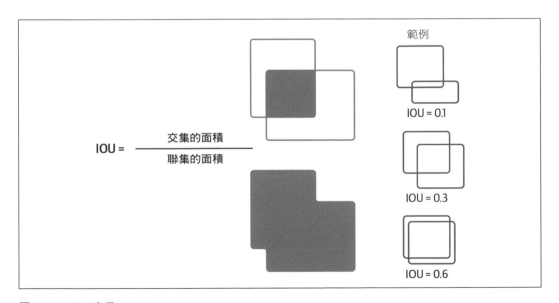

圖 4-7　IOU 度量。

總而言之，真實值框透過其中心來指派給網格細胞，並透過 IOU 來指派給這些網格細胞內的預測框。配對成功後，我們現在可以計算損失的不同部分：

物件存在損失（*object presence loss*）

每個具有真實值框的網格細胞會計算：

$$L_{obj} = (1 - C)^2$$

物件缺失損失（*object absence loss*）

每個沒有真實值框的網格細胞會計算：

$$L_{noobj} = \left(0 - C\right)^2 = C^2$$

物件分類損失（*object classification loss*）

每個具有真實值框的網格細胞會計算：

$$L_{class} = cross\_entropy\left(p, \widehat{p}\right)$$

其中 $\widehat{p}$ 是預測的類別機率向量，而 p 是目標類別的一位有效編碼。

定界框損失

每個預測框／真實值框配對都會貢獻出下列損失（預測坐標用帽子標記，另一個坐標是真實值）：

$$L_{box} = (x - \widehat{x})^2 + (y - \widehat{y})^2 + (\sqrt{w} - \sqrt{\widehat{w}})^2 + \left(\sqrt{h} - \sqrt{\widehat{h}}\right)^2$$

請注意，框大小的差異是根據維度的平方根計算的。這是為了減輕大型框的影響，大型框往往會覆蓋了損失。

最後，來自網格細胞的所有損失貢獻會在以加權因子進行加權後相加。物件偵測損失的一個常見問題是，來自大量沒有物件細胞的小損失，最終會壓倒預測出有用框的單一細胞的損失。對損失的不同部分進行加權可以緩解這個問題。該論文的作者使用了以下經驗性權重：

$$\lambda_{obj} = 1 \quad \lambda_{noobj} = 0.5 \quad \lambda_{class} = 1 \quad \lambda_{box} = 5$$

YOLO 的限制

最大的限制是 YOLO 會預測每個網格細胞只有一個類別，如果同一細胞中存在多個不同類別的物件的話，那麼會效果不佳。

第二個限制是網格本身：固定的網格解析度對模型的功能施加了很強的空間限制。如果沒有根據資料集仔細調整網格的話，YOLO 模型通常不能很好的處理小物件的集合，比如一群鳥。

此外，YOLO 傾向於以相對較低的精確度來定位物件。這樣做的主要原因是它適用於卷積堆疊中的最後一個特徵圖，通常是空間解析度最低的特徵圖，僅包含粗略的位置信號。

儘管有這些限制，但 YOLO 架構實作起來非常簡單，尤其是當每個網格細胞都只有一個偵測框時。當您想用自己的程式碼進行試驗時，這會是一個不錯的選擇。

請注意，並不是每個物件都是透過查看來自單一網格細胞中的資訊來偵測的。在足夠深的卷積神經網路（CNN）中，用來計算偵測框的最後一個特徵圖中的每個值，都依賴於原始影像的所有像素。

如果需要更高的準確度，您可以更上一層樓：RetinaNet。它融合了許多改進基本 YOLO 架構的想法，在撰寫本文時，它被認為是所謂的單次偵測器（*single-shot detector*）的最先進技術。

RetinaNet

與 YOLOv1 相比，RetinaNet（*https://arxiv.org/abs/1708.02002*）在其架構和損失設計方面有多項創新。神經網路的設計包括了特徵金字塔網路，這些網路會把在多個尺度上萃取的資訊進行結合。偵測頭從錨框（*anchor box*）開始預測框的資訊，它改變了定界框的表達法，以使訓練更為容易。最後，損失的創新包括焦點損失、專門為偵測問題設計的損失、用於框回歸的平滑 L1 損失，和非最大抑制。讓我們依次看看這些設計。

特徵金字塔網路

當影像由 CNN 處理時，初始卷積層會拾取邊緣和紋理等低階細節。後面的層將它們組合成具有越來越多語意價值的特徵。同時，網路中的池化層則降低了特徵圖的空間解析度（見圖 4-8）。

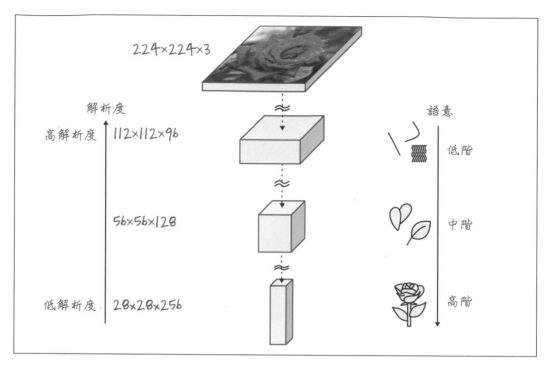

圖 4-8　CNN 各個階段的特徵圖。隨著資訊在神經網路中的傳輸,其空間解析度會降低,但其語意內容會從低階細節漸增到高階物件。

YOLO 架構只使用最後一個特徵圖進行偵測。它能夠正確識別物件,但其定位準確度有限。另一個想法是嘗試在每個階段中添加一個偵測頭。不幸的是,在這種方法中,依據早期的特徵圖來工作的偵測頭可以很好的定位物件,但很難標記它們。在那個早期階段,影像只經過了幾個卷積層,這還不足以對其進行分類。更高層次的語意資訊,比如「這是一朵玫瑰」,需要幾十個卷積層才會浮現。

儘管如此,有一種流行的偵測架構,稱為單次偵測器(single-shot detector, SSD),就是基於這個想法。SSD 論文(*https://arxiv.org/abs/1512.02325*)的作者透過將他們的多個偵測頭,連接到多個特徵圖來使其運作,所有特徵圖都位於卷積堆疊的末端。

如果我們能夠以一種能夠在所有尺度上,同時顯示良好空間資訊和良好語意資訊的方式來組合所有特徵圖會怎樣呢?這可以透過用來形成特徵金字塔網路的幾個附加層而完成(*https://arxiv.org/pdf/1612.03144.pdf*)。圖 4-9 提供了與 YOLO 和 SSD 方法相比的 FPN 示意圖,而圖 4-10 展示了詳細的設計。

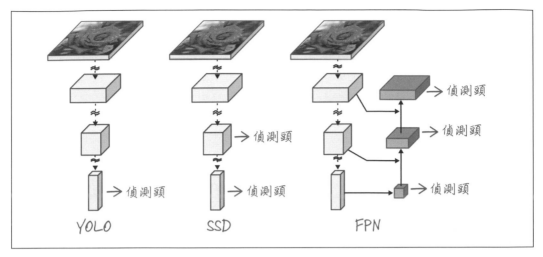

圖 4-9 YOLO、SSD 和 FPN 架構的比較,以及它們在卷積堆疊中連接偵測頭的位置。

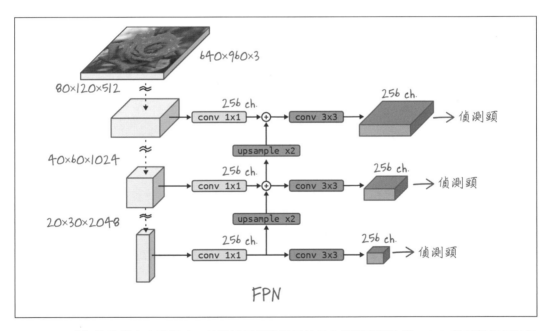

圖 4-10 詳細的特徵金字塔網路。特徵圖是從卷積骨幹的各個階段萃取的,1x1 卷積將每個特徵圖壓縮到相同數量的頻道。然後向上採樣(最近鄰)會使它們的空間維度相容,以便它們可以相加。最終的 3x3 卷積平滑了向上採樣的假影(artifact)。通常在 FPN 層中不使用激發函數。

這是圖 4-10 中 FPN 中發生的事情：在向下的路徑（卷積骨幹）中，卷積層逐漸精煉特徵圖中的語意資訊，而池化層將特徵圖的空間維度（影像的 x 和 y 維度）縮小。在向上的路徑中，來自底層包含良好高階語意資訊的特徵圖被向上採樣（使用簡單的最近鄰演算法），以便它們可以逐元素加成到堆疊裏更高的特徵圖中。在橫向連接中使用 1x1 卷積，使所有特徵圖具有相同的頻道深度並使加法成為可能。例如，FPN 論文（*https://arxiv.org/pdf/1612.03144.pdf*）在各處都使用 256 個頻道。產生的特徵圖現在包含所有尺度的語意資訊，而這就是最初的目標。它們透過 3x3 卷積進一步處理，主要是為了平滑向上採樣的影響。

FPN 層中通常沒有非線性成份存在。FPN 論文的作者發現這樣幾乎沒有影響。

偵測頭現在可以獲取每個解析度的特徵圖並產生框的偵測和分類。偵測頭本身可以有多種設計，我們將在接下來的兩節中介紹。但是，它將在不同尺度的所有特徵圖之間共享。這就是為什麼將所有特徵圖帶到相同的頻道深度會很重要的原因。

FPN 設計的好處在於它獨立於底層的卷積骨幹。第 3 章中的任何卷積堆疊都可以，只要您可以從中萃取出在不同的尺度上的中介特徵圖——通常是 4 到 6 個。您甚至可以使用預訓練的骨幹。典型的選擇是 ResNet 或 EfficientNet，它們的預訓練版本可以在 TensorFlow Hub（*https://tfhub.dev/*）中找到。

卷積堆疊中有多個等級，可以在其中萃取特徵並將其輸入 FPN。對於每個所需的尺度，許多層都會輸出相同維度的特徵圖（參見前一章中的圖 3-26）。最好的選擇是會輸出類似大小特徵的給定層區塊裏的最後一個特徵圖，就在池化層再次將解析度減半之前。這個特徵圖很可能包含最強的語意特徵。

也可以使用額外的池化層和卷積層來擴展現有的預訓練骨幹，僅為了用於饋入 FPN。這些額外的特徵圖通常很小，因此處理起來很快。它們對應到最低的空間解析度（見圖 4-8），因此可以提高對大型物件的偵測。SSD 論文（*https://arxiv.org/abs/1512.02325*）實際上使用了這個技巧，RetinaNet（*https://arxiv.org/abs/1708.02002*）也是如此，您將在稍後的架構圖中看到（圖 4-15）。

錨框

在 YOLO 架構中，偵測框計算是相對於一組基本框的增量（$\Delta x = x - x_0$，$\Delta y = y - y_0$，$\Delta w = w - w_0$，$\Delta h = h - h_0$ 通常稱為相對於一些基本框 x_0、y_0、w_0、h_0 的「增量（delta）」，因為希臘字母 Δ 通常被選擇來表示「差異」）。在那種情況下，基本框是覆蓋在影像上的簡單網格（見圖 4-4）。

最近的架構透過明確定義一組具有各種長寬比和尺度的所謂「錨框（anchor box）」（圖 4-11 中的範例）來擴展這個想法。預測再次是錨點的大小和位置的微小變化。目標是幫助神經網路預測在零附近的小值而不是大值。事實上，神經網路能夠解決複雜的非線性問題，因為它們在層之間使用了非線性激發函數。然而，大多數激發函數（sigmoid、ReLU）僅在零附近表現出非線性行為。這就是為什麼神經網路在預測零附近的小值時處於最佳狀態，這也是為什麼將偵測預測為相對於錨框的小增量是有幫助的。當然，這只有在有了足夠多的各種大小和長寬比的錨框時才有效，任何物件偵測框都可以（透過最大 IOU）與位置和維度緊密匹配的錨框配對。

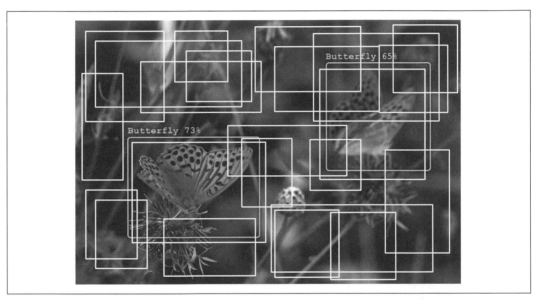

圖 4-11　用於預測偵測框的各種大小和長寬比的錨框範例。影像來自於 Arthropods 資料集（*https://oreil.ly/sRrvU*）。

作為範例，我們將詳細描述在 RetinaNet 架構中所採用的方法。RetinaNet 使用九種不同的錨點類型，它們具有：

- 三種不同的長寬比：2:1、1:1、1:2

- 三種不同的大小：2^0、$2^{1/3}$、$2^{2/3}(\simeq 1 \cdot 1.3 \cdot 1.6)$

它們如圖 4-12 所示。

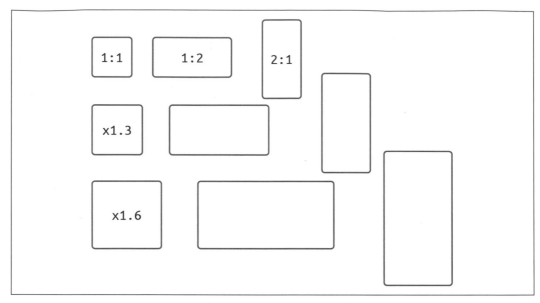

圖 4-12　RetinaNet 中使用的九種不同的錨類型。三種長寬比和三種不同的大小。

錨以及由 FPN 計算的特徵圖，是在 RetinaNet 中計算偵測時的輸入。運算的順序如下：

- FPN 將輸入影像縮減為五個特徵圖（見圖 4-10）。

- 每個特徵圖會用於預測與錨的位置相關的定界框，這些錨的位置在整張影像中是規律性間隔的。例如，大小為 4x6，具有 256 個頻道的特徵圖，將使用影像中的 24（4 * 6）個錨的位置（見圖 4-13）。

- 偵測頭使用多個卷積層，將 256 頻道的特徵圖精確的轉換為 9 * 4 = 36 個頻道，每個位置產生 9 個偵測框。每個偵測框的四個數字表示相對於錨點的中心（x, y）、寬度和高度的增量。圖 4-15 顯示了根據特徵圖計算偵測的層的精確順序。

- 最後，來自 FPN 的每個特徵圖，因為它對應於影像中的不同尺度，將使用不同尺度的錨框。

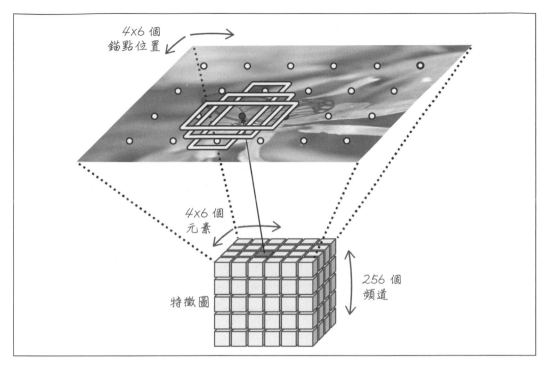

圖 4-13　RetinaNet 偵測頭的概念圖。特徵圖中的每個空間位置對應於影像中的一系列錨點，所有錨點都以同一點為中心。為了清楚起見，圖中只顯示了三個這樣的錨點，但 RetinaNet 在每個位置上都有九個錨點。

錨點本身在輸入影像上有規律的間隔開，並為特徵金字塔的每一層適當的調整大小。例如在 RetinaNet 中，使用了以下參數：

- 特徵金字塔有五個等級，分別對應於骨幹中的 P_3、P_4、P_5、P_6 和 P_7 尺度。尺度 P_n 表示寬度和高度比輸入影像小 2^n 倍的特徵圖（參見圖 4-15 中的完整 RetinaNet 視圖）。

- 錨的基底的大小分別為 32x32、64x64、128x128、256x256、512x512 像素，分別在每個特徵金字塔等級中（＝ $4 * 2^n$，如果 n 是尺度等級）。

- 為特徵金字塔中每個特徵圖的每個空間位置考慮錨框，這意味著框在輸入影像的每個特徵金字塔等級上的間隔分別為每 8、16、32、64 或 128 個像素（＝ 2^n，如果 n 是尺度等級）。

因此，最小的錨框是 32x32 像素，而最大的則是 812x1,624 像素。

錨框設置必須針對每個資料集進行調整，以便它們對應於在訓練資料中實際找到的偵測框特徵。這通常是透過調整輸入影像的大小而不是更改錨框產生參數來完成的。然而，在具有許多小型偵測結果的特定資料集，或者相反，大多數是大物件的話，可能需要直接調整錨框產生參數。

最後一步是計算偵測損失。為此，預測的偵測框必須與真實值框配對，以便可以評估偵測錯誤。

將真實值框指派給錨框是基於在一張輸入影像裏的每組框之間所計算的 IOU 度量來指派的。所有逐對（pairwise）的 IOU 都被計算並排列在一個 N 列 M 行的矩陣中，N 是真實值框的數量，M 是錨框的數量。然後按行來分析矩陣（見圖 4-14）：

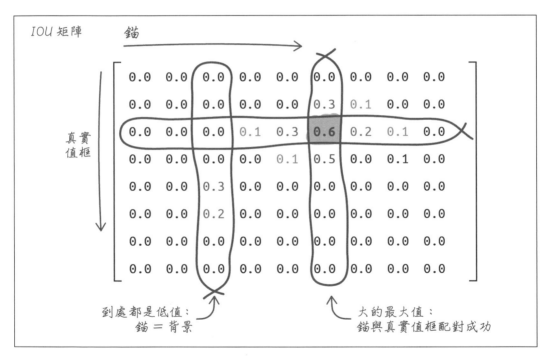

圖 4-14　在所有真實值框和所有錨框之間計算逐對 IOU 度量，以確定它們的配對。與真實值框沒有顯著交集的錨被視為「背景」，並被訓練為偵測不到任何東西。

- 將錨分配給它的對應行中具有最大 IOU 的真實值框，前提是該值要大於 0.5。

- 在錨框對應的行中沒有大於 0.4 的 IOU 的話，此錨框會被指派為偵測不出東西（即影像的背景）。

- 此時任何未被指派的錨都被標記為在訓練期間應被忽略。這些是 IOU 在 0.4 和 0.5 之間的錨。

既然每個真實框都與一個錨框配對，就可以計算框預測、分類、以及相對應的損失。

架構

偵測和分類頭將來自 FPN 的特徵圖轉換為類別的預測和定界框的增量。特徵圖是三維的。其中的兩個維度對應於影像的 x 和 y 維度，稱為*空間維度*（*spatial dimension*）；第三個維度則是它們的頻道數。

在 RetinaNet 中，對於每個特徵圖中的每個空間位置，會預測以下參數（其中 K = 類別的數量，B = 錨框類型的數量，所以在我們的案例中 $B=9$）：

- 類別預測頭預測了 $B * K$ 個機率，其中每個錨類型都有一組機率。這實際上為每個錨預測了一個類別。

- 偵測頭預測了 $B * 4 = 36$ 個框的增量 Δx、Δy、Δw、Δh。定界框仍然由它們的中心 (x, y) 以及它們的寬度和高度 (w, h) 進行參數化。

儘管權重不同，但兩個頭共享了相似的設計，且權重會在特徵金字塔中的所有尺度上共享。

圖 4-15 展示了 RetinaNet 架構的完整視圖。它使用了 ResNet50（或其他）骨幹。FPN 從骨幹層 P_3 到 P_7 中萃取特徵，其中 P_n 是特徵圖中寬度和高度與原始影像相比減少了 2^n 倍的那個層級。FPN 部分在圖 4-10 中有詳細描述。來自 FPN 的每個特徵圖都饋入分類以及框迴歸頭。

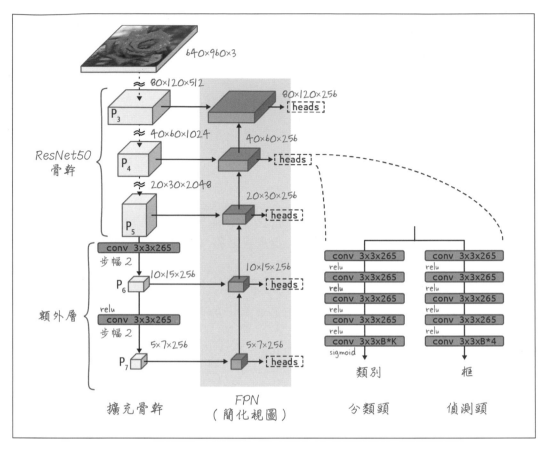

圖 4-15　RetinaNet 架構的完整視圖。K 是目標類別的數量，B 是每個位置的錨框數量，在 RetinaNet 中為 9。

RetinaNet FPN 利用了骨幹中可用的最後三個尺度等級。骨幹擴充了 2 個額外的層，並使用 2 的步幅，來為 FPN 提供了 2 個額外的尺度等級。這種架構式選擇允許 RetinaNet 避免處理會非常耗時的大型特徵圖。添加的最後兩個粗尺度等級，也改進了對非常大型的物件的偵測。

分類和框迴歸頭本身由一個簡單的 3x3 卷積序列構成。分類頭旨在為每個錨點預測 K 個二元分類，這就是它以 sigmoid 激發結束的原因。看起來像是我們允許為每個錨預測多個標籤，但實際上目標是讓分類頭的輸出全為零，這將代表對應到沒有偵測出物件的「背景類別」。更典型的分類激發是 softmax，但 softmax 函數不能產生全部都是零的輸出。

框迴歸的結尾並沒有激發函數。它會計算錨框和偵測框的中心坐標（x，y）、寬度、和高度之間的差異。必須注意要讓迴歸器（regressor）在特徵金字塔的所有等級的 [–1, 1] 範圍內工作。以下公式用於達成這一點：

- $X_{pixels} = X \times U \times W_A + X_A$

- $Y_{pixels} = Y \times U \times H_A + Y_A$

- $W_{pixels} = W_A \times e^{W \times V}$

- $H_{pixels} = H_A \times e^{H \times V}$

在這些公式中，X_A、Y_A、W_A 和 H_A 是錨框的坐標（中心坐標、寬度、高度），而 X、Y、W 和 H 是相對於錨框的預測坐標（增量）。X_{pixels}、Y_{pixels}、W_{pixels} 和 H_{pixels} 是預測框（中心和大小）的實際坐標，以像素為單位。U 和 V 是調節因子，對應於增量相對於錨框的預期變異數。典型值是用於坐標的 $U=0.1$，以及用於大小的 $V=0.2$。您可以驗證預測結果的 [–1, 1] 範圍內的值，會導致預測框落在錨位置的 ±10% 內和其大小的 ±20% 內。

焦點損失（用於分類）

一張輸入影像考慮了多少個錨框？回顧圖 4-15，以 640x960 像素的範例輸入影像而言，特徵金字塔中的五個不同特徵圖代表了輸入影像中 80 * 120 + 40 * 60 + 20 * 30+ 10 * 15 + 5 * 7 = 12,785 個位置。每個位置都有 9 個錨框，總計略高於 10 萬個錨框。

這意味著將為每個輸入影像產生 100K 個預測框。相比之下，在典型應用中，每張影像有 0 到 20 個真實值框。這在偵測模型中產生的問題是，在總損失中與背景框（分配給什麼都偵測不到的框）對應的損失可能會壓倒與有用的偵測所對應的損失。即使背景偵測已經經過良好訓練並產生很小的損失，也會發生這種情況。這個小的值乘以 100K 之後，仍然可能比實際偵測的偵測損失大幾個數量級。最終結果是一個無法訓練的模型。

RetinaNet 論文（*https://arxiv.org/abs/1708.02002*）為這個問題提出了一個優雅的解決方案：作者調整了損失函數以在空背景上產生更小的值。他們稱之為**焦點損失**（*focal loss*）。以下是詳細資訊。

我們已經看到 RetinaNet 使用 sigmoid 激發來產生類別機率。輸出是一系列的二元分類，每個類別一個。每個類別的機率為 0 表示「背景」；也就是，這裡沒有什麼可偵測的。使用的分類損失是二元交叉熵。對於每個類別，它是根據實際的二元類別標籤 y（0 或 1）和類別的預測機率 p，使用以下公式計算得出的：

$$CE(y, p) = - y \cdot \log(p) - (1 - y) \cdot \log(1 - p)$$

焦點損失是相同的公式，但稍作修改：

$$FL(y, p) = -y \cdot (1-p)^\gamma \cdot \log(p) - (1-y) \cdot p^\gamma \cdot \log(1-p)$$

當 γ=0 時，這正是二元交叉熵，但對於較高的 γ 值，行為會略有不同。為了簡化起見，我們只考慮不屬於任何類別的背景框的情況（即所有類別的 y=0）：

$$FL_{bkg}(p) = -p^\gamma \cdot \log(1-p)$$

讓我們繪製不同 p 和 γ 值的焦點損失值（圖 4-16）。

正如您在圖中看到的，當 γ=2 時，這是一個適當的值，焦點損失比常規交叉熵損失小得多，尤其當 p 值較小時。對於沒有什麼可偵測的背景框，網路將很快學會在所有類別中產生較小的類別機率 p。有了交叉熵損失，這些框，即使被良好的分類為 p=0.1 的「背景」時，仍然會貢獻出顯著的數量：CE(0.1) = 0.05。焦點損失少了 100 倍：FL(0.1) = 0.0005。

有了焦點損失，就可以將所有錨框的損失相加 —— 全部 10 萬個 —— 而不用擔心總損失會被來自於易於分類的背景框的數千個小損失所淹沒。

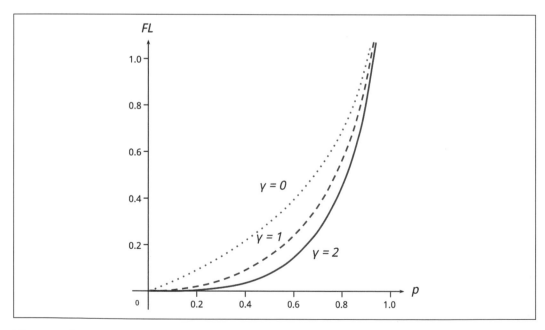

圖 4-16　不同 γ 值的焦點損失。當 γ=0 時，這就是交叉熵損失。對於更高的 γ 值，焦點損失大大降低了每個類別中 p 接近 0 的那些易於分類的背景區域。

平滑 L1 損失（用於框迴歸）

偵測框是透過迴歸來計算的。對於迴歸，兩種最常見的損失是 L1 和 L2，也稱為*絕對損失*（*absolute loss*）和平方損失（*squared loss*）。它們的公式是（在目標值 a 和預測值 $\hat{a}$ 之間計算）：

$$L1(a, \hat{a}) = |a - \hat{a}|$$
$$L2(a, \hat{a}) = (a - \hat{a})^2$$

L1 損失的問題是它的梯度到處都一樣，這對學習來說不是很好的事。因此，L2 損失將是迴歸的首選 —— 但它會遇到不同的問題。在 L2 損失中，預測值和目標值之間的差異是經過平方的，這意味著隨著預測值和目標值的增長，損失往往會變得非常大。如果您有一些異常值的話，例如資料中的幾個壞點（例如，大小錯誤的目標框），這就會成為問題。結果將是網路將嘗試以犧牲其他一切為代價來擬合壞的資料點，這樣也不好。

兩者之間的一個很好的折衷是 *Huber* 損失（*Huber loss*），或*平滑 L1 損失*（*smooth L1 loss*）（見圖 4-17）。它的行為類似於用於小值的 L2 損失和用於大值的 L1 損失。接近於零時，它有一個很好的特性，當差異越大時它的梯度就越大，因此它會推動網路在犯了最大錯誤的地方來進行更多的學習。對於較大的值，它會變成線性而不是二次的，並避免被幾個不好的目標值所拋棄。其公式為：

$$L_\delta(a - \hat{a}) = \frac{1}{2}(a - \hat{a})^2 \text{ 對 } |a - \hat{a}| \leq \delta \text{ 的情況}$$
$$L_\delta = \delta \left(|a - \hat{a}| - \frac{1}{2}\delta \right) \text{ 對其他情況}$$

其中 δ 是一個可調參數。δ 是讓行為從二次變為線性的值。可以使用另一個公式來避免上面的分段定義：

$$L_\delta(a - \hat{a}) = \delta^2 \left(\sqrt{1 + \left(\frac{a - \hat{a}}{\delta}\right)^2} - 1 \right)$$

這種替代形式不會給出與標準的 Huber 損失完全相同的值，但它具有相同的行為：對小值是二次的，對大值是線性的。實務上當 δ=1 時，使用任何一種形式都可以在 RetinaNet 中運作良好。

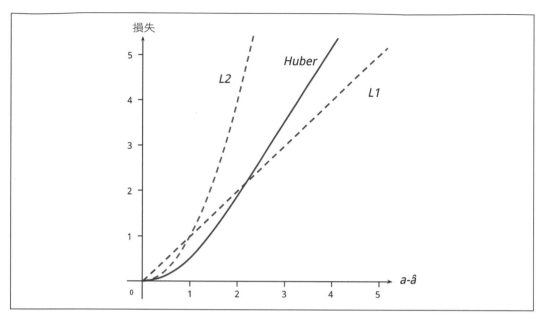

圖 4-17　迴歸的 L1、L2 和 Huber 損失。理想的行為是對於小值是二次的，對於大值是線性的。Huber 損失則兩者兼而有之。

非極大值抑制

使用多個錨框的偵測網路，例如 RetinaNet，通常會為每個目標框產生多個候選偵測。我們需要一種演算法來為每個偵測到的物件選擇一個偵測框。

非極大值抑制（non-maximum suppression, NMS）藉由框的重疊（IOU）和類別信賴度來為給定物件選擇最具代表性的框（圖 4-18）。

圖 4-18 左側：對同一物件的多個偵測。右側：非極大值抑制後剩餘的單一框。影像來自於 Arthropods 資料集（*https://oreil.ly/sRrvU*）。

該演算法使用簡單的「貪婪（greedy）」方法：對於每個類別，它考慮所有預測框之間的重疊（IOU）。如果兩個框的重疊超過給定值 A(IOU > A) 的話，就保留具有最高類別信賴度的框。使用類似 Python 的虛擬碼（pseudo code），對於某一個給定的類別：

```
def NMS(boxes, class_confidence):
    result_boxes = []
    for b1 in boxes:
        discard = False
        for b2 in boxes:
            if IOU(b1, b2) > A:
                if class_confidence[b2] > class_confidence[b1]:
                    discard = True
        if not discard:
            result_boxes.append(b1)
    return result_boxes
```

NMS 在實務上工作得很好，但它可能會產生一些不需要的副作用。請注意，該演算法依賴於單一閾值（A）。更改此值會更改框的過濾結果，尤其是對於原始影像中的相鄰或重疊物件來說。請看圖 4-19 中的範例。如果閾值設置為 A=0.4，那麼圖中偵測到的兩個框將被視為同一類別的「重疊」，類別信賴度最低的那一個（左邊的）將被丟棄。那顯然是錯誤的。在此影像中需要偵測兩隻蝴蝶，並且在使用 NMS 之前，它們都以高信賴度被偵測出來。

圖 4-19　彼此靠近的物件會對非最大值抑制演算法帶來問題。如果 NMS 的閾值為 0.4，則左邊偵測到的框將被丟棄，這是錯誤的。影像來自於 Arthropods 資料集（*https://oreil.ly/sRrvU*）。

將閾值推高會有所幫助，但如果它太高的話，演算法將無法合併對應到同一物件的框。此閾值的一般值是 A=0.5，但它仍然會導致將靠得很近的物件被偵測為同一個。

基本 NMS 演算法的一個細微變形稱為 *Soft-NMS*（*https://arxiv.org/abs/1704.04503*）。它不是完全刪除非極大值重疊框，而是透過以下因子來降低它們的信賴度：

$$exp\left(-\frac{IOU^2}{\sigma}\right)$$

其中 σ 是調整 Soft-NMS 演算法強度的調整因子。典型值為 σ=0.5。應用此演算法時會考慮所給定的類別（最大框）中信賴度得分最高的框，並透過此因子來降低所有其他框的得分。然後再將最大框先放在一邊，並對剩餘的框重複此運算，直到沒有剩餘框為止。

對於非重疊框（IOU=0），此因子為 1。因此不會影響和最大框不重疊的框的信賴度因子。隨著框與最大框重疊得更多，該因子會逐漸且持續的縮小。高度重疊的框（IOU=0.9）的信賴度因子會降低很多（×0.2），這是我們預期的行為，因為它們與最大框是冗餘的，因此我們會想擺脫它們。

由於 Soft-NMS 演算法不會丟棄任何的框，因此基於類別信賴度的第二個閾值，被用來實際修剪偵測結果的串列。

Soft-NMS 對圖 4-19 中範例的影響如圖 4-20 所示。

圖 4-20　經 Soft-NMS 處理的彼此靠近的物件。左邊的偵測框沒有被刪除，但是它的信賴度因子從 78% 降低到 55%。影像來自於 Arthropods 資料集（*https://oreil.ly/sRrvU*）。

 在 TensorFlow 中，兩種風格的非極大值抑制都可使用。標準的 NMS 被稱為 `tf.image.non_max_suppression`，而 Soft-NMS 則被稱為 `tf.image.non_max_suppression_with_scores`。

其他注意事項

為了減少所需的資料量，習慣上會使用預訓練的骨幹。

分類資料集比物件偵測資料集更容易組合在一起。這就是為什麼現成的分類資料集通常比物件偵測資料集還大得多的原因。使用來自分類器的預訓練骨幹，允許您將泛用型大型分類資料集與特定於任務的物件偵測資料集相結合，並獲得更好的物件偵測器。

預訓練是在分類任務上完成的。然後移除分類頭並添加 FPN 和偵測頭，並隨機進行初始化。實際的物件偵測訓練是在所有可訓練的權重下進行的，這意味著骨幹將被微調，而 FPN 和偵測頭則會從頭開始訓練。

由於偵測資料集往往更小，資料擴增（data augmentation）（我們將在第 6 章中更詳細地介紹）在訓練中起著重要的作用。基本的資料擴增技術是從訓練影像中以隨機的縮放係數隨機的切出固定大小的裁剪（見圖 4-21）。透過適當調整目標的定界框，這允許您使用影像中不同位置、不同比例、以及包含不同部分的可見背景的相同物件來訓練網路。

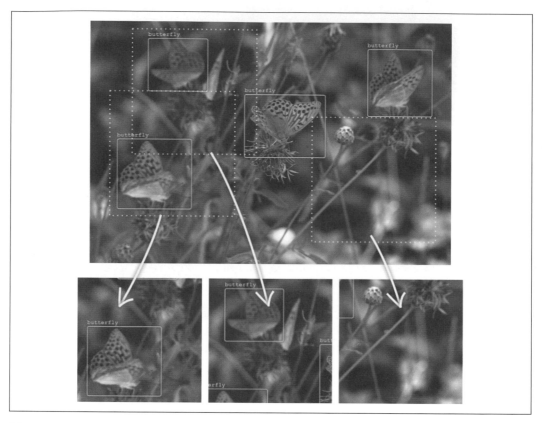

圖 4-21　用於偵測訓練的資料擴增。固定大小的影像是從每個訓練影像中隨機剪切的，可能具有不同的縮放係數。目標框坐標會相對於新邊界重新計算。這可以從相同的初始訓練資料中提供出更多的訓練影像和更多的物件位置。影像來自於 Arthropods 資料集（*https://oreil.ly/sRrvU*）。

這種技術的一個實際優勢是，它還為神經網路提供了固定大小的訓練影像。您可以直接在由不同大小和長寬比的影像所組成的訓練資料集上進行訓練。資料擴增會負責讓所有影像的大小相同。

最後，會推動訓練和超參數調整的是度量。物件偵測問題已成為多個大規模競賽的主題，其中偵測度量已被仔細的標準化；第 8 章第 305 頁的「物件偵測度量」中會詳細介紹這個主題。

現在我們已經瞭解了物件偵測，讓我們將注意力轉向另一類問題：影像分割。

分割

物件偵測會找到物件周圍的定界框並對它們進行分類。**實例分割**（*instance segmentation*）會為每個偵測到的物件添加一個給出物件形狀的像素遮罩（mask）。另一方面，**語意分割**（*semantic segmentation*）則不會偵測物件的特定實例，而是將影像的每個像素分類為「道路」、「天空」或「人」等類別。

Mask R-CNN 和實例分割

我們在上一節中介紹的 YOLO 和 RetinaNet 是單次偵測器的範例，影像僅遍歷它們一次以產生偵測結果。另一種方法是使用第一個神經網路來建議要偵測的物件的潛在位置，然後再使用第二個網路對這些建議的位置進行分類和微調。這些架構稱為*區域提議網路*（region proposal network, RPN）。

它們往往更複雜，因此比單次偵測器更慢，但也更準確。有一長串的 RPN 變體，全部基礎於原始的「具有 CNN 特徵的區域」的想法：R-CNN（*https://arxiv.org/abs/1311.2524*）、Fast R-CNN（*https://arxiv. org/abs/1504.08083*）、Faster R-CNN（*https://arxiv.org/abs/1506.01497*）等。在撰寫本文時，最先進的技術是 Mask R-CNN（*https://arxiv.org/abs/1703.06870*），這就是我們接下來要深入研究的架構。

意識到像 Mask R-CNN 這樣的架構很重要的主要原因，不是它們略微優越的準確度，而是它們可以被擴展來執行實例分割任務的這個事實。除了預測偵測到的物件周圍的定界框外，還可以訓練它們預測它們的輪廓 —— 也就是找到屬於每個偵測到的物件的每個像素（圖 4-22）。當然，訓練它們仍然是一項監督式的訓練任務，訓練資料必須包含所有物件的真實分割遮罩。不幸的是，手工產生遮罩要比定界框更耗時，因此實例分割資料集，比簡單的物件偵測資料集更難找到。

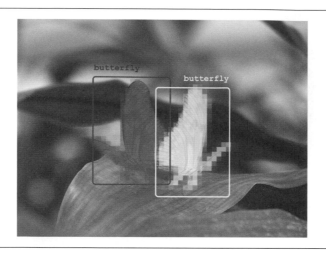

圖 4-22　實例分割涉及偵測物件並找到屬於每個物件的所有像素。影像中的物件使用像素遮罩來進行著色。影像來自於 Arthropods 資料集（*https://oreil.ly/sRrvU*）。

讓我們詳細看一下 RPN，首先我們會分析它們如何執行經典的物件偵測，然後再看看如何擴展它們以進行實例分割。

區域提案網路

RPN 是一個簡化的單次偵測網路，它只關心兩個類別：物件和背景。「物件」是資料集中的任何被標記的東西（任何類別），「背景」則是不包含任何物件的框的指定類別。

RPN 可以使用類似於之前看到的 RetinaNet 設定架構：卷積骨幹、特徵金字塔網路、一組錨框和兩個頭端。一個用於預測框，另一個用於將它們分類為物件或背景（我們還沒有預測分割遮罩）。

RPN 有自己的損失函數，它是從一個稍微修改過的訓練資料集計算出來的：任何真實值物件的類別都被一個單一的類別「物件」所替換。與 RetinaNet 一樣，用於框的損失函數是 Huber 損失。對於類別來說，由於這是一個二元分類，二元交叉熵是最好的選擇。

RPN 預測的框接著會進行非極大值抑制。按其成為「物件」的機率排序的前 N 個框被視為下一階段的框的提議或**感興趣區域**（region of interest, ROI）。N 通常在 1,000 左右，但如果快速推論很重要，它可以低至 50。ROI 也可以透過最小的「物件」分數或最小的大小來進行過濾。在 TensorFlow Model Garden 實作中，這些閾值是可用的，即使它們被預設為零。糟糕的 ROI 仍然可以歸類為「背景」並被下一階段拒絕，因此讓它們通過 RPN 層級不是什麼大問題。

一個重要的實際考慮因素是，如果有需要，RPN 可以簡單又快速（參見圖 4-23 中的範例）。它可以直接使用骨幹的輸出，而不是使用 FPN，並且它的分類和偵測頭可以使用更少的卷積層。目標只是計算可能物件周圍的近似 ROI。下一步將對其進行精煉和分類。

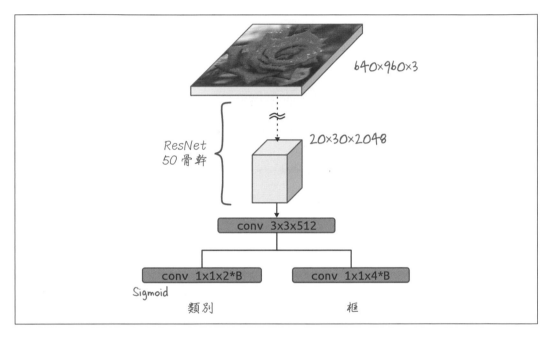

圖 4-23　一個簡單的區域提議網路。卷積骨幹的輸出饋入一個兩元分類頭（物件或背景）和一個框的迴歸頭。B 是每個位置的錨框數量（通常為三個）。也可以使用 FPN。

例如，TensorFlow Model Garden 中的 Mask R-CNN 實作在其 RPN 中使用了 FPN，但每個位置僅使用三個錨，長寬比分別為 0.5、1.0 和 2.0，而不是 RetinaNet 所使用的每個位置九個錨。

R-CNN

我們現在有一組被提議的感興趣區域。接下來要做什麼？

從概念上講，R-CNN 的想法（圖 4-24）是沿著 ROI 來裁剪影像並再次透過骨幹來運行裁剪後的影像，而這次附加了一個完整的分類頭來對物件進行分類（在我們的例子中，分為「蝴蝶」、「蜘蛛」等）。

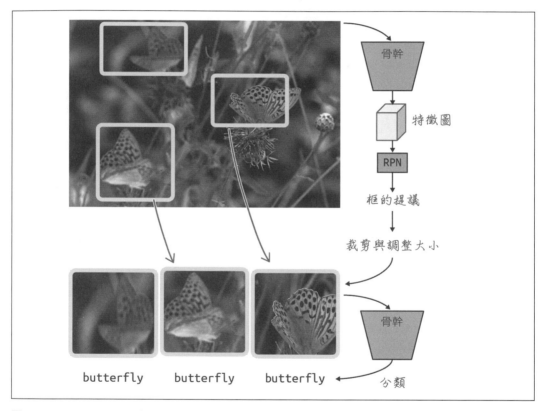

圖 4-24　R-CNN 的概念圖。影像通過骨幹兩次：第一次產生感興趣區域，第二次對這些 ROI 的內容進行分類。影像來自於 Arthropods 資料集（*https://oreil.ly/sRrvU*）。

然而在實務上這太慢了。RPN 可以產生大約 50 到 2,000 個提議的 ROI，並且再次通過骨幹，運行它們將需要大量工作。與裁剪影像不同，更明智的做法是直接裁剪特徵圖，然後對結果執行預測頭，如圖 4-25 所示。

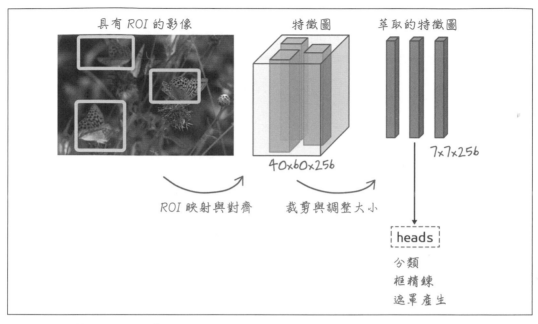

圖 4-25 更快的 R-CNN 或 Mask R-CNN 設計。如前所述,骨幹產生一個特徵圖,RPN 會從中預測感興趣的區域(僅顯示結果)。然後將 ROI 映射回特徵圖,萃取特徵並將其發送到預測頭進行分類等動作。影像來自於 Arthropods 資料集(*https://oreil.ly/sRrvU*)。

當使用 FPN 時,這會稍微複雜一些。特徵萃取仍然是在給定的特徵圖上執行,但在 FPN 中有幾個特徵圖可供選擇。因此,必須首先將 ROI 指派給最相關的 FPN 層級。指派通常是使用以下公式完成:

$$n = floor\left(n_0 + log_2\left(\sqrt{wh}/224\right)\right)$$

其中 w 和 h 是 ROI 的寬度和高度,n_0 是 FPN 層級,在其中的典型錨框大小會最靠近 224。此處,*floor* 代表向下四捨五入到最負數。例如,以下是典型的 Mask R-CNN 設定:

- 五個 FPN 層級,P_2、P_3、P_4、P_5 和 P_6(提醒:層級 P_n 表示寬度和高度比輸入影像小 2^n 倍的特徵圖)

- 錨框大小分別為 32x32、64x64、128x128、256x256 和 512x512(與 RetinaNet 中的相同)

- $n_0 = 4$

透過這些設定，我們可以驗證（例如）80x160 像素的 ROI 會被指派給層級 P_3，200x300 的 ROI 會指派給層級 P_4，而且這是有道理的。

ROI 重新採樣（ROI 對齊）

萃取與 ROI 相對應的特徵圖時需要特別小心。特徵圖必須正確的被萃取和重新採樣（resample）。Mask R-CNN 論文的作者發現，在此過程中產生的任何四捨五入誤差，都會對偵測效能產生不利影響。他們將他們的精確重新採樣方法稱為 *ROI 對齊*（*ROI alignment*）。

例如，讓我們採用一個 200x300 像素的 ROI。它將被指派到 FPN 層級 P_4，其相對於 P_4 特徵圖的大小變為 $(200 / 2^4, 300 / 2^4) = (12.5, 18.75)$。這些坐標不應四捨五入。這同樣適用於它的位置。

然後必須對 P_4 特徵圖的這個 12.5x18.75 區域中包含的特徵進行採樣和聚合（使用最大池化或平均池化）到一個新的特徵圖，通常大小為 7x7。這是一個眾所周知的數學運算，稱為*雙線性內插*（*bilinear interpolation*），在這裡我們不再贅述。要記住重要的一點是，在這裡偷工減料會降低效能。

類別和定界框預測

模型的其餘部分非常標準。萃取的特徵會平行的通過多個預測頭 —— 在此案例中：

- 一個分類頭，用於為 RPN 所建議的每個物件指派一個類別，或將其分類為背景

- 用來進一步調整定界框的框精煉頭（box refinement head）

為了計算偵測和分類損失，這裏使用了與 RetinaNet 中相同的目標框指派演算法，如上一節所述。框損失也是一樣的（Huber 損失）。分類頭使用了 softmax 激發，並為「背景」添加了一個特殊的類別。在 RetinaNet 中，它會是一系列的二元分類。兩者都可以，這個實作細節並不重要。總訓練損失是最終的框損失和分類損失，以及來自 RPN 的框損失和分類損失的總和。

類別和偵測頭的確切設計稍後會在圖 4-30 中呈現。它們也與 RetinaNet 中所使用的非常相似：在 FPN 的所有層級之間共享的一連串的層。

Mask R-CNN 添加了第三個預測頭，用於對物件的單一像素進行分類。結果是一個描繪物件剪影的像素遮罩（見圖 4-19）。如果訓練資料集包含了相對應的目標遮罩的話，那麼就可以使用它。然而，在我們解釋它的工作原理之前，我們需要介紹一種新的卷積，一種能夠建立圖片而不是過濾和提煉圖片的卷積：轉置卷積。

轉置卷積

轉置卷積（*transposed convolution*），有時也稱為*反卷積*（*deconvolution*），會執行可學習的向上採樣運算。像最近鄰向上採樣（nearest neighbor upsampling）或雙線性內插這樣的常規向上採樣演算法是固定的運算。另一方面，轉置卷積涉及可學習的權重。

「轉置卷積」這個名字來源於這樣一個事實，在本書不會探討的卷積層的矩陣表達法中，轉置卷積是使用與普通卷積相同的卷積矩陣來進行的，只是把它轉置了。

圖 4-26 中的轉置卷積具有單一輸入和單一輸出頻道。理解它會做什麼的最好方法，是想像它正在輸出畫布上用畫筆繪畫，刷子是一個 3x3 過濾器。輸入影像的每個值都通過過濾器投影到輸出上。在數學上，3x3 過濾器的每個元素都會乘以輸入值，結果將添加到輸出畫布上已有的任何內容中，然後在下一個位置重複此運算：在輸入中我們移動 1，在輸出中我們移動一個可配置的步幅（在本例中為 2）。任何大於 1 的步幅都會導致向上採樣運算。最常見的設定是使用 2x2 過濾器時的步幅 2 或使用 3x3 過濾器時的步幅 3。

如果輸入是具有多個頻道的特徵圖，則對每個頻道獨立的應用相同的運算，每次都使用一個新的過濾器；然後再將所有輸出逐元素相加，從而形成單一輸出頻道。

我們當然可以在同一個特徵圖上多次重複這個運算，每次都使用一組新的過濾器，這會導致一個具有多個頻道的特徵圖。

最後，對於多頻道輸入和多頻道輸出，轉置卷積的權重矩陣將具有如圖 4-27 所示的形狀。順便說一下，這與常規卷積層的形狀相同。

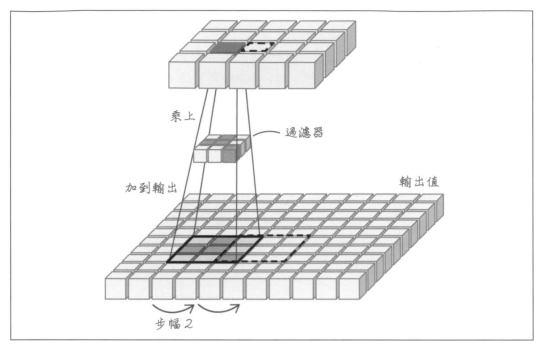

圖 4-26　轉置卷積。原始影像（頂部）的每個像素都會乘以一個 3x3 過濾器，並將結果加到輸出中。在步幅 2 的轉置卷積中，輸出視窗對每個輸入像素移動 2 步，建立一個更大的影像（移位的輸出視窗用虛線表示）。

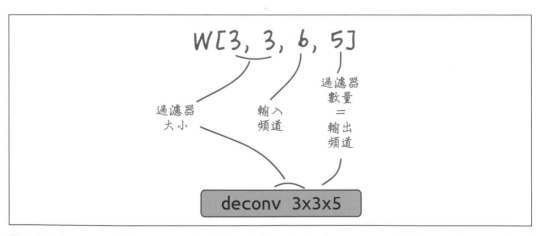

圖 4-27　轉置卷積層的權重矩陣，有時也稱為「反卷積」。底部是將用於本章模型的反卷積層示意圖。

向上卷積

轉置卷積廣泛用於產生影像的神經網路：自編碼器（autoencoder）、生成對抗網路（generative adversarial network, GAN）等。然而，它們也因在產生的影像中引入「棋盤」假影而受到批評（Odena 等人，2016（*https://oreil.ly/39Dud*）），尤其是當它們的步幅和過濾器大小不是彼此的倍數時（圖 4-28）。

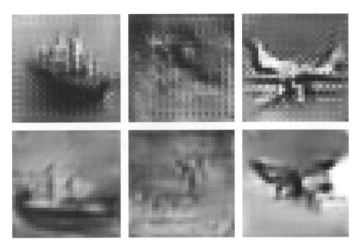

圖 4-28　在 GAN 中所使用的轉置卷積與向上卷積。當使用轉置卷積時，可能會出現我們不想要的棋盤圖案（頂行）。向上卷積不會發生這種情況。影像來自 Odena 等人，2016 年（*https://oreil.ly/39Dud*）。

Odena 等人建議使用簡單的最近鄰重新採樣，然後是常規卷積，稱為「向上卷積（up-convolution）」的組合（圖 4-29），而不是使用轉置卷積。有趣的是，您可能還記得第 139 頁的「特徵金字塔網路」，這正是在那裏處理向上採樣的方式。

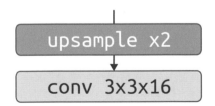

圖 4-29　這也是一個可學習的向上採樣運算。「向上卷積」是一個簡單的最近鄰向上採樣運算，後面接著一個普通的卷積層。

實例分割

讓我們回到 Mask R-CNN，它的第三個預測頭會對物件的單一像素進行分類。輸出是一個像素遮罩，勾勒出物件的剪影（見圖 4-22）。

Mask R-CNN 和其他 RPN 一次只處理一個 ROI，這個 ROI 實際上會很令人感興趣的可能性相當高，所以它們可以在每個 ROI 上做更多的工作，而且精確度更高。實例分割就是這樣一項任務。

實例分割頭使用轉置卷積層將特徵圖進行向上採樣成為黑白影像，此影像會經過訓練以匹配偵測到的物件的剪影。

圖 4-30 顯示了完整的 Mask R-CNN 架構。

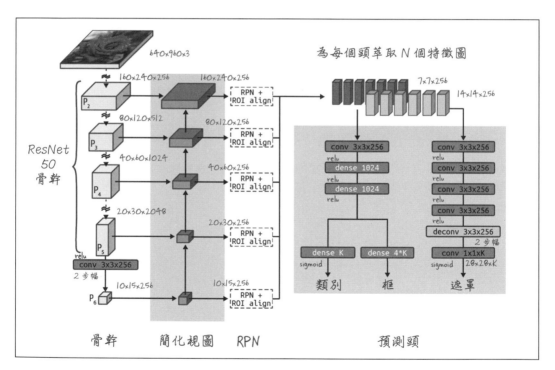

圖 4-30　Mask R-CNN 架構。N 為 RPN 提議的 ROI 數量，K 為類別數量；「deconv」表示轉置卷積層，它對特徵圖進行向上採樣以預測物件遮罩。

請注意，遮罩頭為每個類別產生一個遮罩。這似乎是多餘的，因為已經有了一個單獨的分類頭。為什麼要為一個物件預測 K 個遮罩呢？實際上，這種設計的選擇提高了分割的準確度，因為它允許分割頭學習關於物件的特定於類別的提示。

另一個實作的細節是，特徵圖到 ROI 的重新採樣和對齊實際上執行了兩次：一次具有用於分類和檢測頭的 7x7x256 輸出，另一次使用不同的設定（重新採樣到 14x14x256），專門用於遮罩頭以給它工作的更多細節。

分割損失是一個簡單的逐像素二元交叉熵損失，一旦預測的遮罩被重新縮放並向上採樣到與真實值遮罩相同的坐標時就會應用。請注意，在損失計算中僅考慮為預測出的類別所預測的遮罩。為錯誤的類別所計算的其他遮罩將被忽略。

我們現在對 Mask R-CNN 的工作原理有了一個完整的瞭解。需要注意的是，隨著 R-CNN 偵測器家族的改進，Mask R-CNN 現在只是名義上的「雙通道」偵測器。輸入影像僅有效的通過系統一次。該架構仍然比 RetinaNet 慢，但達成了略高的偵測準確度並增加了實例分割。

現在有添加了遮罩頭的 RetinaNet 的擴展模型（RetinaMask（*https://arxiv.org/abs/1901.03353*）），但它的效能並不優於 Mask R-CNN。有趣的是，論文指出，添加遮罩頭和相關損失實際上提高了定界框偵測（另一個頭）的準確度。類似的效果也可以解釋 Mask R-CNN 的某些準確度的改善。

Mask R-CNN 方法的一個限制是，預測的物件遮罩的解析度相當低：28x28 像素。和它相似但不完全等效的語意分割問題，已透過高解析度方法解決。我們將在下一節探討這一點。

U-Net 和語意分割

在語意分割中，目標是將影像的每個像素分類為全域類別，如「道路」、「天空」、「植被」或「人物」（見圖 4-31）。物件的個別實例，如個人，是不予分離的。整個影像中的所有「人物」像素都是同一「區段（segment）」的一部分。

圖 4-31　在語意影像分割中，影像中的每個像素都被指派一個類別（如「道路」、「天空」、「植被」或「建築物」）。請注意，例如，「人物」是整個影像中的一個類別。物件不是個別化的。影像來自於 Cityscapes（*https://www.cityscapes-dataset.com*）。

對於語意影像分割，一種簡單且通常就夠用的方法稱為 U-Net（*https://oreil.ly/yrwBW*）。U-Net 是一種卷積網路架構，專為生物醫學影像分割而設計（見圖 4-32），並在 2015 年贏得了細胞追蹤競賽。

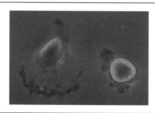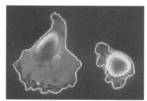

圖 4-32　U-Net 架構旨在分割生物醫學影像，例如這些顯微鏡細胞影像。圖片來自 Ronneberger 等人，2015 年（*https://oreil.ly/ywbw*）。

U-Net 架構如圖 4-33 所示。U-Net 由會將影像向下採樣為編碼的編碼器（架構的左側）和鏡像的解碼器所組成，該解碼器將編碼向上採樣回所需的遮罩（架構的右側）。解碼器區塊有許多直接從編碼器區塊連接的跳過連接（由中心的水平箭頭表示），這些跳過連接以特定解析度複製特徵，並將它們與解碼器中的特定特徵映射逐頻道來串接。這將各種語意粒度（granularity）層級的資訊從編碼器直接帶入解碼器。（注意：由於編碼器和解碼器相對應層級的特徵圖的大小略有錯位，因此可能需要在跳過連接上進行裁剪。實際上，U-Net 使用所有卷積時都沒有使用填充（padding），這意味著每一層都會丟失了邊界像素。然而這種設計的選擇並不是基本的，也可以使用填充。）

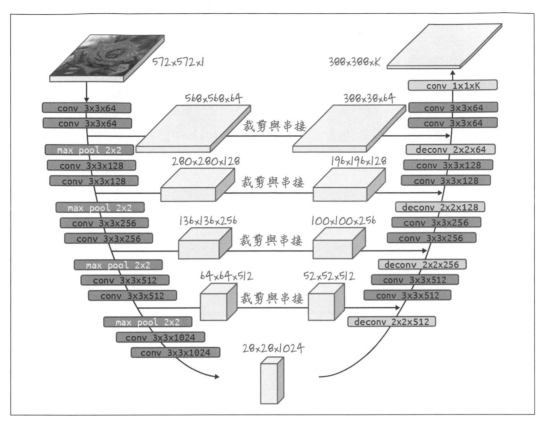

圖 4-33　U-Net 架構由鏡像的編碼器和解碼器區塊所組成，就像圖中所示的呈現 U 形。跳過連接沿著深度軸（頻道）連接特徵圖。*K* 是目標類別數。

影像和標籤

為了說明 U-Net 影像分割，我們將使用 Oxford Pets 資料集（*https://oreil.ly/GNyKx*），其中每張輸入影像都包含一個標籤遮罩，如圖 4-34 所示。標籤是一張影像，其中像素被指派到三個整數值之一，根據它們是背景、物件輪廓還是物件內部而定。

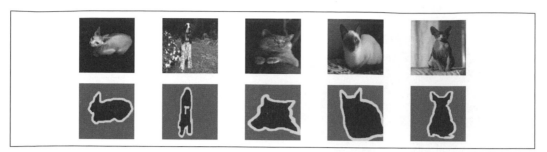

圖 4-34 來自 Oxford Pets 資料集的訓練影像（上列）和標籤（下列）。

我們將這三種像素值作為類別標籤的索引，用來訓練網路進行多類別分類：

```
model = ...
model.compile(optimizer='adam',
    loss=tf.keras.losses.SparseCategoricalCrossentropy(from_logits=True),
    metrics=['accuracy'])
model.fit(...)
```

完整程式碼可在 GitHub 上的 *04b_unet_segmentation.ipynb* 中找到。

架構

從頭開始訓練 U-Net 架構需要大量的可訓練參數。如第 155 頁的「其他注意事項」中所述，很難為物件偵測和分割等任務標記資料集。因此，為了有效的使用已標記資料，最好使用預訓練的骨幹，並為編碼器區塊採用遷移學習。和第 3 章一樣，我們可以使用預訓練的 MobileNetV2 來建立編碼：

```
base_model = tf.keras.applications.MobileNetV2(
    input_shape=[128, 128, 3], include_top=False)
```

解碼器端將由向上採樣層組成，以回復到所需的遮罩形狀。解碼器還需要來自編碼器的特定層的特徵圖（跳過連接）。我們所需的 MobileNetV2 模型的層可以透過名稱來獲取，如下所示：

```
layer_names = [
    'block_1_expand_relu',    # 64x64
    'block_3_expand_relu',    # 32x32
    'block_6_expand_relu',    # 16x16
    'block_13_expand_relu',   # 8x8
    'block_16_project',       # 4x4
]
base_model_outputs = [base_model.get_layer(name).output for name in layer_names]
```

U-Net 架構的「向下堆疊」或左手邊包含了影像作為輸入，還有這些層作為輸出。我們正在進行遷移學習，所以整個左手邊都不需要調整權重：

```
down_stack = tf.keras.Model(inputs=base_model.input,
                            outputs=base_model_outputs,
                            name='pretrained_mobilenet')
down_stack.trainable = False
```

Keras 中的向上採樣可以使用 Conv2DTranspose 層來完成。我們也在向上採樣的每個步驟中，添加了批次正規化和非線性：

```
def upsample(filters, size, name):
  return tf.keras.Sequential([
    tf.keras.layers.Conv2DTranspose(filters, size,
                                    strides=2, padding='same'),
    tf.keras.layers.BatchNormalization(),
    tf.keras.layers.ReLU()
  ], name=name)

up_stack = [
    upsample(512, 3, 'upsample_4x4_to_8x8'),
    upsample(256, 3, 'upsample_8x8_to_16x16'),
    upsample(128, 3, 'upsample_16x16_to_32x32'),
    upsample(64, 3,  'upsample_32x32_to_64x64')
]
```

解碼器的向上堆疊的每個階段都與編碼器向下堆疊的對應層串接：

```
for up, skip in zip(up_stack, skips):
    x = up(x)
    concat = tf.keras.layers.Concatenate()
    x = concat([x, skip])
```

訓練

我們可以使用 Keras 回呼在幾個選定的影像上顯示預測：

```
class DisplayCallback(tf.keras.callbacks.Callback):
  def on_epoch_end(self, epoch, logs=None):
      show_predictions(train_dataset, 1)

model.fit(train_dataset, ...,
          callbacks=[DisplayCallback()])
```

在 Oxford Pets 資料集上這樣做的結果如圖 4-35 所示。請注意，正如人們所期望的那樣，該模型從一堆垃圾（最上列）開始，然後學習哪些像素對應於動物，哪些像素又對應於背景。

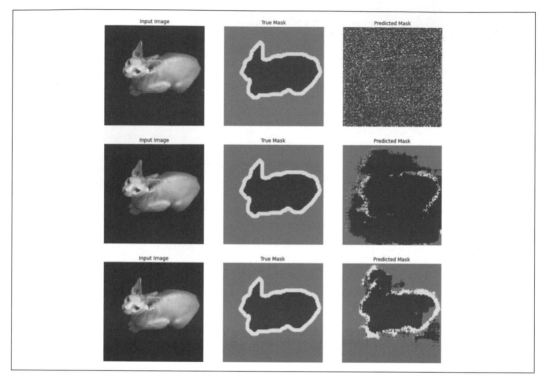

圖 4-35　隨著模型的訓練，輸入影像上的預測遮罩會隨著週期而改進。

但是，由於模型被訓練成可以不受其他像素影響而將每個像素預測為背景、輪廓或內部，因此我們會看到諸如未閉合區域和斷開的像素之類的假影，模型沒有意識到貓所對應的區域應該是封閉的。這就是為什麼這種方法主要適用於要偵測的區段並不需要是連續的那類影像，例如圖 4-31 中的範例，其中「道路」、「天空」和「植被」區段通常具有不連續性。

一個應用範例是自動駕駛演算法，用以偵測道路。另一個是衛星影像，其中使用 U-Net 架構來解決區分雲和雪的難題；兩者都是白色的，但雪的覆蓋是有用的地面資訊，而雲的阻礙意味著需要重新拍攝影像。

當前研究方向

對 於 物 件 偵 測， 最 近 的 一 個 里 程 碑 是 EfficientDet（*https://arxiv.org/abs/1911.09070*），它 在 EfficientNet 骨幹之上建構了一個物件偵測架構。除了骨幹之外，它還帶來了一個新類別的多層 FPN，稱為雙向特徵金字塔網路（bi-directional feature pyramid network, BiFPN）。

對於語意分割，U-Net 是最簡單但不是最先進的架構。您可以在關於 DeepLabv3（*https://arxiv.org/abs/1706.05587*） 和 金 字 塔 場 景 解 析 網 絡（pyramid scene parsing network, PSPNet）（*https://arxiv.org/abs/1612.01105*）的論文中瞭解更複雜的方法。DeepLabv3 目前被認為是最先進的影像分割技術，並且是在 TensorFlow Model Garden（*https://oreil.ly/FYKgH*）中實作的架構。

Kirillov 等人最近透過他們提出的全景分割（panoptic segmentation）（*https://arxiv.org/abs/1801.00868*）任務開闢了物件偵測的新領域，該任務將實例分割和全場景語意分割結合到一個模型中。物件有兩種分類方式：個別偵測的「人」或「汽車」等可數物件，或全域分割的「道路」或「天空」等不可數類型的物件。目前該領域的頂級方法是 Panoptic FPN（*https://arxiv.org/abs/1901.02446v2*）和 Panoptic DeepLab（*https://arxiv.org/abs/1911.10194v3*），兩者都實作為 Detectron2（*https://oreil.ly/8x1sB*）平台的一部份。

總結

在本章中，我們研究了物件偵測和影像分割方法。我們從 YOLO 開始，考慮到它的侷限性，接著討論了 RetinaNet，它在架構和使用的損失方面都對 YOLO 進行了創新。我們還討論了進行實例分割的 Mask R-CNN，和進行語意分割的 U-Net 。

在接下來的章節中，我們將使用第 3 章中的簡單遷移學習影像分類架構，作為我們的核心模型，更深入的研究電腦視覺生產線的不同部分。無論骨幹架構或要解決的問題為何，生產線步驟都保持不變。

## 第五章

建立視覺資料集

要對影像進行機器學習，我們需要影像。第 4 章中看到的使用案例中，絕大多數用於監督式（supervised）機器學習，對於此類模型，我們還需要正確答案或標籤（*label*）來訓練 ML 模型。如果您要訓練非監督式（unsupervised）ML 模型或自監督式（self-supervised）模型（如 GAN 或自編碼器），則可以省略標籤。在本章中，我們將瞭解如何建立由影像和標籤組成的機器學習資料集。

 本章的程式碼位於本書 GitHub 儲存庫（*https://github.com/ GoogleCloudPlatform/practical-ml-vision-book*）的 *05_create_dataset* 資料夾中。我們將在適用的情況下提供程式碼範例和筆記本的檔名。

蒐集影像

在大多數 ML 專案中，第一階段就是蒐集資料。資料蒐集可以透過多種方式來完成：透過在交通路口安裝攝影機、連接到電子目錄以獲取汽車零件的照片、購買衛星影像檔案等。它可以是一種後勤活動（安裝交通攝影機）、技術活動（建構到目錄資料庫的軟體連接器）或商業活動（購買影像檔案）。

照片

照片是最常見的影像資料來源之一。這些可能包括從社交媒體和其他來源拍攝的照片，以及由固定安裝的相機在受控條件下拍攝的照片。

我們在蒐集影像時需要做出的首要選擇之一，是相機的置放以及影像的大小和解析度。顯然，影像必須對我們感興趣的任何內容進行構圖——例如，安裝用於拍攝交通路口的相機需要對整個路口有一個不被遮蔽的視野。

直覺上，我們似乎可以透過在最高解析度的影像上訓練模型，來獲得最高準確度的模型，因此我們應該努力以我們所能蒐集的最高解析度來蒐集資料。然而，高影像解析度有幾個缺點：

- 更大的影像將需要更大的模型——卷積模型每一層的權重數量與輸入影像的大小成正比。在 256x256 影像上訓練模型所需的參數數量，是在 128x128 影像上訓練模型的四倍，因此訓練將需要更長的時間，並且需要更多的計算能力和額外的記憶體。

- 我們用於訓練 ML 模型的機器記憶體（RAM）有限，因此影像大小越大，我們可以批次處理的影像越少。一般來說，更大的批次會導致更平滑的訓練曲線。因此，大影像在準確度方面可能會效果適得其反。

- 更高解析度的影像，尤其是在室外和低亮度環境中拍攝的影像，可能會有更多雜訊。將影像平滑化到較低的解析度，可能會導致更快的訓練和更高的準確度。

- 要蒐集和儲存高解析度影像比蒐集和儲存低解析度影像所花費的時間更長。因此，為了捕捉高速動作，可能需要使用較低的解析度。

- 更高解析度的影像需要更長的時間來傳輸。因此，如果您在邊緣裝置（edge）[1] 上蒐集影像並將它們發送到雲端進行推論的話，您可以使用更小、解析度更低的影像以進行更快的推論。

因此，建議使用您的影像雜訊特性所能確保的最高解析度，同時您的機器學習基礎設施預算也要夠處理，不要將解析度降低到無法解析感興趣的物件。

一般來說，使用預算所允許最高品質的相機（在鏡頭、感光度等方面）會是值得的 —— 如果預測期間使用的影像始終處於對焦狀態、如果白平衡是一致的、如果雜訊對影像的影響很小的話，就能簡化許多電腦視覺問題。其中一些問題可以使用影像前置處理來糾正（影像前置處理技術將在第 6 章中介紹）。儘管如此，與蒐集資料並在事後修正它們相比，擁有沒有這些問題的影像會更好。

相機通常可以以壓縮（例如 JPEG）或未壓縮（例如 RAW）格式來儲存照片。在儲存 JPEG 照片時，我們通常可以選擇品質。較低品質和較低解析度的 JPEG 檔案會壓縮得更好，因此會產生較低的儲存成本。如前所述，較低解析度的影像也會降低計算成本。由於儲存成本相對於計算成本而言相對低廉，我們的建議是為 JPEG 選擇一個高品質的閾值（95%+） 並以較低的解析度儲存它們。

 您可以使用的最低解析度取決於問題。如果您嘗試對風景照片進行分類以確定它們屬於水還是陸地，則可能會使用 12x16 影像。如果您的目標是識別這些風景照片中的樹木類型，您可能需要的像素要能精細到足以清楚地識別樹葉的形狀，因此您可能需要 768x1024 的影像。

只有當您的影像包含了人工產生的內容時，才使用未壓縮的影像，例如 CAD 繪圖，在其中 JPEG 壓縮的模糊邊緣可能會導致識別問題。

---

1 這在物聯網（Internet of Things, IoT）應用中很常見；請參閱維基百科關於「霧計算（fog computing）」的條目（*https://oreil.ly/Txyj8*）。

成像

許多儀器（X 光、MRI、分光鏡、雷達、光達（lidar）等）可以建立空間的 2D 或 3D 影像。X 光是 3D 物件的投影，可以視為灰階（grayscale）影像（見圖 5-1）。雖然典型的照片包含了三個（紅、綠、藍）頻道，但這些影像只有一個頻道。

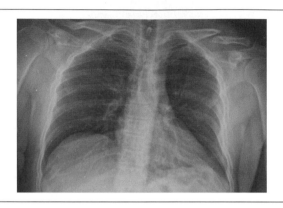

圖 5-1　可以將胸部 X 光視為灰階影像。圖片由 Google AI Blog（*https://oreil.ly/RoyB0*）提供。

如果儀器測量多個量的話，我們可以將不同波長的反射率、都卜勒（Doppler）速度和任何其他測量的量視為影像的分別頻道。在斷層掃描中，投影是薄的 3D 切片，從而建立多個橫截面影像；這些橫截面可以被視為單張影像的不同頻道。

根據感測器的幾何特性，有一些與影像資料相關的特殊注意事項。

極坐標網格

雷達和超音波是在極坐標系統（polar coordinate system）中進行（見圖 5-2）。您可以將極坐標 2D 資料本身視為輸入影像，也可以將其轉換為笛卡爾坐標系統（Cartesian coordinate system），然後再將其用作機器學習模型的輸入。兩種方法都存在取捨：在極坐標系統中，沒有內插或重複的像素，但像素的大小會在整張影像中變化，而在笛卡爾坐標系統中，像素大小是一致的但在重新映射時大部分資料會漏失、內插或聚合。例如，在圖 5-2 中，左下角的許多像素將漏失，並且為了 ML 目的必須指派一些數值。同時，右下方的像素將涉及來自像素網格的許多值的聚合，而頂部的像素將涉及像素值之間的內插。笛卡爾影像中這三種情況的存在，將會使學習任務極度複雜化。

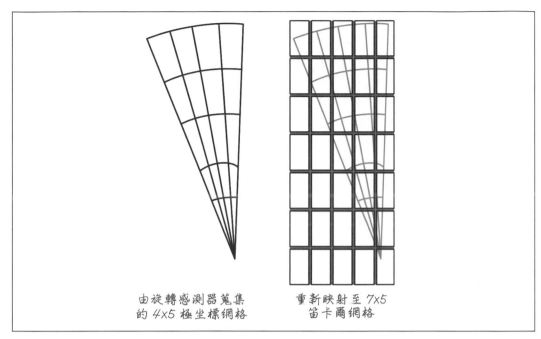

由旋轉感測器蒐集
的 4x5 極坐標網格

重新映射至 7x5
笛卡爾網格

圖 5-2　按原樣使用極坐標網格對比於將資料重新映射到笛卡爾網格。

我們建議使用極坐標網格作為 ML 模型的輸入影像，並包括每個像素與中心的距離（或像素的大小）作為 ML 模型的附加輸入。由於每個像素都有不同的大小，因此合併此資訊的最簡單方法，是將像素的大小視為額外的頻道。這樣我們就可以利用到所有的影像資料，而不會因為坐標變換而丟失資訊。

衛星頻道

在處理衛星影像時，在原始衛星視圖或視差校正網格（parallax-corrected grid）中工作可能是值得的，而不是將影像重新映射到地球坐標。如果使用投影後的地圖資料，盡量在資料的原始投影中進行機器學習。將大約在同一時間從同一位置以不同波長蒐集的影像視為頻道（見圖 5-3）。請注意，預訓練模型通常在三頻道影像（RGB）上進行訓練，因此遷移學習和微調將不起作用，但如果您從頭開始訓練，則底層架構可以使用任意數量的頻道。

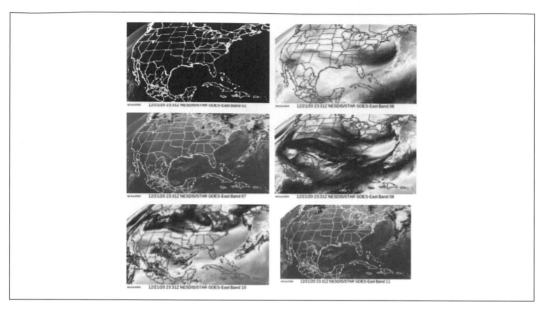

圖 5-3　大約在 2020 年 12 月 21 日的同一時間由 GOES-16 氣象衛星上的儀器蒐集的影像。這些彩色影像的原始純量（scalar）值，被視為輸入到模型的六頻道影像。圖片由美國國家氣象局（*https://oreil.ly/VTOBi*）提供。

地理空間圖層

如果您有多個地圖圖層（例如，土地所有權、地形、人口密度；見圖 5-4）被蒐集在不同的投影中，您必須將它們重新映射到同一個投影中、排列像素，並將這些不同的圖層視為影像的頻道。在這種情況下，將像素的緯度包括在內，來作為模型的額外輸入頻道可能很有用，以便可以考慮像素大小的變化。

如果有五種可能的土地覆蓋（land cover）類型，分類層（例如土地覆蓋類型）可能必須進行一位有效編碼（one-hot encoding），以讓土地覆蓋類型可以變成五個頻道。

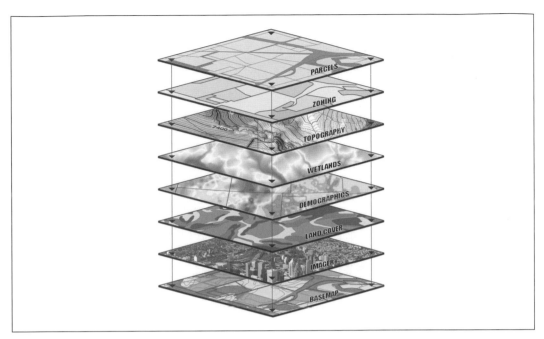

圖 5-4　地理空間圖層可以被視為影像頻道。圖片由 USGS（https://oreil.ly/mmi41）提供。

概念驗證

在許多情況下，您手上可能沒有資料，蒐集這些資料以進行概念驗證會花費很長時間。在投資於常規資料蒐集之前，您可以考慮購買類似的資料以瞭解專案的可行性。購買影像時，請記住，您想要獲得的是在品質、解析度等方面與您最終能夠在實際專案中使用的影像相似的影像。

例如，美國 GOES-16 衛星的許多機器學習演算法必須在衛星發射之前開發。當然，沒有資料可用！為了在一串基於 GOES-16 資料而建構的 ML 模型中作決定，使用了歐洲 SEVIRI 衛星已經蒐集的類似品質資料來進行概念驗證（proof of concept）測試。

另一種進行概念驗證的方法是使用模擬影像。在第 11 章中將看到這樣的一個範例，其中透過模擬影像說明了在藤蔓上數番茄的能力。在模擬影像時，修改現有影像而不是從頭開始建立它們會很有幫助。例如，如果可以添加不同大小的紅色番茄的綠色藤蔓照片的話，則可能更容易產生模擬的番茄藤蔓影像。

不要在完美的資料上訓練模型，然後再嘗試將其應用於不完美的影像。例如，如果您需要一個模型來識別徒步旅行者在小徑上拍攝的照片中的花朵，那麼您不應該使用專業攝影師所拍攝的經過修飾的照片來訓練模型。

資料類型

到目前為止，我們只處理了照片。如上一節所述，還有其他類型的影像可以應用於機器學習，例如地理空間層、MRI 掃描，或聲音頻譜圖。從數學上來看，ML 技術所需的只是一個 4D 張量（批次 x 高度 x 寬度 x 頻道）作為輸入。只要我們的資料可以放入這種形式的話，就可以應用電腦視覺方法。

當然，您必須牢記那些會使某些技術運作良好的基本概念。例如，您可能無法成功地將卷積過濾器應用於在電腦螢幕上尋找壞點（*https://oreil.ly/OIygm*）的問題，因為卷積過濾器僅在相鄰像素之間存在空間相關性時才能很好的運作。

頻道

一張典型的照片會儲存成具有三個頻道（紅色、綠色和藍色）的 24 位元 RGB 影像，每個頻道由 0 至 255 範圍內的 8 位元數字來表達。一些電腦產生的影像還具有第四個 *alpha* 頻道，用於捕捉像素的透明度。Alpha 頻道主要用於將影像疊加或合成在一起。

縮放

機器學習框架和預訓練模型通常期望像素值會從 [0,255] 縮放到 [0,1]，ML 模型通常會忽略 alpha 頻道。在 TensorFlow 中，這是使用以下方法完成的：

```
# 從檔案中讀入壓縮資料到字串中。
img = tf.io.read_file(filename)
# 將壓縮字串轉換為 3D uint8 張量。
img = tf.image.decode_jpeg(img, channels=3)
# 轉換成在 [0,1] 範圍內的浮點數。
img = tf.image.convert_image_dtype(img, tf.float32)
```

頻道順序

典型的影像輸入的形狀是 [高度 , 寬度 , 頻道]，其中 RGB 影像的頻道數通常為 3，灰階影像通常為 1。這稱為**頻道最後**（*channels-last*）表達法，是 TensorFlow 的預設值。早期的機器學習套件（例如 Theano）和機器學習基礎設施的早期版本（例如 Google 的張量處理單元（Tensor Processing Unit, TPU）v1.0）則使用**頻道優先**（*channels-first*）排序。頻道優先在計算方面更有效率，因為它減少了記憶體中的來回搜索 [2]。然而，大多數影像格式是以逐像素方式來儲存資料，因此頻道最後是更自然的資料攝取和輸出格式。隨著計算硬體變的更強大，從頻道優先移往頻道最後的轉變，是易用性優先於效率的一個範例。

由於頻道順序可能會有所不同，Keras 允許您在全域的 *$HOME/.keras/keras.json* 配置檔案中指定順序：

```
{
    "image_data_format": "channels_last",
    "backend": "tensorflow",
    "epsilon": 1e-07,
    "floatx": "float32"
}
```

預設是使用 TensorFlow 作為 Keras 後端，因此影像格式預設為 channels_last。這就是我們將在本書中做的事情。因為這是一個全域設定，因此會影響系統上執行的每個模型，我們強烈建議您不要操弄這個檔案。

如果您有一個頻道優先的影像，並且需要將其更改為頻道最後，則可以使用 `tf.einsum()`：

```
image = tf.einsum('chw->hwc', channels_first_image)
```

或者簡單地進行轉置，並提供適當的軸：

```
image = tf.transpose(channels_first_image, perm=(1, 2, 0))
```

2　請參閱 oneAPI Deep Neural Network Library 上的《Understanding Memory Formats》（*https://oreil.ly/HPmsI*）。

灰階

如果您有灰階影像或簡單的二維數字陣列，則可能需要擴展維度才能將形狀從 [高度 , 寬度] 更改為 [高度 , 寬度 , 1]：

```
image = tf.expand_dims(arr2d, axis=-1)
```

透過指定 `axis=-1`，我們要求將頻道維度附加到現有形狀，並將新頻道的維度設置為 1。

地理空間資料

地理空間資料可以從地圖層產生，也可以作為無人機、衛星、雷達等遙測方法的結果。

柵格資料

從地圖產生的地理空間資料，通常具有可被視為頻道的*柵格頻帶*（*raster band*）（像素值的二維陣列）。例如，您可能有多個覆蓋土地區域的柵格頻帶：人口密度、土地覆蓋類型、洪水傾向……等。為了將電腦視覺技術應用於此類柵格資料，只需讀取各個頻帶並將它們堆疊在一起以形成影像：

```
image = tf.stack([read_into_2darray(b) for b in raster_bands],axis=-1)
```

除了柵格資料，您可能還有向量資料，例如道路、河流、州或城市的位置。在這種情況下，您必須先對資料進行柵格化（rasterize），然後才能在基於影像的 ML 模型中使用它。例如，您可以將道路或河流繪製為一組一個像素寬的線段（參見圖 5-5 的上面板）。如果向量資料由多邊形（例如州的邊界）組成，則可以透過填充邊界內的像素來柵格化資料。如果有 15 個州，那麼您最終將得到 15 個柵格影像，每個影像在對應的州邊界內的像素值為 1 —— 這是一位有效編碼分類值的影像等價物（見圖 5-5 的下面板）。如果向量資料包含城市邊界，則必須決定是將其視為布林值（如果是農村，像素值為 0，如果是城市，則像素值為 1）還是分類變數（在這種情況下，您會為資料集中的 N 個城市產生 N 個柵格頻帶）。

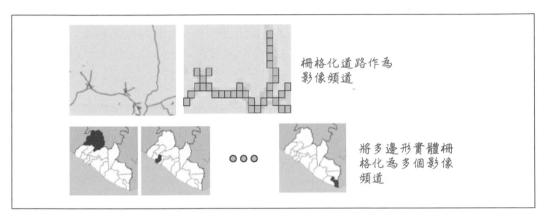

圖 5-5　柵格化向量資料。在柵格化影像中，1 被突出顯示。地圖來源：OpenStreetMap（上）和維基百科（下）。

柵格資料通常位於地理投影中。一些投影（例如 Lambert 正形（Lambert conformal））會維持面積不變，其他的（例如 Mercator）則會保留方向，而選擇其他投影（例如等距圓柱（equidistant cylindrical））是因為它們易於建立。根據我們的經驗，任何投影都適用於機器學習，但您應該確保所有柵格頻帶都在同一個投影中。如果像素的大小會隨緯度而變化，將緯度添加為額外的輸入頻道也很有幫助。

遙測

遙測資料由成像儀器蒐集。如果所討論的儀器是相機（如許多無人機影像）的話，那麼結果將是具有三個頻道的影像。另一方面，如果衛星上有多台儀器在捕獲影像，或者儀器可以在多個頻率下工作，則結果將是具有大量頻道的影像。

出於視覺化目的，通常會對遙測影像進行著色。最好回去並取得儀器偵測到的原始數值，而不是使用這些彩色影像。

確保您像我們對照片所做的那樣來對影像進行讀取和正規化。例如說，要將每個影像中找到的值縮放到從 0 到 1 之間。有時資料會包含異常值。例如，由於海浪和潮汐的原因，海深（bathymetric）影像可能具有異常值。在這種情況下，可能需要在縮放之前先將資料裁剪到合理的範圍。

遙測影像通常會包含缺失資料（例如衛星地平線之外的影像部分，或雷達影像中的雜波區域）。如果裁剪掉缺失的區域是可行的話，就請這樣做。如果缺失區域很小，則透過對它們進行內插來估算缺失值。如果缺失值的面積很大，或出現在很大一部分的像素中，請建立一個單獨的柵格頻帶，來指出像素是否缺失了真實值，或都已經被一個標記值（例如：零）替換了。

地理空間和遙測資料都需要大量的處理才能輸入到機器學習模型中。因此，值得擁有一個腳本化 / 自動化的資料準備步驟或生產線來獲取原始影像、將它們處理成柵格頻帶、堆疊起來、然後寫出成為一種有效率的格式，例如 TensorFlow Record。

音訊和視訊

音訊（audio）是 1D 信號，而視訊（video）是 3D。最好使用專為音訊和視訊設計的 ML 技術，但一個簡單的首要解決方案是，將影像 ML 技術應用於音訊和視訊資料。在本節中，我們將討論這種方法。音訊和視訊 ML 框架則超出了本書的範圍。

頻譜圖

要對音訊進行機器學習，需要將音訊分成塊，然後將 ML 應用於這些時間視窗。時間視窗的大小取決於偵測到的內容 —— 識別單字需要幾秒鐘，但識別樂器需要幾分之一秒。

結果會是一維信號，因此可以使用 Conv1D 代替 Conv2D 層來處理音訊資料。就技術上而言，這將是時間空間中的信號處理。但是，如果將音訊信號表達為頻譜圖（spectrogram）（音訊信號的頻率頻譜隨時間變化的堆疊視圖），結果往往會更好。在頻譜圖中，影像的 x 軸代表時間，y 軸代表頻率。像素值表示頻譜密度，也就是特定頻率下音訊信號的響度（見圖 5-6）。頻譜密度通常以分貝表示，因此最好使用頻譜圖的對數作為影像輸入。

要讀取音訊信號並將其轉換為頻譜圖的對數，請使用 scipy 套件：

```
from scipy import signal
from scipy.io import wavfile
sample_rate, samples = wavfile.read(filename)
_, _, spectro = signal.spectrogram(samples, sample_rate)
img = np.log(spectro)
```

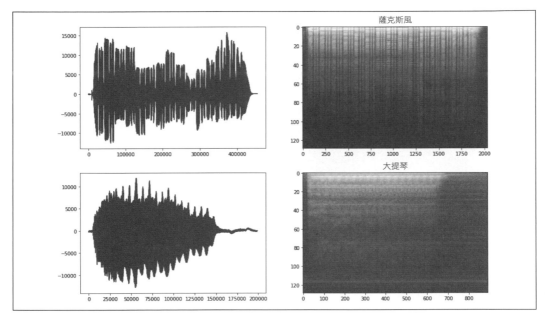

圖 5-6　兩種樂器的音訊信號（左）和頻譜圖（右）。

使用電腦視覺技術的自然語言處理

在頻譜圖中，我們計算某個時間點的信號的頻率特性，然後再查看該頻率的變化以建立 2D 影像。這種將 1D 物件組合為 2D 以使用電腦視覺技術的想法也可以應用於自然語言處理（natural language processing）問題！

例如，可以將文件理解問題視為電腦視覺問題。這個想法是使用預訓練的嵌入（embedding），例如通用句子編碼器（Universal Sentence Encoder, USE）或 BERT 將句子轉換為嵌入（完整程式碼位於 GitHub 上的 *05_audio.ipynb*）：

```
paragraph = ...
embed = hub.load(
    https://tfhub.dev/google/universal-sentence-encoder/4")
embeddings = embed(paragraph.split('.'))
```

在此程式碼片段中，我們將段落拆分為一個句子的串列，並將 USE 嵌入器應用於
這一組句子上。因為嵌入目前是一個 2D 張量，所以可以將段落／評論／網頁／文件
（無論您的分組單元是什麼）視為影像（見圖 5-7）。影像大小為 12x512，因為段
落中有 12 個句子，而且我們使用了大小為 512 的嵌入。

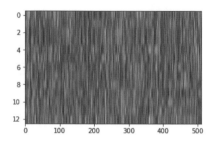

圖 5-7　透過堆疊句子的文本嵌入，我們可以將段落視為影像。這是赫曼·赫塞（Herman
Hesse）小說中一個段落的表達法。

逐圖框處理

視訊由圖框（frame）組成，每個圖框都是一張影像。處理視訊的明顯方法是對單一圖
框進行影像處理，並將結果進行後置處理（postprocessing）成為對整個視訊的分析。我
們可以使用 OpenCV（cv2）套件，讀取其中一種標準格式的視訊檔案，並獲取一張圖
框：

```
cap = cv2.VideoCapture(filename)
num_frames = int(cap.get(cv2.CAP_PROP_FRAME_COUNT))
for i in range(num_frames):
    readok, frame = cap.read()
    if readok:
        img = tf.convert_to_tensor(frame)
```

例如，我們可能對影像圖框進行分類，並將視訊分類問題的結果，視為在所有圖框中找
到的所有類別的集合。問題在於，這種方法忽略了一個事實，也就是視訊中的相鄰圖框
是高度相關的，就像影像中的相鄰像素會高度相關一樣。

Conv3D

我們可以計算視訊圖框的滾動平均值（rolling average），然後應用電腦視覺演算法，而不是一張一張處理視訊的圖框。當視訊有顆粒感時，這種方法特別有用。與逐圖框方法不同，滾動平均利用圖框相關性對影像進行去除雜訊。

更複雜的方法是使用 3D 卷積。我們將視訊短片讀入到形狀為 [批次 , 時間 , 高度 , 寬度 , 頻道] 的 5D 張量，如果有必要，將電影分成短片：

```python
def read_video(filename):
    cap = cv2.VideoCapture(filename)
    num_frames = int(cap.get(cv2.CAP_PROP_FRAME_COUNT))
    frames = []
    for i in range(num_frames):
        readok, frame = cap.read()
        if readok:
            frames.append(frame)
    return tf.expand_dims(tf.convert_to_tensor(frames), -1)
```

然後，我們在影像處理生產線中應用 Conv3D 而不是 Conv2D。這類似於滾動平均，它會從資料中學習每個時間步驟的權重，後面跟著非線性激發函數。

另一種方法是使用循環神經網路（recurrent neural network, RNN）和其他更適合時間序列資料的序列方法。然而，由於視訊序列的 RNN 很難訓練，因此 3D 卷積方法往往會更實用。另一種方法是使用卷積來從時間信號中萃取特徵，然後將卷積過濾器的結果傳遞給沒那麼複雜的 RNN。

手動標記

在許多 ML 專案中，資料科學團隊所參與的第一步是標記影像資料。即使標記過程會被自動化的，概念驗證中的前幾張影像幾乎總是手動標記的。標籤的形式和組織將根據問題類型（影像分類或物件偵測），以及影像為單一標籤或多個標籤而有所不同。

為了手動標記影像，評估者（rater）會查看影像、決定標籤、並記錄標籤。進行這種記錄有兩種典型的方法：使用資料夾（folder）結構和元資料表（metadata table）。

在資料夾組織中，評分者只需根據標籤的內容將影像移動到不同的資料夾。例如，所有雛菊花都儲存在一個名為 *daisy* 的資料夾中。因為大多數作業系統，都提供影像預覽和方便的方法來選擇影像群組，並將它們移動到資料夾中（見圖 5-8），所以評分者可以很快地做到這件事。

資料夾方法的問題在於，如果影像可以有多個標籤，則會導致重複 —— 例如，如果影像同時包含了玫瑰和雛菊時。

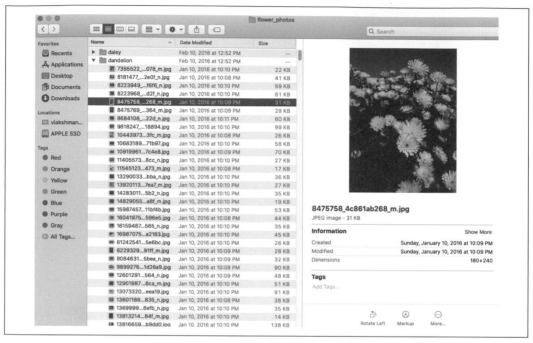

圖 5-8　預覽影像並將它們快速移動到適當的資料夾。

另一種推薦的方法是將標籤記錄在至少有兩行的元資料表中（例如在電子試算表或 CSV 檔案中）—— 其中一行是影像檔案的 URL，另一行是對影像有效的標籤串列：

```
$ gsutil cat gs://cloud-ml-data/img/flower_photos/all_data.csv | head -5
gs://cloud-ml-data/img/flower_photos/daisy/100080576_f52e8ee070_n.jpg,daisy
gs://cloud-ml-data/img/flower_photos/daisy/10140303196_b88d3d6cec.jpg,daisy
gs://cloud-ml-data/img/flower_photos/daisy/10172379554_b296050f82_n.jpg,daisy
gs://cloud-ml-data/img/flower_photos/daisy/10172567486_2748826a8b.jpg,daisy
gs://cloud-ml-data/img/flower_photos/daisy/10172636503_21bededa75_n.jpg,daisy
```

將資料夾方法的效率和元資料表方法的通用性結合起來的一個好方法是，將影像組織到資料夾中，然後使用腳本來抓取影像並建立元資料表。

多標籤

如果一張影像可以與多個標籤相關聯（例如，如果一張影像可以同時包含雛菊和向日葵），一種方法是簡單的將影像複製到兩個資料夾中，並有兩個分開的行：

```
gs://.../sunflower/100080576_f52e8ee070_n.jpg,sunflower
gs://.../daisy/100080576_f52e8ee070_n.jpg,daisy
```

然而，像這樣的重複會使訓練真正的多標籤多類別問題變得更加困難。更好的方法是讓標籤行包含所有匹配的類別：

```
gs://.../multi/100080576_f52e8ee070_n.jpg,sunflower daisy
```

生產線必須剖析標籤字串並使用 `tf.strings.split` 來萃取匹配類別的串列。

物件偵測

對於物件偵測，元資料檔案需要包含影像中物件的定界框。這可以透過讓第三行包含按預定義順序（例如從左上角開始逆時針方向）排列的定界框端點來達成。對於分割問題，該行將包含一個多邊形而不是一個定界框（見圖 5-9）。

 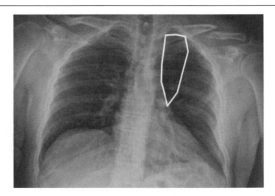

用於物件偵測的定界框　　　用於影像分割的定界多邊形

圖 5-9　物件偵測和分割問題中的元資料檔案，需要分別包含定界框或多邊形。

甜甜圈形狀的物件（它的中心不是物件的一部分）可以用一對多邊形來表示，其中內部多邊形的頂點用相反的方向排列。為避免這種複雜性，有時會將分割邊界簡單的表達為一組像素而不是多邊形。

大規模標記

手動標記數千張影像既麻煩又容易出錯，如何才能使其效率更高、更準確呢？一種方法是使用可以正確手動標記數千張影像的工具，另一種是使用方法來糾出和修正標籤的錯誤。

標記使用者介面

標記工具應該具有顯示影像的功能，並使評分者能夠快速選擇正確的類別並將評等結果儲存到資料庫中。

為了支援物件偵測和影像分割的使用案例，該工具應該具有註解（annotation）功能，以及將繪製出的定界框或多邊形轉換為影像像素坐標的能力。Computer Vision Annotation Tool（*https://oreil.ly/Mpmdq*）（見圖 5-10）是一種免費的、基於 Web 的視訊和影像註解工具，可以在線上取得（*https://cvat.org*），並且可以安裝在本地端。它支援多種註解格式。

圖 5-10　一種可以有效率標記影像的工具。

多項任務

常常，我們需要為多個任務來標記影像。例如，我們可能需要按花卉類型（雛菊、鬱金香……）、顏色（黃色、紅色……）、位置（室內、室外……）、種植方式（盆栽、地面）

等方法來對相同的影像進行分類。在這種情況下，一種有效率的方法是使用 Jupyter 筆記本的互動功能進行標記（見圖 5-11）。

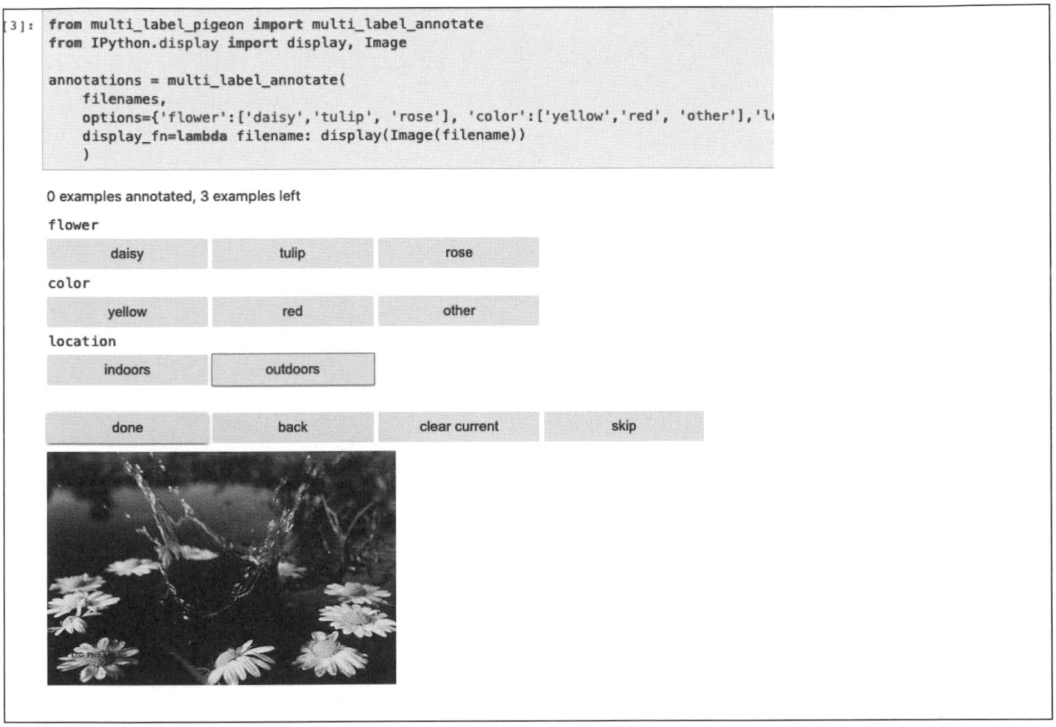

```
[3]: from multi_label_pigeon import multi_label_annotate
     from IPython.display import display, Image

     annotations = multi_label_annotate(
         filenames,
         options={'flower':['daisy','tulip', 'rose'], 'color':['yellow','red', 'other'],'l
         display_fn=lambda filename: display(Image(filename))
         )
```

0 examples annotated, 3 examples left

flower

| daisy | tulip | rose |

color

| yellow | red | other |

location

| indoors | outdoors |

| done | back | clear current | skip |

圖 5-11　在 Jupyter 筆記本中為多個任務高效率的標記影像。

該功能由 Python 套件 multi-label-pigeon（*https://oreil.ly/NLwqJ*）提供：

```
annotations = multi_label_annotate(
    filenames,
    options={'flower':['daisy','tulip', 'rose'],
             'color':['yellow','red', 'other'],
             'location':['indoors','outdoors']},
    display_fn=lambda filename: display(Image(filename))
)
with open('label.json', 'w') as ofp:
    json.dump(annotations, ofp, indent=2)
```

完整程式碼位於本書的 GitHub 上的 *05_label_images.ipynb* 中。輸出是一個 JSON 檔案，其中包含了所有影像的所有任務的註解：

```
{
    "flower_images/10172379554_b296050f82_n.jpg": {
        "flower": [
            "daisy"
        ],
        "color": [
            "red"
        ],
        "location": [
            "outdoors"
        ]
    },
```

投票和群眾外包

手動標記會面臨兩個挑戰：人為錯誤和先天的不確定性。評估者可能會感到疲倦並錯誤的識別影像，也可能會是分類不明確的情況。以 X 光影像為例：放射科醫生可能對某物是否為骨折會有不同的意見。

在這兩種情況下，實作一個投票系統都是有幫助的。例如，一個影像可能會顯示給兩個評估者。如果評估者意見一致，他們的標籤將會指派給影像；如果評估者意見不一致，我們可以選擇做以下其中一件事情：

*   如果我們不想使用不明確的資料進行訓練，則捨棄影像。

*   將影像視為屬於中性類別。

*   最終標籤由第三個標記者來決定，實際上就是由三個標記者的多數票決定。當然，可以將投票池增加到任何奇數。

投票也適用於多標籤問題。我們只需要將每個類別的事件視為一個二元分類問題，然後將大多數評估者同意的所有標籤指派給影像。

甚至可以透過投票來決定物件識別和分割邊界。這種系統的一個範例如圖 5-12 所示 —— CAPTCHA 系統的主要目的是識別使用者是機器人還是真人，但次要目的是將影像的標記進行群眾外包（*https://oreil.ly/9Ww3Y*）。很明顯的，透過減小圖塊（tile）的大小，可以獲得更細粒度的標記。透過偶爾添加影像或圖塊，並蒐集許多使用者的結果，就可能可以成功的標記影像。

圖 5-12　物件偵測或分割多邊形之群眾外包。

標記服務

即使使用了有效率的標記方式，也可能需要數天或數月，才能為用來訓練最先進的影像模型所需的所有影像進行標記。對資料科學家的時間來說，這不是一個有生產力的利用方式。正因如此，許多**標記服務**（*labeling service*）應運而生。這些企業在位於低成本地點的數十名員工之間分配標記影像的工作。通常，我們必須提供一些範例影像，以及標記影像時需要使用的技術的描述。

標記服務比群眾外包要複雜一些。這些服務不僅適用於眾所周知的物件（停車標誌、人行道等），還適用於可以教導外行人快速做出正確決定的任務（例如，X 光影像中的骨折與刮痕）。也就是說，您可能不會將標記服務用在像是識別病毒的分子結構之類，需要大量領域專業知識的任務。

標 記 服 務 的 範 例 包 括 AI Platform Data Labeling Service（*https://oreil.ly/V8vfu*）、Clarifai（*https://oreil.ly/U4ylE*）和 Lionbridge（*https://oreil.ly/NR5Z0*）。您通常會與組織的採購部門合作以使用此類服務。您還應該驗證一下這些服務是如何處理敏感或個人識別資料。

自動標記

在許多情況下，可以自動獲取標籤。即使這些方法不是 100% 的準確，但這些方法還是很有用，因為評估者去更正自動獲得的標籤，會比他們為影像一個一個地指派標籤更有效率。

來自相關資料的標籤

例如,您可以透過查看影像出現在產品目錄中的部分,或者透過從描述影像的詞彙中進行實體萃取來獲取影像的標籤。

在某些情況下,只需查看影像的幾個像素即可獲得真實值。例如,可以用挖井和萃取岩心樣本的位置來標記地震影像。可以使用地面雨量計安裝位置的讀數來標記雷達影像。這些點(point)標籤可用於標記原始影像的圖塊;或者,可以對點標籤進行空間性的內插,並將空間性內插資料用作像是分割之類的任務的標籤。

Noisy Student

可以使用 Noisy Student(*https://arxiv.org/abs/1911.04252*)模型來延伸影像的標籤,此方法的工作原理如下:

- 先手動標記,例如,10,000 張影像。

- 使用這些影像來訓練小型機器學習模型。這就是**教師模型**(*teacher model*)。

- 使用經過訓練的機器學習模型來預測,例如,一百萬張未標記影像的標籤。

- 在標記和偽標記(pseudo-labeled)影像的組合上,訓練一個更大的機器學習模型,稱為**學生模型**(*student model*)。在學生模型的學習過程中,使用 dropout 和隨機資料擴增(將在第 6 章中介紹),以便該模型比教師模型具有更好的泛化能力。

- 透過將學生模型放回為教師來進行迭代。

我們可以藉由選擇出機器學習模型不具信心的影像,來手動的更正偽標籤。然後還可以透過在將學生放回為新教師模型之前,進行手動標記來合併到 Noisy Student 範式中。

自我監督式學習

在某些情況下,機器學習方法本身就可以提供標籤。例如,為了建立影像嵌入,我們可以訓練一個自編碼器,我們將在第 10 章中描述。在自編碼器中,影像會作為它自己的標籤。

另一種學習過程可以是自我監督(self-supervised)的方式,是看看標籤是否會在一段時間後為人所知。有可能會根據患者的最終結果來標記醫學影像;例如,如果患者隨後出現肺氣腫，則可以將該標籤應用於在診斷前幾個月拍攝的患者肺部影像。這種標記方法適用於對未來活動的許多預測：衛星天氣影像可能會根據地面網路偵測到雲對地閃電的後續發生來進行標記；用於預測使用者是否會放棄購物車或取消訂閱的資料集可以根據使用者的最終動作來進行標記。因此，即使我們的影像在拍攝時沒有立即貼上標籤，也值得保留它們，直到我們最終為它們貼上標籤。

許多資料品質問題可以透過自我監督的方式來建構。例如，如果任務是在雲層遮擋視線時填滿地面影像，則可以透過人為的去除晴天影像的一部分，並使用實際像素值作為標籤來訓練模型。

偏見

理想的機器學習資料集，就是允許我們用它去訓練一個模型後，當實際用於生產時的表現是完美的。另一方面，如果某些範例在資料集中的代表性不足或過多，以至於在生產中遇到這些場景時，會產生較低的準確度的話，那麼就有問題了。我們說該資料集是具有偏見的（*biased*）。

在本節中，我們將討論資料集偏見的來源、如何以無偏見的方式為訓練資料集蒐集資料，以及如何偵測資料集中的偏見。

偏見的來源

資料集中的偏見是資料集的一個特性，當模型投入生產時會導致不良行為。

我們發現許多人混淆了兩個相關但獨立的概念：偏見和不平衡（imbalance）。偏見不同於不平衡 —— 自動相機拍攝的野生動物照片中很有可能只有不到 1% 是美洲虎。一個包含很低比例的美洲虎的野生動物圖片資料集是在意料之中的：它是不平衡的，但這並不是偏見的證據。我們可能會對常見動物進行向下採樣，對不常見的動物進行向上採樣，以幫助機器學習模型可以更好的學習去識別不同類型的野生動物，但這種向上採樣不會使資料集出現偏見。相反的，資料集偏見是會導致模型以不想要的方式表現資料集任何層面。

偏見的來源有三個：當模型所使用的訓練資料是在生產過程中會遇到的場景的偏斜（skewed）子集合時，就會發生選擇偏見（*selection bias*）；當蒐集影像的方式在訓練和生產之間不同時，就會出現測量偏見（*measurement bias*）；當現實生活中的值的分佈導致模型會強化不想要的行為時，就會發生確認偏見（*confirmation bias*）。讓我們仔細看看為什麼會發生這些情況；然後我們將快速向您展示如何偵測資料集中的偏見。

選擇偏見

選擇偏見通常是由於資料蒐集不完善造成的——我們錯誤的限制了資料來源，以至於某些類別被排除在外或採樣不當。例如，假設我們正在訓練一個模型來識別我們出售的物品。我們可能已經用我們產品目錄中的影像來訓練模型，但這可能會導致合作夥伴的產品沒有被包括在內。因此，該模型不會識別我們有在銷售但不在我們產品目錄中的那些合作夥伴的商品；同樣的，如果未完工的房屋因為不需繳納郡稅，因此不存在記錄中，那麼根據郡記錄中的房屋照片而訓練的影像模型，可能對未完工的房屋會表現不佳。

選擇偏見的一個常見原因是某些類型的資料比其他類型的資料更容易蒐集。例如，蒐集法國和意大利藝術的影像，可能比蒐集牙買加或斐濟藝術的影像更容易。因此，藝術品資料集可能無法代表某些國家或時期；同樣的，前幾年的產品目錄可能很容易找到，但競爭對手今年的目錄可能還不存在，所以我們的資料集可能包含我們產品的最新資料，但卻不包含我們競爭對手的最新資料。

有時選擇偏見的發生僅僅是因為訓練資料集是在固定時間範圍內蒐集的，而生產的時間範圍的可變性要大得多。例如，訓練資料集可能是在晴天蒐集的，但系統實際上是預計會在晴天和雨天日以繼夜的工作。

異常值修剪和資料集清理也可能導致選擇偏見。如果我們丟棄船屋、穀倉和移動房屋的影像，模型將無法識別這些建築物；如果我們正在建立一個貝殼資料集，並丟棄任何帶有動物的貝殼影像，那麼如果對模型展示了一個活的甲殼類動物時，該模型將表現不佳。

為了解決選擇偏見，有必要從生產系統反過來思考。需要識別哪些類型的房屋呢？資料集中是否有足夠多的此類房屋範例？如果沒有，解決方案是主動蒐集此類影像。

測量偏見

測量偏見是由於在蒐集會用在訓練和生產的影像時所使用的方式不同而造成的，這些變化導致了系統差異——也許我們使用了高品質的相機來製作訓練影像，但我們的生產系統使用了一個具有較低光圈、白平衡和／或解析度的現成相機。

由於在訓練和生產過程中提供資料的人員不同，也會出現測量偏見。例如，我們可能想要建構一個工具來幫助徒步旅行者識別野花，如果訓練資料集由專業照片組成，則照片將包括散景（bokeh）等複雜效果，這些效果將不會出現在典型徒步旅行者提供出來用於識別目的的照片中。

當影像標記由一群人完成時，也會發生測量偏見。不同的評估者可能有不同的標準，標籤不一致會導致機器學習模型表現更差。

測量偏見也可能非常微妙。也許狐狸的所有照片都是在雪上拍攝的，而狗的所有照片都是在草地上拍攝的。機器學習模型可以學會區分雪和草，並獲得比實際學習狐狸和狗特徵的模型更高的準確度。因此，我們需要注意影像中的其他內容（並檢查模型的解釋），以確保我們的模型會學習我們希望它們學習的內容。

確認偏見

還記得我們說過很多人混淆了偏見和不平衡嗎？當談到確認偏見時，兩者之間的差異和相互關係尤為重要。即使資料集準確的表達了不平衡的現實世界分佈，它也可能存在偏見 —— 這是您在閱讀本節時應該牢記的事情。請記住，資料集中的偏見包括有關資料集的任何內容，這些內容會導致在該資料集上訓練的 ML 模型會出現我們不想要的行為。

2002 年擔任美國國防部長的唐納德・倫斯斐（Donald Rumsfeld）列出了三類知識（*https://oreil.ly/gmbxl*）：

> 有已知的已知；有些事情我們知道我們知道。我們也知道存在已知的未知；也就是說，我們知道有些事情我們不知道。但也有未知的未知 —— 那些我們不知道我們不知道的事。如果縱觀我國和其他自由國家的歷史，最後一類往往是困難的。

確認偏見是我們在蒐集資料時不知道的偏見，但它仍然會對在資料集上訓練的模型造成嚴重破壞。人類不願檢查某些不平衡會存在的原因這件事，可能會導致 ML 模型使現有的偏見永久化。

「在野外（in the wild）」蒐集資料可能會導致確認偏見。例如，在撰寫本文時，消防員往往主要是男性。如果我們要蒐集消防員影像的隨機樣本，很可能所有影像都是男性消防員。在這樣的資料集上訓練的機器學習模型，當顯示女性消防員的影像時，可能會產生這樣的圖示說明：這是一位身著萬聖節派對服裝的女性。那會是一種冒犯，不是嗎？這是一個虛構的例子，但它說明了當資料集用於反映現實世界時，社會中既有的偏見會如何的被放大。搜尋一下最近有關於具有偏見的 AI 的新聞頭條時，您會發現許多現實世界的災難，其核心具有類似的偏見，因為它們反映了現實世界的分佈。

小鎮報紙往往會報導鎮上發生的事件，由於這些資料是「在野外」，大部份的音樂會、展覽會和戶外用餐的照片將包含多數族裔社區的影像；另一方面，報紙上出現的大多數包含少數族裔青少年的照片可能是被捕的照片。多數族裔社區青少年的被捕照片也會出現在報紙上，但其數量遠遠不及這些青少年在戶外環境中的所有照片數量。給定這樣的資料集，機器學習模型將學會將少數族裔社區成員與監獄關聯起來，並將多數族裔社區成員與良性活動關聯起來。這同樣是一個例子，模型將確認並延續了報紙編輯的偏見，因為那些報紙報導想涵蓋的內容。

確認偏見還可以放大標籤方面的現有偏見。如果有一家公司想要訓練一個模型對收到的求職申請進行分類，並根據最終被錄用的人來對它們進行分類，該模型將學習該公司當前面試官的任何偏見（無論是偏向精英大學還是反對少數族裔候選者）。如果公司傾向於僱用很少的黑人候選者，或非常偏愛常春藤聯盟的候選者，則該模型將會學習並複製這一點。「無偏見」模型已經變得非常有偏見。

為了解決確認偏見，必須意識到我們擁有的這個盲點，並有意識的將未知的未知區域轉移到其他兩個類別之一。我們必須意識到我們的公司、我們的產業或社會中存在的偏見，並仔細驗證我們的資料集並不是以放大這種偏見的方式蒐集的。所推薦的方法同時涉及意識（潛在偏見）和主動資料蒐集（以減輕這種偏見）。

偵測偏見

要偵測偏見的存在，您可以進行切片評估（*sliced evaluation*）──本質上，就是計算模型的目標函數，但僅限於某一群組的成員上。將此與非群組成員的度量值進行比較。然後調查切片度量與整體資料集差異很大的任何群組。您還可以應用貝氏（Bayesian）方法並計算量度，像是「如果樣本來自少數族裔，視網膜掃描被歸類為患病的可能性有多大？」

Aequitas Fairness Tree 方法（*https://oreil.ly/eE64O*）建議根據 ML 模型是懲罰性使用還是輔助性使用，來決定要監控哪個度量。

建立資料集

一旦我們蒐集了一組影像並標記了它們，我們就準備好用這些影像來訓練 ML 模型了。但是，我們必須將資料集分成三部分：訓練集、驗證集和測試集。我們還希望藉此機會以更高效率的 ML 格式來儲存影像資料。讓我們看看這兩個步驟，以及訓練程式是如何讀取這種格式的檔案。

拆分資料

影像和標籤資料集必須分為三部分，用於訓練、驗證和測試。實際比例由我們決定，但像 80:10:10 這樣的拆分比例很常見。

訓練資料集是呈現給模型的一組範例。優化器使用這些範例來調整模型的權重，以減少訓練資料集上的錯誤或損失。然而，訓練結束時訓練資料集的損失並不是衡量模型效能的可靠指標。為了估計這一點，我們必須使用在訓練過程中未向模型顯示的範例資料集。這就是驗證資料集的目的。

如果我們只訓練一個模型，並且只訓練一次，我們只需要訓練和驗證資料集（在這種情況下，80:20 的拆分很常見）。然而，我們很可能會使用一組不同的超參數來重新嘗試訓練 —— 也許我們會改變學習率、或者減少 dropout、或者向模型添加更多層。我們針對驗證資料集優化的這些超參數越多，模型在驗證資料集上的技能就會融入模型本身的結構中更多。因此，當給定全新資料時，驗證資料集不再是模型將如何表現的可靠估計。

我們的最終評估（關於模型擬合訓練資料集，並使用在驗證資料集上優化的參數）是在測試資料集上進行的。

在每次訓練開始時拆分資料集並不是一個好主意。如果我們這樣做，每個實驗都會有不同的訓練和驗證資料集，這就違背了保留真正獨立的測試資料集的目的。相反的，我們應該只拆分一次，然後繼續使用相同的訓練和驗證資料集進行所有超參數調整實驗。因此，我們應該儲存訓練、驗證和測試 CSV 檔案，並在整個模型生命週期中一致性的使用這些檔案。

有時，我們可能想對資料集進行交叉驗證（cross-validation）。為此，我們將資料集的前 90% 分割成不同的訓練和驗證資料集（測試資料集保持相同的 10%）來多次訓練模型。在這種情況下，我們會寫出多個訓練和驗證檔案。交叉驗證在小型資料集上很常見，但在大型資料集（例如影像模型中使用的資料集）上的機器學習中則不太常見。

TensorFlow Record

上一節提到的 CSV 檔案格式不推薦用於大規模機器學習，因為它依賴於將影像資料儲存為單獨的 JPEG 檔案，這樣效率不是很高。一種更有效率的資料格式是 TensorFlow Record（TFRecord）。我們可以使用 Apache Beam 將 JPEG 影像檔案轉換為 TFRecord。

首先，我們定義一個方法來建立一個具有給定影像檔名和影像標籤的 TFRecord：

```
def create_tfrecord(filename, label, label_int):
    img = read_and_decode(filename)
    dims = img.shape
    img = tf.reshape(img, [-1])   # 展平成 1D 陣列
    return tf.train.Example(features=tf.train.Features(feature={
        'image': _float_feature(img),
        'shape': _int64_feature([dims[0], dims[1], dims[2]]),
        'label': _string_feature([label]),
        'label_int': _int64_feature([label_int])
    })).SerializeToString()
```

TFRecord 是一個具有兩個主要鍵（key）的字典：image 和 label。因為不同的影像可以有不同的大小，所以我們還要注意儲存原始影像的形狀。為了節省訓練期間查找標籤索引的時間，我們還會將標籤儲存為整數。

 除了效率之外，TFRecord 還讓我們能夠嵌入影像的元資料，例如標籤、定界框，甚至是額外的 ML 輸入，例如影像的位置和時間戳記（timestamp），以作為資料本身的一部分。這樣，我們就不需要依賴諸如檔案/目錄名稱或外部檔案之類的特設機制，來對元資料進行編碼了。

影像本身是一個展平的浮點數陣列 —— 為了效率起見，我們在寫入 TFRecord 之前會進行 JPEG 的解碼和縮放。這樣，當我們迭代訓練資料集時，就沒有必要重新進行這些運算：

```
def read_and_decode(filename):
    img = tf.io.read_file(filename)
    img = tf.image.decode_jpeg(img, channels=IMG_CHANNELS)
    img = tf.image.convert_image_dtype(img, tf.float32)
    return img
```

除了更高效率之外，在將影像寫入 TFRecord 之前解碼影像並將它們的值縮放到 [0, 1] 還有另外兩個優點。首先，這會將資料以 TensorFlow Hub 中的影像模型所需的確切形式進行放置（參見第 3 章）。其次，它允許影像讀取程式碼去使用資料，而無需知道檔案是 JPEG 或 PNG 還是其他一些影像格式。

一種同樣有效的方法是將 TFRecord 中的資料儲存為 JPEG 位元組、仰賴 TensorFlow 的 `decode_image()` 函數來讀取資料,並在模型的前置處理層將影像值縮放為 [0, 1]。由於 JPEG 位元組使用為影像量身訂製的演算法進行壓縮,因此產生的檔案可能比由原始像素值所組成的 gzip 壓縮的 TFRecord 檔案還小。如果頻寬比解碼時間更重要的話,請使用此方法。這種方法的另一個好處是解碼運算通常在 CPU 上管線(pipeline)化的,而模型是在 GPU 上訓練的,因此這個方法可能基本上會是免費的。

Apache Beam 生產線包括獲取訓練、驗證和測試 CSV 檔案、建立 TFRecord 以及使用適當的字首(prefix)來編寫三個資料集。例如,用來訓練的 TFRecord 檔案是使用以下方法建立的:

```
with beam.Pipeline() as p:
    (p
    | 'input_df' >> beam.Create(train.values)
    | 'create_tfr' >> beam.Map(lambda x: create_tfrecord(
            x[0], x[1], LABELS.index(x[1])))
    | 'write' >> beam.io.tfrecordio.WriteToTFRecord(
            'output/train', file_name_suffix='.gz')
    )
```

雖然在將像素值寫入 TFRecord 之前對其進行解碼和縮放有幾個優點,但浮點數像素資料往往比原始位元組串流佔用更多空間。前面的程式碼透過壓縮 TFRecord 檔案解決了這個缺點。當我們指定檔名的字尾應是 *.gz* 時,TFRecord 編寫器將自動壓縮輸出檔案。

大規模執行

前面的程式碼適用於轉換一些影像,但是當您擁有數千到數百萬張影像時,您將需要一個更具可擴展性和彈性的解決方案。該解決方案需要具有容錯性,能夠分散到多台機器上,並且能夠使用標準 DevOps 工具進行監控。通常我們還希望在新影像流入時將輸出透過管道傳輸到成本效率高的 blob 儲存區。理想情況下,我們希望以無伺服器方式完成此動作,這樣我們就不必自己來進行管理以及向上 / 向下擴展這個基礎設施。

一種解決彈性、監控、串流、和自動縮放等生產需求的解決方案是在 Google Cloud Dataflow 上執行我們的 Apache Beam 程式碼,而不是在 Jupyter 筆記本中執行:

```
with beam.Pipeline('DataflowRunner', options=opts) as p:
```

可以使用標準 Python 構造（如 `argparse`）從命令行獲取選項，它們通常會包括要計費的 Cloud 專案，和執行生產線的 Cloud 區域。除了 Cloud Dataflow 之外，Apache Beam 的其他執行器包括 Apache Spark 和 Apache Flink。

只要我們正在建立像這樣的生產線，在其中獲取我們工作流程的所有步驟會很有幫助，其中包括拆分資料集的步驟。我們可以這樣做（完整程式碼在 GitHub 上的 *jpeg_to_tfrecord.py* 中）：

```python
with beam.Pipeline(RUNNER, options=opts) as p:
    splits = (p
                | 'read_csv' >> beam.io.ReadFromText(arguments['all_data'])
                | 'parse_csv' >> beam.Map(lambda line: line.split(','))
                | 'create_tfr' >> beam.Map(lambda x: create_tfrecord(
                    x[0], x[1], LABELS.index(x[1])))
                | 'assign_ds' >> beam.Map(assign_record_to_split)
            )
```

其中 `assign_record_to_split()` 函數會將每個記錄指派給三個拆分之一：

```python
def assign_record_to_split(rec):
    rnd = np.random.rand()
    if rnd < 0.8:
        return ('train', rec)
    if rnd < 0.9:
        return ('valid', rec)
    return ('test', rec)
```

此時，拆分是由如下元組（tuple）組成：

```python
('valid', 'serialized-tfrecord...')
```

然後可以將它們分成三組具有適當字首的分片檔案：

```python
for s in ['train', 'valid', 'test']:
    _ = (splits
        | 'only_{}'.format(s) >> beam.Filter(lambda x: x[0] == s)
        | '{}_records'.format(s) >> beam.Map(lambda x: x[1])
        | 'write_{}'.format(s) >> beam.io.tfrecordio.WriteToTFRecord(
            os.path.join(OUTPUT_DIR, s), file_name_suffix='.gz')
        )
```

當此程式執行時，工作將提交到 Cloud Dataflow 服務，該服務將執行整個生產線（見圖 5-13）並建立與所有三個拆分對應的 TFRecord 檔案，名稱會類似於 *valid-00000-of-00005.gz*。

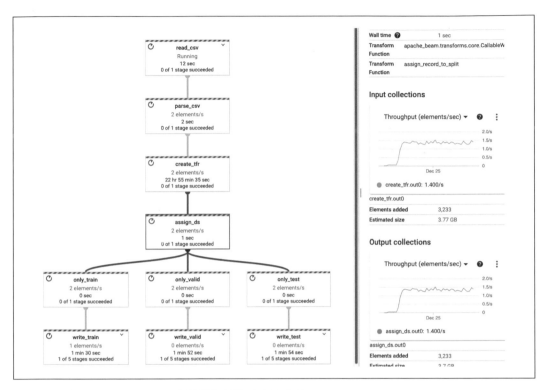

圖 5-13　在 Cloud Dataflow 中執行資料集建立生產線。

平衡靈活性和可維護性

由於 ML 訓練在計算上非常昂貴，因此值得複製到儲存裝置中，以便為您的 ML 專案建立高效率、隨時可訓練的資料集。然而，這有兩個缺點：首先，您的每個 ML 專案通常都會涉及不同的前置處理步驟（第 6 章將詳細介紹），並且為每個專案建立單獨的資料集，會導致儲存成本增加。這就是為什麼在本章中，我們做了一些介於其中的事情 —— 當我們解碼 JPEG 影像並將它們縮放到 [0, 1] 的範圍內時，我們也會保留它們的原始大小。調整大小是將會在訓練資料生產線中完成的前置處理步驟之一，因為每個 ML 專案都傾向於以不同的方式調整影像的大小。

第二個缺點是，這類萃取的資料集存在著和組織中現有的資料治理策略發生衝突的風險。從原始資料湖中萃取影像資料（可能所有的存取都會被記錄和監控，並且資料會適當的老化掉）以及儲存中間檔案或樣本元資料，這些可能會更難追蹤並且可能需要儲存在不同的和較少管理的儲存位置中（例如在 ML 過程中用於快速 I/O 的叢集上的硬碟）。

將輸入從 CSV 檔案更改為 Cloud pub/sub（發布/訂閱） 會將此生產線從批次式生產線轉換為串流式生產線。所有中間步驟會保持不變，產生的分片 TFRecord（它採用了有利於機器學習的格式）可以用來作為我們的 ML 資料湖。

TensorFlow 記錄器

在前面的部分中，我們瞭解了如何手動建立 TFRecord 檔案，並在此過程中執行一些萃取、轉換、載入（extract, transform, load, ETL）運算。如果您的資料已經是在 Pandas 或 CSV 檔案中的話，使用 TFRecorder Python 套件（*https://oreil.ly/w7f80*）可能會方便得多，它會向 Pandas 的 dataframe 添加 tensorflow.to_tfr() 方法：

```
import pandas as pd
import tfrecorder
csv_file = './all_data_split.csv'
df = pd.read_csv(csv_file, names=['split', 'image_uri', 'label'])
df.tensorflow.to_tfr(output_dir='gs://BUCKET/data/output/path')
```

假設本範例中的 CSV 檔案具有如下所示的各行：

```
valid,gs://BUCKET/img/abc123.jpg,daisy
train,gs://BUCKET/img/def123.jpg,tulip
```

TFRecorder 會將影像序列化為 TensorFlow Record。

在 Cloud Dataflow 中大規模執行 TFRecorder 會向呼叫添加一些參數：

```
df.tensorflow.to_tfr(
    output_dir='gs://my/bucket',
    runner='DataflowRunner',
    project='my-project',
    region='us-central1',
    tfrecorder_wheel='/path/to/my/tfrecorder.whl')
```

有關如何建立和載入要使用的 wheel 的詳細資訊，請查看 TFRecorder 說明文件（*https://oreil.ly/1osx7*）。

讀取 TensorFlow 記錄

要讀取 TensorFlow Record，請使用 `tf.data.TFRecordDataset`。要將所有的訓練檔案讀入 TensorFlow 資料集，我們可以進行樣式匹配（pattern match），然後將結果檔案傳遞到 `TFRecordDataset()`：

```
train_dataset = tf.data.TFRecordDataset(
    tf.data.Dataset.list_files(
        'gs://practical-ml-vision-book/flowers_tfr/train-*')
    )
```

完整程式碼在 GitHub 上的 *06a_resizing.ipynb* 中，但會在第 6 章資料夾中的筆記本內，因為那是我們真正需要讀取這些檔案的時候。

此時的資料集包含 protobuf（Protocol Buffers，協定緩衝區）。我們需要根據寫入檔案的紀錄綱要（schema）來剖析 protobuf。我們指定該綱要如下：

```
feature_description = {
    'image': tf.io.VarLenFeature(tf.float32),
    'shape': tf.io.VarLenFeature(tf.int64),
    'label': tf.io.FixedLenFeature([], tf.string,
default_value=''),
        'label_int': tf.io.FixedLenFeature([], tf.int64, default_value=0),
}
```

把它和我們用來建立 TensorFlow Record 的程式碼進行比較：

```
return tf.train.Example(features=tf.train.Features(feature={
    'image': _float_feature(img),
    'shape': _int64_feature([dims[0], dims[1], dims[2]]),
    'label': _string_feature(label),
    'label_int': _int64_feature([label_int])
}))
```

`label` 和 `label_int` 具有固定長度 (1)，但 `image` 和它的 `shape` 是可變長度的（因為它們是陣列）。

給定 proto（協定）和特徵描述（或綱要）之後，我們可以使用函數 parse_single_example() 來讀入資料：

```
rec = tf.io.parse_single_example(proto, feature_description)
```

為了提高儲存效率，會將可變長度陣列儲存為稀疏張量（請參閱第 208 頁的「什麼是稀疏張量？」）。我們可以使它們很密集，並將展平化的影像陣列重塑為 3D 張量，從而為我們提供完整的剖析函數：

```
def parse_tfr(proto):
    feature_description = ...
    rec = tf.io.parse_single_example(proto, feature_description)
    shape = tf.sparse.to_dense(rec['shape'])
    img = tf.reshape(tf.sparse.to_dense(rec['image']), shape)
    return img, rec['label_int']
```

我們現在可以將剖析函數應用於使用 map() 來讀取的每個 proto：

```
train_dataset = tf.data.TFRecordDataset(
    [filename for filename in tf.io.gfile.glob(
        'gs://practical-ml-vision-book/flowers_tfr/train-*')
    ]).map(parse_tfr)
```

此時，訓練資料集為我們提供了影像及其標籤，我們可以像在第 2 章中從 CSV 資料集所獲得的影像和標籤一樣來使用它們。

什麼是稀疏張量？

稀疏張量（*sparse tensor*）是只有少數非零值的張量的有效率表達法。如果張量有許多零的話，那麼如果我們只表達其中的非零值的話，那麼儲存張量時會更有效率。考慮一個具有許多零的二維張量：

```
[[0, 0, 3, 0, 0, 0, 0, 5, 0, 0],
 [0, 2, 0, 0, 0, 0, 4, 0, 0, 0]]
```

不是用 10 個數字來儲存這個張量，取而代之的是我們可以將其表達如下：

- 張量中的非零值：[3, 5, 2, 4]

- 這些非零值的索引：[[0, 2], [0, 7], [1, 1], [1, 6]]

- 張量的密集形狀：(2, 10)

TensorFlow 正是這樣做的：它將稀疏張量表示為三個獨立的密集張量，`indices`、`values` 和 `dense_shape`。它還支援對稀疏張量的直接計算，這會比對密集張量的等效計算更有效率。例如，如果我們在範例稀疏張量上呼叫 `tf.sparse.maximum()` 的話它只需要遍歷 `values` 張量（4 個數字），而如果我們呼叫 `tf.math.maximum()` 的話它將必須遍歷完整的 2D 張量（20 個值）。

總結

在本章中，我們研究了如何建立由影像和與這些影像相關的標籤所組成的視覺資料集。影像可以是照片，也可以由建立 2D 或 3D 投影的感測器來產生。透過將單一影像的值視為頻道，可以將多個此類影像對齊為單一影像。

影像標記通常必須手動完成，至少在專案的開始階段是如此。我們針對不同的問題類型研究了不同類型的標籤、如何組織標籤、如何有效率的標記影像、以及如何使用投票來減少標籤中的錯誤。有時可以從最終結果或輔助資料集中自動萃取標籤。也可以設置一個迭代的 Noisy Student 程序來建立偽標籤。

我們還討論了資料集偏見、偏見的原因以及如何降低資料集中偏見的可能性。我們將在第 8 章中了解如何診斷偏見。

最後，我們看到了如何建立我們的資料的訓練、驗證、測試拆分以及將這三個影像資料集有效率的儲存在資料湖中。在接下來的兩章中，您將學習如何在為此目的而建立的資料集上訓練 ML 模型。在第 6 章中，我們將探討如何為機器學習前置處理影像，在第 7 章中，我們將討論如何在前置處理後的影像上訓練 ML 模型。

前置處理

在第 5 章中，我們研究了如何為機器學習建立訓練資料集。這是標準影像處理生產線的第　步（見圖 6-1）。下一階段是前置處理原始影像，以便將它們輸入模型進行訓練或推論。在本章中，我們將瞭解為什麼需要對影像進行前置處理（preprocessing），如何設定前置處理以確保生產中的可重複性，以及在 Keras/TensorFlow 中實作各種前處理運算的方法。

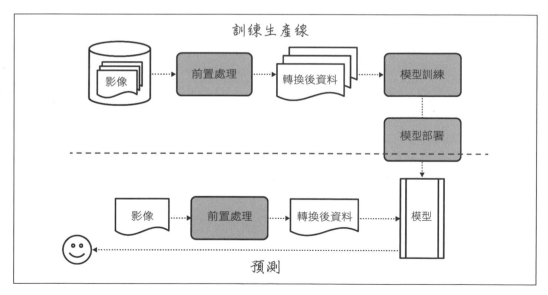

圖 6-1　在將原始影像輸入模型之前，必須對原始影像進行置處理（在訓練（上圖）和預測（下圖）期間）。

本章的程式碼位於本書 GitHub 儲存庫（*https://github.com/GoogleCloudPlatform/practical-ml-vision-book*）的 *06_preprocessing* 資料夾中。我們將在適用的情況下提供程式碼範例和筆記本的檔名。

前置處理的原因

在將原始影像輸入影像模型之前，通常必須對它們進行前置處理。這種前置處理有幾個重疊的目標：形狀轉換、資料品質和模型品質。

形狀轉換

輸入影像通常必須轉換為一致的大小。例如，考慮一個簡單的 DNN 模型：

```
model = tf.keras.Sequential([
    tf.keras.layers.Flatten(input_shape=(512, 256, 3)),
    tf.keras.layers.Dense(128,
                          activation=tf.keras.activations.relu),
    tf.keras.layers.Dense(len(CLASS_NAMES), activation='softmax')
])
```

該模型要求輸入的影像，是具有推論出的批次大小、512 列、256 行和 3 個頻道的 4D 張量。到目前為止，我們在本書中考慮的每一層都需要在建構時指定一個形狀。有時可以從前面的層推論出規範，而不必明確的指明：第一個 Dense 層採用 Flatten 層的輸出，因此在網路架構中，被建構為具有 512 * 256 * 3 = 393,216 個輸入節點。如果原始影像資料不是這個大小，則無法將每個輸入值映射到網路的節點，因此，大小不合適的影像必須轉換為具有這種精確形狀的張量。任何此類轉換都將在前置處理階段進行。

資料品質轉換

進行前置處理的另一個原因是加強資料品質，例如，由於太陽光或地球的曲率的關係，許多衛星影像都有一條終止線（terminator line）（見圖 6-2）。

太陽照明會導致影像不同部分的照明水平不同。由於終止線會全天移動，以及它的位置可以從時間戳記中準確獲知，因此在考慮到地球上相對應位置所接收到的太陽光照的情形下，來對每個像素值進行正規化可能會有所幫助。或者說，由於地球的曲率和衛星的視角的關係，可能有部分影像不會被衛星感測到。這些像素可能會被遮罩或指派一個 -inf 值。在前置處理步驟中，有必要以某種方式處理這個問題，因為神經網路會預期看到一個有限的浮點數；一種選擇是用影像中的平均值來替換這些像素。

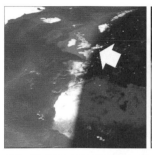

圖 6-2　太陽光（左圖）和地球曲率（右圖）的影響。圖片來自 NASA © Living Earth 和 NOAA GOES-16 衛星。

即使您的資料集不包含衛星影像，注意資料品質問題還是很重要的，好比此處針對衛星資料所描述的問題，在許多情況下都會出現。例如，如果您的某些影像比其他影像更暗的話，您可能希望轉換影像中的像素值，以獲得一致的白平衡。

改善模型品質

前置處理的第三個目標是進行一些轉換，以幫忙改善在資料上所訓練的模型的準確度。例如，機器學習優化器在資料值較小時效果最佳。因此，在前置處理階段，將像素值縮放到 [0, 1] 或 [−1, 1] 範圍內會很有幫助。

有些轉換可以透過增加訓練模型的資料集的有效大小，來幫忙提高模型品質。例如，如果您正在訓練一個模型來識別不同類型的動物，將資料集大小加倍的一種簡單方法，是透過添加影像的翻轉版本來擴增（*augment*）它；此外，向影像添加隨機擾動會導致更強固的訓練，因為它限制了模型過度擬合的程度。

當然，我們在應用從左到右的翻轉轉換時必須小心。如果我們使用了包含大量文本（例如道路標誌）的影像來訓練模型，透過從左到右翻轉影像來擴增影像，會降低模型識別文本的能力。此外，有時翻轉影像會破壞我們需要的資訊。例如，如果我們試圖識別服裝店中的產品，從左到右翻轉帶有鈕扣襯衫的影像可能會破壞資訊 —— 男士襯衫的鈕扣在佩戴者的右側，鈕扣孔在佩戴者的左側，而女士襯衫則相反。隨機翻轉影像會使模型無法使用鈕扣的位置，來確定衣服的設計針對的性別。

大小和解析度

如上一節所述,前置處理影像的一個關鍵原因,是確保影像張量具有 ML 模型輸入層所期望的形狀。為此,我們通常必須更改正在讀取的影像的大小和 / 或解析度。

考慮我們在第 5 章中寫入 TensorFlow Record 的花卉影像。正如該章所述,我們可以使用以下方法讀取這些影像:

```
train_dataset = tf.data.TFRecordDataset(
    [filename for filename in tf.io.gfile.glob(
        'gs://practical-ml-vision-book/flowers_tfr/train-*')
    ]).map(parse_tfr)
```

讓我們展示其中的五張影像:

```
for idx, (img, label_int) in enumerate(train_dataset.take(5)):
    print(img.shape)
    ax[idx].imshow((img.numpy()));
```

從圖 6-3 可以清楚地看出,影像都有不同的大小。例如,第二張影像(240x160)處於縱向模式,而第三張影像(281x500)則進行水平拉長。

圖 6-3　5-flowers 訓練資料集中的五張影像。請注意,它們都有不同的大小(標記在影像頂部)。

使用 Keras 前置處理層

當輸入的影像大小不同時,我們需要將它們前置處理成機器學習模型輸入層所期望的形狀。我們在第 2 章中在讀取影像時,使用了 TensorFlow 函數完成了此操作,並指定了所需的高度和寬度:

```
img = tf.image.resize(img, [IMG_HEIGHT, IMG_WIDTH])
```

Keras 有一個稱為 Resizing 的前置處理層，它提供相同的功能。通常我們會有多個前置處理運算，因此我們可以建立一個包含所有這些運算的 Sequential 模型：

```
preproc_layers = tf.keras.Sequential([
    tf.keras.layers.experimental.preprocessing.Resizing(
        height=IMG_HEIGHT, width=IMG_WIDTH,
        input_shape=(None, None, 3))
])
```

要將前置處理層應用於我們的影像，我們可以這樣做：

```
train_dataset.map(lambda img: preproc_layers(img))
```

但是，這並不會起作用，因為 train_dataset 提供了一個元組（影像, 標籤），其中影像是 3D 張量（高度, 寬度, 頻道），而 Keras 的 Sequential 模型需要 4D 張量（批次大小, 高度, 寬度, 頻道）。

最簡單的解決方案是編寫一個函數，使用 expand_dims() 在第一個軸上為影像添加額外的維度，並使用 squeeze() 從結果中刪除批次維度：

```
def apply_preproc(img, label):
    # 添加批次、呼叫前置處理、移除批次
    x = tf.expand_dims(img, 0)
    x = preproc_layers(x)
    x = tf.squeeze(x, 0)
    return x, label
```

定義此函數後，我們可以使用以下方法將前置處理層應用於我們的元組：

```
train_dataset.map(apply_preproc)
```

通常，我們不必在前置處理函數中呼叫 expand_dims() 和 squeeze()，因為我們是在呼叫 batch() 之後應用前置處理函數。例如通常會這樣做：

```
train_dataset.batch(32).map(apply_preproc)
```

然而，在這裡並不能這樣做，因為從 train_dataset 出來的影像都是不同的大小。為了解決這個問題，我們可以如前所示添加一個額外的維度，或使用不規則批次（ragged batch）（*https://oreil.ly/LbavM*）。

結果如圖 6-4 所示。請注意，現在所有影像的大小都相同，並且因為我們傳遞了 224 給 IMG_HEIGHT 和 IMG_WIDTH，所以影像會是正方形。將此與圖 6-3 進行比較，我們注意到第二張影像已經被垂直壓縮，而第三張影像已在水平維度上被壓縮並且垂直的拉伸。

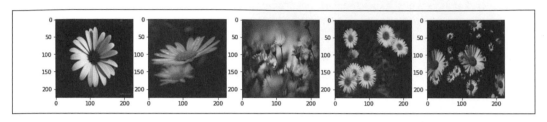

圖 6-4　將影像大小調整為（224, 224, 3）形狀的效果。直觀地說，拉伸和擠壓花朵會使它們更難識別，因此我們希望保留輸入影像的長寬比（高度和寬度的比例）。在本章的後面，我們將查看可以執行此操作的其他前置處理選項。

Keras 的 Resizing 層（*https://oreil.ly/pUrsF*）在進行擠壓和拉伸時提供了多種內插選項：bilinear、nearest、bicubic、lanczos3、gaussian 等。預設的內插方法（bilinear）會保留局部結構，而 gaussian 內插方法則更能容忍雜訊。然而，在實務上，不同內插方法之間的差異非常小。

Keras 前置處理層有一個優勢，我們將在本章後面深入探討 —— 因為它們是模型的一部分，所以在預測過程中會自動應用。因此，在 Keras 或 TensorFlow 中進行前置處理的選擇，通常歸結為效率和彈性之間的取捨；我們將在本章後面對此進行進一步討論。

使用 TensorFlow 影像模組

除了我們在第 2 章中使用的 resize() 函數之外，TensorFlow 在 tf.image 模組（*https://oreil.ly/K8r7W*）中還提供了大量的影像處理函數。我們在第 5 章中使用了該模組中的 decode_jpeg()，但 TensorFlow 還具有解碼 PNG、GIF 和 BMP，以及在顏色和灰階之間轉換影像的能力。還有一些方法可以處理定界框以及調整對比度、亮度等。

在調整大小方面，TensorFlow 允許我們在調整大小時透過將影像裁剪為所需的長寬比並進行拉伸來保留長寬比：

```
img = tf.image.resize(img, [IMG_HEIGHT, IMG_WIDTH],
                      preserve_aspect_ratio=True)
```

或用零來填充邊緣：

```
img = tf.image.resize_with_pad(img, [IMG_HEIGHT, IMG_WIDTH])
```

我們可以將這個函數直接應用於資料集中的每個（影像, 標籤）元組，如下所示：

```
def apply_preproc(img, label):
    return (tf.image.resize_with_pad(img, 2*IMG_HEIGHT, 2*IMG_WIDTH),
            label)
train_dataset.map(apply_preproc)
```

結果如圖 6-5 所示。請注意在第二個和第三個面板中填充的效果，以避免在提供所需輸出大小的同時拉伸或擠壓了輸入影像。

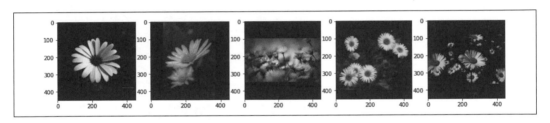

圖 6-5　使用填充將影像大小調整為（448, 448）。

您們中間的千里眼可能已經注意到我們將影像調整為大於所需的高度和寬度（實際上是兩倍）。這樣做的原因是它要為下一步做好準備。

雖然我們透過指定填充來保留了長寬比，但我們現在是使用黑色邊框來填充影像。這也不是我們想要的。如果我們現在做一個「中心裁剪（center crop）」——也就是在中心裁剪這些影像（無論如何都比我們想要的大）會如何呢？

混合 Keras 和 TensorFlow

TensorFlow 中提供了中心裁剪功能，但為了讓事情變得有趣，讓我們混合使用 TensorFlow 的 resize_with_pad() 和 Keras 的 CenterCrop 功能。

為了呼叫任意一組 TensorFlow 函數來作為 Keras 模型的一部分，我們將函數包裝在 Keras 的 Lambda 層中：

```
tf.keras.layers.Lambda(lambda img:
                    tf.image.resize_with_pad(
                        img, 2*IMG_HEIGHT, 2*IMG_WIDTH))
```

在這裡，因為我們要調整大小並在其後進行中心裁剪，所以我們的前置處理層變為：

```
preproc_layers = tf.keras.Sequential([
    tf.keras.layers.Lambda(lambda img:
                      tf.image.resize_with_pad(
                          img, 2*IMG_HEIGHT, 2*IMG_WIDTH),
                      input_shape=(None, None, 3)),
    tf.keras.layers.experimental.preprocessing.CenterCrop(
        height=IMG_HEIGHT, width=IMG_WIDTH)
])
```

請注意，第一層（Lambda）帶有 input_shape 參數。由於輸入影像的大小不同，我們將高度和寬度指定為 None，使這些值會在執行時期決定。但是，我們明確指定了一定會有三個頻道。

應用這種前置處理的結果如圖 6-6 所示。請注意花朵的長寬比是如何被保留的，所有影像都是 224x224。

圖 6-6　應用兩個處理運算的效果：使用填充調整大小，然後是中心裁剪。

至此，您已經看到了在三個不同的地方進行前置處理：在 Keras 中，作為前置處理層；在 TensorFlow 中，作為 **tf.data** 生產線的一部分；在 Keras 中，作為模型本身的一部分。如前所述，要在這些之間進行選擇，將歸結為效率和彈性之間的取捨。我們將在本章後面更詳細地探討這一點。

模型訓練

如果輸入影像的大小都相同，我們就可以將前置處理層合併到模型本身中。然而，由於輸入影像的大小會不同，它們不容易被批次處理。因此，我們將在進行批次處理之前在攝取生產線中應用前置處理：

```
train_dataset = tf.data.TFRecordDataset(
    [filename for filename in tf.io.gfile.glob(
        'gs://practical-ml-vision-book/flowers_tfr/train-*')
    ]).map(parse_tfr).map(apply_preproc).batch(batch_size)
```

該模型本身與我們在第 3 章中使用的 MobileNet 遷移學習模型相同（完整程式碼位於 GitHub 上的 *06a_resizing.ipynb*）：

```
layers = [
    hub.KerasLayer(
        "https://tfhub.dev/.../mobilenet_v2/...",
        input_shape=(IMG_HEIGHT, IMG_WIDTH, IMG_CHANNELS),
        trainable=False,
        name='mobilenet_embedding'),
    tf.keras.layers.Dense(num_hidden,
                        activation=tf.keras.activations.relu,
                        name='dense_hidden'),
    tf.keras.layers.Dense(len(CLASS_NAMES),
                        activation='softmax',
                        name='flower_prob')
]
model = tf.keras.Sequential(layers, name='flower_classification')
model.compile(optimizer=tf.keras.optimizers.Adam(learning_rate=lrate),
            loss=tf.keras.losses.SparseCategoricalCrossentropy(
                from_logits=False),
            metrics=['accuracy'])
history = model.fit(train_dataset, validation_data=eval_dataset, epochs=10)
```

模型訓練會收斂，驗證準確度穩定在 0.85（見圖 6-7）。

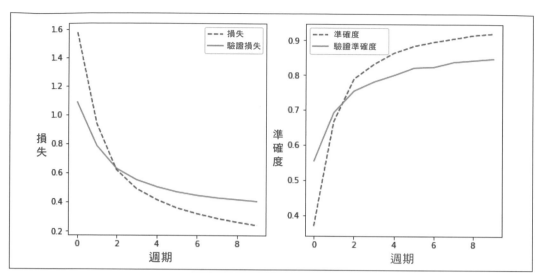

圖 6-7　以前置處理層作為輸入的 MobileNet 遷移學習模型的損失和準確度曲線。

將圖 6-7 與圖 3-3 進行比較，在填充和中心裁剪方面的表現，似乎比在第 3 章中所做的單純（naive）調整大小要差。儘管兩種情況下的驗證資料集不同，因此準確度數字不能直接比較，不過準確度的差異（0.85 對 0.9），大到證明第 6 章模型很可能比第 3 章模型還差。機器學習是一門實驗學科，除非我們嘗試過，否則我們不會知道這一點。很有可能在不同的資料集上，使用更進階的前置處理運算會改善最終結果；您必須嘗試多種選擇，來確定哪種方法最適合您的資料集。

部分的預測結果如圖 6-8 所示。請注意，輸入影像都具有自然的長寬比並被居中裁剪。

圖 6-8　影像作為模型的輸入，以及對這些影像的預測。

訓練服務偏斜

在推論期間，我們需要對影像執行與訓練期間完全相同的一組運算（見圖 6-1）。回想一下，我們在三個地方做了前置處理：

1. 建立檔案時。當我們在第 5 章寫出 TensorFlow Record 時，我們解碼了 JPEG 檔案並將輸入值縮放到 [0, 1]。

2. 讀取檔案時。我們將函數 parse_tfr() 應用於訓練資料集。此函數所做的唯一前置處理是將影像張量重塑形狀為 [高度 , 寬度 , 3]，其中高度和寬度是影像的原始大小。

3. 在 Keras 模型中。然後我們將 preproc_layers() 應用於影像。在此方法的最後一個版本中，我們將帶有填充的影像大小調整為 448x448，然後將它們中心裁剪為 224x224。

在推論生產線中，我們必須對客戶端提供的影像執行所有這些運算（解碼、縮放、重塑、調整大小、中心裁剪）[1]。它會導致潛在的錯誤結果。訓練和推論生產線出現分歧的情況（因此在推論過程中產生了訓練期間沒有看到的意外或不正確的行為）稱為*訓練服務偏斜*（*training-serving skew*）。為了防止訓練服務偏斜，理想的作法是，我們可以在訓練和推論過程中重用完全相同的程式碼。

從廣義上講，我們可以透過三種方式進行設定，以便在訓練期間完成的所有影像前置處理也會在推論期間完成：

- 將前置處理放在從訓練和推論生產線兩者所呼叫的函數中。

- 將前置處理合併到模型本身中。

- 使用 tf.transform 建立和重用工件 (artifact)。

讓我們來看看這些方法。在每種情況下，我們都希望重構訓練生產線，以便在推論過程中，更容易重用所有前置處理程式碼。在訓練和推論之間重用程式碼越容易，就越有可能不會出現細微的差異並導致訓練服務偏斜。

1　現實要複雜得多。可能存在著您只想在訓練期間應用的資料前置處理（例如，下一節中介紹的資料擴增）。並非所有資料前置處理都需要在訓練和推論之間保持一致。

重用函數

在我們的案例中，訓練生產線讀取由已解碼和縮放的 JPEG 檔案組成的 TensorFlow
Record，而預測生產線需要輸入個別的影像檔案的路徑。所以，前置處理程式碼不會完
全相同，但我們仍然可以將所有前置處理收集到可重用的函數中，並將它們放在我們稱
為 _Preprocessor[2] 的類別中。完整程式碼可在 GitHub 上的 *06b_reuse_functions.ipynb*
中找到。

前置處理器類別的方法將從兩個函數中呼叫，一個用來從 TensorFlow Record 建立資料
集，另一個從 JPEG 檔案建立個別影像。建立前置處理資料集的函數是：

```
def create_preproc_dataset(pattern):
    preproc = _Preprocessor()
    trainds = tf.data.TFRecordDataset(
        [filename for filename in tf.io.gfile.glob(pattern)]
    ).map(preproc.read_from_tfr).map(
        lambda img, label: (preproc.preprocess(img), label))
    return trainds
```

前置處理器的三個函數正被呼叫：建構子函數、將 TensorFlow Record 讀入影像的方法、
以及前置處理影像的方法。建立個別的已前置處理影像的函數是：

```
def create_preproc_image(filename):
    preproc = _Preprocessor()
    img = preproc.read_from_jpegfile(filename)
    return preproc.preprocess(img)
```

在這裡，我們也使用建構子函數和前置處理方法，但我們使用不同的方式來讀取資料。
因此，前置處理器將會需要四種方法。

Python 中的建構子函數包含一個名為 __init__() 的方法：

```
class _Preprocessor:
    def __init__(self):
        self.preproc_layers = tf.keras.Sequential([
            tf.keras.layers.experimental.preprocessing.CenterCrop(
                height=IMG_HEIGHT, width=IMG_WIDTH),
                input_shape=(2*IMG_HEIGHT, 2*IMG_WIDTH, 3)
        ])
```

2　理想情況下，此類別中的所有函數都是私有的，只有函數 create_preproc_dataset() 和 create_
　　preproc_image() 是公開的。不幸的是，在撰寫本文時，tf.data 的映射功能，無法處理將私有方法用來
　　作為 lambda 所需的名稱爭用（name wrangling）。類別名稱中的底線提醒我們它的方法是私有的。

在 __init__() 方法中，我們設定了前置處理層。

要讀取 TFRecord，我們使用第 5 章中的 parse_tfr() 函數，它現在是我們類別的一個方法：

```
def read_from_tfr(self, proto):
    feature_description = ... # 綱要
    rec = tf.io.parse_single_example(
        proto, feature_description
    )
    shape = tf.sparse.to_dense(rec['shape'])
    img = tf.reshape(tf.sparse.to_dense(rec['image']), shape)
    label_int = rec['label_int']
    return img, label_int
```

前置處理包括獲取影像、一致性的調整大小、放入批次處理、呼叫前置處理層以及對結果解開批次：

```
def preprocess(self, img):
    x = tf.image.resize_with_pad(img, 2*IMG_HEIGHT, 2*IMG_WIDTH)
    # 添加進批次、呼叫前置處理、自批次移除
    x = tf.expand_dims(x, 0)
    x = self.preproc_layers(x)
    x = tf.squeeze(x, 0)
    return x
```

當從 JPEG 檔案中進行讀取時，我們會注意要執行寫出 TFRecord 檔案時所執行的所有步驟：

```
def read_from_jpegfile(self, filename):
    # 和在 05_create_dataset/jpeg_to_tfrecord.py 中相同的程式碼
    img = tf.io.read_file(filename)
    img = tf.image.decode_jpeg(img, channels=IMG_CHANNELS)
    img = tf.image.convert_image_dtype(img, tf.float32)
    return img
```

現在，訓練生產線可以使用我們定義的 create_preproc_dataset() 函數，來建立訓練和驗證資料集：

```
train_dataset = create_preproc_dataset(
    'gs://practical-ml-vision-book/flowers_tfr/train-*'
).batch(batch_size)
```

預測程式碼（會進入第 9 章所介紹的服務函數中）將利用 `create_preproc_image()` 函數來讀取個別的 JPEG 檔案，然後呼叫 `model.predict()`。

模型內的前置處理

請注意，我們不需要做任何特殊的事情來重用模型本身以進行預測。例如，我們不必編寫層的不同變體：用來代表 MobileNet 的 Hub 層，還有密集層都可以在訓練和預測之間直接重用。

我們放入 Keras 模型的任何前置處理程式碼，都將在預測期間自動應用。因此，讓我們從 `_Preprocessor` 類別中取出中心裁剪功能，並將其移動到模型本身中（相關程式碼，請參閱 GitHub 上的 *06b_reuse_functions.ipynb*）：

```
class _Preprocessor:
    def __init__(self):
        # 沒東西需要初始化
        pass

    def read_from_tfr(self, proto):
        # 和之前相同

    def read_from_jpegfile(self, filename):
        # 和之前相同

    def preprocess(self, img):
        return tf.image.resize_with_pad(img, 2*IMG_HEIGHT, 2*IMG_WIDTH)
```

CenterCrop 層移入 Keras 模型，現在變成：

```
layers = [
    tf.keras.layers.experimental.preprocessing.CenterCrop(
        height=IMG_HEIGHT, width=IMG_WIDTH,
        input_shape=(2*IMG_HEIGHT, 2*IMG_WIDTH, IMG_CHANNELS),
    ),
    hub.KerasLayer(...),
    tf.keras.layers.Dense(...),
    tf.keras.layers.Dense(...)
]
```

回想一下，Sequential 模型的第一層是帶有 `input_shape` 參數的層。所以，我們已經從 Hub 層移除了這個參數，並將它添加到了 CenterCrop 層。該層的輸入是影像所需大小的兩倍，所以這就是我們所指明的。

該模型現在包含了 CenterCrop 層，其輸出形狀為 224x224，也就是我們需要的輸出形狀：

```
Model: "flower_classification"

_____
Layer (type)                Output Shape              Param #
=================================================================
center_crop (CenterCrop)    (None, 224, 224, 3)       0
_____
mobilenet_embedding (KerasLa (None, 1280)             2257984
_____
dense_hidden (Dense)        (None, 16)                20496
_____
flower_prob (Dense)         (None, 5)                 85
```

當然，如果訓練和預測生產線讀取相同的資料格式的話，我們可以完全擺脫前置處理器。

在哪裡進行前置處理

我們難道不能將 resize_with_pad() 功能也移到 Keras 模型中以完全擺脫 _Preprocessor 類別嗎？這件事並沒有在編寫本節的時候發生 ——Keras 模型需要批次輸入，並且在批次包含了相同形狀的元素的情況下來編寫模型要容易得多。因為我們的輸入影像具有不同的形狀，所以在將它們輸入 Keras 模型之前，我們需要將它們調整為一致的大小。在撰寫本文時處於實驗階段的不規則張量（ragged tensor）（*https://oreil.ly/INIra*）將使這件事變得不必要。

在 TensorFlow 中，如何選擇要將中心裁剪作為 tf.data 生產線的一部分，還是作為 Keras 層和模型的一部分來進行？決定是在 tf.data 生產線中或是在 Keras 層中執行特定部分的前置處理，將歸結為五個因素：

效率

　　如果我們總是需要進行中心裁剪，那麼將其作為前置處理生產線的一部分會更有效率，因為我們將能夠快取結果，方法是將已經裁剪的影像寫入 TensorFlow Record 或將 .cache() 添加到生產線中。如果是在 Keras 模型中完成，則必須在每次訓練迭代期間執行此前置處理。

實驗

將中心裁剪作為 Keras 層會更有彈性。只是作為例子,我們可以選擇嘗試將不同模型的影像裁剪為 50% 或 70%。我們甚至可以將裁剪率視為模型的超參數。

可維護性

Keras 層中的任何程式碼,都會在訓練和推論中自動重用,因此使用 Keras 層不易出錯。

彈性

我們還沒有討論過這個問題,但是,當您有需要在訓練和推論中以不同方式執行的運算時(例如,我們將很快討論的資料擴增方法),將這些運算放在一個 Keras 層會更容易。

加速

通常,**tf.data** 生產線中的運算會在 CPU 上執行,模型函數中的運算則在 GPU 上執行(裝置的放置可以更改,但這是一般的預設設定)。鑑於此預設設定,在模型函數中包含程式碼,是利用加速和分散策略的一種方式。

我們透過對這些考慮進行平衡來決定在何處進行前置處理。通常,您會佈置您的前置處理運算並繪製一條分隔線,在 **tf.data** 中進行一些運算,又在模型函數中進行一些運算。

請注意,如果您需要以任何方式前置處理標籤的話,在 **tf.data** 中執行此運算會更容易,因為 Keras Sequential 模型不會透過它的層來傳遞標籤。如果確實需要傳遞標籤的話,則必須切換到 Keras Functional API 並傳入特徵的字典(dictionary),且在每一步驟替換影像元件。有關此方法的說明,請參閱第 12 章中的 GAN 範例。

使用 tf.transform

我們在上一節中所做的 —— 編寫一個 _Preprocessor 類別,並期望在執行的前置處理方面保持 read_from_tfr() 和 read_from_jpegfile() 一致 —— 很難執行。這將是 ML 生產線中長期存在的錯誤來源,因為 ML 工程團隊傾向於不斷擺弄前置處理和資料清理常式(routine)。

例如，假設我們將已經裁剪的影像寫入 TFRecord 以提高效率。我們如何確保在推論過程中會進行這種裁剪？為了減輕訓練服務偏斜，最好將所有前置處理運算保存在工件註冊表（artifacts registry）中，並自動將這些運算應用為進行服務的生產線的一部分。

執行此運算的 TensorFlow 程式庫是 TensorFlow Transform（*https://oreil.ly/25SxU*）（tf. transform）。要使用 tf.transform，我們需要：

- 編寫一個 Apache Beam 生產線來對訓練資料進行分析，預先計算前置處理所需的任何統計資料（例如，用於正規化的平均值 / 變異數），並應用前置處理。

- 更改訓練程式碼以讀取前置處理後的檔案。

- 更改訓練程式碼以將轉換函數與模型一起儲存。

- 更改推論程式碼以應用儲存下來的變換函數。

讓我們簡要的看一下它們每一個（完整程式碼可在 GitHub 上的 *06h_tftransform.ipynb* 中找到）。

編寫 Beam 生產線

進行前置處理的 Beam 生產線，類似於我們在第 5 章中用於將 JPEG 檔案轉換為 TensorFlow Record 的生產線。不同之處在於我們使用 TensorFlow Extended（TFX）的內建功能來建立 CSV 讀取器：

```
RAW_DATA_SCHEMA = schema_utils.schema_from_feature_spec({
    'filename': tf.io.FixedLenFeature([], tf.string),
    'label': tf.io.FixedLenFeature([], tf.string),
})
csv_tfxio = tfxio.CsvTFXIO(file_pattern='gs://.../all_data.csv'],
                           column_names=['filename', 'label'],
                           schema=RAW_DATA_SCHEMA)
```

我們使用這個類別來讀取 CSV 檔案：

```
img_records = (p
              | 'read_csv' >> csv_tfxio.BeamSource(batch_size=1)
              | 'img_record' >> beam.Map(
                  lambda x: create_input_record(x[0], x[1]))
              )
```

此時的輸入記錄包含了讀取的 JPEG 資料，以及標籤的索引，因此我們將其指定為綱要
（參見 *jpeg_to_tfrecord_tft.py*）以建立將要被轉換的資料集：

```
IMG_BYTES_METADATA = tft.tf_metadata.dataset_metadata.DatasetMetadata(
    schema_utils.schema_from_feature_spec({
        'img_bytes': tf.io.FixedLenFeature([], tf.string),
        'label': tf.io.FixedLenFeature([], tf.string),
        'label_int': tf.io.FixedLenFeature([], tf.int64)
    })
)
```

轉換資料

為了轉換資料，我們將原始資料和元資料傳遞給我們稱為 `tft_preprocess()` 的函數：

```
raw_dataset = (img_records, IMG_BYTES_METADATA)
transformed_dataset, transform_fn = (
    raw_dataset | 'tft_img' >>
    tft_beam.AnalyzeAndTransformDataset(tft_preprocess)
)
```

前置處理函數使用 TensorFlow 函數來執行調整大小運算：

```
def tft_preprocess(img_record):
    img = tf.map_fn(decode_image, img_record['img_bytes'],
                    fn_output_signature=tf.uint8)
    img = tf.image.convert_image_dtype(img, tf.float32)
    img = tf.image.resize_with_pad(img, IMG_HEIGHT, IMG_WIDTH)
    return {
        'image': img,
        'label': img_record['label'],
        'label_int': img_record['label_int']
    }
```

儲存轉換

結果的轉換後的資料會像以前一樣的寫出。此外，也會寫出轉換函數：

```
transform_fn | 'write_tft' >> tft_beam.WriteTransformFn(
    os.path.join(OUTPUT_DIR, 'tft'))
```

這將建立一個 SavedModel，其中包含了對原始資料集執行的所有前置處理運算。

讀取前置處理後的資料

在訓練期間，可以按如下方式讀取轉換後的紀錄：

```
def create_dataset(pattern, batch_size):
    return tf.data.experimental.make_batched_features_dataset(
        pattern,
        batch_size=batch_size,
        features = {
            'image': tf.io.FixedLenFeature(
                [IMG_HEIGHT, IMG_WIDTH, IMG_CHANNELS], tf.float32),
            'label': tf.io.FixedLenFeature([], tf.string),
            'label_int': tf.io.FixedLenFeature([], tf.int64)
        }
    ).map(
        lambda x: (x['image'], x['label_int'])
    )
```

這些影像已經過縮放和調整大小，因此可以直接在訓練程式碼中使用。

服務期間的轉換

我們需要使預測系統可以使用轉換函數工件（它是使用 WriteTransformFn() 儲存的）。為了做到這件事，我們確保了 WriteTransformFn() 會將轉換工件寫入到服務系統可存取的 Cloud Storage 位置。或者，訓練生產線可以複製轉換工件，以便它們與匯出的模型同時可用。

在預測時，所有縮放和前置處理運算都被載入，並應用於從客戶端發送的影像位元：

```
preproc = tf.keras.models.load_model(
    '.../tft/transform_fn').signatures['transform_signature']
preprocessed = preproc(img_bytes=tf.convert_to_tensor(img_bytes)...)
```

然後我們對前置處理過的資料呼叫 model.predict()：

```
pred_label_index = tf.math.argmax(model.predict(preprocessed))
```

在第 7 章中，我們將研究如何編寫一個服務函數來代表客戶端執行這些運算。

tf.transform 的好處

請注意，使用 tf.transform，我們避免了要將前置處理程式碼放入 tf.data 生產線，或將它包含為模型的一部分時，一定會面臨的取捨。我們現在充分利用了這兩種方法 —— 有效率的訓練和透明的重用，以防止訓練服務偏斜：

- 前置處理（輸入影像的縮放和調整大小）只發生一次。

- 訓練生產線讀取的是已經前置處理過的影像，因此速度很快。

- 前置處理函數儲存在模型工件中。

- 服務功能可以在呼叫模型之前就載入模型工件並應用前置處理（稍後將介紹有關如何進行這件事的詳細資訊）。

服務函數不需要知道轉換的細節，只需要知道轉換工件的儲存位置。一種常見的做法是將這些工件作為訓練程式的一部分，而複製到模型的輸出目錄中，以便它們可以和模型本身一起使用。如果我們更改前置處理程式碼，我們只需再次執行前置處理生產線；包含了前置處理程式碼的模型工件會被更新，因此會自動應用正確的前置處理。

除了防止訓練服務偏斜之外，使用 `tf.transform` 還具有其他優勢。例如，因為 `tf.transform` 在訓練開始之前會迭代整個資料集一次，所以可以使用資料集的全域統計資料（例如平均值）來縮放其中的值。

資料擴增

前置處理不僅僅是將影像重新格式化為模型所需的大小和形狀。前置處理也可以是透過資料擴增（*data augmentation*）來提高模型品質的一種方式。

資料擴增是解決資料不足（或正確類型的資料不足）問題的資料空間解決方案 —— 它是一組擴增訓練資料集大小和品質的技術，其目標是建立更有效率的機器學習模型。讓它更準確並且可以泛化的更好。

深度學習模型有很多權重，權重越多訓練模型所需的資料就越多。如果我們的資料集相對於 ML 模型的大小來說太小，模型可以使用它的參數來記憶輸入資料，這會導致過度擬合（亦即模型在訓練資料上表現良好，但在推論時對沒看過的資料會產生較差結果的情況）。

作為思考實驗，請考慮具有一百萬個權重的 ML 模型。如果我們只有 10,000 張訓練影像的話，模型可以為每張影像指派 100 個權重，並且這些權重可以追蹤每張影像的某些特徵，使其在某些方面獨一無二 —— 例如，也許這張影像是唯一有以特定像素為中心的亮斑影像。問題是這樣的過度擬合模型，在投入生產後會表現不佳。模型需要預測的影像會與訓練影像不同，它學到的嘈雜資訊也無濟於事。我們需要 ML 模型從訓練資料集進行泛化（*generalize*）。為此，我們需要大量資料，想要的模型越大，需要的資料就越多。

資料擴增技術涉及取得訓練資料集中的影像並將其轉換以建立新的訓練範例。現有的資料擴增方法分為三類：

- 空間轉換（spatial transformation），例如隨機縮放（zooming）、裁剪（clipping）、翻轉（flipping）、旋轉（rotation）等

- 顏色扭曲（color distortion）以改變亮度、色調等。

- 資訊丟棄（information dropping），例如隨機遮罩或抹除影像的不同部分

讓我們依次看看這些方法。

空間轉換

在許多情況下，我們可以在不改變其本質的情況下翻轉或旋轉影像。例如，如果我們試圖偵測農場設備的類型，水平翻轉影像（從左到右，如圖 6-9 的第一列所示）就能模擬從另一側看到的設備。透過使用此類影像轉換來擴充資料集，我們為模型提供了更多的變化 —— 意味著更多不同大小、空間位置、方向等所需影像物件或類別的範例。這將有助於建立一個更強大的模型，使其可以處理真實資料中的這些變化。

圖 6-9 田野間拖拉機影像的一些幾何變換。作者的照片。

然而，垂直翻轉影像（從上到下，如圖 6-9 左側所示）並不是一個好主意，原因有幾個。首先，該模型並不會被預期可以在生產中正確的分類顛倒的影像，因此將該影像添加到訓練資料集中毫無意義。其次，垂直翻轉的拖拉機影像使 ML 模型更難以識別非垂直對稱的駕駛艙等特徵。因此垂直翻轉影像既增加了模型不需要正確分類的影像類型，也使學習問題變得更加困難。

 確保擴增資料是會使訓練資料集更大，但不會使問題變得更加困難。一般來說，只有當擴增影像是模型所預期會預測的典型影像時才是這種情況，如果擴增會建立傾斜的、不自然的影像，則不屬於這種情況。稍後討論的資訊丟棄方法是此規則的一個例外。

Keras支持多個資料擴增層（*https://oreil.ly/8r8Z6*），包括 RandomTranslation、RandomRotation、RandomZoom、RandomCrop、RandomFlip 等。它們都以類似的方式運作。

RandomFlip 層會在訓練期間隨機的翻轉影像或保持其原始方向。在推論過程中，影像會不改變的通過此層。Keras 會自動執行此運算；我們所要做的就是將其添加為我們模型中的層之一：

```
tf.keras.layers.experimental.preprocessing.RandomFlip(
    mode='horizontal',
    name='random_lr_flip/none'
)
```

mode 參數控制可允許的翻轉類型，horizontal 翻轉是從左到右翻轉影像。其他模式是 vertical 和 horizontal_and_vertical。

在上一節中，我們對影像進行了中心裁剪。當我們進行中心裁剪時，我們會遺失影像相當大的一部分。為了提高我們的訓練效能，我們可以考慮透過從輸入影像中隨機裁剪所需大小來增加資料。 Keras 中的 RandomCrop 層將在訓練期間進行隨機裁剪（以便模型在每個週期看到每個影像的不同部分，儘管其中一些現在將包含了填充的邊緣，甚至可能不包含我們感興趣的影像部分），並在推論過程中表現得像 CenterCrop。

此範例的完整程式碼位於 GitHub 上的 *06d_augmentation.ipynb* 中。結合這兩個運算，我們的模型層現在變成：

```
layers = [
    tf.keras.layers.experimental.preprocessing.RandomCrop(
        height=IMG_HEIGHT//2, width=IMG_WIDTH//2,
        input_shape=(IMG_HEIGHT, IMG_WIDTH, IMG_CHANNELS),
```

```
        name='random/center_crop'
    ),
    tf.keras.layers.experimental.preprocessing.RandomFlip(
        mode='horizontal',
        name='random_lr_flip/none'
    ),
    hub.KerasLayer(
        "https://tfhub.dev/.../mobilenet_v2/...",
        trainable=False,
        name='mobilenet_embedding'),
    tf.keras.layers.Dense(
        num_hidden,
        kernel_regularizer=regularizer,
        activation=tf.keras.activations.relu,
        name='dense_hidden'),
    tf.keras.layers.Dense(
        len(CLASS_NAMES),
        kernel_regularizer=regularizer,
        activation='softmax',
        name='flower_prob')
]
```

而模型本身變成：

```
Model: "flower_classification"

_____
Layer (type)                 Output Shape              Param #
=================================================================
random/center_crop (RandomCr (None, 224, 224, 3)       0
_____
random_lr_flip/none (RandomF (None, 224, 224, 3)       0
_____
mobilenet_embedding (KerasLa (None, 1280)              2257984
_____
dense_hidden (Dense)         (None, 16)                20496
_____
flower_prob (Dense)          (None, 5)                 85
```

訓練這個模型類似於訓練沒有擴增時的作法。然而，每當我們擴增資料時，我們都需要
更長的時間來訓練模型 —— 直覺上，我們需要訓練兩倍的週期才能讓模型看到影像的兩
種翻轉版本。結果如圖 6-10 所示。

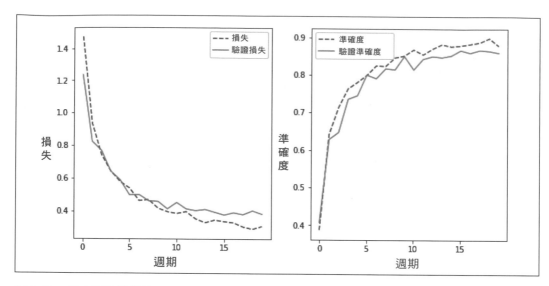

圖 6-10　具有資料擴增的 MobileNet 遷移學習模型的損失和準確度曲線。請和圖 6-7 進行比較。

將圖 6-10 與圖 6-7 進行比較，我們注意到添加資料擴增後模型訓練變得更有彈性。請注意，訓練和驗證損失幾乎是同步的，訓練和驗證準確度也是如此。準確度為 0.86，僅比之前（0.85）略好；重要的是，由於訓練曲線的表現更好，我們可以對這種準確度更具信心。

透過添加資料擴增，我們大大降低了過度擬合的可能。

顏色扭曲

不要將自己限制在現成的擴增層集合上非常重要。應該考慮模型在生產中可能會遇到哪些類型的影像變化。例如，提供給 ML 模型的照片（尤其是業餘攝影師拍攝的照片）在亮度方面可能會有很大差異。因此，如果我們透過隨機改變訓練影像的亮度、對比度、飽和度等來增加資料，我們可以增加訓練資料集的有效大小，並使 ML 模型更具彈性。雖然 Keras 有幾個內建的資料擴增層（如 RandomFlip（*https://oreil.ly/818dT*）），但它目前不支援更改對比度[3]和亮度。所以，讓我們自己實作這個功能。

3　RandomContrast（*https://oreil.ly/ZX7QN*）是在編寫本部分和本書付印之間添加的。

我們將從頭開始建立一個資料擴增層，它會隨機改變影像的對比度和亮度。該類別將從 Keras 的 **Layer** 類別繼承並接受兩個引數，即調整對比度和亮度的範圍（完整程式碼在 GitHub 上的 *06e_colordistortion.ipynb* 中）：

```
class RandomColorDistortion(tf.keras.layers.Layer):
    def __init__(self, contrast_range=[0.5, 1.5],
                 brightness_delta=[-0.2, 0.2], **kwargs):
        super(RandomColorDistortion, self).__init__(**kwargs)
        self.contrast_range = contrast_range
        self.brightness_delta = brightness_delta
```

呼叫時，該層必須根據它是否處於訓練模式而有不同的表現。如果不在訓練模式下的話，該層將簡單的傳回原始影像。如果是在訓練模式下的話，它會產生兩個亂數，一個用來調整影像內部的對比度，另一個用來調整亮度。實際的調整是使用 **tf.image** 模組中的可用方法來進行的：

```
def call(self, images, training=False):
    if not training:
        return images

    contrast = np.random.uniform(
        self.contrast_range[0], self.contrast_range[1])
    brightness = np.random.uniform(
        self.brightness_delta[0], self.brightness_delta[1])

    images = tf.image.adjust_contrast(images, contrast)
    images = tf.image.adjust_brightness(images, brightness)
    images = tf.clip_by_value(images, 0, 1)
    return images
```

 客製化擴增層的實作是由 TensorFlow 函數所組成這件事非常重要，以便這些函數可以在 GPU 上高效率的實作。有關編寫高效率資料生產線的建議，請參見第 7 章。

這一層對一些訓練影像的影響如圖 6-11 所示。請注意，影像具有不同的對比度和亮度等級。透過在每個輸入影像上多次呼叫該層（每個週期一次），我們可以確保模型能夠看到原始訓練影像的許多顏色變化。

圖 6-11　對三張訓練影像進行隨機對比度和亮度調整。原始影像顯示在每列的第一個面板中，四張產生出來的影像顯示在其他面板中。如果您看到的是灰階影像的話，請參閱 GitHub 上的 *06e_colordistortion.ipynb* 以查看顏色扭曲的效果。

此層本身可以插入到模型中的 `RandomFlip` 層之後：

```
layers = [
    ...
    tf.keras.layers.experimental.preprocessing.<B>RandomFlip</B>(
        mode='horizontal',
        name='random_lr_flip/none'
    ),
    RandomColorDistortion(name='random_contrast_brightness/none'),
    hub.KerasLayer ...
]
```

完整的模型將具有以下結構：

```
Model: "flower_classification"

_____
Layer (type)                 Output Shape              Param #
=================================================================
random/center_crop (RandomCr (None, 224, 224, 3)       0
```

```
random_lr_flip/none (RandomF (None, 224, 224, 3)        0

random_contrast_brightness/n (None, 224, 224, 3)        0

mobilenet_embedding (KerasLa (None, 1280)               2257984

dense_hidden (Dense)         (None, 16)                 20496

flower_prob (Dense)          (None, 5)                  85
=================================================================
Total params: 2,278,565
Trainable params: 20,581
Non-trainable params: 2,257,984
```

模型的訓練維持一樣。結果如圖 6-12 所示。與僅使用幾何擴增相比，我們獲得了更好的準確度（0.88 而不是 0.86），並且訓練和驗證曲線保持完全同步，表明過度擬合已經受到控制。

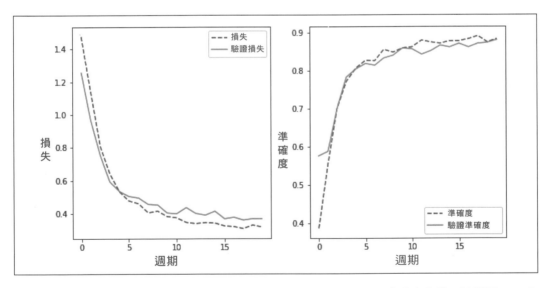

圖 6-12　具有幾何和顏色擴增的 MobileNet 遷移學習模型的損失和準確度曲線。請與圖 6-7 和 6-10 進行比較。

資訊丟棄

最近的研究凸顯了資料擴增中的一些新想法，這些想法涉及對影像進行更顯著的改變。這些技術會從影像中丟棄（drop）資訊，以使訓練過程更具彈性並幫助模型關注影像的重要特徵。它們包括：

Cutout（*https://arxiv.org/abs/1708.04552*）

在訓練期間隨機遮蓋掉輸入的方形區域。這有助於模型學會忽略影像中沒有資訊的部分（例如天空）並注意具有區別力的部分（例如花瓣）。

Mixup（*https://arxiv.org/abs/1710.09412*）

對一對訓練影像進行線性內插，並將相對應的內插標籤值指派為它們的標籤。

CutMix（*https://arxiv.org/abs/1905.04899*）

cutout 和 mixup 的組合。從不同的訓練影像中剪下像素塊（patch），並根據像素塊的面積，按比例混合真實值標籤。

GridMask（*https://arxiv.org/pdf/2001.04086.pdf*）

刪除均勻分佈的正方形區域，同時控制刪除區域的密度和大小。基本假設是影像是刻意收集的 —— 均勻分佈的方形區域往往是背景。

Cutout 和 GridMask 涉及對單一影像的前置處理運算，其實作方式類似於我們實作顏色扭曲的方式。GitHub 上提供了 Cutout（*https://oreil.ly/fGHK6*）和 GridMask（*https://oreil.ly/3tzFk*）的開放原始碼。

然而，mixup 和 CutMix 則使用來自多個訓練影像的資訊來建立可能與現實毫無相似之處的合成影像。在本節中，我們將看看如何實作 mixup，因為它比較單純。完整程式碼位於 GitHub 上的 *06f_mixup.ipynb* 中。

mixup 背後的想法是要對一對訓練影像及其標籤進行線性內插。我們不能在 Keras 客製化層中執行此操作，因為該層只接收影像；它沒有得到標籤。因此，讓我們實作一個可以接收一批次的影像和標籤並進行 mixup 的函數：

```
def augment_mixup(img, label):
    # 參數
    fracn = np.rint(MIXUP_FRAC * len(img)).astype(np.int32)
    wt = np.random.uniform(0.5, 0.8)
```

在這段程式碼中，我們定義了兩個參數：franc 和 wt。我們不會混合批次中的所有影像，而是混合其中的一部分比例（預設為 0.4）並維持剩餘影像（和標籤）的原樣。參數 franc 是我們必須混合的批次中的影像數量。在該函數中，我們還將選擇一個介於 0.1 和 0.4 之間的加權因子 wt 來內插一對影像。

為了進行內插，我們需要成對的影像。第一組影像將是批次中的第一張 franc 影像：

```
img1, label1 = img[:fracn], label[:fracn]
```

每對中的第二張影像要怎麼辦呢？我們將做一些非常簡單的事情：我們將選擇下一張影像，以便將第一張影像與第二張影像進行內插，將第二張影像與第三張影像進行內插，依此類推。現在我們有了影像 / 標籤對了，可以按以下方式進行內插：

```
def _interpolate(b1, b2, wt):
    return wt*b1 + (1-wt)*b2
interp_img = _interpolate(img1, img2, wt)
interp_label = _interpolate(label1, label2, wt)
```

結果如圖 6-13 所示。上列是原始批次的五張影像。下列是 mixup 的結果：5 的 40% 是 2，所以前兩張會是被混合的影像，後三張影像則保持原樣。第一張混合影像是透過對第一張和第二張原始影像進行內插而得到的，其中第一張的權重為 0.63，第二張的權重為 0.37。第二張混合影像是透過來至上列的第二張和第三張影像獲得的。請注意，標籤（每個影像上方的陣列）也顯示了混合的影響。

```
img2, label2 = img[1:fracn+1], label[1:fracn+1] # 偏移為 1
```

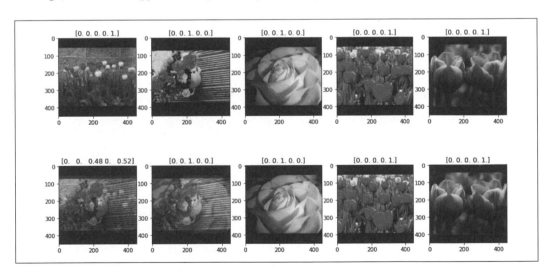

圖 6-13　對一批次五張影像及其標籤的混合結果。原始影像在上列，下列的前兩張影像（批次的 40%）是混合的影像。

在這一點上，我們已經從前 fracn+1 張影像建構了 franc 張內插影像（我們需要 fracn+1 張影像來獲得 franc 個影像對，因為第 franc 張影像是用第 fracn+1 張來內插的）。然後我們堆疊內插影像和剩餘的未更改影像以取回 batch_size 張影像：

```
img = tf.concat([interp_img, img[fracn:]], axis=0)
label = tf.concat([interp_label, label[fracn:]], axis=0)
```

augment_mixup() 方法可以傳遞到用於建立訓練資料集的 tf.data 生產線中：

```
train_dataset = create_preproc_dataset(...) \
    .shuffle(8 * batch_size) \
    .batch(batch_size, drop_remainder=True) \
    .map(augment_mixup)
```

在這段程式碼中有幾件事情需要注意。首先，我們添加了一個 shuffle() 步驟以確保每個週期中的批次都不同（否則，我們的 mixup 將不會有任何變化）。我們要求 tf.data 丟棄最後一批次中的任何剩餘項目，因為參數 n 的計算可能會在非常小的批次上遇到問題。因為洗亂的原因，我們每次都會丟棄不同的項目，所以我們不會太在意這件事。

> shuffle() 的工作原理是將記錄讀入緩衝區，對緩衝區中的記錄進行洗亂，然後將記錄提供給資料生產線的下一步驟。因為我們希望批次中的記錄在每個週期中都不同，所以我們需要 shuffle 緩衝區的大小比批次大小大得多 —— 在一個批次內對其記錄進行洗亂是不夠的。因此，我們使用：
>
> ```
> .shuffle(8 * batch_size)
> ```

如果我們將標籤保持為稀疏整數（例如，鬱金香為 4），則無法結合標籤。相反的，我們必須對標籤進行一位有效編碼（見圖 6-13）。因此，我們對訓練程式進行了兩項更改。首先，我們的 read_from_tfr() 方法會執行一位有效編碼，而不是簡單的傳回 label_int：

```
def read_from_tfr(self, proto):
    ...
    rec = tf.io.parse_single_example(
        proto, feature_description
    )
    shape = tf.sparse.to_dense(rec['shape'])
    img = tf.reshape(tf.sparse.to_dense(rec['image']), shape)
    label_int = rec['label_int']
    return img, tf.one_hot(label_int, len(CLASS_NAMES))
```

其次，我們將損失函數從 `SparseCategoricalCrossentropy()` 更改為
`CategoricalCrossentropy()`，因為標籤現在是一位有效編碼的：

```
model.compile(optimizer=tf.keras.optimizers.Adam(learning_rate=lrate),
              loss=tf.keras.losses.CategoricalCrossentropy(
                  from_logits=False),
              metrics=['accuracy'])
```

在 5-flowers 資料集上，mixup 並沒有提高模型的效能 ── 我們得到了與沒有 mixup 相同的準確度（0.88，見圖 6-14）。但是，它可能在其他情況下有所幫助。回想一下，資訊丟棄可以幫助模型學會忽略影像中沒有包含資訊的部分，並透過線性內插的訓練影像對來進行 mixup 工作。因此，在只有一小部分影像包含資訊，以及像素強度（intensity）包含資訊的情況下，透過 mixup 丟棄資訊會運作的很好 ── 例如，想想如果我們試圖要識別被砍伐的土地的遙測影像。

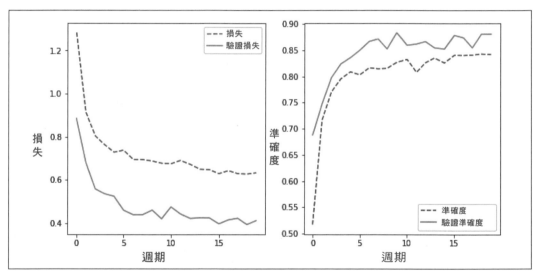

圖 6-14　使用 mixup 的 MobileNet 遷移學習模型的損失和準確度曲線。請與圖 6-12 進行比較。

有趣的是，驗證的準確度和損失現在比訓練準確度還要好。當我們認識到訓練資料集其實比驗證資料集「更難」時，這是合乎邏輯的 ── 驗證集中沒有混合的影像。

形成輸入影像

到目前為止，我們看到的前置處理運算都是一對一的，因為它們只是修改輸入影像並為每張輸入的影像向模型提供一張影像。然而，這不是必然的。有時，使用前置處理生產線將每個輸入分解為多張影像，然後再將這些影像饋送到模型進行訓練和推論，會是很有幫助的（見圖 6-15）。

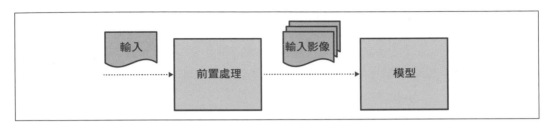

圖 6-15　將單一輸入分解為用於訓練模型的組件影像。在訓練期間用來於將輸入分解為其組件影像的運算也必須在推論期間重複執行。

形成輸入到模型的影像的一種方法是平鋪（*tiling*）。平鋪在任何擁有超大影像的領域都很有用，並且可以對大影像的部分進行預測然後再進行組裝。地理空間影像（識別森林砍伐區域）、醫學影像（識別癌組織）和監視（識別液體灑在工廠地板上）往往就是這種情況。

想像一下，我們有一張地球的遙測影像，想要識別森林火災（見圖 6-16）。為此，機器學習模型必須預測個別的像素是否包含森林火災，這種模型的輸入將是一個圖塊（*tile*），也就是原始影像中緊鄰我們要預測的像素的那部分。我們可以對地理空間影像進行前置處理以產生大小相等的圖塊，並將它們用於訓練 ML 模型並從中獲得預測結果。

圖 6-16　加州野火的遙測影像。圖片由 NOAA 提供。

對於每個圖塊，我們需要一個標籤來表示圖塊內是否有火災發生。為了建立這些標籤，我們可以獲取火災瞭望塔通報的火災位置，並將它們映射到和遙測影像大小一樣的影像（完整程式碼在 GitHub 上的 *06g_tiling.ipynb* 中）：

```
fire_label = np.zeros((338, 600))
for loc in fire_locations:
    fire_label[loc[0]][loc[1]] = 1.0
```

為了產生圖塊，我們將萃取所需圖塊大小的像素塊，並往前移動圖塊一半的高度和寬度的步幅（以便圖塊能夠重疊）：

```
tiles = tf.image.extract_patches(
    images=images,
    sizes=[1, TILE_HT, TILE_WD, 1],
    strides=[1, TILE_HT//2, TILE_WD//2, 1],
    rates=[1, 1, 1, 1],
    padding='VALID')
```

經過幾次重塑（reshape）運算後的結果如圖 6-17 所示。在此圖中，我們還透過標籤對每個圖塊進行註解。影像圖塊的標籤是透過查找相對應的標籤圖塊內的最大值來獲得的（如果圖塊包含 fire_location 點時，其值為 1.0）：

```
labels = tile_image(labels)
labels = tf.reduce_max(labels, axis=[1, 2, 3])
```

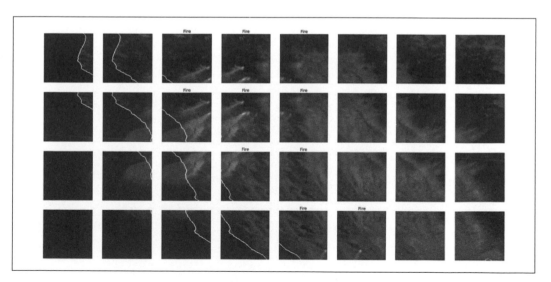

圖 6-17　從加州野火的遙測影像產生的圖塊。有火災的圖塊被標記為「Fire」。圖片由 NOAA 提供。

這些圖塊及其標籤現在可以用在訓練影像分類模型。透過減少產生圖塊時的步幅,我們可以擴增訓練資料集。

總結

在本章中,我們研究了需要對影像進行前置處理的各種原因。它可以是將輸入資料重新格式化和整形為模型所需的資料類型和形狀,或者透過執行縮放和裁剪等運算來提高資料品質。進行前置處理的另一個原因是執行資料擴增,這是一組透過從現有訓練資料集來產生新訓練範例以提高模型準確度和彈性的技術。我們還研究了如何實作每一種前置處理類型,包括將它們作為 Keras 層以及透過將 TensorFlow 運算包裝到 Keras 層中。

在下一章中,我們將深入研究訓練迴圈本身。

## 第七章

訓練生產線

前置處理後的階段是模型訓練,在此期間機器學習模型會讀入訓練資料並使用該資料來調整其權重(見圖 7-1)。訓練完成後,模型會被儲存或匯出,以便進行部署。

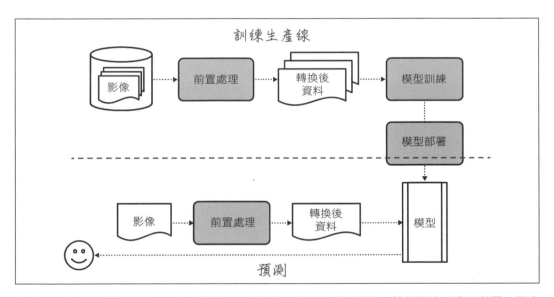

圖 7-1　在模型訓練過程中,ML 模型在已前置處理資料上進行訓練,然後匯出以進行部署。匯出的模型被用來進行預測。

在本章中，我們將研究如何更有效的將訓練（和驗證）資料攝取到模型中。我們將利用可用的不同計算設備（CPU 和 GPU）之間的時間切片，並研究如何使整個過程更具彈性和可重複性。

 本章的程式碼位於本書 GitHub 儲存庫（*https://github.com/GoogleCloudPlatform/practical-ml-vision-book*）的 *07_training* 資料夾中。我們將在適用的情況下提供程式碼範例和筆記本的檔名。

高效率攝取

訓練機器學習模型所需的大部分時間都花在攝取（ingest）資料上 —— 讀取資料並將其轉換為模型可用的形式。在訓練生產線的這個階段的簡化和加速可以做的越多，就越有效率。我們可以透過以下方式做到這一點：

有效率的儲存資料

　　我們應該盡可能的對輸入影像進行前置處理，並以一種易於讀取的方式儲存前置處理後的值。

平行讀取資料

　　在攝取資料時，儲存設備的速度往往成為瓶頸。不同的檔案可能儲存在不同的磁碟上，或者可以透過不同的網路連接讀取，因此通常可以平行讀取資料。

在訓練的同時準備影像

　　如果我們可以在 CPU 上對影像進行前置處理，同時在 GPU 上進行訓練的話，我們就應該這樣做。

最大化 GPU 使用率

　　我們應該盡可能的嘗試在 GPU 上進行矩陣和數學運算，因為它比 CPU 快許多數量級。如果任何前置處理運算會涉及這類運算，我們應該將它們推送到 GPU 上。

讓我們更詳細地認識這些想法。

有效率的儲存資料

從機器學習的角度來看，將影像儲存為單獨的 JPEG 檔案並不是很有效率。在第 5 章中，我們討論了如何將 JPEG 影像轉換為 TensorFlow Record。在本節中，我們將解釋為什麼 TFRecord 是一種高效率的儲存機制，並考慮在寫出資料之前依照要執行的前置處理數量，來進行彈性和效率之間的取捨。

TensorFlow Record

為什麼將影像儲存為 TensorFlow Record 呢？思考一下我們在檔案格式中尋找什麼。

我們知道我們將批次讀取這些影像，因此最好使用單一網路連接來讀取整批影像，而不是為每個檔案開啟一個連接。一次讀取一個批次，還將為我們的機器學習生產線提供更大的產能，並最小化 GPU 等待下一批影像的時間。

理想情況下，我們希望檔案大小在 10 至 100 MB 左右。這使得我們在兩件事之間取得平衡，其一是能夠從多個 worker（每個 GPU 一個）讀取影像的能力，其二是每個檔案需要打開足夠長的時間，以分攤讀取多個批次的第一個位元組的延遲。

此外，我們希望檔案格式能夠使從檔案讀取的位元組，可以立即映射到記憶體結構，而無需剖析檔案或處理不同類型機器之間的儲存佈局差異（例如位元組順序（endianness））。

滿足所有這些條件的檔案格式就是 TensorFlow Record。我們可以將用於訓練、驗證和測試的影像資料儲存到分別的 TFRecord 檔案中，並將每個檔案分片成約 100 MB 大小。Apache Beam 有一個方便的 TFRecord 編寫器，我們在第 5 章中曾經使用過。

儲存已前置處理資料

如果不必在訓練迴圈中進行前置處理的話，我們就可以提高訓練生產線的效能。我們或許可以對 JPEG 影像進行所需的前置處理，然後寫出已前置處理資料而不是原始資料。

在實務上，我們必須在建立 TensorFlow Record 的 ETL 生產線和模型程式碼本身之間，對前置處理運算進行拆分。為什麼不全部在 ETL 生產線中或全部在模型程式碼中完成呢？原因是在 ETL 生產線中應用的前置處理運算只會執行一次，而不是在模型訓練的每個週期（epoch）中執行。但是，總會有一些針對我們正在訓練的模型的特定性前置處理運算，或者在每個週期中需要不同的前置處理運算。這些情況下不能在 ETL 生產線中完成 —— 它們必須在訓練程式碼中完成。

在第 5 章中，我們解碼了 JPEG 檔案、將它們縮放到 [0, 1] 之間、將陣列展平、並將展平的陣列寫入 TensorFlow Record：

```
def create_tfrecord(filename, label, label_int):
    img = tf.io.read_file(filename)
    img = tf.image.decode_jpeg(img, channels=IMG_CHANNELS)
    img = tf.image.convert_image_dtype(img, tf.float32)
    img = tf.reshape(img, [-1]) # flatten to 1D array
    return tf.train.Example(features=tf.train.Features(feature={
        'image': _float_feature(img),
        ...
    })).SerializeToString()
```

我們在編寫 TensorFlow Record 之前所做的運算是經過明確選擇的。

如果我們願意，我們可以做得更少一點 —— 我們可以只簡單的讀取 JPEG 檔案，並將每個檔案的內容作為字串寫入 TensorFlow Record 中：

```
def create_tfrecord(filename, label, label_int):
    img = tf.io.read_file(filename)
    return tf.train.Example(features=tf.train.Features(feature={
        'image': _bytes_feature(img),
        ...
    })).SerializeToString()
```

如果我們擔心 TensorFlow 無法理解可能會出現的不同檔案格式（JPEG、PNG 等）或影像格式的話，我們可以解碼每張影像、將像素值轉換為通用格式、然後再將壓縮的 JPEG 作為字串進行寫出。

我們還可以做得更多。例如，我們可以建立影像的嵌入並且不寫出影像資料，而只寫出嵌入：

```
embedding_encoder = tf.keras.Sequential([
    hub.KerasLayer(
        "https://tfhub.dev/.../mobilenet_v2/...",
        trainable=False,
        input_shape=(256, 256, IMG_CHANNELS),
        name='mobilenet_embedding'),
])

def create_tfrecord(filename, label, label_int):
```

```
img = tf.io.read_file(filename)
img = tf.image.decode_jpeg(img, channels=IMG_CHANNELS)
img = tf.image.convert_image_dtype(img, tf.float32)
img = tf.resize(img, [256, 256, 3])
embed = embedding_encoder(filename)
embed = tf.reshape(embed, [-1]) # flatten to 1D array
return tf.train.Example(features=tf.train.Features(feature={
    'image_embedding': _float_feature(embed),
    ...
})).SerializeToString()
```

選擇要執行什麼運算終歸是效率和可重用性之間的取捨。它還受到我們所設想的可重用性類型的影響。請記住，ML 模型訓練是一個高度迭代的實驗過程。每個訓練實驗將在訓練資料集上迭代多次（由週期數指定）。因此，訓練資料集中的每個 TFRecord 都必須進行多次處理。在寫出 TFRecord 之前我們可以執行的處理越多，在訓練生產線本身中執行的處理就越少。這將帶來更快、更有效率的訓練和更高的資料產能。這種優勢會成倍增加，因為通常不只訓練一次模型而已；我們會用多組超參數進行多次實驗。另一方面，對於想要使用這個資料集來訓練的所有 ML 模型來說，必須確保正在執行的前置處理都是我們想要的 —— 我們做的前置處理越多，資料集的可重用性就越低。我們也不應該進入微優化（micro-optimization）的領域，這些微優化只能些微的提高速度，但會使程式碼變得不那麼清晰或可重用。

如果將影像嵌入（而不是像素值）寫入 TensorFlow Record 的話，則訓練生產線將會非常高效率，因為嵌入計算通常涉及將影像傳遞到一百或更多的神經網路層。效率增益會是很可觀的。然而，前提是我們將進行遷移學習。我們無法使用此資料集從頭開始訓練影像模型。當然，儲存比計算要便宜得多，我們可能還會發現建立兩個資料集是有利的，其中一個是嵌入，另一個是像素值。

由於 TensorFlow Record 可能會因為前置處理執行多寡而變得不一樣，因此以元資料的形式來進行記錄會是一種很好的做法。它會解釋紀錄中存在哪些資料，以及這些資料是如何產生的。Google Cloud Data Catalog（*https://oreil.ly/T2W2N*）、Collibra （*https://oreil.ly/MZNaZ*）和 Informatica（*https://oreil.ly/MsFaX*）等泛用工具可以在此處提供助力，它們也可以像 Feast 特徵商店（*https://oreil.ly/t3Rh2*）一樣客製化 ML 框架。

平行讀取資料

另一種把資料攝取到訓練生產線的效率提高的方法是平行讀取記錄。在第 6 章中，我們讀取寫出的 TFRecord，並使用以下方法對其進行前置處理：

```
preproc = _Preprocessor()
trainds = tf.data.TFRecordDataset(pattern)
            .map(preproc.read_from_tfr)
            .map(_preproc_img_label)
```

在這段程式碼中，我們做了三件事：

1. 根據樣式建立一個 TFRecordDataset

2. 將檔案中的每個記錄傳遞給 read_from_tfr()，它會傳回一個（影像, 標籤）元組

3. 使用 _preproc_img_label() 來前置處理此元組

平行化

假設我們在具有多個虛擬（virtual）CPU 的機器上執行（大多數現代機器至少有兩個 vCPU，通常更多），我們可以對我們的程式碼進行一些改進。首先，我們可以在建立資料集時讓 TensorFlow 自動交錯式的讀取：

```
tf.data.TFRecordDataset(pattern, num_parallel_reads=AUTO)
```

其次，可以使用以下方法平行化兩個 map() 運算：

```
.map(preproc.read_from_tfr, num_parallel_calls=AUTOTUNE)
```

衡量效能

為了衡量這些變化對效能的影響，我們需要遍歷資料集並進行一些數學運算。讓我們來計算所有影像的平均值。為了防止 TensorFlow 優化掉任何計算（參見下面的側邊欄），我們將僅計算那些高於閾值（在迴圈每次迭代中隨機選擇）的像素的平均值：

```
def loop_through_dataset(ds, nepochs):
    lowest_mean = tf.constant(1.)
    for epoch in range(nepochs):
        thresh = np.random.uniform(0.3, 0.7)   # 隨機閾值
        ...
        for (img, label) in ds:
            ...
            mean = tf.reduce_mean(tf.where(img > thresh, img, 0))
            ...
```

衡量效能的影響

在進行效能測量時，必須確保優化器沒有意識到我們的程式碼是沒有必要進行計算的。例如，在下面的程式碼中，優化器會意識到我們根本沒有使用到平均值，而把計算優化掉：

```
for iter in range(100):
    mean = tf.reduce_mean(img)
```

防止這種情況的一種方法是以某種方式使用平均值。例如，我們可以找到迴圈中所找到的最低平均值，並確保會印出或傳回它：

```
lowest_mean = tf.constant(1.)
for iter in range(100):
    mean = tf.reduce_mean(img)
    lowest_mean = mean if mean < lowest_mean
return(lowest_mean)
```

然而，優化器能夠識別 img 並沒有改變並且 reduce_mean() 將傳回相同的值，因此它將被移出迴圈。這就是我們在程式碼中添加隨機閾值的原因。

表 7-1 顯示了在使用不同機制來攝取前 10 個 TFRecord 檔案時，測量之前那個迴圈的效能的結果。很明顯的，雖然額外的平行化增加了整體 CPU 時間，但實際壁鐘（wall-clock）時間隨著每輪的平行化而減少。透過使映射平行化和交錯兩個料集，我們將花費的時間減少了 35%。

表 7-1　當以不同方式來完成攝取時，遍歷小資料集所需的時間

方法	CPU 時間	壁鐘時間
一般	7.53 秒	7.99 秒
平行映射	8.30 秒	5.94 秒
交錯	8.60 秒	5.47 秒
交錯 + 平行映射	8.44 秒	5.23 秒

這種效能提升會延續到機器學習模型嗎？為了測試這一點，我們可以嘗試訓練一個簡單的線性分類模型，而不是使用 loop_through_dataset() 函數：

```
def train_simple_model(ds, nepochs):
    model = tf.keras.Sequential([
```

```
    tf.keras.layers.Flatten(
        input_shape=(IMG_HEIGHT, IMG_WIDTH, IMG_CHANNELS)),
    tf.keras.layers.Dense(len(CLASS_NAMES), activation='softmax')
])
model.compile(optimizer=tf.keras.optimizers.Adam(),
              loss=tf.keras.losses.SparseCategoricalCrossentropy(
                  from_logits=False),
              metrics=['accuracy'])
model.fit(ds, epochs=nepochs)
```

結果如表 7-2 所示,顯示效能的提升確實有維持著 —— 我們在第一列和最後一列之間獲得了 25% 的加速。隨著模型複雜度的增加,I/O 在整體計時中的作用越來越小,所以改進變少是有道理的。

表 7-2　當以不同方式完成攝取時,在小資料集上訓練線性 ML 模型所需的時間

方法	CPU 時間	壁鐘時間
一般	9.91 秒	9.39 秒
平行映射	10.7 秒	8.17 秒
交錯	10.5 秒	7.54 秒
交錯 + 平行映射	10.3 秒	7.17 秒

迴圈遍歷資料集比在完整訓練資料集上訓練實際的 ML 模型更快。使用它作為一種輕量級的方式來練習您的攝取程式碼,用以調校 I/O 部分的效能。

最大化 GPU 利用率

因為 GPU 在執行機器學習模型運算時效率更高,我們的目標應該是最大化它們的使用。如果我們按小時來租用 GPU(就像我們在公共雲中所做的那樣),最大化 GPU 使用率將使我們能夠善用它們所提高的效率,來獲得比在 CPU 上執行訓練的總體成本還更低的成本。

有三個因素會影響我們模型的效能:

1. 每次我們在 CPU 和 GPU 之間移動資料時,傳輸都需要時間。

2. GPU 在矩陣數學上是高效率的。我們對單一項目所執行的運算越多,我們利用 GPU 提供的效能加速的優勢就越少。

3. GPU 的記憶體有限。

這些因素在我們可以進行的優化中發揮了作用，而優化是用來提高訓練迴圈的效能的。本節將著眼於最大化 GPU 使用率的三個核心想法：有效率的資料處理、向量化，和留在圖中。

有效率的資料處理

當我們在 GPU 上訓練我們的模型時，CPU 將處於閒置狀態，而 GPU 正在計算梯度並進行權重更新。

讓 CPU 做一些事情會很有幫助 —— 我們可以要求它預取（*prefetch*）資料，以便下一批資料準備好傳遞給 GPU：

```
ds = create_preproc_dataset(
    'gs://practical-ml-vision-book/flowers_tfr/train' + PATTERN_SUFFIX
).prefetch(AUTOTUNE)
```

如果我們有一個小資料集，尤其是必須透過網路來讀取影像或 TensorFlow Record 的資料集，那麼將它們快取（cache）在本地端也很有幫助：

```
ds = create_preproc_dataset(
    'gs://practical-ml-vision-book/flowers_tfr/train' + PATTERN_SUFFIX
).cache()
```

表 7-3 顯示了預取和快取對訓練模型所需時間的影響。

表 7-3　當輸入記錄被預取和 / 或快取時，在小資料集上訓練線性 ML 模型所花費的時間

方法	CPU 時間	壁鐘時間
交錯 + 平行映射	9.68 秒	6.37 秒
快取	6.16 秒	4.36 秒
預取 + 快取	5.76 秒	4.04 秒

根據我們的經驗，快取往往只適用於小型（玩具）資料集。對於大型資料集，您可能會耗盡本地端儲存空間。

向量化

因為 GPU 擅長矩陣運算，所以我們應該嘗試給 GPU 一次可以處理的最大資料量。我們應該發送一批影像，而不是一次傳遞一張影像 —— 這稱為向量化（*vectorization*）。

要批次處理紀錄，我們可以這樣做：

```
ds = create_preproc_dataset(
    'gs://practical-ml-vision-book/flowers_tfr/train' + PATTERN_SUFFIX
).prefetch(AUTOTUNE).batch(32)
```

重要的是要意識到整個 Keras 模型是批次執行的。因此，我們添加的 RandomFlip 和 RandomColorDistortion 前置處理層不會一次處理一張影像；它們處理批次的影像。

批次越大，訓練迴圈通過一個週期的速度就越快。然而，增加批次大小的回報是遞減的。此外，GPU 的記憶體限制也受限。在使用較小、較便宜，且訓練時間較長的機器；還有使用較大、較昂貴的具有更多 GPU 記憶體，以及訓練時間更短的機器兩者之間進行成本效益分析是值得的。

在 Google 的 Vertex AI 上進行訓練時，會自動報告每個工作的 GPU 記憶體使用情況和使用率。Azure 允許您為 GPU 監控來配置容器（*https://oreil.ly/J2dhk*）。Amazon CloudWatch 在 AWS 上提供 GPU 監控。如果您要管理自己的基礎架構，請使用 GPU 工具，例如 nvidia-smi（*https://oreil.ly/bSEhN*）或 AMD System Monitor（*https://oreil.ly/PIaLQ*）。您可以使用這些來診斷 GPU 的使用效率，以及 GPU 記憶體中是否有空間來增加批次大小。

在表 7-4 中，我們展示了改變批次大小對線性模型的影響。較大的批次速度會更快，但這種收益會遞減，超過某個點之後我們將耗盡機載（on-board）GPU 記憶體。效能會隨著批次大小的增加而變快，這是為何 TPU（它們具有大量機載記憶體和共享這些記憶體的互相連結核心）會這麼具有成本效益的原因之一。

表 7-4　以不同的批次大小來訓練線性 ML 模型所需的時間

方法	CPU 時間	壁鐘時間
批次大小 1	11.4 秒	8.09 秒
批次大小 8	9.56 秒	6.90 秒
批次大小 16	9.90 秒	6.70 秒
批次大小 32	9.68 秒	6.37 秒

我們在第 6 章中將隨機翻轉、顏色扭曲和其他前置處理和資料擴增步驟作為 Keras 層來實作的一個關鍵原因與批次處理有關。我們可以使用 map() 來完成顏色扭曲，如下所示：

```
trainds = tf.data.TFRecordDataset(
        [filename for filename in tf.io.gfile.glob(pattern)]
    ).map(preproc.read_from_tfr).map(_preproc_img_label
    ).map(color_distort).batch(32)
```

其中 color_distort() 是：

```
def color_distort(image, label):
    contrast = np.random.uniform(0.5, 1.5)
    brightness = np.random.uniform(-0.2, 0.2)
    image = tf.image.adjust_contrast(image, contrast)
    image = tf.image.adjust_brightness(image, brightness)
    image = tf.clip_by_value(image, 0, 1)
    return image, label
```

但這樣做的效率不高，因為訓練生產線必須一次對一張影像進行顏色扭曲。如果我們在 Keras 層中進行前置處理運算的話，效率會更高。用這種方式，我們在一個步驟中對整個批次進行前置處理。另一種方法是透過將程式碼編寫為向量化的顏色扭曲運算：

```
    ).batch(32).map(color_distort)
```

這也會導致一批次的資料發生顏色扭曲。然而，最佳實務是在 Keras 層中編寫遵循 batch() 運算的前置處理程式碼。這有兩個原因。首先，如果我們持續的呼叫 batch()，則攝取程式碼和模型程式碼之間的分離會更清晰且更易於維護。其次，將前置處理保留在 Keras 層（參見第 6 章）可以更輕鬆的在推論生產線中重現前置處理功能，因為所有模型層都是自動匯出的。

留在圖中

因為在 GPU 上執行數學函數比在 CPU 上執行的效率高得多，TensorFlow 使用 CPU 來讀取資料、將資料傳輸到 GPU，然後在 GPU 上執行我們所有屬於 tf.data 生產線的程式碼（例如 map() 呼叫中的程式碼）。它還會在 GPU 上執行 Keras 模型層中的所有程式碼。由於我們將資料直接從 tf.data 生產線發送到 Keras 輸入層，因此不需要傳輸資料 —— 資料會留在 TensorFlow 圖（graph）中。資料和模型權重都保留在 GPU 記憶體中。

這意味著我們必須非常小心，以確保我們不會在 CPU 將資料傳送到 GPU 後將資料移出 TensorFlow 圖。資料傳輸會帶來額外的開銷，在 CPU 上執行的任何程式碼往往會變慢。

迭代 例如，假設我們正在讀取加州野火的衛星影像，並希望將基於光度學（photometry）的特定公式應用於 RGB 像素值上，以將它們轉換為單一「灰階」影像（參見圖 7-2 和 GitHub 上的 *07b_gpumax.ipynb* 中的完整程式碼）：

```python
def to_grayscale(img):
    rows, cols, _ = img.shape
    result = np.zeros([rows, cols], dtype=np.float32)
    for row in range(rows):
        for col in range(cols):
            red = img[row][col][0]
            green = img[row][col][1]
            blue = img[row][col][2]
            c_linear = 0.2126 * red + 0.7152 * green + 0.0722 * blue
            if c_linear > 0.0031308:
                result[row][col] = 1.055 * pow(c_linear, 1/2.4) - 0.055
            else:
                result[row][col] = 12.92 * c_linear
    return result
```

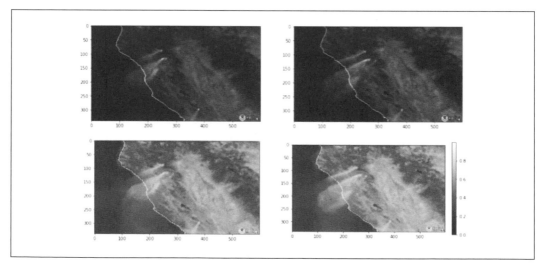

圖 7-2　上圖：具有三個頻道的原始影像。下圖：只有一個頻道的轉換後影像。加州野火的影片由 NOAA 提供。

這個函數存在三個問題：

- 它需要遍歷影像像素：

```
rows, cols, _ = img.shape
    for row in range(rows):
        for col in range(cols):
```

- 它需要讀取個別的像素值：

```
green = img[row][col][1]
```

- 它需要改變輸出像素值：

```
result[row][col] = 12.92 * c_linear
```

這些運算無法在 TensorFlow 圖中完成。因此，要呼叫該函數，我們需要使用 .numpy()
將其從圖中取出、進行轉換、然後將結果作為張量推回圖中（gray 被轉換為用於
reduce_mean() 運算的張量）。

使用 tf.py_function() 呼叫純 Python 程式碼

有時我們必須從 TensorFlow 程式中呼叫純 Python 功能。也許我們必須做一些時區
轉換、我們需要存取 pytz 程式庫、或者我們可能得到一些 JSON 格式的資料，我
們需要呼叫 json.loads()。

為了退出 TensorFlow 圖、執行 Python 函數、並將其結果傳回到 TensorFlow 圖
中，請使用 tf.py_function()：

```
def to_grayscale(img):
    return tf.py_function(to_grayscale_numpy, [img],
                          tf.float32)
```

現在，to_grayscale() 可以像是使用了 TensorFlow 運算來實作一樣的使用：

```
ds = tf.data.TextLineDataset(...).map(to_grayscale)
```

py_function() 有三個參數：要包裝的函數的名稱、輸入張量，和輸出類型。在我
們的例子中，被包裝的函數將是：

```
def to_grayscale_numpy(img):
    # 張量的轉換發生在這裡。
```

```
        img = img.numpy()
        rows, cols, _ = img.shape
        result = np.zeros([rows, cols], dtype=np.float32)
        ...
        # 轉換回來發生在這裡。
        return tf.convert_to_tensor(result)
```

請注意，我們仍在呼叫 numpy() 將 img 張量帶出圖外，以便我們可以對其進行迭代，並且我們會獲取結果（一個 numpy 陣列）並將其轉換為張量，以便可以用在 TensorFlow 程式碼的其餘部分。

使用 py_function() 只是一種從 TensorFlow 呼叫 Python 函數的方法。它不會進行任何的優化或加速。

切片和條件 我們可以透過使用 TensorFlow 的切片（slicing）功能，來避免外顯式迭代（explicit iteration）和逐像素（pixel-wise）讀 / 寫：

```
def to_grayscale(img):
    # TensorFlow 切片功能
    red = img[:, :, 0]
    green = img[:, :, 1]
    blue = img[:, :, 2]
    c_linear = 0.2126 * red + 0.7152 * green + 0.0722 * blue
```

請注意，此程式碼片段的最後一行實際上是對張量進行運算（red 是張量，而不是純量）並使用運算子重載（overloading）（+ 實際上是 tf.add()）來呼叫 TensorFlow 函數。

但是我們如何做原來版本中的 if 敘述呢？

```
if c_linear > 0.0031308:
    result[row][col] = 1.055 * pow(c_linear, 1 / 2.4) - 0.055
else:
    result[row][col] = 12.92 * c_linear
```

if 敘述會假設 c_linear 是單一浮點值，而現在的 c_linear 卻是 2D 張量。

要將條件敘述放入圖中並避免個別的設置像素值，我們可以使用 tf.cond() 和 / 或 tf.where()：

```
gray = tf.where(c_linear > 0.0031308,
                1.055 * tf.pow(c_linear, 1 / 2.4) - 0.055,
                12.92 * c_linear)
```

我們需要意識到的一個關鍵點是，在這個例子中 tf.where() 的所有三個參數實際上都是 2D 張量。我們還要注意要使用 tf.pow() 而不是 pow()。要在 tf.cond() 和 tf.where() 之間做選擇時，請使用 tf.where()，因為它更快。

這會導致超過 10 倍的加速。

矩陣數學 c_linear 的計算可以進一步進行優化。這是我們目前有的版本：

```
red = img[:, :, 0]
green = img[:, :, 1]
blue = img[:, :, 2]
c_linear = 0.2126 * red + 0.7152 * green + 0.0722 * blue
```

如果我們仔細查看這個計算，我們會發現我們不需要切片。相反的，如果我們將常數放入一個 3x1 張量中，我們可以將計算寫成矩陣乘法：

```
def to_grayscale(img):
    wt = tf.constant([[0.2126], [0.7152], [0.0722]]) # 3x1 矩陣
    c_linear = tf.matmul(img, wt)  # (ht,wd,3) x (3x1) -> (ht, wd)
    gray = tf.where(c_linear > 0.0031308,
                    1.055 * tf.pow(c_linear, 1 / 2.4) - 0.055,
                    12.92 * c_linear)
    return gray
```

透過這種優化，我們獲得了額外的 4 倍加速。

批次 一旦使用矩陣數學編寫了 c_linear 的計算，也就意識到我們不需要一次只處理一張影像的資料。我們可以一次處理一批次的影像。我們可以使用客製化 Keras 層或 Lambda 層對一批次的影像進行計算。

讓我們將灰階計算包裝到客製化 Keras 層的 call() 敘述中：

```
class Grayscale(tf.keras.layers.Layer):
    def __init__(self, **kwargs):
        super(Grayscale, self).__init__(kwargs)

    def call(self, img):
        wt = tf.constant([[0.2126], [0.7152], [0.0722]]) # 3x1 矩陣
        c_linear = tf.matmul(img, wt)  #(N, ht,wd,3)x(3x1)->(N, ht, wd)
        gray = tf.where(c_linear > 0.0031308,
```

```
                       1.055 * tf.pow(c_linear, 1 / 2.4) - 0.055,
                       12.92 * c_linear)
        return gray # (N, ht, wd)
```

一件需要注意的事是，輸入矩陣現在是一個 4D 張量，其中第一個維度是批次大小。因此，結果會是一個 3D 張量。

呼叫此程式碼的客戶端可以計算每張影像的平均值以傳回平均值的一維張量：

```
    tf.keras.layers.Lambda(lambda gray: tf.reduce_mean(gray, axis=[1, 2]))
```

我們可以將這兩層組合成一個 Keras 模型，或者將它們添加到現有模型中：

```
    preproc_model = tf.keras.Sequential([
        Grayscale(input_shape=(336, 600, 3)),
        tf.keras.layers.Lambda(lambda gray: tf.reduce_mean(
                                gray, axis=[1, 2]))  # 注意軸的改變
    ])
```

我們在本節中討論的所有方法的時間如表 7-5 所示。

表 7-5　以不同方式進行灰階計算所花費的時間

方法	CPU 時間	壁鐘時間
迭代	39.6 秒	41.1 秒
Pyfunction	39.7 秒	41.1 秒
切片	4.44 秒	3.07 秒
矩陣數學	1.22 秒	2.29 秒
批次	1.11 秒	2.13 秒

儲存模型狀態

到目前為止本書一直在訓練一個模型，然後使用訓練好的模型立即做出一些預測。這是非常不切實際的 —— 我們會想要訓練我們的模型，然後保留訓練好的模型，以繼續用它進行預測。我們需要儲存模型的狀態，以便我們可以隨時快速讀取訓練好的模型（其結構和最終權重）。

我們希望儲存模型不僅是為了用它來進行預測，而且是為了能夠恢復訓練。想像一下，我們已經在一百萬張影像上訓練了一個模型，並且正在使用該模型進行預測。如果一個月後我們收到一千張新的影像，最好是用新影像繼續對原始模型進行幾步驟的訓練，而不是從頭開始訓練。這稱為微調（在第 3 章中討論過）。

因此，儲存模型狀態有兩個原因：

- 從模型中進行推論

- 恢復訓練

這兩個使用案例所需要的東西是完全不同的。如果考慮的是作為我們的模型一部分的 RandomColorDistortion 資料擴增層時，最容易理解這兩個使用案例之間的區別。基於推論的目的，我們可以完全移除該層。然而，為了恢復訓練，我們可能需要知道此層的完整狀態（例如，考慮到訓練的時間越長，失真量就越小）。

儲存模型以進行推論稱為**匯出**（*export*）模型。儲存模型以恢復訓練稱為**建立檢查點**（*checkpointing*）。檢查點的大小比匯出大得多，因為它們包含了更多的內部狀態。

匯出模型

要匯出經過訓練的 Keras 模型，請使用 save() 方法：

```
os.mkdir('export')
model.save('export/flowers_model')
```

輸出目錄將包含一個名為 *saved_model.pb* 的 protobuf 檔案（這就是為什麼這種格式通常被稱為 TensorFlow SavedModel 格式）、變數權重，以及模型預測所需的字彙（vocabulary）檔案等任何資產。

> SavedModel 的替代方案是 Open Neural Network Exchange（ONNX），這是一種由 Microsoft 和 Facebook 推出的開源、與框架無關的 ML 模型格式。您可以使用 tf2onnx 工具（*https://oreil.ly/ZXkFo*）將 TensorFlow 模型轉換為 ONNX。

呼叫模型

我們可以使用 TensorFlow 附帶的命令行工具 saved_model_cli，來查詢 SavedModel 的內容：

```
saved_model_cli show --tag_set all --dir export/flowers_model
```

這向我們展示了預測簽名（見下面的側邊欄）是：

```
inputs['random/center_crop_input'] tensor_info:
    dtype: DT_FLOAT
```

```
shape: (-1, 448, 448, 3)
name: serving_default_random/center_crop_input:0
```

給定的 SavedModel 的 **SignatureDef** 包含以下輸出：

```
outputs['flower_prob'] tensor_info:
    dtype: DT_FLOAT
    shape: (-1, 5)
    name: StatefulPartitionedCall:0
Method name is: tensorflow/serving/predict
```

TensorFlow 函數的簽名

函數的簽名是函數的名稱、它接受的參數，以及它會傳回什麼。典型的 Python 函數被編寫為多形的（*polymorphic*）（即適用於不同型別的值）。例如，當 *a* 和 *b* 都是浮點數或者它們都是字串時，以下都可起作用：

```
def myfunc(a, b):
    return (a + b)
```

這是因為 Python 是一種直譯型（interpreted）（而不是編譯型（compiled））語言 —— 程式碼是在被呼叫時才被執行，且在執行時，直譯器會知道您傳遞的是浮點數還是字串。事實上，當我們使用 Python 的反射（reflection）能力檢查這個函數的簽名時：

```
from inspect import signature
print(signature(myfunc).parameters)
print(signature(myfunc).return_annotation)
```

我們只得到：

```
OrderedDict([('a', <Parameter "a">), ('b', <Parameter "b">)])
<class 'inspect._empty'>
```

這意味著參數可以是任何型別並且傳回型別是未知的。

可以透過外顯式的指定輸入和輸出型別來為 Python3 提供型別提示：

```
def myfunc(a: int, b: float) -> float:
    return (a + b)
```

請注意，執行時不會檢查這些型別提示 —— 我們仍然可以將字串傳遞給此函數。型別提示是供程式碼編輯器和 lint 工具使用。但是，Python 的反射功能確實會讀取型別提示，並告訴我們有關簽名的更多詳細資訊：

```
OrderedDict([('a', <Parameter "a: int">), ('b', <Parameter "b: float">)])
<class 'float'>
```

雖然這很好，但對於 TensorFlow 程式來說，型別提示是不夠的，還需要指定張量的形狀。透過在我們的函數中添加一個註解來做到這一點：

```
@tf.function(input_signature=[
    tf.TensorSpec([3,5], name='a'),
    tf.TensorSpec([5,8], name='b')
])
def myfunc(a, b):
    return (tf.matmul(a,b))
```

@tf.function 註解透過遍歷函數來署名（*auto-graph*）函數，並找出輸出張量的形狀和型別。我們可以透過呼叫 get_concrete_function()，並傳入一個急切的（eager）張量（會立即賦值的張量）來檢查 TensorFlow 現在擁有的有關簽名的資訊：

```
print(myfunc.get_concrete_function(tf.ones((3,5)), tf.ones((5,8))))
```

這會導致：

```
ConcreteFunction myfunc(a, b)
    Args:
        a: float32 Tensor, shape=(3, 5)
        b: float32 Tensor, shape=(5, 8)
    Returns:
        float32 Tensor, shape=(3, 8)
```

請注意，完整簽名包括函數名稱（myfunc）、參數（a, b）、參數型別（float32）、參數形狀（(3, 5) 和 (5, 8)），以及輸出張量的型別和形狀。

因此，為了呼叫這個模型，我們可以載入它並呼叫 predict() 方法，傳入一個形狀為 [num_examples, 448, 448, 3] 的 4D 張量，其中 num_examples 是我們想要一次預測的範例數量：

```
serving_model = tf.keras.models.load_model('export/flowers_model')
img = create_preproc_image('../dandelion/9818247_e2eac18894.jpg')
batch_image = tf.reshape(img, [1, IMG_HEIGHT, IMG_WIDTH, IMG_CHANNELS])
batch_pred = serving_model.predict(batch_image)
```

結果是一個形狀為 [num_examples, 5] 的 2D 張量，表示每種花卉的機率。我們可以尋找這些機率的最大值來獲得預測結果：

```
pred = batch_pred[0]
pred_label_index = tf.math.argmax(pred).numpy()
pred_label = CLASS_NAMES[pred_label_index]
prob = pred[pred_label_index]
```

然而，所有這些仍然非常不實際。我們真的期待那些需要進行影像預測的客戶端，能夠知道足夠多的資訊以執行 reshape()、argmax() 等運算嗎？我們需要為模型提供一個更簡單的簽名才會讓它可用。

可用簽名

對於我們的模型來說，較可用的簽名是不會暴露訓練所有內部細節（例如模型訓練影像的大小）的那個簽名。

哪種簽名對客戶端來說最容易使用？我們可以只要求他們提供 JPEG 檔案，而不是要求他們送給我們具有影像內容的張量。我們也可以傳回從 logit 中萃取的易懂資訊，而不是傳回 logit 張量（完整程式碼在 GitHub 上的 *07c_export.ipynb* 中）：

```
@tf.function(input_signature=[tf.TensorSpec([None,], dtype=tf.string)])
def predict_flower_type(filenames):
    ...
    return {
        'probability': top_prob,
        'flower_type_int': pred_label_index,
        'flower_type_str': pred_label
    }
```

請注意，雖然我們正在這樣做，但也不妨使該函數的效率更高 —— 我們可以採用一批次的檔名並一次對所有影像進行預測。向量化也可以在預測時提高效率，而不僅僅是在訓練期間！

給定檔名列表，我們可以使用以下方法獲取輸入影像：

```
input_images = [create_preproc_image(f) for f in filenames]
```

但是，這涉及遍歷檔名列表，並將資料在加速的 TensorFlow 程式碼和未加速的 Python 程式碼間來回移動。如果我們有一個檔名的張量，我們可以透過使用 tf.map_fn() 來達成迭代的效果，同時將所有資料保留在 TensorFlow 圖中。這樣，我們的預測函數就變成了：

```
input_images = tf.map_fn(
    create_preproc_image,
    filenames,
    fn_output_signature=tf.float32
)
```

接下來，我們呼叫模型來獲得完整的機率矩陣：

```
batch_pred = model(input_images)
```

然後找到最大機率和最大機率的索引：

```
top_prob = tf.math.reduce_max(batch_pred, axis=1)
pred_label_index = tf.math.argmax(batch_pred, axis=1)
```

請注意，在尋找最大機率和 argmax 時，我們小心地將 axis 指定為 1（axis=0 是批次維度）。最後，在 Python 中我們只要做：

```
pred_label = CLASS_NAMES[pred_label_index]
```

TensorFlow in-graph 版本是使用 tf.gather()：

```
pred_label = tf.gather(params=tf.convert_to_tensor(CLASS_NAMES),
                       indices=pred_label_index)
```

此程式碼將 CLASS_NAMES 陣列轉換為張量，然後使用 pred_label_index 張量對其進行索引。結果值儲存在 pred_label 張量中。

您經常可以使用 tf.map_fn() 來替換 Python 迭代，並使用 tf.gather() 來替換陣列的反參照（deference）（讀取陣列的第 *n* 個元素），就像我們在這裡所做的那樣。使用 [:, :, 0] 語法進行切片也非常有用。tf.gather() 和切片的區別，在於 tf.gather() 可以以張量作為索引，而切片是使用常數。在非常複雜的情況下，tf.dynamic_stitch() 可以派上用場。

使用簽名

定義簽名後，我們可以將新簽名指定為進行服務的預設值：

```
model.save('export/flowers_model',
           signatures={
               'serving_default': predict_flower_type
           })
```

請注意，API 允許我們在模型中擁有多個簽名 —— 如果我們想為我們的簽名添加版本控制，或者支援不同的客戶端可以有不同的簽名的話，這將非常有用。我們將在第 9 章進一步探討這一點。

匯出模型後，進行預測的客戶端程式碼現在變得很簡單：

```
serving_fn = tf.keras.models.load_model('export/flowers_model'
                                        ).signatures['serving_default']
filenames = [
    'gs://.../9818247_e2eac18894.jpg',
    ...
    'gs://.../8713397358_0505cc0176_n.jpg'
]
pred = serving_fn(tf.convert_to_tensor(filenames))
```

結果是一個字典，可以按以下方式使用：

```
print(pred['flower_type_str'].numpy().decode('utf-8'))
```

圖 7-3 顯示了一些輸入影像及其預測。需要注意的一點是影像都是不同的大小。客戶端不需要知道模型的任何內部細節來呼叫它。請留意，TensorFlow 中的「字串」型別只是一個位元組陣列。我們必須將這些位元組傳遞給 UTF-8 解碼器，以獲得正確的字串。

圖 7-3　對一些影像進行模型預測。

建立檢查點

到目前為止,我們一直專注於如何匯出模型以進行推論。現在,讓我們看看如何儲存模型以能夠繼續訓練。建立檢查點通常不僅在訓練結束時進行,而且也在訓練過程中進行。這有兩個原因:

- 倒回去並選擇驗證準確度最高之時的模型可能會有所幫助。回想一下,我們訓練的時間越長,訓練損失就會不斷降低,但在某個時期,由於過度擬合的緣故,驗證損失會開始上升。當我們觀察到這一點時,我們必須選擇前一個週期的檢查點,因為它具有最低的驗證誤差。

- 生產資料集的機器學習可能需要幾個小時到幾天的時間。機器在如此長的時間內當掉的可能性非常高。因此,定期備份是個好主意,這樣我們就可以從中間點來恢復訓練,而不是從頭開始。

建立檢查點在 Keras 中是透過回呼(*callback*)來實作 —— 該功能是在訓練迴圈期間引動(invoke),藉由作為參數傳入 model.fit() 函數來完成:

```
model_checkpoint_cb = tf.keras.callbacks.ModelCheckpoint(
    filepath='./chkpts',
    monitor='val_accuracy', mode='max',
    save_best_only=True)
history = model.fit(train_dataset,
                    validation_data=eval_dataset,
                    epochs=NUM_EPOCHS,
                    callbacks=[model_checkpoint_cb])
```

在此處,如果當下的驗證準確度更高時,我們將設定回呼以覆蓋先前的檢查點。

這樣做的同時,不妨設定提前停止 —— 即使一開始認為我們需要訓練 20 個週期,一旦驗證錯誤連續 2 個週期(透過 patience 參數指定的)沒有改善,就可以停止訓練:

```
early_stopping_cb = tf.keras.callbacks.EarlyStopping(
    monitor='val_accuracy', mode='max',
    patience=2)
```

回呼串列現在變成:

```
callbacks=[model_checkpoint_cb, early_stopping_cb]
```

當我們使用這些回呼進行訓練時,訓練會在 8 個週期後停止,如圖 7-4 所示。

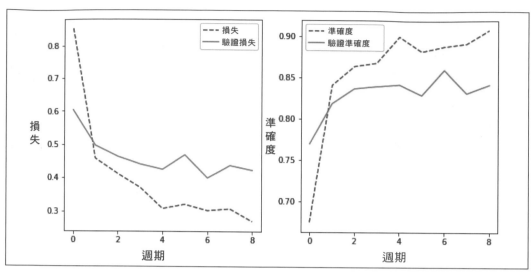

圖 7-4. 透過提前停止，一旦驗證準確度不再提高時，模型訓練就會停止。

要從輸出目錄中的最後一個檢查點來開始，請呼叫：

```
model.load_weights(checkpoint_path)
```

BackupAndRestore（*https://oreil.ly/JD3a1*）回呼提供了完全的容錯能力，在撰寫本文時，該回呼仍是實驗性的。

分散策略

為了在多個執行緒、加速器或機器之間分散處理，需要對其進行平行化。我們已經研究了如何平行化攝取。然而，我們的 Keras 模型並不是平行化的；它只會在一個處理器上執行。該如何在多個處理器上執行我們的模型程式碼呢？

為了分散模型訓練，我們需要設定分散策略（*distribution strategy*）。有幾種策略可用，但它們都以類似的方式來使用 —— 首先，您使用其建構子函數（constructor）建立一個策略，然後在該策略的範疇（scope）內建立 Keras 模型（在這裡，我們使用的是 MirroredStrategy）：

```
strategy = tf.distribute.MirroredStrategy()
with strategy.scope():
    layers = [
        ...
    ]
```

```
      model = tf.keras.Sequential(layers)
  model.compile(...)
  history = model.fit(...)
```

什麼是 MirroredStrategy？還有哪些其他可用的策略，我們如何在它們之間進行選擇？我們將在接下來的部分中回答這些問題。

 程式碼要在什麼裝置上執行？所有建立可訓練變數（例如 Keras 模型或層）的 TensorFlow 指令，都必須在 strategy.scope() 中建立，model.compile() 除外。您可以在任何地方呼叫 compile() 方法。儘管此方法在技術上建立了諸如優化器槽（optimizer slot）之類的變數，但它已被實作為使用與模型相同的策略。此外，您可以在任何地方建立攝取（tf.data）生產線。它總是會在 CPU 上執行，並且總是將資料適當地分散給worker。

選擇策略

影像 ML 模型往往很深度、輸入資料也很密集。對於此類模型，存在三種相互競爭的分散策略：

MirroredStrategy

在每個可用的 GPU 上製作模型結構的鏡像，模型中的每個權重都鏡射到所有副本中，並透過在每個批次結束時發生的相同更新來保持同步。只要您有一台機器，無論該機器是有一個 GPU 還是多個 GPU，都可以使用 MirroredStrategy。藉由這樣，當您加進第二個 GPU 時，您的程式碼將不需要更改。

MultiWorkerMirroredStrategy

將 MirroredStrategy 想法擴展到分散在多台機器上的 GPU。為了讓多個 worker 進行通訊，您需要正確的設定 TF_CONFIG（*https://oreil.ly/m2U4N*）變數——我們建議使用公共雲服務（例如 Vertex Training），該服務會自動為您完成這個動作。

TPUStrategy

在 TPU 上執行訓練作業，TPU 是專為機器學習工作負載客製化設計的特殊應用積體電路（application specific integrated circuit, ASIC）。TPU 透過客製化矩陣乘法單元、連接多達數千個 TPU 核心的高速板載網路、以及大型共享記憶體來提高速度。它們僅在 Google Cloud Platform 上商業化使用。Colab 提供了具有一些有限制的免費 TPU，Google Research 透過 TensorFlow Research Cloud 計畫（*https://oreil.ly/qdEOw*）為學術研究人員提供 TPU 存取權限。

這三種策略都屬於資料平行性（*data parallelism*）的形式，其中每個批次在 worker 之間進行拆分，然後執行 all-reduce 運算（*https://oreil.ly/0Zhcg*）。其他可用的分散策略，如 `CentralStorage` 和 `ParameterServer`，是為稀疏 / 大量範例而設計的，不適合個別影像為密集且較小的影像模型。

我們建議在使用 `MultiWorkerMirroredStrategy` 轉移到多個 worker 之前，先使用 `MirroredStrategy` 來將單一機器上的 GPU 數量最大化（下一節將詳細介紹）。TPU 通常比 GPU 更具成本效益，尤其是當您轉向更大的批次時。目前 GPU 的趨勢（例如 16xA100）是在一台機器上提供多個強大的 GPU，以使這種策略適用於越來越多的模型。

建立策略

本節將介紹通常用於分散影像模型訓練的三種策略的細節。

MirroredStrategy

要建立一個 `MirroredStrategy` 實例，我們可以簡單的呼叫它的建構子函數（完整程式碼在 GitHub 上的 *07d_distribute.ipynb* 中）：

```
def create_strategy():
    return tf.distribute.MirroredStrategy()
```

要驗證我們是否在設置了 GPU 的機器上執行，我們可以使用：

```
if (tf.test.is_built_with_cuda() and
    len(tf.config.experimental.list_physical_devices("GPU")) > 1)
```

這不是必需的；`MirroredStrategy` 可以在只有 CPU 的機器上工作。

在具有兩個 GPU 的機器上啟動 Jupyter 筆記本，並使用 `MirroredStrategy`，我們會看到立即的加速。在 CPU 上處理一個週期大約需要 100 秒，在單一 GPU 上處理需要 55 秒，而當我們有兩個 GPU 時只需要 29 秒。

在以分散式方式訓練時，您必須確保增加了批次大小，這是由於批次會在 GPU 之間拆分，因此如果單一 GPU 有資源來處理 32 的批次大小的話，那麼兩個 GPU 將能夠輕鬆的處理 64 的批次大小。在這裡，64 是全域批次大小，兩個 GPU 的每一個的區域批次大小為 32。較大的批次大小，通常與表現更好的訓練曲線相關聯。我們在第 42 頁的「超參數調整」中，試驗不同的批次大小。

 有時，即使您不分散訓練程式碼或使用 GPU，制定策略也有助於一致性和除錯目的。在這種情況下，請使用 OneDeviceStrategy：

```
tf.distribute.OneDeviceStrategy('/cpu:0')
```

MultiWorkerMirroredStrategy

要建立 MultiWorkerMirroredStrategy 實例，我們再次只呼叫它的建構子函數：

```
def create_strategy():
    return tf.distribute.MultiWorkerMirroredStrategy()
```

要驗證 TF_CONFIG 環境變數是否設定正確，我們可以使用：

```
tf_config = json.loads(os.environ["TF_CONFIG"])
```

並檢查生成的配置。

如果我們使用像 Google 的 Vertex AI 或 Amazon SageMaker 這樣的託管 ML 訓練系統，它們會為我們處理這些基礎設施細節。

當使用多個 worker 時，我們需要注意兩個細節：洗亂（shuffling）和虛擬週期（virtual epoch）。

洗亂　當所有裝置（CPU、GPU）都在同一台機器上時，每批次的訓練樣本被拆分給不同的裝置上的 worker，並同步的更新由此產生的梯度 —— 每個裝置的 worker 傳回它的梯度，再取所有裝置 worker 的梯度平均值，計算出的權重更新再被發送回裝置 worker 進行下一步。

當裝置分散在多台機器上時，讓中央迴圈等待每台機器上的所有 worker 完成一個批次，將導致計算資源的嚴重浪費，因為所有的 worker 將不得不等待最慢的那一個完成。相反的，我們的想法是讓 worker 平行處理資料，並在梯度更新可用時對其進行平均 —— 延遲到達的梯度更新會從計算中刪除。每個 worker 都會收到截至目前的最新權重更新。

當我們像這樣非同步的應用梯度更新時，我們不能跨不同的 worker 拆分批次，因為這樣批次將不完整，而且模型將需要相同大小的批次。因此，必須讓每個 worker 讀取完整批次的資料、計算梯度，並為每個完整批次發送梯度更新。如果我們這樣做，讓所有

worker 讀取相同的資料是沒有用的 —— 我們希望每個 worker 的批次都包含不同的範例。透過洗亂資料集，我們可以確保 worker 在任何時間點，都在處理不同的訓練範例。

即使我們不進行分散式訓練，將 **tf.data** 生產線讀取資料的順序隨機化，也是一個好主意。這將有助於減少某一批次包含了所有雛菊，而下一批次包含所有鬱金香的機會。這種糟糕的批次，可能會對梯度下降優化器造成嚴重破壞。

我們可以將在兩個地方將讀取的資料隨機化：

- 當我們獲得與樣式匹配的檔案時，將這些檔案洗亂：

  ```
  files = [filename for filename
      # 洗亂以使 worker 們看到不同的順序
      in tf.random.shuffle(tf.io.gfile.glob(pattern))
  ]
  ```

- 在前置處理資料之後，進行批次之前，在一個比批次大小更大的緩衝區中洗亂紀錄：

  ```
  trainds = (trainds
      .shuffle(8 * batch_size)  # 為了分散而洗亂 ...
      .map(preproc.read_from_tfr, num_parallel_calls=AUTOTUNE)
      .map(_preproc_img_label, num_parallel_calls=AUTOTUNE)
      .prefetch(AUTOTUNE)
  )
  ```

- 資料集越有序，洗亂緩衝區就需要越大。如果您的資料集最初是按標籤排序的話，那麼只有涵蓋了整個資料集的緩衝區大小才有用。在這種情況下，最好在準備訓練資料集時提前洗亂資料。

虛擬週期　我們經常會希望是訓練固定數量的訓練樣本，而不是固定數量的週期。由於一個週期中的訓練步驟數取決於批次大小，因此更容易取得資料集中的訓練範例總數，並計算每個週期的步驟數應該是多少：

```
num_steps_per_epoch = None
if (num_training_examples > 0):
    num_steps_per_epoch = (num_training_examples // batch_size)
```

我們將包含該步驟數的訓練週期稱為**虛擬週期**（*virtual epoch*），並訓練和以前相同的週期數。

我們將每個虛擬週期的步驟數指定為 model.fit() 的參數：

```
history = model.fit(train_dataset,
                    validation_data=eval_dataset,
                    epochs=num_epochs,
                    steps_per_epoch=num_steps_per_epoch                    )
```

如果我們在資料集中得到錯誤的訓練樣本數量怎麼辦？假設我們將此數量指定為 4,000，但實際上只有 3,500 個範例呢？我們會遇到問題，因為資料集將在遇到 4,000 個範例之前就結束。我們可以透過讓訓練資料集無限重複，來防止這種情況發生：

```
if (num_training_examples > 0):
    train_dataset = train_dataset.repeat()
```

即使我們低估資料集中訓練範例的數量，這也有效 —— 下一組範例就會簡單地延續到下一個週期。 Keras 知道，當資料集是無限之時，它應該使用每個週期的步驟數，來決定下一個週期的開始時間。

TPUStrategy

雖然 MirroredStrategy 適用於單一機器上的一個或多個 GPU，而 MultiWorkerMirroredStrategy 適用於多台機器上的 GPU，但 TPUStrategy 允許我們分散到稱為 TPU 的客製化 ASIC 芯片，如圖 7-5 所示。

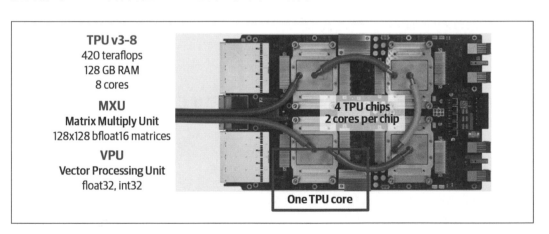

圖 7-5　張量處理單元。

要建立一個 TPUStrategy 實例，可以呼叫它的建構子函數，但是我們必須向這個建構子函數傳遞一個參數：

```
tpu = tf.distribute.cluster_resolver.TPUClusterResolver().connect()
return tf.distribute.TPUStrategy(tpu)
```

因為 TPU 是多使用者機器，初始化會清除 TPU 上現有的記憶體，所以我們必須確保在我們的程式中進行任何工作之前先初始化 TPU 系統。

此外，我們在 model.compile() 中添加了一個額外的參數：

```
model.compile(steps_per_execution=32)
```

此參數指示 Keras 一次向 TPU 發送多個批次。除了降低通訊開銷外，這還可以讓編譯器有機會跨多個批次來優化 TPU 的硬體使用率。使用此選項，我們不再需要將批次大小推到非常高的值來優化 TPU 效能。

值得注意的是，使用者無需擔心 —— 在 TensorFlow/Keras 中，用於分散資料的複雜程式碼，會在 strategy.distribute_dataset() 中自動為您處理。在撰寫本文時，這還是您必須在 PyTorch 中手動編寫的程式碼。

然而，僅僅編寫軟體是不夠的；我們還需要設置硬體。例如，要使用 MultiWorkerMirroredStrategy，我們還需要啟動一群會協調訓練 ML 模型任務的機器。

要使用 TPUStrategy，我們需要啟動一台帶有 TPU 的機器。我們可以使用以下方法完成此操作：

```
gcloud compute tpus execution-groups create \
    --accelerator-type v3-32 --no-forward-ports --tf-version 2.4.1 \
    --name somevmname --zone europe-west4-a \
    --metadata proxy-mode=project_editors
```

如果使用為我們管理硬體基礎設施的服務，則分散策略會更容易實施。硬體設定將延後到下一節說明。

無伺服器機器學習

雖然 Jupyter 筆記本非常適合用於實驗和訓練，但如果將程式碼組織到 Python 套件中，機器學習工程師在生產過程中維護程式碼會容易的多。您可以使用 Papermill（*https://oreil.ly/AL4I9*）之類的工具來直接執行筆記本。但是，我們建議您將筆記本視為消耗品，並將生產就緒的程式碼，保存在具有相關單元測試的獨立 Python 檔案中。

透過將程式碼組織到 Python 套件中，我們還可以輕鬆的將程式碼提交到完全託管的 ML 服務，例如 Google 的 Vertex AI、Azure ML 或 Amazon SageMaker。在這裡，我們將展示 Vertex AI，但其他的在概念上都是相似的。

建立 Python 套件

要建立 Python 套件，我們必須將檔案組織成資料夾結構，其中每個層級都由一個 *__init__.py* 檔案來標記。*__init__.py* 檔案是必需的，它會執行套件所需的任何初始化程式碼，但它也可以是空的。最簡單的堪用結構包含了：

```
trainer/
        __init__.py
        07b_distribute.py
```

可重用模組

如何將筆記本中的程式碼放入檔案 *07b_distribute.py* 中呢？在 Jupyter 筆記本和 Python 套件之間重用程式碼的一種簡單方法，是將 Jupyter 筆記本匯出到 *.py* 檔案，然後刪除那些僅能用在筆記本中顯示圖形和其他輸出的程式碼；另一種可能性是將所有程式碼的開發放在獨立檔案中，並根據需要從筆記本單元中簡單的 import 必要的模組。

建立 Python 套件的原因，是套件可以讓程式碼可重用（reusable）這件事變得更加容易。然而，這個模型不太可能是我們唯一要訓練的模型。出於可維護性的原因，我們建議您採用這樣的組織結構（完整程式碼在 GitHub 上的 *serverlessml* 中）：

```
flowers/                        最高層級套件
        __init__.py             初始化 flowers 套件
        classifier/             分類模型的子套件
                __init__.py
                model.py        Jupyter 筆記本中大部份的程式碼
                train.py        argparse 並且然後啟動模型訓練
                ...
        ingest/                 讀取資料的子套件
                __init__.py
                tfrecords.py    讀取 TensorFlow Record 的程式碼
                ...
        utils/                  可跨模型重用程式碼的子套件
                __init__.py
                augment.py      用於資料擴增的客製化層
                plots.py        各種繪圖函數
                ...
```

使用 Jupyter 筆記本來進行實驗，但在某一時刻，請將程式碼移動到 Python 套件中，並繼續維護該套件。此後，如果您需要進行實驗時，請從 Jupyter 筆記本呼叫 Python 套件。

呼叫 Python 模組

給定上一節中概述的結構中的檔案，我們可以使用以下方法呼叫訓練程式：

```
python3 -m flowers.classifier.train --job-dir /tmp/flowers
```

這也是將模組的所有超參數變成命令行可設定參數的好時機。例如，我們想嘗試不同的批次大小，因此我們將批次大小設為命令行參數：

```
python3 -m flowers.classifier.train --job-dir /tmp/flowers \
        --batch_size 32 --num_hidden 16 --lrate 0.0001 ...
```

在入口點 Python 檔案中，我們將使用 Python 的 argparse 程式庫將命令行參數傳遞給 create_model() 函數。

最好嘗試使模型的每個層面都是可配置的。除了 L1 和 L2 正則化之外，將資料擴增層設為可選的也是一個好主意。

由於程式碼已拆分到多個檔案中，您會發現需要呼叫的函數現在已位於不同檔案中。因此，您必須向呼叫方添加這種形式的匯入敘述：

```
from flowers.utils.augment import *
from flowers.utils.util import *
from flowers.ingest.tfrecords import *
```

安裝依賴項

雖然我們展示的套件結構足以建立和執行模組，但您很可能需要訓練服務來 pip install 您需要的 Python 套件。指定它們的方式是在與套件相同的目錄下建立一個 *setup.py* 檔案，這樣整體結構就變成了：

```
serverlessml/              最高層級目錄
    setup.py               用來指定依賴項的檔案
    flowers/               最高層級套件
        __init__.py
```

setup.py 檔案如下所示：

```
from setuptools import setup, find_packages
setup(
```

```
name='flowers',
version='1.0',
packages=find_packages(),
author='Practical ML Vision Book',
author_email='abc@nosuchdomain.com',
install_requires=['python-package-example']
)
```

 透過在最高層級目錄（包含 *setup.py* 的目錄）中執行兩件事來驗證您的
打包和匯入是否正確：

```
python3 ./setup.py dist
python3 -m flowers.classifier.train \
        --job-dir /tmp/flowers \
        --pattern '-00000-*'--num_epochs 1
```

還要查看產生的 *MANIFEST.txt* 檔案，以確保所有所需的檔案都在那
裡。如果您需要輔助檔案（文本檔、腳本等），您可以在 *setup.py* 中指
定它們。

提交訓練工作

一旦我們有了本地端可呼叫的模組後，我們就可以將模組來源放在 Cloud Storage 中
（例如，`gs://${BUCKET}/flowers-1.0.tar.gz`），然後將工作提交給 Vertex Training 讓
它在我們選擇的雲端硬體中為我們執行程式碼。

例如，要在具有單一 CPU 的機器上執行，我們將建立一個指定 *CustomJobSpec* 的配置
檔案（我們稱之為 *cpu.yaml*）：

```
workerPoolSpecs:
  machineSpec:
    machineType: n1-standard-4
  replicaCount: 1
  pythonPackageSpec:
    executorImageUri: us-docker.pkg.dev/vertex-ai/training/tf-cpu.2-4:latest
    packageUris: gs://{BUCKET}/flowers-1.0.tar.gz
    pythonModule: flowers.classifier.train
    args:
    - --pattern="-*"
    - --num_epochs=20
    - --distribute="cpu"
```

然後，我們將在啟動訓練程式時提供該配置檔案：

```
gcloud ai custom-jobs create \
  --region=${REGION} \
  --project=${PROJECT} \
  --python-package-uris=gs://${BUCKET}/flowers-1.0.tar.gz \
  --config=cpu.yaml \
  --display-name=${JOB_NAME}
```

一個關鍵的考量是，如果使用 Python 3.7 和 TensorFlow 2.4 來開發程式碼，需要確保 Vertex Training 使用相同版本的 Python 和 TensorFlow 來執行訓練工作。我們會使用 executorImageUri 設定來做到這一點。並非所有執行時期（runtime）和 Python 版本的組合（*https://oreil.ly/PyqU2*）都受到支援，因為某些版本的 TensorFlow 可能存在著隨後已被修復的問題。如果您在 Vertex Notebooks 上進行開發，則在 Vertex Training 和 Vertex Prediction 上會有相對應的執行時期（或獲得穩定狀態版本的升級路徑）。如果您在異質環境中進行開發，則您的開發、訓練和部署環境是否支援相同的環境值得驗證，以防止後續出現令人討厭的意外。

容器還是 Python 套件？

將訓練程式碼放入 Python 套件的目的，是使其更容易安裝在臨時的基礎設施上。由於我們無法以互動方式登錄此類機器並安裝軟體套件，因此希望使訓練軟體的安裝完全自動化。Python 套件為我們提供了這種能力。捕獲依賴項的另一種方法（不僅僅適用於 Python）是將您的訓練程式碼容器化。容器（container）是一個輕量級的軟體包，其中包括了執行應用程式所需的一切 —— 除了我們的 Python 程式碼，它還包括 Python 本身、我們需要的任何系統工具和系統程式庫（例如視訊解碼器），以及我們所有的設定（例如配置檔案、身份驗證密鑰和環境變數）。

由於 Vertex Training 接受 Python 模組和容器鏡像（mirror），我們可以透過建構包含訓練程式碼以及需要的 Python 和 TensorFlow 版本的容器鏡像，來抓取 Python 和 TensorFlow 依賴項。在容器中，我們還將安裝程式碼所需的任何額外套件。為了更輕鬆的建立容器，TensorFlow 提供了一個基底容器鏡像（*https://oreil. ly/7qmS1*）。如果您使用 Vertex Notebooks 進行開發的話，則每個 Notebook 實例都有一個相對應的容器映像（image）（*https://oreil.ly/fj748*），您可以將其用來作為基底（我們將在下一節中執行此操作）。因此，建立一個容器來執行您的訓練程式碼非常簡單。

鑑於 Python 套件和容器都相對容易建立，您應該使用哪一個呢？

使用 Python 套件進行訓練，可以幫助您更好的組織程式碼並促進重用性和可維護性。此外，如果您向 Vertex Training 提供 Python 套件的話，它會將該套件安裝在為機器和框架優化的容器上，如果您正在建構自己的容器，則很難做到這一點。

另一方面，使用容器進行訓練要靈活得多。例如，在需要使用老舊或不受支援的執行時期版本，或需要安裝專有的軟體元件（例如連接到內部系統的資料庫連接器）的專案中，容器是一個不錯的選擇。

因此，選擇歸結為您更看重什麼：效率（在這種情況下您會選擇 Python 套件）或彈性（在這種情況下您會選擇容器）。

在訓練程式碼中，應建立一個 `OneDeviceStrategy`：

```
strategy = tf.distribute.OneDeviceStrategy('/cpu:0')
```

使用 `gcloud` 命令來啟動訓練工作，可以輕鬆的將模型訓練合併到腳本中、從 Cloud Function 呼叫訓練工作，或使用 Cloud Scheduler 排程訓練工作。

接下來，讓我們逐步瞭解與我們迄今為止涵蓋的不同分散場景相對應的硬體設定。這裡的每個場景都對應到不同的分散策略。

在多個 GPU 上執行

要在具有一個、兩個、四個或更多 GPU 的單一機器上執行，我們可以將這樣的片段添加到 YAML 配置檔案中：

```
workerPoolSpecs:
  machineSpec:
    machineType: n1-standard-4
    acceleratorType: NVIDIA_TESLA_T4
    acceleratorCount: 2
  replicaCount: 1
```

並像以前一樣啟動 `gcloud` 命令，請確保在 `--config` 中指定此配置檔案。

在訓練程式碼中，應該建立一個 `MirroredStrategy` 實例。

分散到多個 GPU

要在多個 worker 上執行，且每個 worker 有多個 GPU，配置 YAML 檔案應包含類似於以下內容的各行：

```
workerPoolSpecs:
  - machineSpec:
      machineType: n1-standard-4
      acceleratorType: NVIDIA_TESLA_T4
      acceleratorCount: 1
  - machineSpec:
      machineType: n1-standard-4
      acceleratorType: NVIDIA_TESLA_T4
      acceleratorCount: 1
    replicaCount: 1
```

請記住，如果您使用多台 worker 機器，您應該透過宣告您將稱之為週期的訓練範例數量來使用虛擬週期，還需要進行洗亂。GitHub 上 *serverlessml* 中的程式碼範例完成了這兩件事。

在訓練程式碼中，應該建立一個 `MultiWorkerMirroredStrategy` 實例。

分散到 TPU

要在 Cloud TPU 上執行，配置檔案 YAML 如下所示（選擇您正在讀這個地方的時候最合適（*https://oreil.ly/mveTS*）的 TPU 版本（*https://oreil.ly/vHMhx*））：

```
workerPoolSpecs:
    - machineSpec:
          machineType: n1-standard-4
          acceleratorType:TPU_V2
          acceleratorCount: 8
```

在訓練程式碼中，應該建立一個 `TPUStrategy` 實例。

您可以使用 Python 的錯誤處理機制來建立樣板（boilerplate）方法，以建立適合硬體配置的分散策略：

```
def create_strategy():
    try:
        # 偵測 TPU
        tpu = tf.distribute.cluster_resolver.TPUClusterResolver().connect()
        return tf.distribute.experimental.TPUStrategy(tpu)
```

```
except ValueError:
    # 偵測 GPU
    return tf.distribute.MirroredStrategy()
```

現在我們已經瞭解了如何訓練單一模型，讓我們考慮如何訓練家族模型並選擇其中最好的模型。

超參數調整

在建立我們的 ML 模型的過程中，我們做了很多隨意的選擇：隱藏節點的數量、批次大小、學習率、L1/L2 正則化量等等。所有可能組合的總數量是巨大的，因此最好採用我們可以指定預算的優化方法（例如，「嘗試 30 個組合」），而不是要求超參數優化技術來選擇最佳的設定。

在第 2 章中，我們研究了內建的 Keras Tuner。但是，這僅在您的模型和資料集足夠小以至於整個訓練過程可以在調整器中進行時才有效。對於更真實的 ML 資料集而言，最好使用完全管理（fully managed）的服務。

完全管理的超參數訓練服務為訓練程式提供參數值的組合，然後訓練模型並報告效能度量（準確度、損失等）。因此，超參數調整服務要求我們：

- 指定要調整的參數集合、搜尋空間（每個參數可以取的值範圍，例如學習率必須在 0.0001 和 0.1 之間）和搜尋預算。

- 將給定的參數組合納入訓練程式。

- 報告模型在使用該參數組合時的表現。

在本節中，我們將討論 Vertex AI 上的超參數調整作為這項工作原理的範例。

指定搜尋空間

我們在提供給 Vertex AI 的 YAML 配置中可以指定搜尋空間。例如，我們可能有：

```
displayName: "FlowersHpTuningJob"
maxTrialCount: 50
parallelTrialCount: 2
studySpec:
  metrics:
  - metricId: accuracy
    goal: MAXIMIZE
```

```
   parameters:
   - parameterId: l2
     scaleType: UNIT_LINEAR_SCALE
     doubleValueSpec:
       minValue: 0
       maxValue: 0.2
   - parameterId: batch_size
     scaleType: SCALE_TYPE_UNSPECIFIED
     discreteValueSpec:
       values:
       - 16
       - 32
       - 64
   algorithm: ALGORITHM_UNSPECIFIED
```

在這個 YAML 清單中,我們指定了(看看您是否能找到相對應的行):

- 目標,即將訓練器報告的準確度最大化

- 預算,總共進行 50 次試驗,一次進行 2 次試驗

- 如果試驗看起來不太可能比我們已經看到的更好,我們希望儘早停止試驗

- 兩個參數,l2 和 batch_size:

  — 可能的 L2 正則化強度(0 到 0.2 之間)

  — 批次大小,可以是 16、32 或 64 其中之一

- 演算法類型,如果未指定的話,則使用貝氏優化(Bayesian Optimization)

使用參數值

Vertex AI 將呼叫我們的訓練器,將 l2 和 batch_size 的特定值作為命令行參數來傳遞。因此,我們將確保在 argparse 中會列出它們:

```
parser.add_argument(
    '--l2',
    help='L2 regularization', default=0., type=float)
parser.add_argument(
    '--batch_size',
    help='Number of records in a batch', default=32, type=int)
```

我們必須將這些值納入訓練程式。例如，我們將像這樣來使用批次大小：

```
train_dataset = create_preproc_dataset(
    'gs://...' + opts['pattern'],
    IMG_HEIGHT, IMG_WIDTH, IMG_CHANNELS
).batch(opts['batch_size'])
```

在這一點上，退後一步仔細考慮我們在模型中所做的所有內隱式（implicit）選擇是有幫助的。例如，我們的 CenterCrop 擴增層是：

```
tf.keras.layers.experimental.preprocessing.RandomCrop(
    height=IMG_HEIGHT // 2, width=IMG_WIDTH // 2,
    input_shape=(IMG_HEIGHT, IMG_WIDTH, IMG_CHANNELS),
    name='random/center_crop'
)
```

數字 2 已經嵌入在裏面了，但真正不變的是 MobileNet 模型所需的影像大小（224x224x3）。我們是否應該將影像置中裁剪（center crop）為原始大小的 50%，或者使用其他比例，這是值得嘗試的。因此，我們將 crop_ratio 作為超參數之一：

```
- parameterName: crop_ratio
  type: DOUBLE
  minValue: 0.5
  maxValue: 0.8
  scaleType: UNIT_LINEAR_SCALE
```

然後像下面這樣使用它：

```
IMG_HEIGHT = IMG_WIDTH = round(MODEL_IMG_SIZE / opts['crop_ratio'])
tf.keras.layers.experimental.preprocessing.RandomCrop(
    height=MODEL_IMG_SIZE; width=MODEL_IMG_SIZE,
    input_shape=(IMG_HEIGHT, IMG_WIDTH, IMG_CHANNELS),
    name='random/center_crop'
)
```

報告準確度

當我們使用在命令行上提供給訓練器的超參數來訓練模型後，我們需要向超參數調整服務回覆報告。我們傳回的是我們在 YAML 檔案中指定為 hyperparameterMetricTag 的任何內容：

```
hpt = hypertune.HyperTune()
accuracy = ...
hpt.report_hyperparameter_tuning_metric(
```

```
hyperparameter_metric_tag='accuracy',
metric_value=accuracy,
global_step=nepochs)
```

結果

在提交工作時，啟動超參數調整並且進行 50 次試驗，一次進行 2 次。這些試驗的超參數是使用貝氏優化方法選擇的，並且因為我們指定了兩個平行試驗，優化器會以兩個隨機的初始起點開始。每當試驗結束時，優化器就會確定輸入空間的哪一部分需要進一步探索，並啟動新的試驗。

工作的成本由用於訓練模型 50 次的基礎設施資源來決定。50 次試驗一次執行 2 次，會使工作的完成速度是我們一次只執行一次試驗的兩倍。如果我們執行 50 次試驗而且一次執行 10 次的話，這項工作的完成速度會快 10 倍，但成本相同 —— 但是，前 10 次試驗將沒有太多機會來納入先前完成的試驗中的資訊，而未來的試驗將無法利用來自（平均而言）9 個已開始試驗的資訊。我們建議您在預算允許的情況下，使用盡量多的總試驗數，並在您的耐心允許的情況下使用盡可能少的平行試驗！您還可以回復已完成的超參數作業（在 YAML 中指定 `resumePreviousJobId`），以便在發現更多預算或更多耐心時繼續進行搜尋。

結果顯示在 web 控制台中（見圖 7-6）。

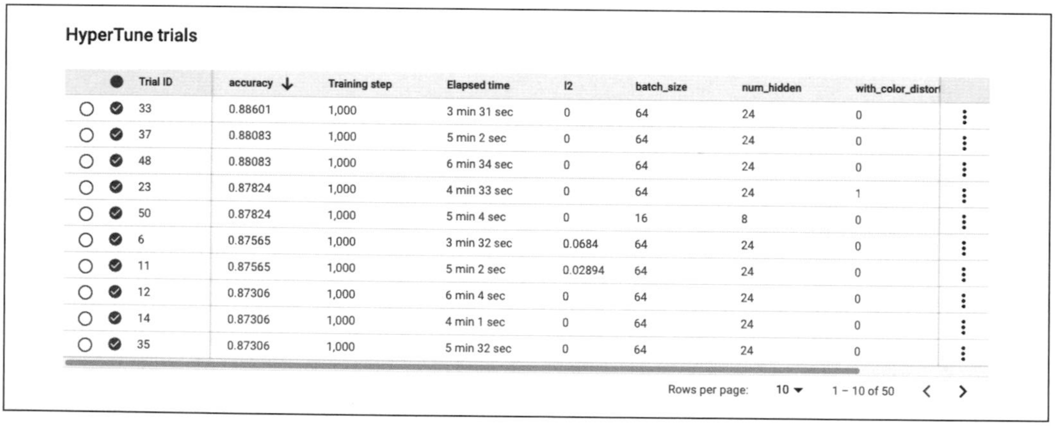

HyperTune trials

		Trial ID	accuracy ↓	Training step	Elapsed time	l2	batch_size	num_hidden	with_color_distort	
○	✓	33	0.88601	1,000	3 min 31 sec	0	64	24	0	⋮
○	✓	37	0.88083	1,000	5 min 2 sec	0	64	24	0	⋮
○	✓	48	0.88083	1,000	6 min 34 sec	0	64	24	0	⋮
○	✓	23	0.87824	1,000	4 min 33 sec	0	64	24	1	⋮
○	✓	50	0.87824	1,000	5 min 4 sec	0	16	8	0	⋮
○	✓	6	0.87565	1,000	3 min 32 sec	0.0684	64	24	0	⋮
○	✓	11	0.87565	1,000	5 min 2 sec	0.02894	64	24	0	⋮
○	✓	12	0.87306	1,000	6 min 4 sec	0	64	24	0	⋮
○	✓	14	0.87306	1,000	4 min 1 sec	0	64	24	0	⋮
○	✓	35	0.87306	1,000	5 min 32 sec	0	64	24	0	⋮

Rows per page: 10 ▼   1 – 10 of 50   ‹ ›

圖 7-6　超參數調整的結果。

根據調整的結果，使用以下設置會獲得最高準確度（0.89）：`l2=0`，`batch_size=64`，`num_hidden=24`，`with_color_distort=0`，`crop_ratio=0.70706`。

持續調整

查看這些結果，令人驚訝的是 `num_hidden` 和 `batch_size` 的最佳值就是我們嘗試過的最高值。有鑑於此，繼續超參數調整過程並探索更高的值可能是個好主意。同時，我們可以透過將 `crop_ratio` 設為一組離散值來減少搜尋空間（0.70706 應該只用 0.7）。

這一次，我們不需要貝氏優化。我們只是想讓超參數服務對 45 種可能的組合（這也是預算的一種）進行網格搜尋：

```
- parameterId: batch_size
  scaleType: SCALE_TYPE_UNSPECIFIED
  discreteValueSpec:
    values:
    - 48
    - 64
    - 96
- parameterId: num_hidden
  scaleType: SCALE_TYPE_UNSPECIFIED
  discreteValueSpec:
    values:
    - 16
    - 24
    - 32
- parameterId: crop_ratio
  scaleType: SCALE_TYPE_UNSPECIFIED
  discreteValueSpec:
    values:
    - 0.65
    - 0.70
    - 0.75
    - 0.80
    - 0.85
```

在這次新的訓練執行之後，會像以前一樣得到一份報告，我們可以選擇最好的參數集合。當這樣做時，結果證明 `batch_size=64, num_hidden=24` 確實是最好的 —— 比選擇 96 作為批次大小或 32 作為隱藏節點數要好 —— 但這次 `crop_ratio=0.8`。

部署模型

現在我們有了一個經過訓練的模型，讓我們將其部署為線上預測。TensorFlow SavedModel 格式由名為 TensorFlow Serving 的服務系統支援。TensorFlow Serving 的 Docker 容器（*https://oreil.ly/nS7ZA*）可讓您將其部署在容器編排系統中，例如 Google

Kubernetes Engine、Google Cloud Run、Amazon Elastic Kubernetes Service、AWS Lambda、Azure Kubernetes Service，或在本地端使用 Kubernetes。TensorFlow Serving 的託管版本可在所有主要雲端中使用。在這裡，我們將向您展示如何將 SavedModel 部署到 Google 的 Vertex AI 中。

Vertex AI 還提供模型管理和版本控制功能。為了使用這些功能，我們將建立一個名為 *flowers* 的端點，在其中我們將部署多個模型版本：

```
gcloud ai endpoints create --region=us-central1 --display-name=flowers
```

例如，假設超參數調整試驗 #33 是最好的，並包含了我們想要部署的模型。此命令將建立一個名為 txf（用於遷移學習）的模型並將其部署到 flowers 端點中：

```
MODEL_LOCATION="gs://...}/33/flowers_model"
gcloud ai models upload ---display-name=txf \
        --container-image-uri=".../tf2-cpu.2-1:latest" -artifact-uri=$MODEL_LOCATION
gcloud ai endpoints deploy-model $ENDPOINT_ID  --model=$MODEL_ID \
        ... --region=us-central1  --traffic-split=
```

部署模型後，我們可以對模型執行 JSON 請求的 HTTP POST 以獲得預測結果。例如，發布：

```
{"instances": [
    {"filenames": "gs://cloud-ml-data/.../9853885425_4a82356f1d_m.jpg"},
    {"filenames": "gs://cloud-ml-data/../8713397358_0505cc0176_n.jpg"}
]}
```

會傳回：

```
{
    "predictions": [
        {
            "probability": 0.9999885559082031,
            "flower_type_int": 1,
            "flower_type_str": "dandelion"
        },
        {
            "probability": 0.9505964517593384,
            "flower_type_int": 4,
            "flower_type_str": "tulips"
        }
    ]
}
```

當然，我們可以從任何能夠發送 HTTP POST 請求的程式中發布這個請求（見圖 7-7）。

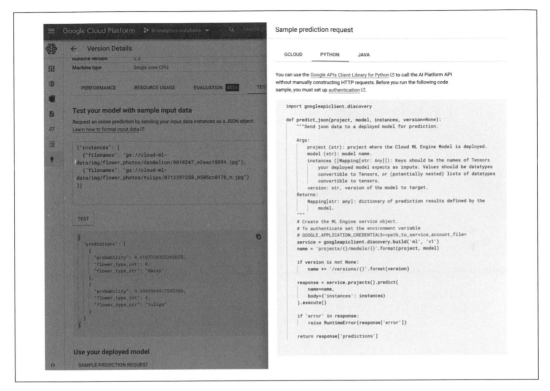

圖 7-7　左圖：從 Google Cloud Platform 控制台試用部署的模型。右圖：Python 版本的範例程式碼。

人們要如何使用這個模型呢？他們必須將影像檔案上傳到雲端，並將檔案的路徑發送到模型以進行預測。這個過程有點繁瑣。模型不能直接接受影像檔案的內容嗎？我們將在第 9 章中瞭解如何改善服務體驗。

總結

在本章中，我們涵蓋了建構訓練生產線的各個層面。我們首先考慮 TFRecord 檔案中的高效率儲存，以及如何使用 **tf.data** 生產線有效率的讀取該資料。這包括映射函數的平行執行、資料集的交錯讀取和向量化。優化思想延續到模型本身，我們研究了如何在多個 GPU、多個 worker 執行緒和 TPU 上平行化模型的執行。

然後，我們繼續考慮操作化 (operationalization) 問題。我們沒有管理基礎設施，而是研究如何透過向 Vertex AI 提交訓練工作以無伺服器方式進行訓練，以及如何使用這種範式來進行分散式訓練。我們還研究了如何使用 Vertex AI 的超參數調整服務來達到更好的模型效能。對於預測，我們需要自動縮放基礎設施，因此我們研究了如何將 SavedModel 部署到 Vertex AI 中。在此過程中，您瞭解了簽名、如何客製化它們以及如何從已部署的模型中獲得預測。

在下一章中，我們將瞭解如何監控已部署的模型。

## 第八章

模型品質和持續評估

到目前為止，本書已經涵蓋了視覺模型的設計和實作。在本章中，我們將深入探討監測和評估這種重要主題。除了一開始就要是高品質模型之外，我們還希望能夠保持這種品質。為了確保最佳運算，重要的是透過監控獲取洞察、計算度量、瞭解模型的品質並持續評估其效能。

監控

那麼，我們已經用數百萬張影像訓練我們的模型了，我們對其品質非常滿意。我們已將其部署到雲端中，現在我們可以高枕無憂，同時它未來會永遠的做出很棒的預測……對嗎？當然不對！正如我們不會讓一個小孩獨自管理自己一樣，我們也不想讓我們的模型獨自留在野外沒人管。重點是我們要不斷監控它們的品質（使用準確度等度量）和計算效能（每秒查詢數、延遲等）。當我們不斷使用可能包含分佈變化、錯誤和其他我們想要注意的問題的新資料來重新訓練模型時，尤其如此。

TensorBoard

機器學習從業人員通常在沒有充分考慮所有細節的情況下訓練他們的模型。他們提交一份訓練工作並不時的檢查它，直到工作完成。然後他們使用經過訓練的模型進行預測，看看它的表現如何。如果訓練工作只需要幾分鐘的話，這似乎沒什麼大不了的。但是，許多電腦視覺專案，尤其是使用了包含數百萬張影像的資料集時，需要花費數天或數週的時間進行訓練。如果在訓練的早期出現問題，然後要到訓練完成時，或者直到我們嘗試使用模型進行一些預測時我們才注意到，那將是非常糟糕的。

有一個很棒的監控工具叫做 TensorBoard，它與 TensorFlow 一起發布，我們可以使用它來避免這種情況。TensorBoard 是一個交談式儀表板（見圖 8-1），用於顯示模型訓練和評估期間所儲存的摘要。您可以將其用來當作實驗執行的歷史記錄，用於比較不同版本的模型或程式碼，以及用於分析訓練工作。

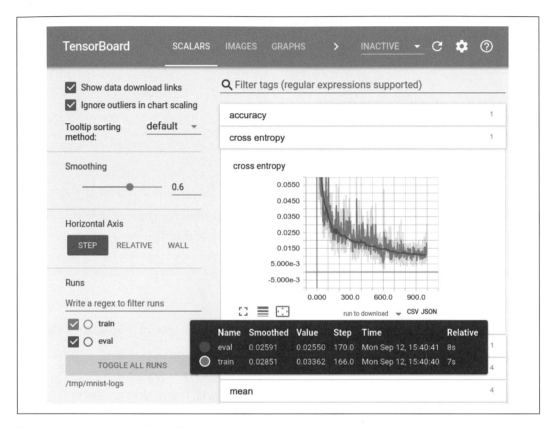

圖 8-1　TensorBoard 的純量摘要 UI。

TensorBoard 允許我們監控損失曲線，以確保模型訓練仍在進行中，並且沒有停止改進。我們還可以顯示模型中的任何其他評估度量並與之互動，例如準確度、精確度或 AUC —— 例如，我們可以執行跨多重序列過濾、平滑化、以及異常值去除，而且我們可以進行放大和縮小。

權重直方圖

我們還可以在 TensorBoard 中探索直方圖（histogram），如圖 8-2 所示。我們可以使用這些來監控權重、梯度和其他具有太多值而無法個別檢查的純量（scalar）。

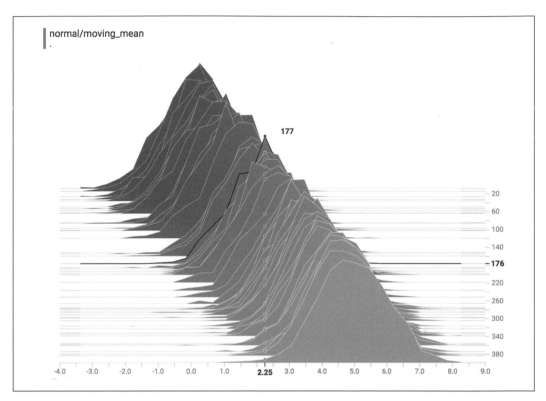

圖 8-2　TensorBoard 的直方圖 UI。橫軸為模型權重，縱軸為訓練步驟數。

權重分佈應該是什麼樣的？

神經網路的每一層都可以有數千或數百萬個權重。與任何值的大型集合一樣，它們形成一種分佈。訓練開始和結束時的權重分佈可能非常不同。通常初始分佈會基於我們的權重初始化策略，無論是來自隨機常態分佈還是隨機均勻分佈的樣本、有或沒有使用正規化因子……等等。

然而，隨著模型進行訓練和收斂後，中央極限定理（central limit theorem, CLT）告訴我們，理想情況下，權重分佈應該開始看起來更像是高斯（Gaussian）分佈。它指出，如果我們有一個平均值為 μ 和標準差為 σ 的總體，那麼給定足夠多的隨機樣本，樣本平均值的分佈應該近似高斯分佈。但是，如果我們的模型中存在系統性問題，那麼權重將會反映該問題，並且可能會偏向零值（表明存在 "死層"，如果輸入值縮放不當，就會發生這種情況）或非常大的值（這是由於過度擬合而發生的）。因此，透過查看權重分佈，我們可以診斷是否存在問題。

如果我們的權重分佈看起來不像是高斯分佈，我們可以做一些事情。如果分佈偏向零值的話，我們可以將輸入值從 [0, 1] 縮放到 [–1, 1]。如果問題出在中間層，請嘗試添加批次正規化。如果分佈趨向於大的值，我們可以嘗試添加正則化或增加資料集大小。其他問題可以透過反覆試驗來解決。也許我們選擇的初始化策略很差，這使得權重很難轉移到小的、常態分佈的權重的標準體系。在這種情況下，我們可以嘗試更改初始化方法。

我們也可能遇到梯度問題，這可能會使權重遠離高斯分佈。我們可以透過添加梯度裁剪（gradient clipping）、限制或懲罰來解決這個問題（例如，添加一個損失項，使梯度偏離設定的值更遠）。此外，我們的迷你批次中範例的順序和分佈也會影響我們權重分佈的演變，因此對這些參數進行試驗可能有助於使權重分佈更加像是高斯分佈。

裝置放置

我們可以將 TensorFlow 模型圖輸出到 TensorBoard 進行視覺化和探索，如圖 8-3 所示。

預設的結構視圖顯示了哪些節點共享相同的結構，裝置視圖則顯示了哪些節點在哪些裝置上，每個裝置都有不同的顏色。我們還可以看到 TPU 相容性等等資訊。這可以讓我們確保模型程式碼被正確的加速。

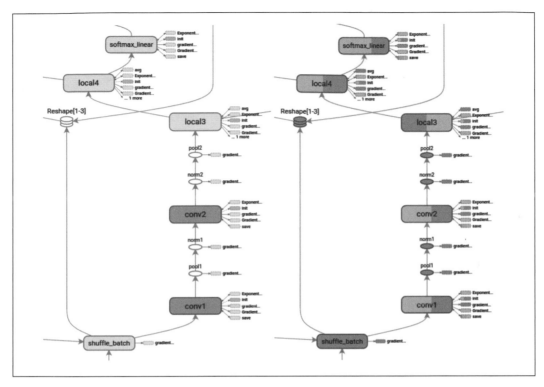

圖 8-3　TensorBoard 模型圖視覺化：結構視圖（左）和裝置視圖（右）。

資料視覺化

TensorBoard 可以顯示特定類型資料的範例，例如影像（在 Images 頁籤上，如圖 8-4 左側所示）或音訊（在 Audio 頁籤上）。這樣，我們可以在訓練進行時獲得回饋；例如，在影像產生任務中，我們可以即時的查看所產生的影像的外觀。對於分類問題，TensorBoard 還能夠顯示混淆矩陣（confusion matrix），如圖 8-4 右側所示，因此我們可以在整個訓練工作中監控每個類別的度量（更多資訊請參見第 295 頁的「分類度量」）。

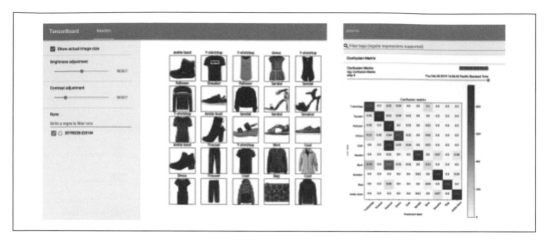

圖 8-4　TensorBoard 的 Images 頁籤允許您視覺化訓練影像（左）並查看混淆矩陣（右）以查看分類器在哪裡犯了大部分錯誤。

訓練事件

我們可以使用以下程式碼向模型添加一個 TensorBoard 回呼：

```
tensorboard_callback = tf.keras.callbacks.TensorBoard(
    log_dir='logs', histogram_freq=0, write_graph=True,
    write_images=False, update_freq='epoch', profile_batch=2,
    embeddings_freq=0, embeddings_metadata=None, **kwargs
)
```

我們使用了 `log_dir` 參數來指定將 TensorBoard 事件日誌寫入磁碟中的目錄路徑。`histogram_freq` 和 `embeddings_freq` 會控制寫入這兩種類型的摘要的頻率（以週期為單位）；如果您指定的是零值，則不會計算或顯示它們。請注意，在擬合模型以顯示直方圖時，需要指定驗證資料，或至少是資料集的一個拆分。此外，對於嵌入而言，我們可以將字典傳遞給參數 `embeddings_metadata`，它會將層的名稱映射到用來儲存嵌入的元資料的檔案名稱。

如果我們想在 TensorBoard 中查看圖形，我們可以將 `write_graph` 引數設定為 `True`；不過，如果我們的模型很大的話，事件日誌檔案也會變得相當大。更新頻率可以透過 `update_freq` 引數來指定。在此處它被設定成每個週期或批次會進行更新，但我們也可以將它設定為一個整數值，讓它在該數量的批次之後進行更新。我們可以使用布林（Boolean）引數 `write_images` 在 TensorBoard 中將模型權重視覺化為影像。最後，如果我們想分析（profile）計算特性的效能，例如對步驟時間的貢獻，我們可以將

profile_batch 設定為一個整數或整數元組（tuple），它將對該批次或該批次範圍進行分析。將該值設定為零將禁用分析。

完成定義後，我們可以將 TensorBoard 回呼添加到 model.fit() 的回呼串列中，如下所示：

```
history = model.fit(
    train_dataset,
    epochs=10,
    batch_size=1,
    validation_data=validation_dataset,
    callbacks=[tensorboard_callback]
)
```

執行 TensorBoard 的最簡單方法，是打開一個終端機視窗並執行以下 bash 命令：

```
tensorboard --logdir=< 您的日誌檔路徑 >
```

您可以提供其他引數，例如更改 TensorBoard 使用的預設連接埠（port），但如果是要快速啟動並執行它的話，您只需指定 logdir。

摘要通常包括了損失和評估度量的曲線。但是，我們可以使用回呼來發出其他可能有用的摘要，例如影像和權重直方圖，取決於我們的使用案例。我們還可以在訓練進行時列印和 / 或記錄損失和評估度量，以及對產生的影像或其他模型輸出進行定期評估，然後我們可以檢查改進的收益遞減。最後，如果使用 model.fit() 在本地端進行訓練的話，我們可以檢查歷史輸出，並查看損失和評估度量，以及它們會如何隨著時間而變化。

模型品質度量

即使您正在使用驗證集，查看驗證損失並不能真正清楚瞭解模型的執行情況。進入評估度量吧！這些度量是根據模型對未見過的資料的預測而計算出來的，這些度量使我們能夠評估模型在與使用案例相關的方面的表現。

分類度量

正如您在前幾章中學到的，影像分類涉及為影像指派標籤以指出它們屬於哪個類別。標籤可以是互斥的，也就是對於任何給定的影像，只有一個標籤是適用的，或者也可能使用多個標籤來描述一張影像。在單標籤和多標籤情況下，我們通常會預測影像屬於每個類別的機率。由於我們的預測是機率，而我們的標籤通常是二元的（如果影像不是那個類別則為 0，如果是的話則為 1），我們需要某種方法將預測轉換為二元表達法，以便我們可以將它們與實際的標籤進行比較。為此，我們通常會設置一個閾值：低於閾值的任何預測機率都會變成 0，高於閾值的任何預測機率則變為 1。在二元分類中，預設的閾值通常是 0.5，這為兩種可能的選擇提供了相等的機會。

二元分類

實務上有許多適用於單標籤分類的度量可以使用，但最佳選擇取決於我們的使用案例。特別是，二元和多類別分類適用的評估度量並不同。讓我們從二元分類開始。

最常見的評估度量是準確度（accuracy）。這是用來衡量我們模型的正確預測的數量。為了弄清楚這一點，先計算其他四個度量也很有用：真陽性（true positive）、真陰性（true negative）、偽陽性（false positive）和偽陰性（false negative）。真陽性是標籤為 1 時（這會指出該範例屬於某個類別），而預測結果也是 1。同樣的，真陰性是標籤為 0 時（這會指出該範例不屬於某個類別），而預測結果也是 0。相反的，當標籤為 0 但預測為 1 時是偽陽性；而當標籤為 1 但預測為 0 時為偽陰性。綜合起來，這些為了一組預測而建立的東西稱為混淆矩陣（*confusion matrix*），它是一個 2x2 網格，用於計算這四個度量的數量，如圖 8-5 所示。

		真實類別	
		是	否
預測類別	是	TP	FP
	否	FN	TN

圖 8-5　二元分類混淆矩陣。

我們可以將這四個度量添加到我們的 Keras 模型中，如下所示：

```
model.compile(
    optimizer="sgd",
    loss="mse",
    metrics=[
        tf.keras.metrics.TruePositives(),
        tf.keras.metrics.TrueNegatives(),
        tf.keras.metrics.FalsePositives(),
        tf.keras.metrics.FalseNegatives(),
    ]
)
```

分類準確度是正確預測的百分比，因此它的計算方法是將模型正確的預測數，除以它所做的預測總數。使用四個混淆矩陣度量，這可以表示為：

$$準確度 = \frac{TP+TN}{TP+TN+FP+FN}$$

在 TensorFlow 中，我們可以像這樣來向 Keras 模型添加準確度度量：

```
model.compile(optimizer="sgd", loss="mse",
    metrics=[tf.keras.metrics.Accuracy()]
)
```

這會計算與標籤符合的預測數量，然後除以預測總數。

如果我們的預測和標籤都是 0 或 1，就像在二元分類的情況下，那麼我們可以改為添加以下 TensorFlow 程式碼：

```
model.compile(optimizer="sgd", loss="mse",
    metrics=[tf.keras.metrics.BinaryAccuracy()]
)
```

在此案例中，預測很可能是被閾值化為 0 或 1 的機率，然後再與實際標籤進行比較以查看它們匹配的百分比。

如果我們的標籤是類別性的（categorical）、一位有效編碼的，那麼我們可以改為添加以下 TensorFlow 程式碼：

```
model.compile(optimizer="sgd", loss="mse",
    metrics=[tf.keras.metrics.CategoricalAccuracy()]
)
```

這對於多類別情況比較常見，且通常涉及將每個類別的預測機率向量和每個範例的一位有效編碼後的標籤向量進行比較。

然而，準確度的一個問題是它只有在類別平衡時才能運作良好。例如，假設我們的使用案例是預測視網膜影像是否顯示了眼部疾病。假設已經篩檢了 1,000 名患者，但其中只有兩人確實患有眼疾。一個會預測每張影像都顯示健康眼睛的具有偏見的模型，將會正確 998 次，而只錯誤兩次，從而達到 99.8% 的準確度。雖然這聽起來可能令人印象深刻，但這個模型實際上對我們是沒有用的，因為它完全無法偵測到我們真正在尋找的案例。對於這個特定問題，準確度不是一個有用的評估度量。值得慶幸的是，混淆矩陣值的其他組合對於不平衡的資料集（以及平衡的資料集）可能會更具意義。

如果我們是對模型所作的正確的正面預測的百分比感興趣，那麼我們將測量**預測精確度**（*prediction precision*）。換句話說，在模型預測患有眼疾的所有患者中，有多少患者是真的患有眼疾？精確度的計算如下：

$$精確度 = \frac{TP}{TP+FP}$$

同樣的，如果想知道我們的模型能夠正確識別的正面範例的百分比，那麼我們將會測量**預測召回率**（*prediction recall*）。換句話說，在真正患有眼疾的患者中，模型到底找到了多少？召回率的計算如下：

$$召回率 = \frac{TP}{TP+FN}$$

在 TensorFlow 中，我們可以使用以下方法，將這兩個度量添加到 Keras 模型中：

```
model.compile(optimizer="sgd", loss="mse",
    metrics=[tf.keras.metrics.Precision(), tf.keras.metrics.Recall()]
)
```

如果我們希望在 0.5 以外的閾值來計算度量，我們還可以添加一個 thresholds 引數，它可以是 [0, 1] 範圍內的浮點數，或浮點數的串列或元組。

如您所見，精確度和召回率的分子是相同的，分母的區別僅在於它們是否包含偽陽性或偽陰性。因此，通常當其中一個上升時，另一個就會下降。那麼我們如何在兩者之間找到一個好的平衡點呢？我們可以添加另一個度量，也就是 F1 分數：

$$F_1 = 2 * \frac{精確度*召回率}{精確度+召回率}$$

F1 分數只是精確度和召回率之間的調和平均值（harmonic mean）。與準確度一樣，精確度以及召回率的範圍會落在 0 到 1 之間。F1 分數為 1 表示模型具有完美的精確度和召回率，因此具有完美的準確度。F1 分數為 0 意味著精確度或召回率都為 0，這意味著沒有真陽性出現。這代表了要嘛就是我們有一個糟糕的模型，要嘛就是我們的評估資料集中根本不包含任何正面範例，這使得我們的模型沒有機會學習如何良好的預測正面範例。

一個更通用的度量稱為 F_β 分數，添加了一個在 0 和 1 之間的實數常數 β，這使我們能夠在 F- 分數方程式中，調整精確度或召回率的重要性：

$$F_\beta = (1 + \beta^2) * \frac{精確度 * 召回率}{\beta^2 * 精確度 + 召回率}$$

如果我們想使用比精確度或召回率更集積的度量,這會很有用,但偽陽性或偽陰性的成本是不同的;它使我們能夠針對我們最關心的問題進行優化。

到目前為止查看的所有評估度量,都要求我們選擇一個分類閾值,該閾值會確定機率是否高到足以成為正向類別預測。但是我們怎麼知道閾值應該要設定成什麼呢?當然,我們可以嘗試多種可能的閾值,然後選擇最能優化我們最關心的度量的閾值。

但是,如果我們使用多個閾值,還有另一種方法可以一次比較所有閾值下的模型表現。這首先會涉及使用跨閾值網格的度量來建構曲線。兩種最流行的曲線是**接收器操作特性**(*receiver operating characteristic*, ROC)和**精確度 - 召回率**(*precision-recall*)曲線。ROC 曲線的 y 軸是真陽性率,也稱為敏感度(sensitivity)或召回率;x 軸是偽陽性率,也稱為 1- 特異性(1-specificity)(真陰性率)或脫落率(fallout)。偽陽性率(false positive rate)定義為:

$$FPR = \frac{FP}{FP + TN}$$

精確度 - 召回率曲線的 y 軸是精確度, x 軸是召回率。

假設我們選擇了一個包含 200 個等距閾值的網格,並且計算了任一類型曲線的水平軸和垂直軸的閾值評估度量。當然,繪製這些點將會建立一條跨越所有 200 個閾值的線。

生成這樣的曲線可以幫助我們進行閾值選擇。我們想選擇一個閾值來優化我們感興趣的度量。它可能是這些統計度量之一,或者更好的是,與我們手頭的業務或使用案例相關的度量,例如遺漏患有眼疾的患者,與對沒有眼疾的患者,進行額外的不必要篩檢的這兩者經濟成本比較。

我們可以透過計算**曲線下面積**(*area under the curve*, AUC)來將這些資訊匯總為一個數字。正如我們在圖 8-6 左側看到的,一個完美的分類器的 AUC 為 1,因為會有 100% 的真陽性率和 0% 的偽陽性率。隨機分類器的 AUC 為 0.5,因為 ROC 曲線將沿著 y = x 軸下降,這指出真陽性和偽陽性的數量以相同的速率增長。如果我們計算出的 AUC 小於 0.5 的話,那麼這意味著我們的模型比隨機分類器的表現更差;AUC 為 0 意味著模型的每個預測都是完全錯誤的。在其他條件相同的情況下,較高的 AUC 通常會更好,可能的範圍落在 0 和 1 之間。

精確度 - 召回率（PR）曲線很類似，如圖 8-6 右側所示；然而，並不是每個 PR 空間的點都可以獲得，因此範圍會小於 [0, 1]。實際範圍取決於資料的類別分佈的偏斜程度。

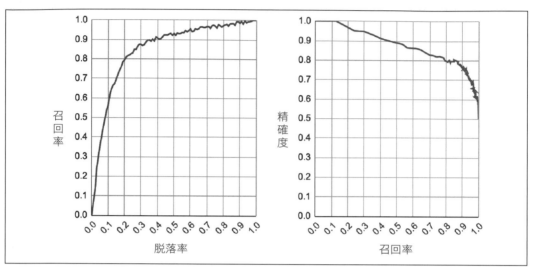

圖 8-6　左圖：ROC 曲線。右圖：精確度—召回率曲線。

那麼，我們在比較分類模型時應該使用哪條曲線呢？如果類別的採樣和平衡良好的話，則建議計算 AUC-ROC。否則，如果類別不平衡或偏斜的話，則推薦選擇 AUC-PR。這是添加 AUC 評估度量的 TensorFlow 程式碼：

```
tf.keras.metrics.AUC(
    num_thresholds=200, curve="ROC",
    summation_method="interpolation",
    thresholds=None, multi_label=False
)
```

我們可以透過 `num_thresholds` 引數來設定閾值的數量以計算四個混淆度量，這將會建立介於 0 和 1 之間的等間隔的閾值數量。或者，我們可以提供範圍 [0, 1] 內的浮點閾值串列，`tf.keras.metrics.AUC()` 將用它們來計算 AUC。

我們還可以透過 `curve` 引數將曲線類型設置為「ROC」或「PR」，以分別使用 ROC 或精確度—召回率曲線。

最後，由於我們正在執行二元分類，我們會將 `multi_label` 設置為 `False`。否則，它將計算每個類別的 AUC，然後取平均值。

多類別、單標籤分類

如果我們有一個多類別分類問題，假設有三個類別（狗、貓和鳥），那麼混淆矩陣將如圖 8-7 所示。請注意，我們現在有一個 3x3 矩陣，而不是 2x2 矩陣；因此，一般來說，它將是一個 $n \times n$ 矩陣，其中 n 是類別的數量。二元分類問題和多類別分類問題之間的一個主要區別是我們不會再有真陰性了，因為它們現在是其他類別的「真陽性」了。

		真實類別		
		狗	貓	鳥
預測類別	狗			
	貓			
	鳥			

圖 8-7　具有三個類別的多類別混淆矩陣。

請記住，對於多類別、單標籤分類問題，即使我們有多個類別，每個實例仍然只屬於一個類別。標籤是互斥的。它就是狗、貓或鳥其中之一的圖片，而不能是超過一個以上的東西。

如何將我們的二元分類混淆矩陣度量擬合到我們的多類別版本中呢？讓我們來看一個例子。如果我們有一張標記為狗的影像，並且我們正確地預測它是一隻狗，那麼矩陣的狗 —— 狗儲存格中的計數就會增加 1。這就是我們在二元分類版本中所說的真陽性。但是，如果我們的模型改為預測「貓」呢？這顯然是一個錯誤的預測，但它並不真正適合偽陽性或偽陰性陣營。這就只是……錯誤、不對。

值得慶幸的是，不必跳得太遠就可以讓多類別混淆矩陣可以運作。讓我們再次查看一下混淆矩陣，這次裏面填了值進去（圖 8-8）。

		真實類別		
		狗	貓	鳥
預測類別	狗	150	50	50
	貓	30	125	60
	鳥	20	25	90

圖 8-8　狗、貓、鳥多類別分類混淆矩陣範例。

我們可以看到這是一個平衡的資料集，因為每個類別都有兩百個範例。然而，它不是一個完美的模型，因為它不是一個純粹的對角矩陣；正如非對角線的計數所證明的那樣，它包含了許多預測錯誤的範例。如果我們希望能夠計算精確度、召回率和其他度量的話，那麼我們必須個別的查看每個類別。

先只看狗類別，我們的混淆矩陣收縮為在圖 8-9 中看到的樣子。可以在這個圖中看到，真陽性就是影像實際上是一隻狗，而我們也預測那是一隻狗的情況，這裏有 150 個範例。偽陽性是我們預測影像是一隻狗但它卻不是（也就是說，它是一隻貓或一隻鳥）的情況。因此，為了得到這個計數，我們將來自狗 - 貓儲存格的 50 個範例和來自狗 - 鳥儲存格的 50 個範例相加。為了找到偽陰性的數量，我們做相反的事情：在這些情況下我們應該預測一隻狗但卻沒有，所以為了得到它們的總數，我們將來自貓 - 狗儲存格的 30 個範例，和來自鳥 - 狗儲存格的 20 個範例相加。最後，真陰性是其餘儲存格的總和，在那裏我們正確的說明這些影像不是狗的照片。請記住，即使模型在某些情況下，可能將貓和鳥混為一談，因為現在我們只看狗類別，這些值都匯集在真陰性中。

		真的是狗	
		是	否
預測是狗	是	TP = 150	FP = 50 + 50
	否	FN = 30 + 20	TN = 125 + 25 + 60 + 90

圖 8-9　狗分類混淆矩陣。

一旦我們對每個類別都做了這個動作，我們就可以計算每個類別的複合度量（精確度、召回率、F1 分數等）。然後，我們可以取它們每一個的未加權平均值，來獲得這些度量的宏觀版本 —— 例如，平均所有類別的精確度將給出宏觀精確度（macro-precision）。還有一個微觀版本，我們將每個不同類別的混淆矩陣中的所有真陽性相加到全域的真陽性計數中，並對其他三個混淆度量執行相同操作。但是，由於這是在全域範圍內完成的，因此微觀精確度（micro-precision）、微觀召回率（micro-recall）和微觀 F1 分數（micro-F1 score）將會是相同的。最後，我們可以根據每個類別的樣本總數，對每個類別的單一度量進行加權，而不是像在宏觀版本中那樣使用未加權的平均值。而後，這將為我們提供了加權精準度、加權召回率等。如果我們有不平衡的類別時，這會很有用。

由於這些仍然使用了閾值將預測的類別機率轉換為獲勝類別的 1 或 0，因此我們可以使用這些各種閾值的組合度量，來製作 ROC 或精確度 - 召回率曲線，以找到可以用來比較閾值未知模型效能的 AUC。

多類別、多標籤分類

在二元（單類別、單標籤）分類中，機率是互斥的，每個範例要嘛就是正類別，要嘛就不是。在多類別單標籤分類中，機率還是互斥的，因此每個範例只能屬於一個類別，但不存在正類別和負類別。第三種分類問題是多類別多標籤分類，其中的機率不再是互斥的。影像不一定必須只是一隻狗或一隻貓。如果兩者都在影像中，那麼狗和貓的標籤都可以是 1，因此一個好的模型應該為這些類別中的每一個項目，預測一個接近 1 的值，以及為任何其他類別預測接近 0 的值。

對於多標籤案例，我們可以使用哪些評估度量呢？我們有幾個選項，但首先讓我們定義一些符號。我們將定義 Y 為實際標籤集合，Z 為預測標籤集合，函數 I 為指示函數（indicator function）。

需要最大化的一個苛刻且具有挑戰性的度量是**精確匹配率**（exact match ratio, EMR），也稱為**子集合精確度**（*subset accuracy*）：

$$EMR = \frac{1}{n} \sum_{i=1}^{n} I(Y_i = Z_i)$$

這測量了我們把**所有**標籤都完全預測正確的範例的百分比。請注意，這不會給予部分分數。如果我們應該預測影像中有 100 個類別，但我們只預測了其中的 99 個，那麼該範例不會被視為完全匹配。模型越好，EMR 就應該越高。

我們可以使用的一個不太嚴格的度量是**漢明分數**（*Hamming score*），它實際上是多標籤準確度：

$$HS = \frac{1}{n} \sum_{i=1}^{n} \frac{|Y_i \cap Z_i|}{|Y_i \cup Z_i|}$$

在這裡，我們測量了每個範例正確預測的標籤與標籤總數的比率，標籤總數包含了預測的和實際的標籤，再對所有範例取平均值。我們想最大化這個數量。這類似於 Jaccard 索引或我們在第 4 章中看到的交聯比（IOU）。

還有一個**漢明損失**（*Hamming loss*）可以使用，其範圍為 [0, 1]：

$$HL = \frac{1}{kn} \sum_{i=1}^{n} \sum_{l=1}^{k} \left[I(l \in Z_i \wedge l \notin Y_i) + I(l \notin Z_i \wedge l \in Y_i) \right]$$

與漢明分數不同，漢明損失測量一個範例與一個被錯誤預測的類別標籤的相關性，然後對該測量取平均值。因此，我們能夠捕獲兩種錯誤：在總和的第一項中，我們在預測錯誤標籤的情況下測量預測誤差，對於第二項，我們正在測量未預測出相關標籤的缺失錯誤。這類似於互斥或（exclusive or, XOR）運算。我們對範例的數量 n 和類別的數量 k 求總和，並透過這兩個數字對二重總和進行正規化。如果我們只有一個類別的話，這個值本質上將簡化為 1 減掉二元分類的準確度。由於這是一個損失，其值越小越好。

我們還有精確度、召回率和 F1 分數的多標籤形式。對精確度而言，我們計算預測正確標籤與實際標籤總數的比率的平均值。

$$精確度 = \frac{1}{n} \sum_{i=1}^{n} \frac{|Y_i \cap Z_i|}{|Z_i|}$$

召回率的計算很類似，我們計算預測正確標籤與預測標籤總數的比率的平均值：

$$召回率 = \frac{1}{n} \sum_{i=1}^{n} \frac{|Y_i \cap Z_i|}{|Z_i|}$$

對於 F1 分數，它與之前的精確度和召回率的調和平均值類似：

$$F_1 = \frac{1}{n} \sum_{i=1}^{n} \frac{2|Y_i \cap Z_i|}{|Y_i| + |Z_i|}$$

當然，我們也可以使用宏觀版本計算 ROC 曲線或精確度—召回率曲線的 AUC，我們會計算每個類別的 AUC，然後對其進行平均。

迴歸度量

對於影像迴歸問題，也可以使用評估度量來查看我們的模型在用於訓練之外的資料上的表現如何。對於以下所有迴歸度量，我們的目標是盡可能的最小化它們。

最著名和標準的度量是均方誤差（*mean squared error*, MSE）：

$$MSE = \frac{1}{n} \sum_{i=1}^{n} \left(Y_i - \widehat{Y}_i \right)^2$$

MSE，顧名思義，是預測標籤和實際標籤之間的平方誤差的平均值。這是一個平均值無偏差（mean-unbiased）估計量，而它具有二次項因此具有很高的敏感度，但這種敏感度意味著一些異常值可能會過度的影響它。

也可以使用均方根誤差（*root mean squared error*, RMSE），也就是均方誤差的平方根：

$$RMSE = \sqrt{\frac{1}{n} \sum_{i=1}^{n} \left(Y_i - \widehat{Y}_i\right)^2}$$

一個稍微簡單且更易解釋的度量是平均絕對誤差（*mean absolute error*, MAE）：

$$MAE = \frac{1}{n} \sum_{i=1}^{n} \left|Y_i - \widehat{Y}_i\right|$$

MAE 只是連續的預測和標籤之間的差異的絕對值。與具有平方指數的 MSE/RMSE 相比，MAE 不太容易受到一些異常值的影響。此外，與 MSE 不同的是，MSE 是平均值無偏差估計量，其中估計量的樣本平均值與分佈平均值相同，而 MAE 是中值無偏差（median-unbiased）估計量，其中估計量的高估和低估是一樣頻繁的。

為了使迴歸更加強固，我們還可以嘗試使用 Huber 損失（Huber loss）度量。與平方誤差損失相比，它對異常值也不會那麼敏感：

$$HL_\delta\left(Y, \widehat{Y}\right) = \frac{1}{n} \sum_{i=1}^{n} \begin{cases} \frac{1}{2}\left(Y_i - \widehat{Y}_i\right)^2 & \text{若 } \left|Y_i - \widehat{Y}_i\right| \leq \delta \\ \delta\left|Y_i - \widehat{Y}_i\right| - \frac{1}{2}\delta^2 & \text{其他情況} \end{cases}$$

如您所見，我們透過此度量獲得了兩全其美的效果。我們宣告一個常數閾值 δ；如果絕對殘差小於這個值，我們就使用平方項，否則我們使用線性項。透過這種方式，我們可以同時受益於二次項的平方平均值無偏差估計量對接近零的值的敏感性，以及線性項的中值無偏差估計量對離零較遠的值的強固性。

物件偵測度量

本質上，大多數常用的物件偵測評估度量與分類度量是相同的。然而，我們不是比較整個影像的預測標籤和實際標籤，而是去比較偵測到的物件與定界框內實際存在的物件，如我們在第 4 章中所看到的。

最常見的物件偵測度量之一是交聯比：

$$IOU = \frac{area\left(\widehat{B} \cap B\right)}{area\left(\widehat{B} \cup B\right)}$$

分子是我們預測的定界框和實際定界框的交集面積。分母是我們預測的定界框和實際定界框的聯集面積。我們可以在圖 8-10 中以圖形方式看到這一點。

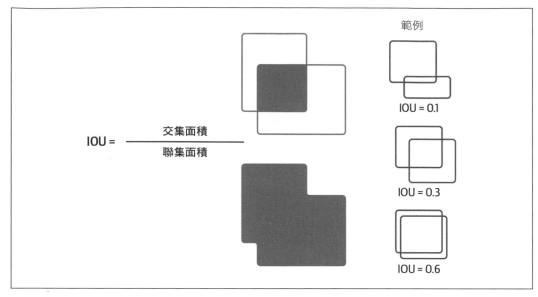

$$IOU = \frac{交集面積}{聯集面積}$$

範例

IOU = 0.1

IOU = 0.3

IOU = 0.6

圖 8-10　交聯比是重疊面積除以聯集面積。

如果完美重疊的話，兩個面積會是相等的，因此 IOU 將為 1。如果沒有任何重疊的話，分子中將出現 0，因此 IOU 將為 0。因此，IOU 的界限是 [0, 1]。

我們還可以使用一種形式的分類混淆度量，例如真陽性。與分類一樣，計算這些度量需要一個閾值，但不是對預測機率進行閾值處理，而是對 IOU 進行閾值處理。換句話說，如果定界框的 IOU 超過某個值的話，那麼我們就宣告已偵測到該物件。閾值通常為 50%、75% 或 95%。

在這種情況下，真陽性將被認為是正確的偵測。這種情況發生在當預測的定界框和實際的定界框的 IOU 大於或等於閾值時；另一方面，偽陽性將被視為錯誤偵測。當預測的定界框和實際的定界框的 IOU 小於閾值時，就是這種情況；偽陰性將被視為遺漏偵測，也就是根本沒有偵測到實際的定界框。

最後，真陰性不適用於物體偵測。真陰性是正確的遺漏偵測。如果我們還記得我們的逐類別多類別混淆矩陣，那麼真陰性會是其他三個混淆度量沒有使用的所有其他儲存格的總和。在此處，所謂的真陰性就是我們可以放置在影像上的所有定界框，而它們並不會觸發其他三個混淆度量。即使對於小影像來說，這些未放置的定界框的排列數量也將是巨大的，因此使用這種混淆度量是沒有意義的。

在這種情況下，精確度等於真陽性的數量除以所有偵測的數量。這會衡量模型僅識別影像中相關物件的能力：

$$精確度 = \frac{真陽性}{所有偵測}$$

在物件偵測中，召回率會衡量模型在影像中找到所有相關物件的能力。因此，它等於真陽性的數量除以所有實際定界框的數量：

$$召回率 = \frac{真陽性}{所有實際定界框}$$

就像分類一樣，這些複合度量可用於建立使用不同閾值的曲線。一些最常見的是精確度 – 召回率曲線（就像我們之前看到的曲線）和召回率 – IOU 曲線，它們通常是在 [0.5, 1.0] 範圍內繪製 IOU。

我們還可以使用精確度 – 召回率和召回率 – IOU 曲線來計算平均精確度和平均召回率。為了平滑曲線中的任何擾動，我們通常會在執行實際平均精確度計算之前在多個召回率等級對精確度進行內插，如圖 8-11 所示。

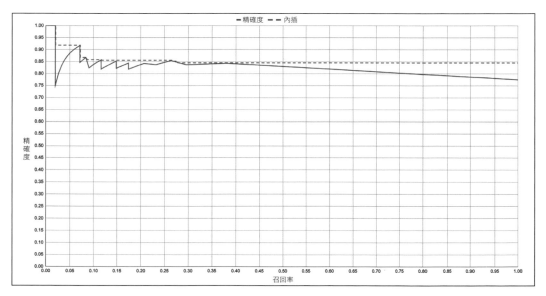

圖 8-11　內插後的精確度 – 召回率曲線。

我們對平均召回率做了類似的事情。在公式中，某一選定召回率等級 r 的內插精確度，是為任何大於或等於 r 的召回率等級 r' 中找到的精確度 p 的最大值：

$$p_{interpolated} = max_{r' \geq r}[p(r')]$$

傳統的內插方法是選擇 11 個等距的召回率等級；然而，最近的實務工作者一直在實驗中為內插選擇所有不重複的召回率等級。因此，平均精確度是內插精確度 – 召回率曲線下的面積：

$$AP = \frac{1}{n} \sum_{i=1}^{n-1} (r_{i+1} - r_i) p_{interpolated}(r_{i+1})$$

如果我們只有一個類別的話，那麼精確度的故事就結束了，但通常在物件偵測中我們會有很多類別，而所有類別都有不同的偵測效能。因此，計算*平均精確度均值*（*mean average precision*, mAP）可能很有用，它就只是每個類別的平均精確度的平均值：

$$mAP = \frac{1}{k} \sum_{l=1}^{k} AP_l$$

為了計算平均召回率（average recall），如前所述，我們使用召回率 – IOU 曲線而不是用於計算平均精確度的精確度 – 召回率曲線。它本質上是所有 IOU（特別是至少 50% 的 IOU）的平均召回率，因此成為召回率 – IOU 曲線下面積的兩倍：

$$AR = 2 \int_{0.5}^{1} recall(u) du$$

正如在平均精確度的多類別物件偵測案例中所做的那樣，我們可以透過平均所有類別的平均召回率，來找到*平均召回率均值*（*mean average recall*, mAR）：

$$mAR = \frac{1}{k} \sum_{l=1}^{k} AR_l$$

例如在分割任務中，度量與偵測是完全相同的。IOU 也可以定義在框（box）或遮罩（mask）上。

現在我們已經探索了模型可用的評估度量，讓我們看看我們要如何使用它們來理解模型偏見和持續評估。

品質評估

訓練期間在驗證資料集上計算的評估度量是匯總計算的。這種匯總度量忽略了真正衡量模型品質所需的許多細微之處。讓我們來看看切片評估,一種用來捕捉這些細微之處的技術,以及如何使用切片評估來識別模型中的偏見。

切片評估

評估度量通常會根據分佈會和訓練資料集相似的保留(holdout)資料集來計算。這通常可以讓我們對模型的健康狀況和品質有一個很好的整體瞭解。然而,該模型在資料的某些切片上的表現可能比其他切片差得多,而且這些缺陷可能會在對整個資料集進行計算的汪洋大海中消失。

因此,在更精細的等級上分析模型品質通常會是一個好主意。我們可以透過根據類別或其他分離特徵來對資料進行切片,並計算每個子集合的常用評估度量來達成這一點。當然,我們仍然應該使用所有資料來計算評估度量,以便我們可以看到單一子集合與超集合(superset)的差異。您可以在圖 8-12 中看到這些切片評估度量的範例。

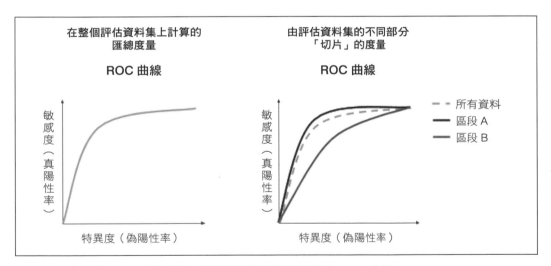

圖 8-12　與整體 ROC 曲線相比,兩個不同資料區段的切片 ROC 曲線。

一些使用案例特別重視資料的某些部分,因此它們是應用切片評估度量的主要目標,以能夠密切的關注這些部分。

不過，這不僅僅是一種被動的監控練習！一旦我們知道切片評估度量，就可以對資料或模型進行調整，以使每個切片度量都符合期望。這可能就像為特定類別增加更多資料，或向模型添加更多複雜性一樣簡單，以便更能理解那些有問題的切片。

接下來，我們將看一個可能需要對其進行切片評估的區段特定範例。

公平監控

影像 ML 模型已被證明在某些人群中表現不佳。例如，2018 年的一項研究（*https://oreil.ly/CnSW8*）顯示，與膚色較淺的男性相比，市售的臉部分析程式在識別膚色較深的女性的性別的錯誤率要高得多。2020 年，許多 Twitter 使用者回報（*https://oreil.ly/oVOZR*），Twitter 的照片預覽功能似乎更喜歡白人面孔而不是黑人面孔。與此同時，當使用虛擬背景時，Zoom 的面部識別似乎可以去除黑人的臉（*https://oreil.ly/9v8op*）。2015 年，Google Photos 錯誤的將一對黑人夫婦的自拍照標記為（*https://oreil.ly/Mw5LC*）是大猩猩的照片。

考慮到高素質工程團隊的這些引人注目和令人不悅的錯誤，很明顯的，如果我們的電腦視覺問題涉及人類受試者時，我們應該嘗試透過執行切片評估來防止此類錯誤，其中的區段是由屬於不同種族和性別的個體組成。這將使我們能夠診斷是否存在問題。

我們不能只簡單的確保所有種族和性別都存在於訓練和評估資料集中來解決不同性別和種族受試者的模型效能不佳問題。可能還有更深層次的問題。攝影濾鏡和處理技術歷來經過優化（*https://oreil.ly/JFpNx*）以用最好的方式呈現較淺的膚色，這會導致對較深色調的人的照明效果出現問題。因此，可能必須將前置處理和資料擴增方法納入我們的模型訓練生產線中，以糾正這種影響。此外，ML 模型訓練最初是側重於常見案例，後來才側重於稀有範例。這意味著提前停止、修剪和量化等技術可能會放大對少數群體的偏見（*https://arxiv.org/abs/1911.05248*）。換句話說，這不「僅僅是」一個資料問題。解決公平問題需要檢查整個機器學習生產線。

切片評估是診斷已訓練模型中是否存在此類偏見的寶貴工具，這意味著我們應該對我們擔心可能受到不公平對待的任何族群進行這些評估。

持續評估

我們應該多久進行一次切片評估？即使在我們部署模型之後，不斷評估它們也很重要。這可以幫助我們及早發現可能出錯的事情。例如，我們可能會出現預測漂移（prediction drift），因為推論輸入分佈會隨時間而緩慢變化。也可能有突發事件導致資料發生重大變化，進而導致模型的行為發生變化。

持續評估通常包括七個步驟：

1. 隨機採樣並儲存發送的資料以用於模型預測。例如，我們可能選擇儲存發送到已部署模型的所有影像的 1%。

2. 像往常一樣使用模型進行預測並將它們發送回客戶端 —— 但一定要儲存模型對每個採樣影像的預測。

3. 寄送樣品以進行標記。我們可以使用與訓練資料相同的標記方法 —— 例如，我們可以使用標記服務，或者根據最終結果在幾天後標記資料。

4. 計算採樣資料的評估度量，包括切片評估度量。

5. 繪製評估度量的移動平均值。例如，我們可以繪製過去 7 天的平均 Hubert 損失。

6. 找尋平均評估度量隨時間的變化，或超出的特定閾值。我們可能會選擇發送警報，例如，當任何受監控區段的準確度低於 95% 時，或者當本週的準確度比前一周的準確度低 1% 以上時。

7. 我們也可以選擇在將採樣和隨後標記的資料添加到訓練資料集後，定期重新訓練或微調模型。

何時要重新訓練是我們需要做出的決定。一些常見的選擇包括在評估度量低於某個閾值時重新訓練，每 X 天重新訓練一次，或者在我們有 X 個新的已標記範例後重新訓練。

是要從頭開始訓練還是微調就好是我們需要做出的另一個決定。如果新樣本數量只是原始訓練資料的一小部分比例的話，則典型的選擇是微調模型，而在當採樣資料開始接近原始資料集中範例數量的 10% 時就從頭開始訓練。

總結

在本章中，我們討論了在訓練期間監控模型的重要性。我們可以使用 TensorBoard 驚人的圖形 UI 來觀察整個訓練過程中的損失和其他度量，並驗證模型是否會隨著時間的推移而收斂並變得更好。此外，由於我們不想過度訓練我們的模型，通過建立檢查點和啟用提前停止機制，我們可以在最佳時刻停止訓練。

我們還討論了許多品質度量，我們可以使用這些度量來評估我們的模型在沒看過的資料上的表現，以更好的衡量它們的表現。影像分類、影像迴歸和物件偵測各有不同的度量，儘管其中一些度量在各種問題類型中以略有不同的形式重新出現。事實上，影像分類具有三個不同的分類度量子家族，這取決於類別的數量和每張影像的標籤數量。

最後，我們研究了對資料子集合進行切片評估，不僅可以瞭解模型的差距，還可以幫助我們集思廣益的修復這些差距。這種做法可以幫助我們監控偏見，以確保我們盡可能的公平並瞭解使用我們的模型的固有風險。

## 第九章

模型預測

訓練機器學習模型的主要目的是要能夠使用它們來進行預測。在本章中，我們將深入探討要部署經過訓練的 ML 模型並使用它們來進行預測所涉及的幾個考慮因素和設計選擇。

 本章的程式碼位於本書 GitHub 儲存庫（*https://github.com/ GoogleCloudPlatform/practical-ml-vision-book*）的 *09_deploying* 資料夾中。我們將在適用的情況下提供程式碼範例和筆記本的檔名。

進行預測

要引動（*invoke*）經過訓練的模型（也就是使用它進行預測），我們必須從模型被匯出的目錄中載入模型並呼叫服務簽名。在本節中，我們將看看如何做到這一點。我們還將研究如何提高被引動模型的可維護性和效能。

匯出模型

要獲得要引動的服務簽名，我們必須匯出我們經過訓練的模型。讓我們快速回顧一下這兩個主題 —— 匯出和模型簽名 —— 在第 7 章第 260 頁的「儲存模型狀態」中有更詳細的介紹。回想一下，可以使用這樣的程式碼來匯出 Keras 模型（參見 GitHub 上的筆記本 *07c_export.ipynb*）：

```
model.save('gs://practical-ml-vision-book/flowers_5_trained')
```

這會將模型儲存為 TensorFlow SavedModel 格式。我們還討論了使用命令行工具 saved_model_cli 來檢視預測函數的簽名。預設情況下，簽名會與儲存下來的 Keras 模型的輸入層相匹配，但可以透過外顯式指定來使用不同的函數匯出模型（見圖 9-1）：

```
model.save('export/flowers_model',
           signatures={
               'serving_default': predict_flower_type
           })
```

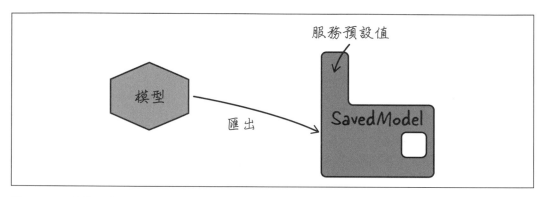

圖 9-1　匯出模型會建立一個 SavedModel，該模型具有用於服務預測的預設簽名。在本案例中，左邊的模型是記憶體中的 Python 物件，而 SavedModel 是保存到磁碟的物件。

predict_flower_type() 函數帶有 @tf.function 註解，如第 7 章第 262 頁的「TensorFlow 函數的簽名」中所述：

```
@tf.function(input_signature=[tf.TensorSpec([None,], dtype=tf.string)])
def predict_flower_type(filenames):
    ...
```

假設，我們已匯出本章第一部分中的範例中的模型，並使用 predict_flower_type() 函數作為其預設服務函數。

使用記憶體內模型（In-Memory Model）

想像一下，我們正在編寫一個客戶端程式，該客戶端需要呼叫此模型並從中獲取一些輸入的預測。客戶端可以是我們希望從中引動模型的 Python 程式。然後我們將模型載入到我們的程式中並獲取預設服務函數如下（完整程式碼在 GitHub 上的 *09a_inmemory.ipynb* 中）：

```
serving_fn = tf.keras.models.load_model(MODEL_LOCATION
                                        ).signatures['serving_default']
```

如果我們將一組檔名傳遞給服務函數，我們將獲得相對應的預測：

```
filenames = [
    'gs://.../9818247_e2eac18894.jpg',
    ...
    'gs://.../8713397358_0505cc0176_n.jpg'
]
pred = serving_fn(tf.convert_to_tensor(filenames))
```

結果會是一個字典。透過在字典中查找特定鍵並呼叫 `.numpy()` 可以從張量中獲得最大似然（likelihood）預測：

```
pred['flower_type_str'].numpy()
```

在這種預測情況下，模型是直接在客戶端程式中載入和引動的（見圖 9-2）。模型的輸入必須是張量，因此客戶端程式必須用檔名字串來建立一個張量。因為模型的輸出也是一個張量，因此客戶端程式必須使用 `.numpy()` 來獲取一個普通的 Python 物件。

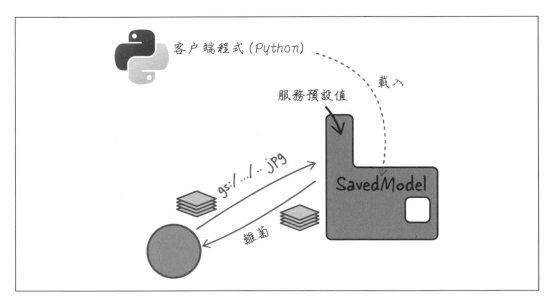

圖 9-2　用 Python 編寫的客戶端程式將 SavedModel 載入到它的記憶體中、將包含檔名的張量發送到記憶體內模型，並接收包含預測標籤的張量。

一些輸入影像及其預測如圖 9-3 所示。請注意，由於我們在第 5 章和第 7 章中細心的複製了服務函數中的前置處理運算，因此客戶端可以向我們發送任意大小的影像 —— 伺服器將根據模型的需要來調整影像的大小。

圖 9-3　一組影像及其所對應的預測。

然而，這種記憶體內方法存在兩個關鍵問題：抽象化（abstraction）和效能。讓我們看看這些問題是什麼，以及如何解決。

改善抽象化

通常情況下，與將 ML 預測整合到面對使用者的應用程式中的應用程式開發人員相比，開發 ML 模型的機器學習工程師和資料科學家會擁有他們想要的工具和技能可以使用。您會想讓 ML 預測 API 可以被不具有任何 TensorFlow 或 React、Swift 或 Kotlin 程式設計知識的人使用。這就是為什麼抽象化是必要的。

我們在一定程度上抽象化了模型的細節 —— 客戶端不需要知道所需的影像大小（確實如此，請注意圖 9-3 中的影像都是不同的大小）或用於分類的 ML 模型的架構。然而，抽象化並不完整。我們確實對客戶端程式設計師有一些要求：

- 客戶端機器需要安裝 TensorFlow 程式庫。

- 在撰寫本文時，TensorFlow API 只能在 Python、C（*https://oreil.ly/H4zVq*）、Java（*https://oreil.ly/WOP0O*）、Go（*https://oreil.ly/bRhdh*）和 JavaScript（*https://oreil.ly/vvODq*）中呼叫。因此，客戶端必須使用其中一種語言來編寫。

- 由於客戶端程式設計師必須呼叫 `tf.convert_to_tensor()` 和 `.numpy()` 等函數，因此他們必須瞭解張量形狀和急切執行（eager execution）等概念。

為了改善抽象化，如果我們可以使用一些可以在多種語言和環境中使用的協定（例如 HTTPS）來引動模型會更好。此外，如果我們能夠以泛用格式（例如 JSON）提供輸入並以相同格式獲得結果的話，那就更好了。

提高效率

在記憶體內方法中，模型直接在客戶端程式中加入和引動。因此，使用者將需要：

- 相當大的板載記憶體，因為影像模型往往非常大

- 加速器，例如 GPU 或 TPU，否則計算會很慢

只要我們確保在具有足夠記憶體和搭載了加速器的機器上執行客戶端程式碼，我們就沒問題了嗎？也不盡然。

效能問題往往表現為四種情況：

線上預測

 我們可能有許多並行客戶端需要近乎即時的預測。如果我們正在建構交談式工具，例如能夠將產品照片載入到電子商務網站上的工具，就會出現這種情況。由於可能有數千個並行使用者，我們必須確保對所有這些並行使用者進行低延遲的預測。

批次預測

 我們可能需要對大型影像資料集進行推論。如果處理每張影像需要 300 毫秒，那麼對 10,000 張影像的推論會需要將近一個小時。我們可能需要更快的結果。

串流預測

 我們可能需要在影像串流進我們的系統時對其進行推論。如果每秒接收大約 10 張影像，處理每張影像需要 100 毫秒，那麼我們會幾乎無法跟上傳入的串流，因此任何流量高峰都會導致系統開始落後。

邊緣預測

 低連接性客戶端可能需要近乎即時的預測。例如，我們可能需要識別工廠內輸送帶上零件的缺陷，即使它正在移動。為此，我們需要盡快處理輸送帶的影像。我們可能沒有網路頻寬來將該影像發送到雲端中的強大機器，並在移動輸送帶所施加的時間預算內傳回結果。這也是手機上的應用程式需要根據手機相機所指向的物件做出決定的情況。由於工廠或手機位於網路邊緣，其網路頻寬比不上雲端資料中心內兩台機器間的頻寬，所以這被稱為**邊緣預測**（*edge prediction*）。

下面的部分將深入研究這每一個場景，並研究處理它們的技術。

線上預測

對於線上預測，我們需要一個微服務架構 —— 模型推論需要在搭載了加速器的強大伺服器上進行。客戶端將透過發送 HTTP 請求和接收 HTTP 回應來請求模型進行推論。使用加速器和自動縮放（autoscaling）基礎設施解決了效能問題，而使用 HTTP 請求和回應則解決了抽象化問題。

TensorFlow Serving

此處所推薦的線上預測方法是部署模型時使用 TensorFlow Serving 作為回應 POST 請求的 Web 微服務。請求和回應不會是張量，而是抽象化為 Web 原生訊息格式，例如 JSON。

部署模型

TensorFlow Serving 只是軟體，所以我們還需要一些基礎設施。使用者請求必須動態的路由到不同的伺服器，這些伺服器需要自動縮放以處理流量高峰。您可以在 Google Cloud 的 Vertex AI、Amazon SageMaker 或 Azure ML 等託管服務上執行 TensorFlow Serving（見圖 9-4）。這些平台上的加速可透過 GPU 和客製化的加速器（如 AWS Inferentia 和 Azure FPGA）來達成。儘管您可以將 TensorFlow Serving 模組或 Docker 容器安裝到您喜歡的 Web 應用程式框架中，但我們不推薦這種作法，因為您將無法獲得雲端供應商的 ML 平台所提供的優化後 ML 服務系統和基礎設施管理的好處。

要將 SavedModel 部署為 Google Cloud 上的 Web 服務，我們將 gcloud 指向模型被匯出的 Google Cloud Storage 位置，並將產生的模型部署到 Vertex AI 端點。詳情請查看 GitHub 中的程式碼。

在部署模型時，我們還可以指定機器類型、加速器類型以及最小和最大副本數。

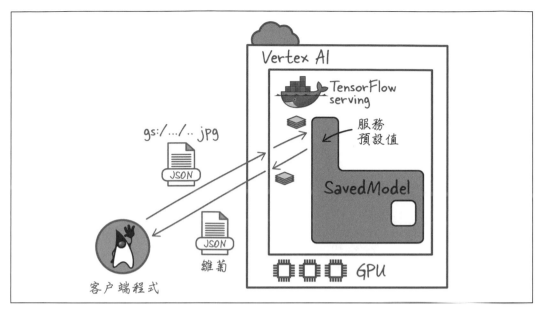

圖 9-4　透過 REST API 提供線上模型預測。

做出預測

我們可以從任何能夠向部署模型的伺服器發出 HTTPS 呼叫的機器上獲得預測（見圖 9-4）。資料將作為 JSON 訊息來回發送，TensorFlow Serving 會將 JSON 轉換為張量，以發送到 SavedModel。

我們可以透過建立一個 JSON 請求來試用部署的模型：

```
{
    "instances": [
        {
            "filenames": "gs://.../9818247_e2eac18894.jpg"
        },
        {
            "filenames": "gs://.../9853885425_4a82356f1d_m.jpg"
        },
    ]
}
```

並使用 gcloud 將其發送到伺服器：

```
gcloud ai endpoints predict ${ENDPOINT_ID} \
    --region=${REGION} \
    --json-request=request.json
```

需要注意的一個關鍵事項是 JSON 請求由一組實例所組成，其中每個實例都是一個字典。字典中的項目對應於模型簽名中指定的輸入。我們可以透過在 SavedModel 上執行命令行工具 saved_model_cli 來查看模型簽名：

```
saved_model_cli show --tag_set serve \
    --signature_def serving_default --dir ${MODEL_LOCATION}
```

在花卉模型的案例中，這會傳回：

```
inputs['filenames'] tensor_info:
    dtype: DT_STRING
    shape: (-1)
    name: serving_default_filenames:0
```

這就是為何我們知道 JSON 中的每個實例，都需要一個名為 filenames 字串元素的原因。

因為這只是一個 REST API，所以可以從任何能夠發送 HTTPS POST 請求的程式語言中呼叫它。以下是在 Python 中執行此操作的作法：

```
api = ('https://{}-aiplatform.googleapis.com/v1/projects/' +
        '{}/locations/{}/endpoints/{}:predict'.format(
        REGION, PROJECT, REGION, ENDPOINT_ID))
```

標頭包含了客戶端的身份驗證符記（token）。這可用以下程式設計方式進行檢索：

```
token = (GoogleCredentials.get_application_default()
            .get_access_token().access_token)
```

我們已經看到了如何部署模型並從中獲得預測，但 API 包含的是模型匯出時所用的任何簽名。接下來，讓我們看看如何改變這一點。

修改服務函數

目前，花卉模型已被匯出，因此它以檔名作為輸入並傳回由最可能的類別（例如，雛菊）、該類別的索引（例如，2）、以及與該類別相關聯的機率（例如，0.3）所組成的字典。假設目前我們想要更改簽名，以便我們也傳回與預測相關聯的檔名。

這種情況很常見，因為無法預測模型匯出時，我們將在生產中需要的確切簽名為何。在這種情況下，我們希望將來自客戶端的輸入參數轉嫁給回應。需要這樣的**轉嫁參數**（*pass-through parameter*）是很常見的，不同的客戶端會想要傳遞不同的東西。

雖然我們可以重新回到前面、更改訓練器程式、重新訓練模型並重新匯出具有所需簽名的模型，但簡單的更改匯出模型的簽名會更方便。

更改預設簽名

要更改簽名，我們先載入匯出的模型：

```
model = tf.keras.models.load_model(MODEL_LOCATION)
```

然後我們定義一個具有新簽名的函數，確保從新函數中引動模型上的舊簽名：

```
@tf.function(input_signature=[tf.TensorSpec([None,], dtype=tf.string)])
def pass_through_input(filenames):
    old_fn = model.signatures['serving_default']
    result = old_fn(filenames) # 包含 flower_type_int 等
    result['filename'] = filenames # 轉嫁
    return result
```

如果客戶端想要提供序號並要求我們在回應中轉嫁它，我們可以這樣做：

```
@tf.function(input_signature=[tf.TensorSpec([None,], dtype=tf.string),
                              tf.TensorSpec([], dtype=tf.int64)])
def pass_through_input(filenames, sequenceNumber):
    old_fn = model.signatures['serving_default']
    result = old_fn(filenames) # 包含 flower_type_int 等
    result['filename'] = filenames # 轉嫁
    result['sequenceNumber'] = sequenceNumber # 轉嫁
    return result
```

最後，我們使用我們的新函數作為服務預設值來匯出模型：

```
model.save(NEW_MODEL_LOCATION,
          signatures={
              'serving_default': pass_through_input
          })
```

我們可以使用 saved_model_cli 來驗證產生的簽名並確保檔名包含在輸出中：

```
outputs['filename'] tensor_info:
    dtype: DT_STRING
    shape: (-1)
    name: StatefulPartitionedCall:0
```

多重簽名

如果您有多個客戶端，並且每個客戶端都想要不同的簽名怎麼辦呢？ TensorFlow Serving 允許您在一個模型中擁有多個簽名（儘管其中只有一個是服務預設值）。

例如，假設我們要同時支援原始簽名和轉嫁版本。在這種情況下，我們可以匯出帶有兩個簽名的模型（見圖 9-5）：

```
model.save('export/flowers_model2',
          signatures={
              'serving_default': old_fn,
              'input_pass_through': pass_through_input
          })
```

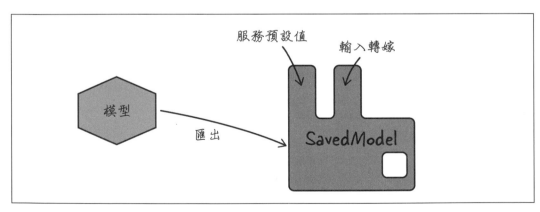

圖 9-5　匯出具有多個簽名的模型。

其中 old_fn 是透過以下方式獲得的原始服務簽名：

```
model = tf.keras.models.load_model(MODEL_LOCATION)
old_fn = model.signatures['serving_default']
```

希望引動非預設服務簽名的客戶端必須在其請求中特定性的包含簽名的名稱：

```
{
    "signature_name": "input_pass_through",
    "instances": [
        {
            "filenames": "gs://.../9818247_e2eac18894.jpg"
        },
        ...
    ]
}
```

其他客戶端則會獲得與預設服務函數相對應的回應。

處理影像位元組

到目前為止，我們一直在向服務發送檔名並詢問分類結果。這對於已經上傳到雲端的影像很有用，但如果不是這種情況的話，可能會引起摩擦。如果影像尚未在雲端中，那麼客戶端程式碼向我們發送與檔案內容對應的 JPEG 位元組會是理想的選擇。這樣，我們可以省略在引動預測模型之前，將影像資料上傳到雲端的中間步驟。

載入模型

要在這種情況下更改模型，我們可以載入匯出的模型並將輸入簽名更改為：

```
@tf.function(input_signature=[tf.TensorSpec([None,], dtype=tf.string)])
def predict_bytes(img_bytes):
```

但是這個實作會做什麼事呢？為了引動現有的模型簽名，我們需要讓伺服器可以使用使用者的檔案。因此，我們必須獲取傳入的影像位元組，將它們寫入一個臨時的 Cloud Storage 位置，然後將其發送到模型。然後模型會將這個臨時檔案讀回記憶體中。這樣會非常的浪費 —— 我們要如何讓模型直接使用我們發送的位元組呢？

為了如此，我們需要解碼 JPEG 位元組，並用和模型的訓練期間相同的方式對其進行前置處理，然後再引動 model.predict()。為此，我們需要載入在模型訓練期間所儲存的最後一個（或最好的）檢查點：

```
CHECK_POINT_DIR='gs://.../chkpts'
model = tf.keras.models.load_model(CHECK_POINT_DIR)
```

我們還可以使用相同的 API 來載入匯出的模型：

```
EXPORT_DIR='gs://.../export'
model = tf.keras.models.load_model(EXPORT_DIR)
```

添加預測簽名

載入模型後，我們就使用該模型來實作預測函數：

```
@tf.function(input_signature=[tf.TensorSpec([None,], dtype=tf.string)])
def predict_bytes(img_bytes):
    input_images = tf.map_fn(
        preprocess, # 用於訓練的前置處理函數
        img_bytes,
        fn_output_signature=tf.float32
    )
    batch_pred = model(input_images) # 和 model.predict() 相同
    top_prob = tf.math.reduce_max(batch_pred, axis=[1])
    pred_label_index = tf.math.argmax(batch_pred, axis=1)
    pred_label = tf.gather(tf.convert_to_tensor(CLASS_NAMES),
                           pred_label_index)
    return {
        'probability': top_prob,
        'flower_type_int': pred_label_index,
        'flower_type_str': pred_label
    }
```

請注意，在該程式碼片段中，我們需要存取訓練中使用的前置處理函數，可能是透過匯入 Python 模組來進行。前置處理函數必須與訓練中所使用的函數相同：

```
def preprocess(img_bytes):
    img = tf.image.decode_jpeg(img_bytes, channels=IMG_CHANNELS)
    img = tf.image.convert_image_dtype(img, tf.float32)
    return tf.image.resize_with_pad(img, IMG_HEIGHT, IMG_WIDTH)
```

我們還可以實作另一種方法來從檔名中進行預測：

```
@tf.function(input_signature=[tf.TensorSpec([None,], dtype=tf.string)])
def predict_filename(filenames):
    img_bytes = tf.map_fn(
        tf.io.read_file,
        filenames
    )
    result = predict_bytes(img_bytes)
    result['filename'] = filenames
    return result
```

這個函數簡單的讀入檔案（使用 `tf.io.read_file()`），然後引動另一個預測方法。

匯出簽名

這兩個函數都可以匯出，以讓客戶端可以選擇提供檔名或位元組內容：

```
model.save('export/flowers_model3',
           signatures={
               'serving_default': predict_filename,
               'from_bytes': predict_bytes
           })
```

Base64 編碼

為了將本地端影像檔案的內容提供給 Web 服務，我們將檔案內容讀入記憶體並透過網路發送。因為 JPEG 檔案很可能會包含會混淆伺服器端的 JSON 剖析器的特殊字元，所以有必要在發送之前對檔案內容進行 base64 編碼（完整程式碼可在 GitHub 上的 *09d_bytes.ipynb* 中找到）：

```
def b64encode(filename):
    with open(filename, 'rb') as ifp:
        img_bytes = ifp.read()
        return base64.b64encode(img_bytes)
```

然後可以將 base64 編碼的資料合併到發送的 JSON 訊息中，如下所示：

```
data = {
    "signature_name": "from_bytes",
    "instances": [
        {
            "img_bytes": {"b64": b64encode('/tmp/test1.jpg')}
```

```
        },
        {
            "img_bytes": {"b64": b64encode('/tmp/test2.jpg')}
        },
    ]
}
```

請注意這裏使用了特殊的 b64 元素來表示 base64 編碼。TensorFlow Serving 瞭解這一點並會在另一端解碼資料。

批次和串流預測

一次對一張影像進行批次預測的速度慢得令人無法接受。更好的解決方案是平行的執行預測。批次預測是一個尷尬的平行（embarrassingly parallel）問題——兩個影像的預測可以完全平行執行，因為兩個預測常式之間沒有資料要傳輸。但是，嘗試在具有許多 GPU 的單一機器上對批次預測程式碼進行平行化，通常會遇到記憶體問題，因為每個執行緒都需要擁有自己的模型副本。使用 Apache Beam、Apache Spark 或任何其他允許我們將資料處理分散在多台機器上的巨量資料（big data）處理技術，是提高批次預測效能的好方法。

我們還需要多台機器來進行串流預測（例如回應透過 Apache Kafka、Amazon Kinesis 或 Google Cloud Pub/Sub 的事件點擊串流），這是出於和我們需要它們來進行批次預測相同的原因——對平行到達的影像進行推論時不會導致記憶體不足問題。然而，由於串流工作負載往往是尖峰，我們還需要這種基礎設施能夠自動擴展——我們應該在流量高峰時配置更多機器，並在流量低時縮減到最少數量的機器。Cloud Dataflow 上的 Apache Beam 提供了這個功能。因此，我們建議使用 Beam 來提高串流預測的效能。令人高興的是，在 Beam 中用於批次預測的相同程式碼也將在串流預測中維持不變。

Apache Beam 生產線

批次和串流預測的解決方案都涉及 Apache Beam，我們可以編寫一個 Beam 轉換來執行推論，並作為生產線的一部分：

```
| 'pred' >> beam.Map(ModelPredict(MODEL_LOCATION))
```

我們可以透過從匯出的模型載入服務函數來重用我們在記憶體內預測中所使用的模型預測程式碼：

```
class ModelPredict:
    def __init__(self, model_location):
        self._model_location = model_location
    def __call__(self, filename):
        serving_fn = (tf.keras.models.load_model(self._model_location)
                      .signatures['serving_default'])
        result = serving_fn(tf.convert_to_tensor([filename]))
        return {
            'filenames': filename,
            'probability': result['probability'].numpy()[0],
            'pred_label': result['flower_type_str'].numpy()[0]
        }
```

但是，這段程式碼有兩個問題。首先，我們一次只處理一個檔案。如果我們可以批次執行 TensorFlow 圖運算的話，它們會更快，因此我們需要批次處理檔名。其次，我們會為每個元素載入模型。理想情況下，我們只會載入一次模型並重用它。然而，因為 Beam 是一個分散式系統，我們實際上必須在*每個 worker* 上載入一次模型（見圖 9-6）。為此，我們必須使用每個 worker 所獲取的共享*描述符*（*handle*）（本質上是與服務的共享連接）。這個描述符必須透過弱參照來獲取，這樣如果一個 worker 除役（由於低流量）然後重新激發（由於流量高峰），Beam 會做正確的事情，並在該 worker 中重新載入模型。

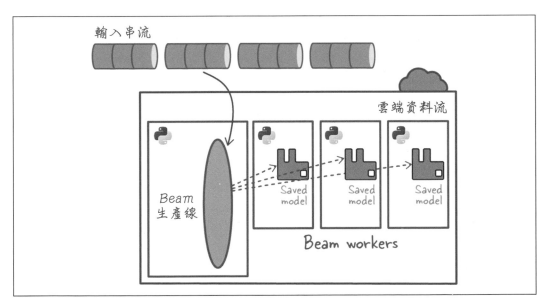

圖 9-6　批次預測使用分散式 worker 來平行處理輸入資料。這種架構也適用於串流預測。

為了使用共享描述符，我們修改模型預測程式碼如下：

```
class ModelPredict:
    def __init__(self, shared_handle, model_location):
        self._shared_handle = shared_handle
        self._model_location = model_location

    def __call__(self, filenames):
        def initialize_model():
            logging.info('Loading Keras model from ' +
                            self._model_location)
            return (tf.keras.models.load_model(self._model_location)
                    .signatures['serving_default'])

        serving_fn = self._shared_handle.acquire(initialize_model)
        result = serving_fn(tf.convert_to_tensor(filenames))
        return {
            'filenames': filenames,
            'probability': result['probability'].numpy(),
            'pred_label': result['flower_type_str'].numpy()
        }
```

共享描述符的功能由 Apache Beam 提供，可確保連接會在 worker 中重用，並在鈍化（passivation）後重新獲取。在生產線中，我們建立共享描述符並確保在呼叫模型預測之前，對元素進行批次處理（您可以在 GitHub 上的 *09a_inmemory.ipynb* 中查看完整程式碼）：

```
with beam.Pipeline() as p:

    shared_handle = Shared()

    (p
     | ...
     | 'batch' >> beam.BatchElements(
                    min_batch_size=1, max_batch_size=32)
     | 'addpred' >> beam.Map(
                    ModelPredict(shared_handle, MODEL_LOCATION) )
    )
```

相同的程式碼適用於批次和串流預測。

如果您對影像進行分組，則這些群組已經是一批次的影像，因此無需明確的對它們進行批次處理：

```
| 'groupbykey' >> beam.GroupByKey()  # (usr, [files])
| 'addpred' >> beam.Map(lambda x:
                    ModelPredict(shared_handle,
                        MODEL_LOCATION)(x[1]))
```

我們可以使用 Cloud Dataflow 來大規模的執行 Apache Beam 程式碼。

批次預測的託管服務

如果我們將模型部署為 Web 服務以支援線上預測的話，那麼使用 Beam on Dataflow 批次處理生產線的替代方案是，也使用 Vertex AI 進行批次處理預測：

```
gcloud ai custom-jobs create \
    --display_name=flowers_batchpred_$(date -u +%y%m%d_%H%M%S) \
    --region ${REGION} \
    --project=${PROJECT} \

    --worker-pool-spec=machine-type='n1-highmem-2',container-image-uri=${IMAGE}
```

在效能方面，最佳方法取決於您的線上預測基礎架構中可用的加速器，以及您的巨量資料基礎架構中可用的加速器間的對比。由於線上預測基礎設施可以使用客製化 ML 晶片，因此這種方法往往會更好。此外，Vertex AI 批次預測也更容易使用，因為我們不必編寫程式碼來處理批次請求。

引動線上預測

在 Apache Beam 中編寫我們自己的批次預測生產線會更加靈活，因為我們可以在生產線中進行額外的轉換。如果可以將 Beam 和 REST API 方法結合起來，豈不是很棒？

我們可以透過從 Beam 生產線來引動已部署的 REST 端點，而不是引動記憶體中的模型來完成此操作（完整程式碼位於 GitHub 上的 *09b_rest.ipynb*）：

```
class ModelPredict:
    def __init__(self, project, model_name, model_version):
        self._api = ('https://ml.googleapis.com/...:predict'
            .format(project, model_name, model_version))
```

```
def __call__(self, filenames):
    token = (GoogleCredentials.get_application_default()
            .get_access_token().access_token)
    data = {
        "instances": []
    }
    for f in filenames:
        data['instances'].append({
            "filenames" : f
        })
    headers = {'Authorization': 'Bearer ' + token }
    response = requests.post(self._api, json=data, headers=headers)
    response = json.loads(response.content.decode('utf-8'))
    for (a,b) in zip(filenames, response['predictions']):
        result = b
        result['filename'] = a
        yield result
```

如果我們像此處一般將 Beam 方法與 REST API 方法相結合，我們就能夠支援串流預測（這是託管服務不會做的事情）。我們還獲得了一些效能優勢：

- 部署的線上模型可以根據模型的計算需求進行縮放。同時，Beam 生產線可以根據資料速率進行縮放。這種可以獨立的縮放這兩個部分的能力可以節省成本。

- 部署的線上模型可以更有效的利用 GPU，因為整個模型程式碼都在 TensorFlow 圖上。雖然您可以在 GPU 上執行 Dataflow 生產線，但 GPU 的使用效率較低，因為 Dataflow 生產線執行了許多其他無法從 GPU 加速中受益的事情（例如讀取資料、分組鍵值等）。

然而，這兩個效能優勢必須與增加的網路額外負擔相平衡 —— 使用線上模型會增加從 Beam 生產線到已部署模型的網路呼叫。測量效能以確定記憶體內模型是否比 REST 模型更能滿足您的需求。在實務上，我們觀察到模型越大，而且批次中的實例越多時，從 Beam 來引動線上模型比起將模型託管在記憶體中的效能優勢就越大。

邊緣機器學習

邊緣機器學習變得越來越重要，因為近年來具有計算能力的裝置數量急遽增加。其中包括智慧型手機、家庭和工廠中的連網設備以及放置在戶外的儀器。如果這些邊緣裝置有攝影機的話，那麼它們就是影像機器學習使用案例的候選者。

限制和優化

邊緣裝置往往有一些限制：

- 它們可能沒有連接到網際網路，即使他們有連接，連接也可能不穩定且頻寬很低。因此，有必要在裝置本身上進行 ML 模型推論，這樣就不會等待往返雲端的時間。

- 可能存在隱私限制，而且也可能會希望影像資料永遠不會離開裝置。

- 邊緣裝置的記憶體、儲存和計算能力往往有限（至少與典型的桌上型電腦或雲端機器相比）。因此，必須以有效率的方式進行模型推論。

- 使用案例通常要求裝置的成本要低、體積要小、耗電要少且不會過熱。

因此，對於邊緣預測，我們需要一個低成本、高效率的裝置上（on-device）ML 加速器。在某些情況下，加速器已經內建了。例如，現代手機往往具有板載 GPU。在其他情況下，我們將不得不在儀器的設計中加入加速器。我們可以購買邊緣加速器，以便在製造時連接或整合到儀器（例如照相機和 X 光掃描儀）中。

在選擇快速硬體的同時，我們還需要確保不會讓裝置的負擔過重。我們可以透過利用可以減少影像模型計算需求的方法來做到這一點，以便它們在邊緣高效率執行。

TensorFlow Lite

TensorFlow Lite 是一個用於在邊緣裝置上進行 TensorFlow 模型推論的軟體框架。請注意，TensorFlow Lite 不是 TensorFlow 的一個版本 —— 我們無法使用 TensorFlow Lite 來訓練模型；相反的，我們使用常規 TensorFlow 來訓練模型，然後將 SavedModel 轉換為有效率的形式以在邊緣裝置上使用（見圖 9-7）。

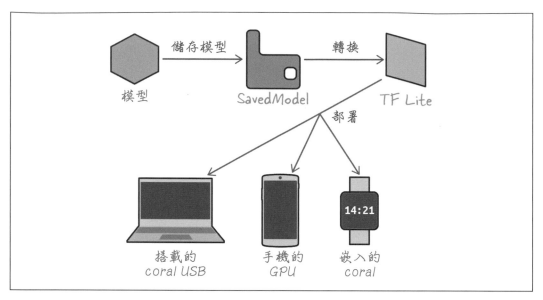

圖 9-7　建立在邊緣裝置上可執行的 ML 模型。

要將 SavedModel 檔案轉換為 TensorFlow Lite 檔案，我們需要使用 `tf.lite` 轉換器工具。我們可以用下面的作法從 Python 中做到這件事：

```
converter = tf.lite.TFLiteConverter.from_saved_model(MODEL_LOCATION)
tflite_model = converter.convert()
with open('export/model.tflite', 'wb') as ofp:
    ofp.write(tflite_model)
```

為了獲得有效率的邊緣預測，我們需要做兩件事。首先，我們應該確保使用邊緣優化（*https://oreil.ly/0GYY0*）模型，例如 MobileNet。由於在訓練期間修剪連接和使用激發函數的分段線性近似（piecewise linear optimization）等優化作法，MobileNet 往往比 Inception 等模型快了大約 40 倍（參見第 3 章）。

其次，我們應該仔細選擇如何量化模型權重。量化的適當選擇取決於我們要將模型部署到的裝置。例如，如果我們將模型權重量化為整數，則 Coral Edge TPU 的效果會最佳。我們可以透過在轉換器上指定一些選項來量化成整數：

```
converter = tf.lite.TFLiteConverter.from_saved_model(saved_model_dir)
converter.optimizations = [tf.lite.Optimize.DEFAULT]
converter.representative_dataset = training_dataset.take(100)
```

```
converter.target_spec.supported_ops = [tf.lite.OpsSet.TFLITE_BUILTINS_INT8]
converter.inference_input_type = tf.int8  # 或用 tf.uint8
converter.inference_output_type = tf.int8  # 或用 tf.uint8
tflite_model = converter.convert()
```

在這段程式碼中,我們要求優化器查看訓練資料集中的 100 張代表性影像(或任何模型輸入),以確定如何最好的量化權重而不會損失模型的預測能力。我們還要求轉換過程僅使用 int8 算術,並指定模型的輸入和輸出類型為 int8。

將模型權重從 float32 量化為 int8,允許 Edge TPU 使用四分之一的記憶體,並透過在整數上執行運算來加速算術,這比使用浮點數快一個數量級。量化往往會導致準確度下降 0.2% 到 0.5%,儘管這取決於模型和資料集。有了 TensorFlow Lite 模型檔案後,我們將檔案下載到邊緣裝置,或將模型檔案與安裝在裝置上的應用程式打包在一起。

執行 TensorFlow Lite

為了從模型中獲得預測,邊緣裝置需要執行 TensorFlow Lite 直譯器。Android 帶有一個用 Java 編寫的直譯器。要從 Android 程式內部進行推論,我們可以執行以下操作:

```
try (Interpreter tflite = new Interpreter(tf_lite_file)) {
    tflite.run(inputImageBuffer.getBuffer(), output);
}
```

Swift 和 Objective-C 中提供了類似的 iOS 直譯器。

 ML Kit 框架(*https://oreil.ly/9c3xb*)支援許多常見的邊緣用途,例如文本識別、條碼掃描、人臉偵測和物件偵測。ML Kit 與 Firebase 完美整合,Firebase 是一種用於移動應用程式的流行軟體開發工具包(SDK)。在推出您自己的 ML 解決方案之前,請先檢查它是否不存在於 ML Kit 中。

對於非手機裝置,請使用 Coral Edge TPU。在撰寫本文時,Coral Edge TPU 以三種形式提供:

- 可以透過 USB3 連接到邊緣裝置(例如 Raspberry Pi)的適配器(dongle)

- 帶有 Linux 和藍牙的基板(baseboard)

- 小到可以焊接到現有電路板上的獨立晶片

Edge TPU 往往比 CPU 提供了 30-50 倍的加速。

在 Coral 上使用 TensorFlow Lite 直譯器涉及設定和檢索直譯器狀態：

```
interpreter = make_interpreter(path_to_tflite_model)
interpreter.allocate_tensors()
common.set_input(interpreter, imageBuffer)
interpreter.invoke()
result = classify.get_classes(interpreter)
```

 要在 Arduino 等微控制器上執行模型，請使用 TinyML[1]，而不是 TensorFlow Lite。微控制器是單一電路板上的小型電腦，不需要任何作業系統。TinyML 提供了一個客製化的 TensorFlow 程式庫（*https://oreil.ly/lppxk*），用來在沒有作業系統和只有幾十 KB 記憶體的嵌入式裝置上執行；另一方面，TensorFlow Lite 是一組工具，可優化 ML 模型以在具有作業系統的邊緣裝置上執行。

處理影像緩衝區

在邊緣裝置上，我們必須直接處理相機緩衝區中的影像，因此我們一次只能處理一張影像。讓我們適當的更改服務簽名（完整程式碼在 GitHub 中的 *09e_tflite.ipynb* 上）：

```
@tf.function(input_signature=[
        tf.TensorSpec([None, None, 3], dtype=tf.float32)])
def predict_flower_type(img):
    img = tf.image.resize_with_pad(img, IMG_HEIGHT, IMG_WIDTH)
    ...
    return {
        'probability': tf.squeeze(top_prob, axis=0),
        'flower_type': tf.squeeze(pred_label, axis=0)
    }
```

我們再把它匯出：

```
model.save(MODEL_LOCATION,
        signatures={
            'serving_default': predict_flower_type
        })
```

再將模型轉換為 TensorFlow Lite。

1　Pete Warden and Daniel Situnayake, *TinyML*（O'Reilly, 2019）.

聯盟式學習

使用 TensorFlow Lite，我們在雲端上訓練模型並將雲端訓練的模型轉換為複製到邊緣裝置的檔案格式。一旦模型在邊緣裝置上，它就不會再被重新訓練了。然而，資料漂移（drift）和模型漂移將發生在邊緣機器學習模型上，就像它們在雲端模型上一樣。因此，我們必須計劃將至少一個影像樣本儲存到裝置的磁碟上，並定期將影像檢索到一個集中位置。

不過，請記住，在邊緣進行推論的原因之一是支援對隱私敏感的使用案例。如果我們不希望影像資料永遠離開裝置時要怎麼辦呢？

這種隱私問題的一種解決方案是*聯盟式學習*（*federated learning*）。在聯盟式學習中，裝置協同合作來學習共享的預測模型，而每個裝置都將其訓練資料保存在裝置上。本質上，每個裝置都會計算梯度更新，並且僅與其鄰居，或*聯盟*（*federation*），共享梯度（而不是原始影像）。跨多個裝置的梯度更新由聯盟的一個或多個成員進行平均，並且只有聚合結果會被發送到雲端。裝置還可以根據裝置上發生的互動進一步微調共享預測模型（見圖 9-8）。這允許在每個裝置上進行對隱私敏感的個人化。

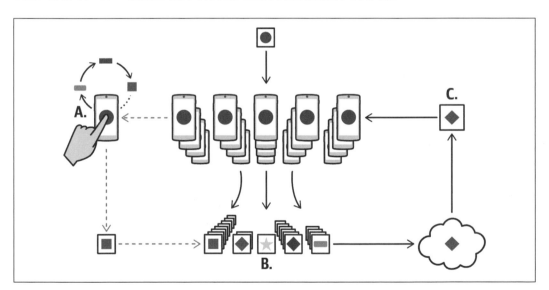

圖 9-8　在聯盟式學習中，裝置 (A) 上的模型基於其自身的互動，還有來自許多其他裝置的資料進行改進，但資料永遠不會離開裝置。許多使用者的更新被聚合 (B) 以形成對共享模型的共識更改 (C)，然後重複該過程。圖片由 Google AI Blog（*https://oreil.ly/tBoB0*）提供。

即使使用這種方法，模型攻擊仍然可以從訓練好的模型中萃取一些敏感資訊。為了進一步加強隱私保護，聯盟式學習可以與*差分隱私*（*differential privacy*）相結合（*https://arxiv.org/abs/1412.7584*）。TensorFlow 儲存庫（*https://oreil.ly/D5UQC*）中提供了一個用於實作聯盟式學習的開源框架。

總結

在本章中，我們研究了如何引動經過訓練的模型。我們改進了預測 API 所提供的抽象化，並討論了如何提高推論效能。對於批次預測，我們建議使用像 Apache Beam 這樣的巨量資料工具並將預測分散在多台機器上。

對於可擴展的並行即時預測，建議使用 TensorFlow Serving 將該模型部署為微服務。我們還討論了如何更改模型的簽名以支援多種需求，並接受直接透過網路來發送的影像位元組資料。我們還演示了如何使用 TensorFlow Lite 使模型更有效率的部署到邊緣裝置。

至此，已經涵蓋了典型機器學習生產線的所有步驟，從資料集建立到為了預測而部署。下一章將研究一種將它們全部連接到生產線中的方法。

第十章

生產 ML 的趨勢

本書到目前為止已經將電腦視覺看作是資料科學家需要解決的問題。然而，由於機器學習是用來解決現實世界的商業問題，因此還會有其他角色和資料科學家進行互動以執行機器學習──例如：

ML 工程師

由資料科學家建構的 ML 模型由 ML 工程師投入生產，他們將典型機器學習工作流程的所有步驟（從資料集建立到為了預測而部署）結合到機器學習生產線中。這通常被描述為 *MLOps*。

終端使用者

基於 ML 模型做出決策的人，往往不相信黑盒子 AI 方法。在醫學等領域尤其如此，在這些領域中終端使用者都是訓練有素的專家。他們通常會要求您的 AI 模型是*可解釋的*（*explainable*）──可解釋性被廣泛認為是負責任的執行 AI 的先決條件。

領域專家

領域專家可以使用無程式碼框架開發 ML 模型。因此，它們通常有助於資料收集、驗證、和問題可行性評估。您可能會聽到這被描述為 ML 被透過*無程式碼*（*no-code*）或*低程式碼*（*low-code*）工具來「民主化（democratize）」。

在本章中，我們將研究這些相鄰角色的人員的需求和技能，如何越來越影響生產環境中的 ML 工作流程。

本章的程式碼位於本書 GitHub 儲存庫（*https://github.com/ GoogleCloudPlatform/practical-ml-vision-book*）的 *10_mlops* 資料夾中。我們將在適用的情況下提供程式碼範例和筆記本的檔名。

機器學習生產線

圖 10-1 顯示了機器學習生產線的高階視圖。為了建立一個能接受影像檔案並識別其中的花朵的 Web 服務，正如我們在本書中所描述的，我們需要執行以下步驟：

- 透過將 JPEG 影像轉換為 TensorFlow Record 來建立我們的資料集，並將資料拆分為訓練、驗證和測試資料集。

- 訓練 ML 模型來對花朵進行分類（我們進行了超參數調整以選擇最佳模型，但先假設可以預先確定參數為何）。

- 部署模型以提供服務。

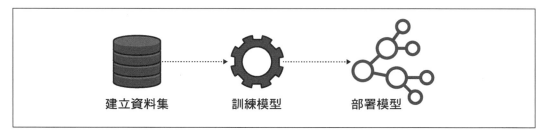

建立資料集　　　　訓練模型　　　　部署模型

圖 10-1　端到端 ML 生產線。

正如您將在本節中看到的，為了在 ML 生產線中完成這些步驟，我們必須：

- 設定要在其上執行生產線的叢集（cluster）。

- 容器化我們的程式碼庫，因為生產線會執行容器。

- 編寫與生產線的每個步驟相對應的生產線組件。

- 連接生產線組件，以便一次性的執行生產線。

- 自動化生產線執行以回應事件的發生，例如新資料的到達。

不過，首先讓我們討論一下為什麼我們會需要 ML 生產線。

對生產線的需求

在原始資料集上訓練我們的模型後，如果再獲得幾百個檔案來訓練會發生什麼事呢？我們需要執行同樣的一組運算來處理這些檔案、將它們添加到資料集中、並重新訓練模型。在嚴重依賴新資料的模型中（例如，用於產品識別而不是花朵分類的資料），我們可能需要每天執行這些步驟。

當新資料到達讓模型進行預測時，由於資料漂移（*data drift*）的原因，模型的效能開始下降是很常見的 —— 也就是說，較新的資料可能與其訓練的資料不同 —— 也許新影像具有更高的解析度，也許它們來自訓練資料集中沒有的季節或地點。我們可以預料到一個月之後，可能會有更多的想法想要嘗試。也許一位同事設計了我們想要合併的更好的擴增過濾器，或者可能發布了新版本的 MobileNet（我們正在進行遷移學習的架構）。更改模型程式碼的實驗將會非常普遍，並且必須對此進行規劃。

理想情況下，我們想要一個框架來幫助我們安排和操作 ML 生產線，並允許不斷的實驗。Kubeflow Pipelines 提供了一個軟體框架，該框架可以使用領域特定語言（domain-specific language, DSL）來表達我們所選擇的任何 ML 生產線。它在 Kubeflow 上執行，也是一個為執行 TensorFlow 模型而優化的 Kubernetes 框架（見圖 10-2）。Google Cloud 上的託管 Kubeflow Pipelines 執行器稱為 Vertex Pipelines。生產線本身可以在 Kubernetes 叢集上執行各步驟（用於本地工作）或呼叫 Google Cloud 上的 Vertex Training、Vertex Prediction 和 Cloud Dataflow。有關實驗和步驟的元資料可以儲存在叢集本身中，也可以儲存在 Cloud Storage 和 Cloud SQL 中。

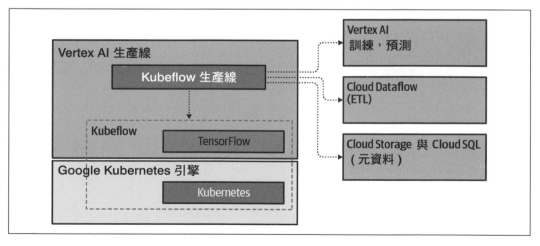

圖 10-2　Kubeflow Pipelines API 在 TensorFlow 和 Kubernetes 上執行。

大多數 ML 生產線都遵循一組非常標準的步驟：資料驗證、資料轉換、模型訓練、模型評估、模型部署和模型監控。如果您的生產線遵循這些步驟，您可以利用 TensorFlow Extended（TFX）以 Python API 的形式提供的更高等級的抽象化。這樣，您無需在 DSL 和容器化步驟的等級上工作。TFX（*https://oreil.ly/1AOvG*）已超出了本書的範圍。

Kubeflow 生產線叢集

要執行 Kubeflow 生產線，我們需要一個叢集。我們可以透過導航到 AI Platform Pipelines 控制台（*https://oreil.ly/SYUlx*）並建立一個新實例以在 Google Cloud 上設置一個叢集。啟動後，我們將獲得一個用於開啟生產線儀表板的鏈結，和一個提供主機的 URL 的 Settings 圖示（見圖 10-3）。

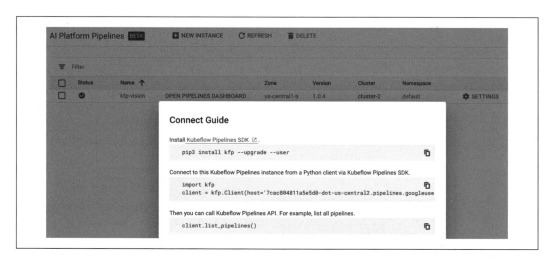

圖 10-3　AI Platform Pipelines 為 Kubeflow Pipelines 提供託管執行環境。

我們可以在 Jupyter notebook 中開發生產線，然後將它們部署到叢集中。請參見 GitHub 上 *07e_mlpipeline.ipynb* 中的完整程式碼。

容器化程式碼庫

有了叢集後，生產線的第一步需要將 JPEG 檔案轉換為 TensorFlow Record。回想一下，我們在第 5 章中編寫了一個名為 *jpeg_to_tfrecord.py* 的 Apache Beam 程式，來處理這個任務。為了使其成為可重複，我們需要讓它成為一個容器，並在裏面抓取所有的依賴項。

我們在 Jupyter notebook 中開發這個程式，幸好在 Vertex AI 上的 Notebooks 服務，發布了對應於每個 Notebook 實例類型的容器鏡像。因此，要建構一個能夠執行該程式的容器，我們需要執行以下操作：

- 獲取 Notebook 實例所對應的容器鏡像。

- 安裝任何其他軟體依賴項。查看我們所有的筆記本後，我們發現我們需要安裝兩個額外的 Python 套件：`apache-beam[gcp]` 和 `cloudml-hypertune`。

- 複製腳本。因為我們可能還需要儲存庫中的其他程式碼來執行其他任務，所以最好複製整個儲存庫。

這個 Dockerfile（完整程式碼在 GitHub 上的 *Dockerfile* 中）執行這三個步驟：

```
FROM gcr.io/deeplearning-platform-release/tf2-gpu
RUN python3 -m pip install --upgrade apache-beam[gcp] cloudml-hypertune
RUN mkdir -p /src/practical-ml-vision-book
COPY . /src/practical-ml-vision-book/
```

熟悉 Dockerfile 的人會知道在這個檔案中沒有 `ENTRYPOINT`。這是因為我們將在 Kubeflow 組件中設置入口點 —— 我們生產線中的所有組件都將使用同一個 Docker 鏡像。

我們可以使用標準 Docker 功能將 Docker 鏡像推送到容器註冊表（registry）：

```
full_image_name=gcr.io/${PROJECT_ID}/practical-ml-vision-book:latest
docker build -t "${full_image_name}" .
docker push "$full_image_name"
```

編寫組件

對於我們需要的每個組件，我們將首先從 YAML 檔案載入其定義，然後使用它來建立實際的組件。

我們需要建立的第一個組件是資料集（見圖 10-1）。從第 5 章中，我們知道該步驟涉及到執行 *jpeg_to_tfrecord.py*。我們在名為 *create_dataset.yaml* 的檔案中定義該組件。它指定了這些輸入參數：

```
inputs:
- {name: runner, type: str, default: 'DirectRunner', description: 'DirectRunner...'}
- {name: project_id, type: str, description: 'Project to bill Dataflow job to'}
- {name: region, type: str, description: 'Region to run Dataflow job in'}
- {name: input_csv, type: GCSPath, description: 'Path to CSV file'}
- {name: output_dir, type: GCSPath, description: 'Top-level directory...'}
- {name: labels_dict, type: GCSPath, description: 'Dictionary file...'}
```

它還指定了實作方式，即呼叫名為 *create_dataset.sh* 的腳本，您可以在 GitHub 上的 *create_dataset.sh* 中找到該腳本。腳本的引數是根據組件的輸入來構成的：

```
implementation:
    container:
        image: gcr.io/[PROJECT-ID]/practical-ml-vision-book:latest
        command: [
            "bash",
            "/src/practical-ml-vision-book/.../create_dataset.sh"
        ]
        args: [
            {inputValue: output_dir},
            {outputPath: tfrecords_topdir},
            "--all_data", {inputValue: input_csv},
            "--labels_file", {inputValue: labels_dict},
            "--project_id", {inputValue: project_id},
            "--output_dir", {inputValue: output_dir},
            "--runner", {inputValue: runner},
            "--region", {inputValue: region},
        ]
```

create_dataset.sh 腳本只是將所有的內容轉發給 Python 程式：

```
cd /src/practical-ml-vision-book/05_create_dataset
python3 -m jpeg_to_tfrecord $@
```

為什麼我們在這裡需要額外的間接（indirection）等級？為什麼不簡單的將 python3 指定為命令（而不是對 shell 腳本的 bash 呼叫）？這是因為除了呼叫轉換器程式之外，我們還需要執行其他功能，例如建立資料夾、將訊息傳遞到 Kubeflow 生產線的後續步驟，以及清理中間檔案等。我們不會更新 Python 程式碼以向其添加無關的 Kubeflow Pipelines 功能，而是將 Python 程式碼包裝在一個 bash 腳本中，該腳本將執行設定、訊息傳遞，以及拆卸的操作。稍後會詳細介紹這些。

我們將從生產線中呼叫組件，如下所示：

```
create_dataset_op = kfp.components.load_component_from_file(
    'components/create_dataset.yaml'
)
create_dataset = create_dataset_op(
    runner='DataflowRunner',
    project_id=project_id,
    region=region,
    input_csv='gs://cloud-ml-data/img/flower_photos/all_data.csv',
    output_dir='gs://{}/data/flower_tfrecords'.format(bucket),
    labels_dict='gs://cloud-ml-data/img/flower_photos/dict.txt'
)
```

 如果我們傳入 DirectRunner 而不是 DataflowRunner，Apache Beam 生產線將在 Kubeflow 叢集本身上執行(儘管速度很慢並且在單一機器上)。這對於在本地端執行很有用。

給定我們剛剛建立的 **create_dataset_op** 組件，我們可以建立一個執行該組件的生產線，如下所示：

```
create_dataset_op = kfp.components.load_component_from_file(
    'components/create_dataset.yaml'
)

@dsl.pipeline(
    name='Flowers Transfer Learning Pipeline',
    description='End-to-end pipeline'
)
```

```
def flowerstxf_pipeline(
    project_id=PROJECT,
    bucket=BUCKET,
    region=REGION
):
    # 步驟 1: 建立資料集
    create_dataset = create_dataset_op(
        runner='DataflowRunner',
        project_id=project_id,
        region=region,
        input_csv='gs://cloud-ml-data/img/flower_photos/all_data.csv',
        output_dir='gs://{}/data/flower_tfrecords'.format(bucket),
        labels_dict='gs://cloud-ml-data/img/flower_photos/dict.txt'
    )
```

然後我們將此生產線編譯為 *.zip* 檔案:

```
pipeline_func = flowerstxf_pipeline
pipeline_filename = pipeline_func.__name__ + '.zip'
import kfp.compiler as compiler
compiler.Compiler().compile(pipeline_func, pipeline_filename)
```

並將該檔案作為實驗提交:

```
import kfp
client = kfp.Client(host=KFPHOST)
experiment = client.create_experiment('from_notebook')
run_name = pipeline_func.__name__ + ' run'
run_result = client.run_pipeline(
    experiment.id,
    run_name,
    pipeline_filename,
    {
        'project_id': PROJECT,
        'bucket': BUCKET,
        'region': REGION
    }
)
```

我們還可以上傳 *.zip* 檔案,將它提交給生產線,並使用 Pipelines 儀表板進行實驗和執行。

連接組件

我們現在有了生產線的第一步了。下一步（見圖 10-1）是在第一步所建立的 TensorFlow
Record 上訓練 ML 模型。

create_dataset 步驟和 train_model 步驟之間的依賴關係表示如下：

```
create_dataset = create_dataset_op(...)
train_model = train_model_op(
    input_topdir=create_dataset.outputs['tfrecords_topdir'],
    region=region,
    job_dir='gs://{}/trained_model'.format(bucket)
)
```

在此程式碼中，請注意 train_model_op() 的其中一個輸入和 create_dataset 的輸出相
關。以這種方式連接兩個組件，會使得 Kubeflow Pipelines 在開始進行 train_model 步
驟之前，要先等待 create_dataset 步驟完成。

底層的實作涉及了 create_dataset 步驟，它會將 tfrecords_topdir 的值寫入本地端的
暫存檔，其名稱將由 Kubeflow Pipelines 自動產生。因此，我們的 create_dataset 步驟
將不得不接受這個額外的輸入並填充檔案。下面是我們如何將輸出目錄名稱寫入 *create_
dataset.sh* 中的檔案（Kubeflow 提供給此腳本的參數會在 YAML 檔案中指定）：

```
#!/bin/bash -x
OUTPUT_DIR=$1
shift
COMPONENT_OUT=$1
shift

# 執行 Dataflow pipeline
cd /src/practical-ml-vision-book/05_create_dataset
python3 -m jpeg_to_tfrecord $@

# 用於後續組件
mkdir -p $(dirname $COMPONENT_OUT)
echo "$OUTPUT_DIR" > $COMPONENT_OUT
```

該腳本將輸出目錄的名稱寫入組件的輸出檔案，並從命令行引數中刪除兩個參數（這就
是 bash 中的 shift 所做的），並將其餘的命令行引數傳遞給 jpeg_to_tfrecord。

`train_model` 步驟類似於 `create_dataset` 步驟，因為它使用了程式碼庫容器並呼叫腳本來訓練模型：

```
name: train_model_caip
...
implementation:
    container:
        image: gcr.io/[PROJECT-ID]/practical-ml-vision-book:latest
        command: [
            "bash",
            "/src/practical-ml-vision-book/.../train_model_caip.sh",
        ]
        args: [
            {inputValue: input_topdir},
            {inputValue: region},
            {inputValue: job_dir},
            {outputPath: trained_model},
        ]
```

我們可以透過把對 Vertex AI Training 的呼叫替換成呼叫 `gcloud ai-platform local`，來將其轉換為在叢集上執行的本地端訓練。有關詳細資訊，請參閱本書 GitHub 儲存庫中的 *train_model_kfp.sh*。

腳本會寫出用來儲存已訓練模型的目錄：

```
echo "${JOB_DIR}/flowers_model" > $COMPONENT_OUT
```

部署步驟不需要任何客製化程式碼。為了部署模型，我們可以使用 Kubeflow Pipelines 內含的 deploy 運算子：

```
deploy_op = kfp.components.load_component_from_url(
    'https://.../kubeflow/pipelines/.../deploy/component.yaml')
deploy_model = deploy_op(
    model_uri=train_model.outputs['trained_model'],
    model_id='flowers',
    version_id='txf',
    ...)
```

當生產線執行時，在步驟間傳遞的日誌、步驟和工件會顯示在控制台（見圖 10-4）。

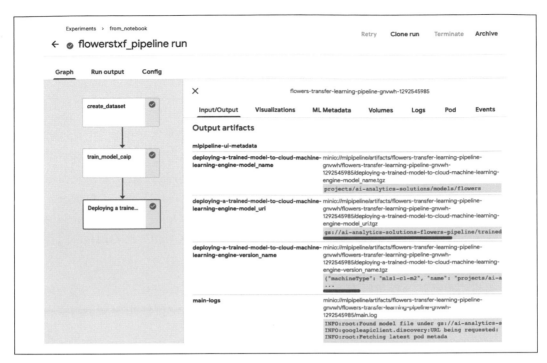

圖 10-4　有關已執行生產線的資訊顯示在 Vertex Pipelines 控制台中。

自動化執行

由於我們有一個 Python API 來提交新的實驗，因此要將此 Python 程式碼合併到 Cloud Function 或 Cloud Run 容器中非常簡單。而後，每當要回應 Cloud Scheduler 觸發器，或者要將新檔案添加到儲存桶時，該函數將被引動。

在 Kubeflow 中快取

如果以相同的輸入和輸出字串集合再次執行組件的話，則先前執行的結果會被快取並簡單的傳回。不幸的是，Kubeflow Pipelines 不會檢查 Google Cloud Storage 目錄的內容，因此即使輸入參數（儲存桶）保持不變，它也不知道儲存桶的內容可能已更改。因此，快取的用途往往有限。因此，您可能希望外顯式的設定快取的陳舊性（*staleness*）標準：

```
create_dataset.execution_options.caching_strategy.max_cache_staleness = "P7D"
```

應快取資料的持續時間以 ISO 8601 格式表示（*https://oreil.ly/yHek7*）。例如，P7D 指明輸出應該要快取 7 天。為了有效的使用快取，您必須將時間戳記（timestamp）合併到您的輸入和輸出目錄的名稱中。

我們還可以在回應連續整合（continuous integration, CI）觸發器（例如 GitHub/GitLab Actions）時引動實驗啟動程式碼，以便在提交新程式碼時執行重新訓練。必要的連續整合、連續部署（continuous deployment, CD）、權限管理、基礎設施授權和身份驗證共同構成了 MLOps 的領域。MLOps 超出了本書的範圍，但 Google Cloud Platform 上的 ML Engineering（*https://oreil.ly/Vy94n*）、Azure 上 的 MLOps（*https://oreil.ly/lf6ea*）和 Amazon SageMaker MLOps Workshop（*https://oreil.ly/9Cym0*）的 GitHub 儲存庫包含了幫助您在各個平台上入門的說明。

我們已經看到生產線，是如何滿足了 ML 工程師想要將典型機器學習工作流程的所有步驟整合到 ML 生產線中的這個需求。接下來，讓我們看看可解釋性如何滿足決策者的需求。

可解釋性

當我們將影像呈現給我們的模型時，我們會得到一個預測。但是為什麼我們會得到這個預測呢？模型使用什麼來確定一朵花是雛菊還是鬱金香？出於以下幾個原因，解釋 AI 模型的工作原理是很有用的：

信任

人類使用者可能不信任一個不能解釋它在做什麼的模型。如果影像分類模型說 X 光呈現了骨折，但無法指出它用來判定的確切像素是哪些，那麼很少有醫生會信任該模型。

故障排除

能夠瞭解影像中的哪些部分對於做出決定是重要的這件事，對於診斷模型的出錯原因很有用。例如，如果一隻狗被識別為狐狸，而最相關的像素恰好是雪，則模型很可能錯誤的將背景（雪）與狐狸相關聯。為了糾正這個錯誤，我們必須蒐集其他季節的狐狸或雪地裡的狗的例子，或者透過將狐狸和狗粘貼到彼此的場景中來增加資料集。

消除偏見

如果我們使用影像元資料作為模型的輸入，檢查與敏感資料相關的特徵的重要性可能對決定偏見來源這件事非常重要。例如，如果一個識別交通違規的模型將道路上的坑洞視為一個重要特徵，這可能是因為該模型正在學習訓練資料集中的偏見（也許在較貧窮/維護較差的地區發放的罰單比在有錢人地區還多）。

有兩種類型的解釋：全域和實例級。此處的**全域**（*global*）這個術語強調了這些解釋是訓練後的整個模型的屬性，而不是用在推論時的每個單獨的預測。這些方法根據它們對預測的變異數（*https://oreil.ly/kZi7q*）的解釋程度對模型的輸入進行排名。例如，我們可以說 feature1 解釋了 36% 的變異數，feature2 解釋了 23%，依此類推。由於全域特徵重要性，是根據不同特徵對變異數的貢獻程度而來的，因此這些方法是在由許多範例組成的資料集（例如訓練或驗證資料集）上計算出來的。然而，全域特徵重要性方法在電腦視覺中並不是那麼有用，因為當影像直接被用來當作模型的輸入時，並沒有明確的、人類可讀的特徵。因此，我們將不再考慮全域解釋。

第二種解釋是**實例級**（*instance-level*）特徵重要性的度量。這些解釋試圖解釋每個單獨的預測，對於培養使用者的信任和排除錯誤非常寶貴。這些方法在影像模型中比較常見，接下來我們會加以介紹。

技巧

有四種常用的方法來解讀或解釋影像模型的預測。按照複雜程度的遞增順序，它們是：

- 本地可解讀模型不可知解釋（Local Interpretable Model-agnostic Explanations, LIME）（*https://arxiv.org/abs/1602.04938*）

- 核心夏普力添加性解釋（Kernel Shapley Additive Explanations, KernelSHAP）（*https://arxiv.org/abs/1705.07874*）

- 整合梯度 （Integrated Gradients, IG）（*https://arxiv.org/abs/1703.01365*）

- 透過 AI 之可解釋表達法（Explainable Representations through AI, xRAI）（*https://arxiv.org/abs/2012.06006*）

讓我們依次看看這些方法。

LIME

LIME 首先會透過識別由連續的相似像素所組成的像素塊來擾亂輸入影像（見圖 10-5），然後用統一值替換一些像素塊，實質上就是刪除它們。然後它會要求模型對擾動後的影像進行預測。對於每張擾動影像，我們可以得到一個分類機率。這些機率會基於擾動影像與原始影像像間的相似程度進行空間加權。最後，LIME 會呈現具有最高正權重的像素塊作為解釋。

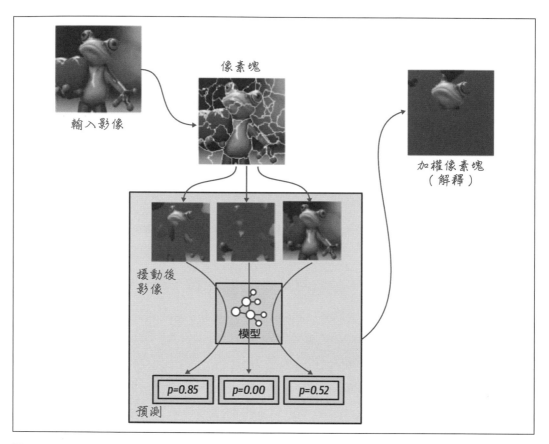

圖 10-5　LIME 的工作原理，改編自 Ruberio 等人，2016（*https://oreil.ly/xMFO7*）。在底部面板中，*p* 代表影像是青蛙的預測機率。

KernelSHAP

KernelSHAP 類似於 LIME，但它對擾動後實例的權重不同。LIME 對與原始影像相似的實例的權重非常低，因為它們擁有很少的額外資訊。另一方面，KernelSHAP 根據自賽局理論（game theory）推導出的分佈來對實例進行加權。擾動後影像中包含的像素塊越多，實例獲得的權重就越小，因為理論上這些像素塊中的任何一個都可能很重要。在實務上，KernelSHAP 在計算上往往比 LIME 昂貴得多，但提供了更好的結果。

整合梯度

IG 使用模型的梯度來識別哪些像素是重要的。深度學習的一個特性是訓練的一開始會集中在最重要的像素上，因為在輸出中使用它們的資訊可以最大程度的降低錯誤率。因此，高梯度與訓練開始時的重要像素相關。不幸的是，神經網路在訓練期間會 收 斂（*converge*），在收斂期間網路會讓與重要像素對應的權重保持不變，並專注於更罕見的情況。這意味著最重要的像素所對應的梯度在訓練結束時實際上會接近於零！因此，IG 需要梯度的時機並不是在訓練結束時，而是在整個訓練過程中。但是，SavedModel 檔案中唯一可用的權重就是最終權重。那麼，IG 如何利用梯度來識別重要像素呢？

IG 是基於一種直覺，也就是如果提供的基線影像是由全部為 0、全部為 1、或由 [0, 1] 範圍內的隨機值所組成，則模型將輸出先驗（a priori）類別機率。透過分幾個步驟將每個像素的值從基線值更改為實際輸入，並計算每個這類變化的梯度，並以數值方式計算整體梯度變化。然後，在從基線值到實際像素值的變化上進行整合後，具有最高梯度的像素會被描繪在原始影像的上面（見圖 10-6）。

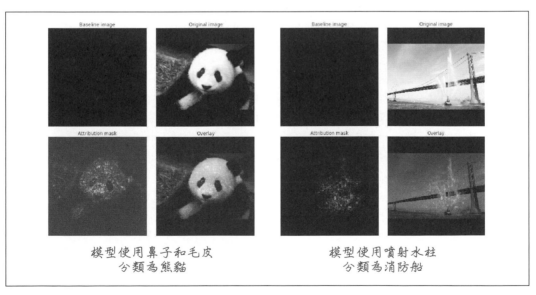

圖 10-6　熊貓影像（左）和消防船影像（右）上的整合梯度。影像來自於 IG TensorFlow 教程（*https://oreil.ly/vPhBi*）。

使用 IG 時，選擇合適的基線影像至關重要。解釋是相對於基線而言的，因此如果您的訓練資料包含了大量傳達影像涵義的黑色（或白色）區域，則不應使用全白或全黑影像作為基線。例如，X 光中的黑色區域對應到組織。在這種情況下，您應該使用隨機像素的基線。另一方面，如果您的訓練資料包含了大量傳達影像涵義的高變異數像素塊的話，您可能不會想使用隨機像素作為基線。嘗試不同的基線是值得的，因為這會顯著的影響歸因（attribution）的品質。

IG 在兩張影像上的輸出如圖 10-6 所示。在第一張影像中，IG 將熊貓面部的鼻子和皮毛紋理識別為在確定影像為熊貓的過程中，起了最重要作用的像素。第二張消防船影像則顯示了如何使用 IG 進行故障排除。在這裡，消防船被正確識別為消防船，但該方法使用來自船的噴射水柱作為關鍵特徵。這表明我們可能需要蒐集沒有主動向空中噴水的消防船的影像。

然而，在實務上（我們很快就會看到），無論模型是否使用該資訊來對特定影像進行分類，IG 往往會選擇影像中的高資訊區域。

xRAI

在 xRAI 中，經過訓練的神經網路的權重和偏差被用於訓練解讀網路。解讀網路在一系列易於理解的代數表達式（例如布林值和低階多項式）中輸出其中一個選擇。因此，xRAI 的目標是在從一系列簡單函數中，找到與原始已訓練模型的近似值。然後再解讀這個近似值，而不是原始模型。

xRAI 方法結合了 LIME 和 KernelSHAP 前置處理方法的優點，以根據 IG 提供的基線影像的像素級歸因查找影像中的像素塊（見圖 10-7）。像素級歸因在形成像素塊的所有像素之間進行整合，然後這些像素塊會根據具有相似等級的積分梯度組合成區域。然後從輸入影像中刪除這些區域，並引動模型以確定每個區域的重要性，並根據它們對給定預測的重要性對區域進行排序。

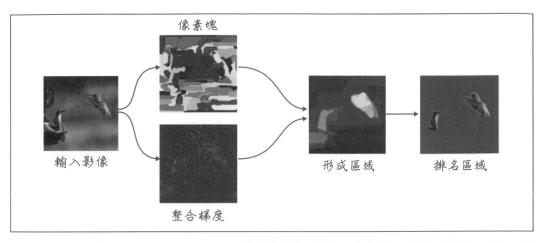

圖 10-7　xRAI 將 LIME 和 KernelSHAP 的基於像素塊的前置處理與 IG 的像素歸因相結合，並根據它們對預測的影響對區域進行排名。圖片改編自 Google Cloud 說明文件（*https://oreil.ly/RvZrG*）。

IG 提供像素級歸因。xRAI 則提供基於區域的歸因。兩者都有其用途。例如，在識別眼睛病變區域的模型（糖尿病視網膜病變的使用案例）中，能瞭解導致診斷結果的特定像素非常有用，因此請使用 IG。IG 往往最適合處理低對比度影像，如 X 光或實驗室拍攝的科學影像。

例如在顯示您正在偵測的動物類型的自然影像中，我們偏好使用基於區域的歸因，因此請使用 xRAI。我們不建議在自然影像（例如在大自然中或房屋周圍拍攝的照片）上使用 IG。

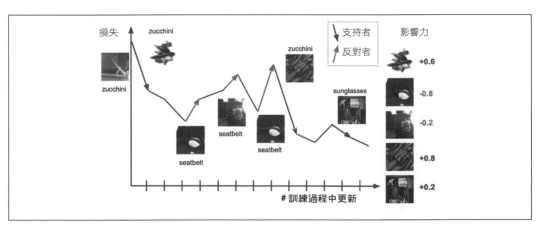

圖 10-8　Tracin 的工作原理是識別會影響所選訓練範例的訓練損失的關鍵支持者和反對者。支持者會與損失的減少有關。圖片由 Google AI Blog（*https://oreil.ly/OtbBf*）提供。

現在讓我們看看如何使用這些技術來解釋我們的花朵模型的預測結果。

追踪 ML 訓練的支持者和反對者

正文中涵蓋的所有可解釋性方法都是關於在部署模型之後來解釋預測。最近，Google 的研究人員發表了一篇有趣的論文（*https://arxiv.org/pdf/2002.08484.pdf*），其中描述了一種稱為 Tracin 的方法，該方法可用於解釋模型在訓練過程中訓練範例的行為。

如圖 10-8 所示，其基本想法是選擇單一訓練範例（例如 y 軸左側的櫛瓜（zucchini）影像），並在權重更新時尋找該訓練範例的損失變化。Tracin 會識別導致預測類別發生變化或損失方向發生變化的個別訓練範例。導致損失減少（即改進預測）的範例稱為支持者（*proponent*），而導致損失增加的範例則稱為反對者（*opponent*）。反對者往往是屬於和所選訓練範例不同類別的相似影像，而支持者往往是屬於同一類別的相似影像。此規則的例外往往是錯誤標記的範例和異常值。

添加可解釋性

由於影像可解釋性與個別的預測相關聯，因此我們建議您使用 ML 部署平台，該類平台可以對呈現給它的每個預測，執行上一節中所提到的一種或所有的可解釋性技術。可解釋性方法的計算成本很高，而可以分散和擴展計算的部署平台，可以幫助您更有效的進行預測分析。

在本節中，我們將展示如何使用整合梯度和 xRAI 來從部署在 Google Cloud 的 Vertex AI 上的模型中獲取解釋。

 在撰寫本文時，Azure ML 有支援 SHAP（*https://oreil.ly/wx2D0*），Amazon SageMaker Clarify（*https://oreil.ly/MSqhJ*）也是如此。從概念上講，即使語法略有不同，服務的使用方式也還是相似的。相關詳細資訊，請參閱所鏈結的說明文件。

可解釋性簽名

可解釋性方法都需要使用原始影像的擾動版本來引動模型。假設我們的花朵模型具有以下匯出簽名：

```
@tf.function(input_signature=[tf.TensorSpec([None,], dtype=tf.string)])
def predict_filename(filenames):
    ...
```

它接受一個檔名並傳回該檔案中影像資料的預測。

為了讓可解釋 AI（Explainable AI, XAI）模組能夠建立原始影像的擾動版本，並獲得對於它們的預測，我們需要添加兩個簽名：

- 前置處理簽名，用來獲取要輸入到模型的影像。此方法將採用一個或多個檔名作為輸入（如原始匯出的簽名）並產生模型所需形狀的 4D 張量（完整程式碼位於 GitHub 上的 *09f_explain.ipynb*）：

```
@tf.function(input_signature=[
            tf.TensorSpec([None,], dtype=tf.string)])
def xai_preprocess(filenames):
    input_images = tf.map_fn(
        preprocess, # 來自第 6 章的前置處理函數
        filenames,
        fn_output_signature=tf.float32
    )
    return {
        'input_images': input_images
    }
```

  請注意，傳回值是一個字典。字典的鍵（此處為 input_images）必須與接下來所描述的第二個簽名中的參數名稱相匹配，以便可以在我們稍後討論的第三個模型簽名中，一個接一個的呼叫這兩個方法。

- 一個模型簽名，用於發送 4D 影像張量（XAI 將發送擾動的影像）並獲得預測：

```
@tf.function(input_signature=[
        tf.TensorSpec([None, IMG_HEIGHT, IMG_WIDTH, IMG_CHANNELS],
                    dtype=tf.float32)])
def xai_model(input_images):
    batch_pred = model(input_images) # 和 model.predict() 相同
    top_prob = tf.math.reduce_max(batch_pred, axis=[1])
    pred_label_index = tf.math.argmax(batch_pred, axis=1)
```

```
    pred_label = tf.gather(tf.convert_to_tensor(CLASS_NAMES),
                           pred_label_index)
    return {
        'probability': top_prob,
        'flower_type_int': pred_label_index,
        'flower_type_str': pred_label
    }
```

這段程式碼會引動模型,然後再萃取得分最高的標籤及其機率。

給定前置處理和模型簽名後,原始簽名(大多數客戶端將會使用它)可以重構為:

```
@tf.function(input_signature=[tf.TensorSpec([None,], dtype=tf.string)])
def predict_filename(filenames):
    preproc_output = xai_preprocess(filenames)
    return xai_model(preproc_output['input_images'])
```

現在,我們使用全部的三個匯出簽名來儲存模型:

```
model.save(MODEL_LOCATION,
           signatures={
               'serving_default': predict_filename,
               'xai_preprocess': xai_preprocess, # 輸入到影像
               'xai_model': xai_model # image to output
           })
```

此時,模型具有應用 XAI 時所需的簽名了,但還需要一些額外的元資料來計算解釋。

解釋元資料

除了模型之外,我們還需要為 XAI 提供一個基線影像和一些其他元資料。它們將會採用 JSON 檔案的形式,而我們可以使用 Google Cloud 中開源的 Explainability SDK 以程式設計方式建立該檔案。

我們首先指定哪個匯出的簽名是會將擾動影像作為輸入的簽名,以及需要解釋哪些輸出鍵(probability、flower_type_int 或 flower_type_str):

```
from explainable_ai_sdk.metadata.tf.v2 import SavedModelMetadataBuilder
builder = SavedModelMetadataBuilder(
    MODEL_LOCATION,
    signature_name='xai_model',
    outputs_to_explain=['probability'])
```

然後我們建立將用來當作梯度起點的基線影像。這裡的常見選擇是全為零（np.
zeros）、全為 1（np.ones）或隨機雜訊。讓我們做一下第三個選項：

```
random_baseline = np.random.rand(IMG_HEIGHT, IMG_WIDTH, 3)
builder.set_image_metadata(
    'input_images',
    input_baselines=[random_baseline.tolist()])
```

請注意，我們為 xai_model() 函數指定了輸入參數的名稱 input_images。

最後，我們儲存元資料檔案：

```
builder.save_metadata(MODEL_LOCATION)
```

這會建立一個名稱為 *explain_metadata.json* 的檔案，此檔案會與 SavedModel 檔案同時
存在。

部署模型

SavedModel 和相關的解釋元資料會像以前一樣部署到 Vertex AI，但有幾個額外的參數
和可解釋性有關。要部署提供了 IG 解釋的模型版本，我們將執行以下操作：

```
gcloud beta ai-platform versions create \
    --origin=$MODEL_LOCATION --model=flowers ig ... \
    --explanation-method integrated-gradients --num-integral-steps 25
```

而要獲得 xRAI 解釋，我們會這樣做：

```
gcloud beta ai-platform versions create \
    --origin=$MODEL_LOCATION --model=flowers xrai ... \
    --explanation-method xrai --num-integral-steps 25
```

--num-integral-steps 參數指定了基線影像和輸入影像之間的步驟數，以進行數值積
分。步驟越多，梯度計算越準確（計算量也越大）。典型值為 25。

 解釋回應包含了每一個預測的近似誤差。請檢查一組具有代表性的輸
入的近似誤差，如果該誤差太大的話，請增加步驟數。

對於此範例，讓我們同時使用兩種影像可解釋性方法 —— 我們將部署一個提供 IG 解釋、
名稱為 ig 的版本和一個提供 xRAI 解釋、名稱為 xrai 的版本。

任何一個已部署的版本都可以像平常一樣引動，它的請求的負載（payload）看來像這
樣：

```json
{
    "instances": [
        {
            "filenames": "gs://.../9818247_e2eac18894.jpg"
        },
        {
            "filenames": "gs://.../9853885425_4a82356f1d_m.jpg"
        },
        ...
    ]
}
```

它會傳回每個輸入影像的標籤和相關機率：

FLOWER_TYPE_INT	FLOWER_TYPE_STR	PROBABILITY
1	dandelion	0.398337
1	dandelion	0.999961
0	daisy	0.994719
4	tulips	0.959007
4	tulips	0.941772

XAI 版本可用於正常服務而不會影響效能。

獲得解釋

我們可以透過三種方式獲得解釋。第一種是透過 gcloud，第二種是透過 Explainable AI
SDK。這兩種方法最終都引動了第三種方式 —— REST API —— 我們也可以直接使用它。

我們先看看 gcloud 方法，因為它是最簡單和最有彈性的。我們可以發送 JSON 請求並
使用以下方法獲得 JSON 回應：

```
gcloud beta ai-platform explain --region=$REGION \
    --model=flowers --version=ig \
    --json-request=request.json > response.json<
```

為了使用 IG 來獲得解釋，我們將使用以下選項來部署此版本（ig）：

```
--explanation-method integrated-gradients
```

JSON 的回應包含了 base64 編碼形式的歸因影像。我們可以使用以下方法對其進行解碼：

```
with open('response.json') as ifp:
    explanations = json.load(ifp)['explanations']
    for expln in explanations:
        b64bytes = (expln['attributions_by_label'][0]
                         ['attributions']['input_images']['b64_jpeg'])
        img_bytes = base64.b64decode(b64bytes)
        img = tf.image.decode_jpeg(img_bytes, channels=3)
        attribution = tf.image.convert_image_dtype(img, tf.float32)
```

五張影像的 IG 結果如圖 10-9 所示。GitHub 上的 *10b_explain.ipynb* 筆記本包含了必要的繪圖程式碼。

圖 10-9　花朵模型的整合梯度解釋。輸入影像在第一列，XAI 常式傳回的歸因在第二列。

對於第一張影像，模型似乎使用高大的白色花朵，以及背景中的部分白色像素來決定影像是雛菊。在第二張影像中，黃色的中心和白色的花瓣是模型所依賴的部份。令人擔憂的是，在第四張影像中，貓似乎是做出決定的重要組成部分。有趣的是，鬱金香的決定似乎更受到綠色莖的驅使，而不是來自像球莖一樣的花朵。同樣的，我們很快就會看到，這種歸因具有誤導性，而這種誤導性的歸因展示了 IG 方法的侷限性。

為了獲得 xRAI 解釋，我們在模型端點上引動 gcloud Explain，以使用名稱為 xrai 的部署版本。圖 10-10 顯示了來自 xRAI 的相同花朵影像的歸因。

圖 10-10　xRAI 對花朵模型的解釋。輸入影像在第一列，XAI 常式傳回的歸因在第二列。最下列包含了和第二列相同的資訊，除了歸因影像已重新著色，以便在本書頁面上更容易視覺化。

回想一下，xRAI 使用了 IG 方法來識別顯著區域，然後使用影像的擾動版本引動模型來決定每個區域的重要性。很明顯的，圖 10-10 中 xRAI 的歸因比圖 10-9 中使用 IG 獲得的歸因要精確得多。

對於第一朵花的影像，模型專注於高大的白花，並且只關注那朵花。很明顯的，模型已經學會了忽略背景中較小的花朵。雖然 IG 似乎指出背景是很重要的，但 xRAI 的結果顯示該模型丟棄了那個資訊，而選擇了影像中最突出的花朵。在第二張影像中，黃色的中心和白色的花瓣是模型的關鍵（IG 也做對了）。對於第三張影像，xRAI 方法的精確度很明顯 —— 模型聚焦在花瓣連接中心的亮黃色窄帶上。這是雛菊所獨有的，有助於將它們與顏色相似的蒲公英區分開來。在第四張影像中，我們可以看到鬱金香球莖是模型用於分類的東西，儘管那隻貓混淆了它的注意力。最後分類為鬱金香似乎是由於存在著很多的花朵。IG 方法讓我們誤入歧途 —— 花梗很明顯，但驅動預測機率的是球莖。

IG 在某些情況下很有用。如果我們考慮的是像素歸因（而不是區域）較重要的放射學影像時，IG 會表現得更好。然而，在顯示物體的影像中，xRAI 往往表現的更好。

在本節中，我們研究了如何為我們的預測服務添加可解釋性，以滿足決策者想要瞭解機器學習模型所依賴的內容的這種需求。接下來，讓我們看看無程式碼工具如何幫助 ML 進行民主化。

無程式碼電腦視覺

到目前為止，我們在本書中考慮的電腦視覺問題 —— 影像分類、物件偵測和影像分割 —— 都已經得到了低程式碼和無程式碼機器學習系統的開箱即用支援。例如，圖 10-11 顯示了 Google Cloud AutoML Vision 的啟動控制台。

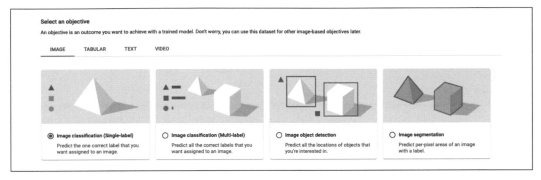

圖 10-11　Google Cloud AutoML Vision 支援的基本電腦視覺問題，這是一種無需編寫任何程式碼即可使用的機器學習工具。

其他適用於影像的無程式碼和低程式碼工具包括 Apple 的 Create ML（*https://oreil.ly/Ft1We*）、DataRobot（*https://oreil.ly/7xXOw*）和 H2O（*https:// oreil.ly/DHKiK*）。

為何要使用無程式碼？

在本書中，我們專注於使用程式碼來實作機器學習模型。但是，將無程式碼工具納入您的整體工作流程是值得的。

出於多種原因，無程式碼工具在開始電腦視覺專案時非常有用，包括：

問題可行性

諸如 AutoML 之類的工具可作為您所預期的準確度類型的完整性檢查。如果達到的準確度遠非語境中可接受的準確度時，這可以讓您避免將時間浪費在徒勞無功的 ML 專案上。例如，如果識別偽造 ID 時在所需之召回率的精確度僅達到 98%，那麼您就知道存在問題 —— 錯誤的拒絕了 2% 的客戶可能是不可接受的結果。

資料品質和數量

無程式碼工具可檢查資料集的品質。資料收集後，許多 ML 專案的正確下一步是出去蒐集更多 / 更好的資料，而不是訓練 ML 模型；您從 AutoML 等工具獲得的準確度可以幫助您做出決定。例如，如果該工具產生的混淆矩陣指出模型經常將所有水中的花朵都分類為百合花，這可能指出您需要更多的水景照片。

基準測試

AutoML 之類的工具可以為您提供一個基準，讓您可以根據該基準來比較您建構的模型。

許多機器學習組織為他們的領域專家提供無程式碼工具，以便他們可以在將問題提交給資料科學團隊之前先檢查問題的可行性並幫忙收集高品質的資料。

在本節的其餘部分，我們將快速瀏覽如何在 5-flowers 資料集上使用 AutoML，先從載入資料開始。

載入資料

第一步是將資料載入到系統中。為了如此，我們將工具指向 Cloud Storage 儲存桶中的 *all_data.csv* 檔案（見圖 10-12）。

載入資料後，我們會看到有 3,667 張影像，其中包含 633 朵雛菊、898 朵蒲公英等等（見圖 10-13）。我們可以驗證所有影像都已標記，並在必要時更正標籤。如果我們載入了一個沒有標籤的資料集，我們可以在使用者介面中自己標記影像，或者將任務交給標記服務（標記服務在第 5 章中介紹）。

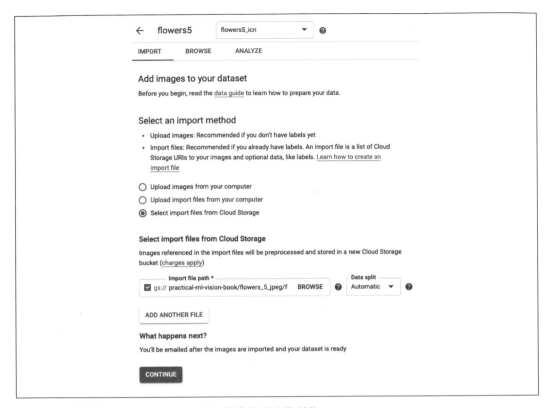

圖 10-12. 透過從 Cloud Storage 匯入檔案來建立資料集。

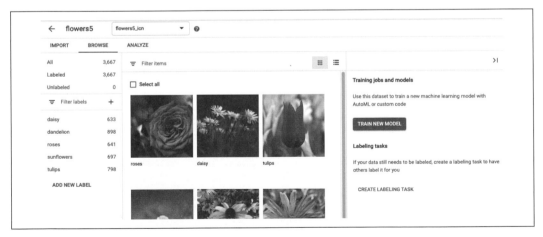

圖 10-13　載入資料集後，我們可以查看影像及其標籤。有必要時，這也是添加或更正標籤的機會。

訓練

一旦我們對標籤感到滿意後，我們就可以單擊「Train New Model」按鈕來訓練新模型。這將引導我們完成圖 10-14 所示的一組畫面，我們在其中選擇模型類型、拆分資料集的方式、以及我們的訓練預算。在撰寫本文時，我們指定的 8 小時訓練預算將花費大約 25 美元。

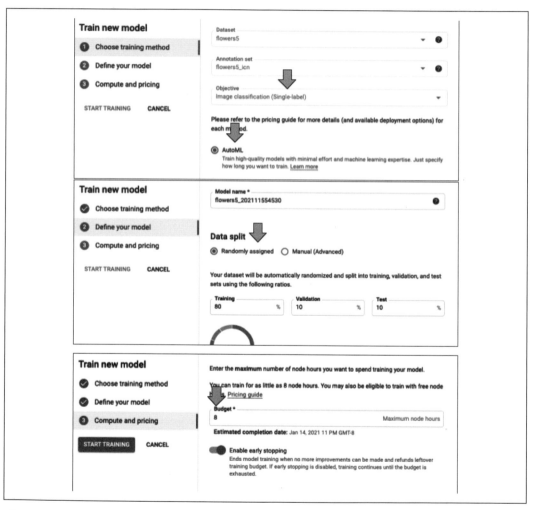

圖 10-14　用於啟動訓練工作的使用者介面畫面。

請注意，在最後一個畫面中，我們啟用了提前停止，以便 AutoML 在沒有看到驗證度量的任何改進時，可以決定提前停止。使用此選項時，訓練會在 30 分鐘內完成（見圖 10-15），這意味著整個 ML 訓練執行的成本約為 3 美元。結果為 96.4% 的準確度，這和我們使用在第 3 章中所建立的最複雜模型，經過大量調整和實驗後所獲得的準確度相當。

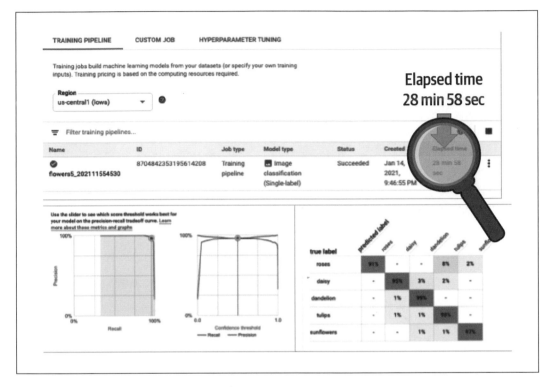

圖 10-15　AutoML 在一小時內以不到 3 美元的成本完成了訓練，並且在 5-flowers 資料集上達到了 96.4% 的準確度。

我們要提醒您，並非所有的無程式碼系統都是相同的 —— 我們在本節中所使用的 Google Cloud AutoML（*https://oreil.ly/GvLwR*）系統執行了資料前置處理和擴增、採用最先進的模型，並進行超參數調整以建構非常準確的模型。其他無程式碼系統可能沒有那麼複雜：有些只能訓練一個模型（例如 ResNet50），有些只訓練一個模型但可以進行超參數調整，還有一些可以在一系列模型（ResNet18、ResNet50 和 EfficientNet）中進行搜尋。檢視說明文件，以便知道您的系統能做些什麼。

評估

評估結果指出，分類錯誤最多的是將玫瑰識別為鬱金香。如果我們繼續我們的實驗，我們將檢查一些錯誤（見圖 10-16），並嘗試收集更多影像以盡量減少偽陽性和偽陰性。

圖 10-16　檢查偽陽性和偽陰性，以確定要蒐集更多的哪種範例。這也可以是從資料集中刪除不具有代表性的影像的時機。

一旦我們對模型的效能感到滿意後，我們就可以將其部署到端點，從而建立一個 Web 服務，客戶端可以透過該服務來要求模型進行預測。然後我們可以向模型發送樣本請求並從中獲得預測。

對於基本的電腦視覺問題，無程式碼系統的易用性、低成本和高準確度非常引人注目。我們建議您將這些工具作為電腦視覺專案的第一步。

總結

在本章中，我們研究了如何操作整個 ML 流程。為此，我們使用了 Kubeflow Pipelines，並對 SDK 進行了一次旋風之旅，建立了 Docker 容器和 Kubernetes 組件，並使用資料依賴關係將它們串成一個生產線。

我們探索了幾種技術，使我們能夠瞭解模型在進行預測時所依賴的信號。我們還研究了無程式碼電腦視覺框架的功能，並使用 Google Cloud 的 AutoML 來說明典型步驟。

領域專家使用無程式碼工具來驗證問題的可行性，而機器學習工程師在部署中使用機器學習生產線，而可解釋性則用於促進決策者採用機器學習模型。因此，這些通常形成許多電腦視覺專案的邊界，並且是資料科學家與其他團隊進行互動的點。

本書的主要部分到此結束，我們在其中建構並部署了一個端到端的影像分類模型。在本書的其餘部分，我們將重點介紹進階架構和使用案例。

## 第十一章

進階視覺問題

本書到目前為止，主要研究了對整張影像進行分類的問題。在第 2 章中我們討論了影像迴歸，在第 4 章中我們討論了物件偵測和影像分割。在本章中，我們將著眼於可以使用電腦視覺來解決的更進階的問題：測量、計數、姿態預估和影像搜尋。

本章的程式碼位於本書 GitHub 儲存庫（*https://github.com/ GoogleCloudPlatform/practical-ml-vision-book*）的 *11_adv_problems* 資料夾中。我們將在適用的情況下提供程式碼範例和筆記本的檔名。

物件測量

有時我們想知道影像中物件的尺寸（例如，沙發長 180 公分）。雖然我們可以簡單的使用被雲覆蓋的空拍影像進行逐像素迴歸，來測量諸如地面降雨量之類的東西，但我們需要為物件測量的場景做一些更複雜的事情。我們不能只簡單的計算像素數量，並從中推斷出大小，因為同一個物件會根據它在影像中的位置、旋轉、長寬比等因素而用不同數量的像素來表示。讓我們來按照 Imaginea Labs（*https://oreil.ly/FEaPn*）所建議的四個步驟，根據物件的照片來測量物件。

參考物件

假設我們是一家線上鞋店,我們希望透過使用顧客的腳印照片,來幫助顧客找到最佳的鞋子大小。我們會要求顧客將腳弄濕並踩在紙質材料上,然後上傳他們的腳印照片,如圖 11-1 所示。然後,我們可以使用 ML 模型從腳印中獲得合適的鞋子大小(根據長度和寬度)和足弓類型。

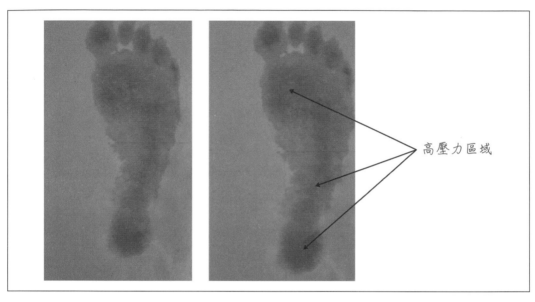

圖 11-1　左圖:紙上濕腳印的照片。右圖:在距離紙張幾英寸的地方用相機拍攝的相同腳印的照片。識別高壓力區域有助於識別人的足弓類型。本節中的照片由作者提供。

ML 模型應該使用不同的紙張類型、不同的照明、旋轉、翻轉……等進行訓練,以能預期模型在推論時,可能收到的腳印影像的所有可能變化,據以預測足部測量值。但是僅靠腳印影像,不足以建立有效的測量解決方案,因為(如圖 11-1 所示)影像中腳的大小會因相機和紙張之間的距離等因素而不同。

解決尺度問題的一個簡單方法，是包括一個幾乎所有顧客都應該擁有的參考物件。大多數顧客都有信用卡，它們具有標準尺寸，因此可以將其用作參考或校準物件，以幫助模型確定影像中腳的相對尺寸。如圖 11-2 所示，我們只是要求每個顧客在拍照前在他們的腳印旁邊放一張信用卡。擁有參考物件將測量任務簡化為將腳與該物件進行比較。

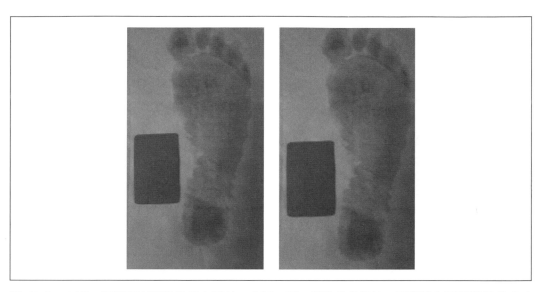

圖 11-2　左圖：濕腳印旁邊的信用卡照片。右圖：同一個物件的照片，用相機在距離紙張幾英寸的地方拍攝。

在各種背景下建構不同腳印的訓練資料集當然可能需要一些清理工作，例如旋轉影像以使所有腳印以相同的方式定位。否則，對於某些影像而言，我們將會測量到投影長度而不是真實長度。至於參考信用卡，我們不會在訓練前進行任何更正，並將會在預測時對齊產生的腳和參考遮罩。

在訓練開始時，我們可以進行資料擴增，例如旋轉、模糊、改變亮度以及縮放比例和對比度，如圖 11-3 所示。這可以幫助我們增加訓練資料集的大小，並教會模型要夠有彈性以接收資料的許多不同真實世界變化。

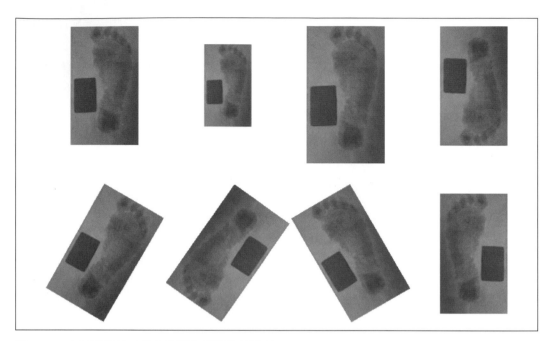

圖 11-3　在訓練開始時執行的腳印影像資料擴增。

分割

機器學習模型首先需將影像中的信用卡和腳印分割,並將其識別為兩個萃取出來的正確物件。為此,我們將使用 Mask R-CNN 影像分割模型,如第 4 章所述並如圖 11-4 所示。

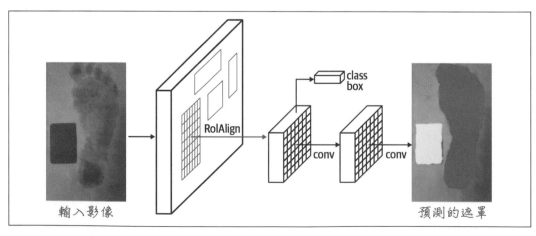

圖 11-4　Mask R-CNN 架構。圖片改編自 He 等人,2017(*https://arxiv.org/abs/1703.06870*)。

透過架構的遮罩分支，我們將會預測腳印的遮罩和信用卡的遮罩，以獲得類似於圖 11-4 右側的結果。

請記住我們的遮罩分支的輸出有兩個頻道：每個物件各用一個，也就是腳印和信用卡。因此，我們可以個別的查看每個遮罩，如圖 11-5 所示。

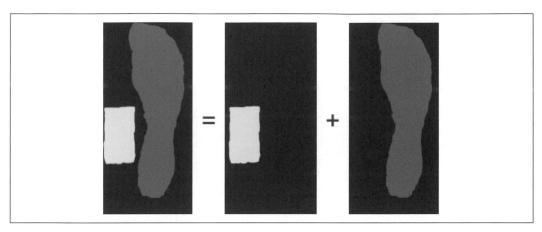

圖 11-5　腳印和信用卡的個別遮罩。

接下來，我們必須對齊遮罩，以便獲得正確的測量值。

旋轉校正

一旦我們獲得了腳印和信用卡的遮罩，就必須將它們對旋轉進行正規化，這是針對那些在拍照時可會能將信用卡放置在稍微不同方向的使用者而做的。

為了校正旋轉，我們可以對每個遮罩使用主成分分析（principal component analysis, PCA）以得到特徵向量（*eigenvector*）——例如在最大特徵向量方向上的物件的大小，就是物體的長度（見圖 11-6）。從 PCA 獲得的特徵向量彼此是正交的，每個後續成份的特徵向量對變異數的貢獻會越來越小。

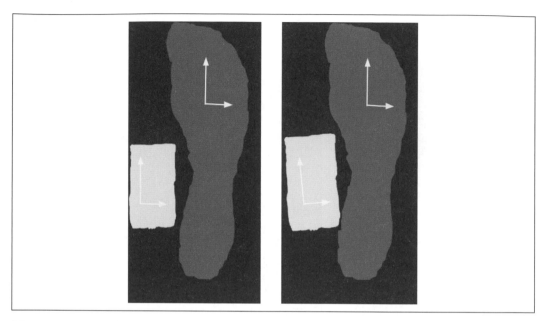

圖 11-6　信用卡的放置方向可能和腳略有不同。每個物件的兩個最大特徵向量的方向用軸來進行標記。

在 PCA 之前，遮罩維度位於具有相對於原始影像的維度軸的向量空間中，如圖 11-6 左側所示。利用在 PCA 後特徵向量會在不同的向量空間基底中的這個事實，軸現在是沿著變異數最大的方向（如圖 11-6 右側所示），我們可以使用原始坐標軸和第一個特徵向量間的角度，來確定要進行多少的旋轉校正。

比率和測量

使用我們的旋轉校正遮罩，我們現在可以計算腳印的測量值。我們首先將遮罩投影到二維空間並沿 x 軸和 y 軸觀看。長度是透過測量最小和最大的 y 坐標值之間的像素距離來找到的，寬度是把同樣的方式用在 x 維度來算出的。請記住，腳印和信用卡的尺寸均以像素為單位，而不是公分或英寸。

接下來，知道信用卡的精確測量值之後，我們可以找到像素尺寸與信用卡實際尺寸之間的比例，然後可以將此比率應用於腳印的像素尺寸以確定其真實測量值。

足弓類型的決定會稍微複雜一些，但在找到高壓力區域後仍然需要以像素為單位進行計數（參見 Su et al., 2015（*https://oreil.ly/AlUIu*）和圖 11-1）。透過正確的測量，如圖 11-7 所示，我們的商店將能夠找到適合每位顧客的完美鞋子。

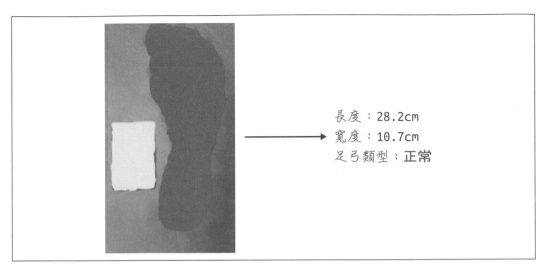

長度：28.2cm
寬度：10.7cm
足弓類型：**正常**

圖 11-7　我們可以使用參考像素／公分比率獲得 PCA 校正遮罩的最終測量值。

計數

計算影像中的物件數量是一個應用廣泛的問題，從估計人群規模到從無人機影像中識別農作物的潛在產量都是。圖 11-8 所示的照片中有多少個漿果呢？

圖 11-8　植物上的漿果。作者攝。

根據我們迄今為止所介紹的技術，您可以選擇以下方法的其中之一：

1. 訓練一個物件偵測分類器來偵測漿果，並計算定界框的數量。然而，漿果往往會相互重疊，偵測方法可能會遺漏或合併漿果。

2. 將此視為分割問題。找到包含漿果的區段，然後根據每個叢集的屬性（例如，它的大小）來決定每個叢集中漿果的數量。這種方法的問題在於它並不是尺度不變（scale-invariant）的，如果我們的漿果比一般的還小或還大，此方法就會失敗。與上一節中討論的足部大小測量場景不同，這個問題很難納入參考物件。

3. 將此視為迴歸問題，並從整個影像本身估計漿果的數量。這種方法與分割方法有同樣的尺度問題，而且很難找到足夠多的標記影像，儘管這種方法過去曾成功地用於計算人群（*https://arxiv.org/abs/1703.09393*）和野生動物（*https://oreil.ly/1qdvm*）。

這些方法還有其他缺點。例如，前兩種方法要求我們對漿果進行正確的分類，迴歸方法則忽略了位置，而我們知道這是有關影像內容的重要資訊來源。

更好的方法是在模擬影像上使用密度估計。在本節中，我們將討論該技術並逐步完成該方法。

密度估計

為了在物件很小且重疊的情況下進行計數，Victor Lempitsky 和 Andrew Zisserman 在 2010 年的論文（*https://oreil.ly/EW2J4*）中引介了另一種方法，該方法避免了必須進行物件偵測或分割且不會丟失位置資訊。這個想法是教網路來估計影像像素塊中物件（這裡是漿果）的密度（*density*）[1]。

為了進行密度估計，我們需要有指出密度的標籤。因此，我們將原始影像分解為較小的不重疊像素塊，並使用位於其中的漿果中心數來標記每個素塊，如圖 11-9 所示。網路將學習進行估計的正是這個值。為了確保像素塊中漿果的總數等於影像中漿果的數量，我們確保只有當漿果的中心點在像素塊中時才把它算在像素塊中。由於某些漿果可能只有部分位於像素塊中，因此模型的網格輸入必須大於像素塊。輸入由虛線來顯示。顯然這會使影像的邊框出現問題，但我們可以簡單的將影像進行填充來解決這個問題，如圖 11-9 中的右側所示。

1　Lempitsky 和 Zisserman 引介了一個客製化的損失函數，他們稱之為 MESA 距離，但該技術在處理均方誤差的情況下效果很好，所以這就是我們展示的內容。

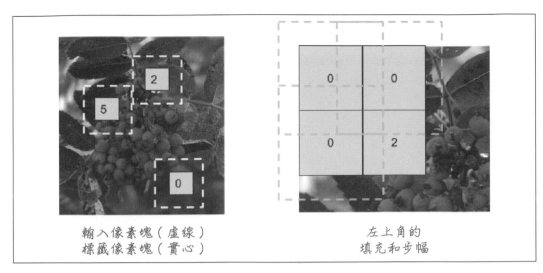

輸入像素塊（虛線）　　　　　　　　　　左上角的
標籤像素塊（實心）　　　　　　　　　　填充和步幅

圖 11-9　該模型在原始影像的像素塊上進行訓練：三個這樣的像素塊的輸入和標籤顯示在左側面板中。標籤包含了中心點位於每個像素塊的內部正方形內的漿果數量。輸入像素塊在所有邊界上都需要「相同」的填充，而標籤像素塊僅由有效像素組成。

當然，這種方法不僅適用於計數漿果 —— 在估計人群大小、計算生物影像中的細胞，以及其他存在大量物件，且某些物件可能被其他物件部分遮擋的應用中，它往往比其他方法更有效。這就像是影像迴歸，除了我們是透過使用像素塊來增加資料集大小，並教導模型去關注密度。

萃取像素塊

給定漿果影像和由對應於每個漿果中心點的 1 所組成的標籤影像，產生必要的輸入和標籤像素塊的最簡單方法，是使用 TensorFlow 函數 `tf.image.extract_patches()`。這個函數要求我們傳入一批次的影像。如果我們只有一張影像的話，那麼我們可以透過使用 `tf.expand_dims()` 來添加批次大小 1 以擴展維度。標籤影像將只有一個頻道，因為它是布林值，因此我們還必須添加深度維度 1（完整程式碼在 GitHub 上的 *11a_counting.ipynb* 中）：

```
def get_patches(img, label, verbose=False):
    img = tf.expand_dims(img, axis=0)
    label = tf.expand_dims(tf.expand_dims(label, axis=0), axis=-1)
```

現在我們可以在輸入影像上呼叫 `tf.image.extract_patches()` 了。請注意，在以下程式碼中，我們要求提供虛線框大小（`INPUT_WIDTH`）的像素塊，但步幅是使用較小的標籤像素塊的大小（`PATCH_WIDTH`）。如果虛線框是 64x64 像素，則每個框將具有 64 * 64 * 3 個像素值。這些值將是 4D 的，但為了方便起見，我們可以將像素塊值重塑為展平的陣列：

```
num_patches = (FULL_IMG_HEIGHT // PATCH_HEIGHT)**2
patches = tf.image.extract_patches(img,
    =[1, INPUT_WIDTH, INPUT_HEIGHT, 1],
    =[1, PATCH_WIDTH, PATCH_HEIGHT, 1],
    =[1, 1, 1, 1],
    ='SAME',
    ='get_patches')
patches = tf.reshape(patches, [num_patches, -1])
```

接下來，我們對標籤影像重複相同的運算：

```
labels = tf.image.extract_patches(label,
    =[1, PATCH_WIDTH, PATCH_HEIGHT, 1],
    =[1, PATCH_WIDTH, PATCH_HEIGHT, 1],
    =[1, 1, 1, 1],
    ='VALID',
    ='get_labels')
labels = tf.reshape(labels, [num_patches, -1])
```

標籤像素塊的程式碼與影像像素塊的程式碼有兩個主要差異。首先，標籤像素塊的大小只是內框的大小。還要注意填充規範的差異。對於輸入影像，我們指定 `padding=SAME`，要求 TensorFlow 用零來填充輸入影像，然後從中萃取較大框大小的所有像素塊（見圖 11-9）。對於標籤影像而言，我們只要求完全有效的框，因此不會填充影像。這確保我們為每個有效的標籤像素塊獲得影像的對應外框。

標籤影像現在將包含 1 來對應到我們要計數的所有物件的中心。透過對標籤像素塊的像素值進行加總，我們可以找到這個類別物件的總數，我們將其稱為密度：

```
# "密度" 為標籤像素塊中的點的數量
patch_labels = tf.math.reduce_sum(labels, axis=[1], name='calc_density')
```

模擬輸入影像

在 Maryam Rahnemoor 和 Clay Sheppard 2017 年關於產量估計的論文（*https://oreil.ly/CTRLA*）中，他們指出甚至不需要有真實標記的照片來訓練神經網路以進行計數。為了訓練他們的神經網路來計算藤蔓上的番茄，作者簡單的為它輸入了由在棕色和綠色背景上的紅色圓圈所組成的模擬影像。由於該方法只需要模擬資料，因此可以快速的建立大型資料集。由此產生的已訓練神經網路在實際的番茄植株上表現良好。我們接下來展示的正是這種稱為**深度模擬學習**（*deep simulated learning*）的方法。當然，如果您確實有已標記資料，其中已經標記了每個漿果（或人群中的人，或樣本中的抗體）的話，您就可以改用它。

我們將產生一個模糊的綠色背景來模擬 25 至 75 個「漿果」，並將它們添加到影像中（見圖 11-10）。

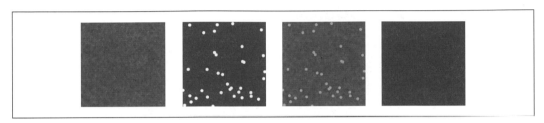

圖 11-10　模擬輸入影像以計算綠色背景上的「漿果」。第一個影像是背景，第二個是模擬漿果，第三個是實際輸入影像。

程式碼的關鍵部份是要隨機的放置一些漿果：

```
num_berries = np.random.randint(25, 75)
berry_cx = np.random.randint(0, FULL_IMG_WIDTH, size=num_berries)
berry_cy = np.random.randint(0, FULL_IMG_HEIGHT, size=num_berries)
label = np.zeros([FULL_IMG_WIDTH, FULL_IMG_HEIGHT])
label[berry_cx, berry_cy] = 1
```

在標籤影像中的每個漿果位置上，都繪製了一個紅色圓圈：

```
berries = np.zeros([FULL_IMG_WIDTH, FULL_IMG_HEIGHT])
for idx in range(len(berry_cx)):
    rr, cc = draw.circle(berry_cx[idx], berry_cy[idx],
                         radius=10,
                         shape=berries.shape)
    berries[rr, cc] = 1
```

然後將漿果添加到綠色背景中：

```
img = np.copy(backgr)
img[berries > 0] = [1, 0, 0] # 紅色
```

一旦我們有了影像之後，我們就可以從中產生影像像素塊，並透過將標籤像素塊塊內的漿果中心點加總來獲得密度。圖 11-11 顯示了一些範例像素塊和它們所對應的密度。

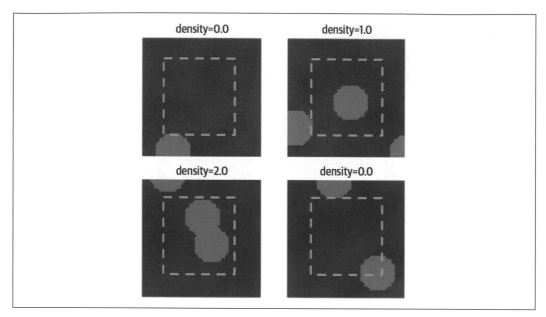

圖 11-11　一些像素塊和對應的密度。請注意，標籤像素塊僅由輸入像素塊中心的 50% 組成，並且只有中心落在標籤像素塊裏的那些紅色圓圈，才會被算在密度計算中。

迴歸

一旦我們開始建立像素塊後，我們就可以在像素塊上訓練一個迴歸模型來預測密度。首先，我們透過產生模擬影像來設置我們的訓練和評估資料集：

```python
def create_dataset(num_full_images):
    def generate_patches():
        for i in range(num_full_images):
            img, label = generate_image()
            patches, patch_labels = get_patches(img, label)
            for patch, patch_label in zip(patches, patch_labels):
                yield patch, patch_label

    return tf.data.Dataset.from_generator(
            generate_patches,
            (tf.float32, tf.float32), # patch, patch_label
```

```
        (tf.TensorShape([INPUT_HEIGHT*INPUT_WIDTH*IMG_CHANNELS]),
         tf.TensorShape([]))
    )
```

我們可以使用我們在第 3 章中討論過的任何模型。為了說明的目的，讓我們使用簡單的 ConvNet（完整程式碼可在 GitHub 上的 *11a_counting.ipynb* 中找到）：

```
Model: "sequential"
_____
Layer (type)                 Output Shape              Param #
=================================================================
reshape (Reshape)            (None, 64, 64, 3)         0

conv2d (Conv2D)              (None, 62, 62, 32)        896

max_pooling2d (MaxPooling2D) (None, 31, 31, 32)        0

conv2d_1 (Conv2D)            (None, 29, 29, 64)        18496

max_pooling2d_1 (MaxPooling2 (None, 14, 14, 64)        0

conv2d_2 (Conv2D)            (None, 12, 12, 64)        36928

flatten (Flatten)            (None, 9216)              0

dense (Dense)                (None, 64)                589888

dense_1 (Dense)              (None, 1)                 65
=================================================================
Total params: 646,273
Trainable params: 646,273
Non-trainable params: 0
```

關於此處所顯示的架構，需要注意的關鍵層面是：

- 輸出是單一數值（密度）。

- 輸出節點是一個線性層（因此密度可以採用任何數值）。

- 損失是均方誤差。

這些層面使模型成為能夠預測密度的迴歸模型。

預測

請記住，該模型需要一個像素塊並預測該像素塊中漿果的密度。給定輸入影像，我們必須像訓練時一樣將其分解為像素塊，並對所有像素塊進行模型預測，然後加總預測的密度，如下所示：

```
def count_berries(model, img):
    num_patches = (FULL_IMG_HEIGHT // PATCH_HEIGHT)**2
    img = tf.expand_dims(img, axis=0)
    patches = tf.image.extract_patches(img,
        sizes=[1, INPUT_WIDTH, INPUT_HEIGHT, 1],
        strides=[1, PATCH_WIDTH, PATCH_HEIGHT, 1],
        rates=[1, 1, 1, 1],
        padding='SAME',
        name='get_patches')
    patches = tf.reshape(patches, [num_patches, -1])
    densities = model.predict(patches)
    return tf.reduce_sum(densities)
```

對一些獨立影像的預測如圖 11-12 所示。如您所見，預測值落在實際數量的 10% 以內。

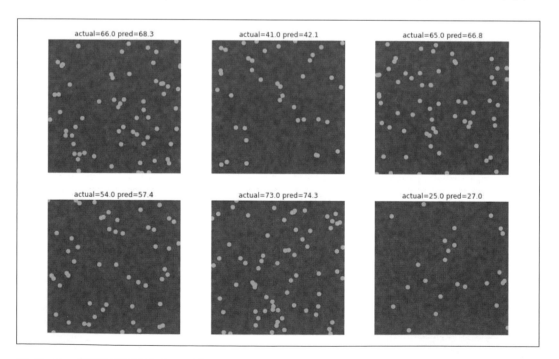

圖 11-12　模型的預測值與每張影像中的實際物件數量進行比較。

然而，當我們在本節開始時所使用的真實漿果影像上進行嘗試時，估計值相差很大。解決這個問題可能需要模擬不同大小的漿果，而不僅僅是在隨機位置放置相同大小的漿果。

姿勢估計

在多種情況下，我們可能希望識別物件的關鍵部分。一個非常常見的情況是要識別肘部、膝蓋、面部……等，以識別一個人的姿勢。因此，這個問題被稱為姿勢估計（*pose estimation*）或姿勢偵測（*pose detection*）。姿勢偵測可用於識別對象是坐著、站著、跳舞還是躺著，或提供有關運動和醫療環境中姿勢的建議。

給定一張像是圖 11-13 中的照片，我們如何識別影像中的腳、膝蓋、肘部和手呢？

圖 11-13　確定身體關鍵部位的相對位置有助於指導改善球員的狀態。作者攝。

在本節中，我們將討論該技術，並為您指明一個經過訓練的實作。我們很少需要從頭開始訓練姿勢估計模型 —— 相反的，您將使用已經訓練好的姿勢估計模型的輸出，來確定影像中的對象正在做什麼。

PersonLab

George Papandreou 等人在 2018 年的一篇論文（*https://arxiv.org/pdf/1803.08225.pdf*）中提出了一個最先進的方法。他們將其稱為 PersonLab，但實作他們方法的模型現在以 *PoseNet* 來命名。從概念上講，PoseNet 包含了圖 11-14 中所描述的步驟：

1. 使用物件偵測模型來識別骨架中所有興趣點（point of interest）的熱圖（heatmap）。這些興趣點通常包含了膝蓋、肘部、肩膀、眼睛、鼻子……等。為了簡單起見，我們將它們稱之為關節（*joint*）。熱圖是從物件偵測模型的分類頭輸出的分數（也就是在閾值化之前）。

2. 錨定在每個偵測到的關節處，確定附近關節的最可能位置。在偵測到手腕的情況下，肘部的偏移（offset）位置如圖所示。

3. 根據步驟 1 和 2 選擇的關節為基準，來使用投票機制偵測人體姿勢。

實際上，步驟 1 和 2 是透過物件偵測模型（可以使用第 4 章中討論的任何模型）同時執行的，該模型可以預測關節、其位置、以及和附近關節之間的偏移。

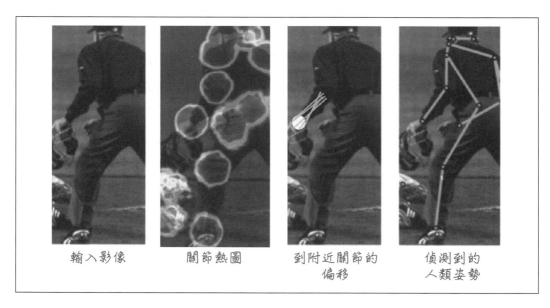

圖 11-14　識別關鍵關節的相對位置對於識別人體姿勢很有用。圖片改編自 Papandreou 等人，2018 年（*https://arxiv.org/pdf/1803.08225.pdf*）。

我們需要第 2 步和第 3 步，因為僅僅執行一個物件偵測模型偵測各種關節是不夠的 —— 模型可能會遺漏一些關節並識別出虛假關節。這就是為什麼 PoseNet 模型還會根據偵測到的關節，來預測附近關節的偏移。例如，如果模型偵測到手腕，手腕偵測會附帶肘關節位置的偏移預測。這有助於在某些情況下，出於某種原因沒有偵測到肘部的情況。如果偵測到肘部，我們現在可能有該關節的三個候選位置 —— 來自於熱圖的肘部位置，以及來自於手腕和肩部的偏移預測的肘部位置。給定所有這些候選位置，該方法使用了稱為霍夫轉換（Hough transform）的加權投票機制來確定關節的最終位置。

PoseNet 模型

PoseNet 實作在適用於 Android（*https://oreil.ly/rGzZh*）和 Web 瀏覽器的 TensorFlow 中可以使用。TensorFlow JS 實作（*https://oreil.ly/X1RVj*）會在 Web 瀏覽器中執行，並使用 MobileNet 或 ResNet 作為底層架構，但仍把自己稱為 PoseNet。OpenPose（*https://oreil.ly/EHSMY*）提供了另一種實作版本。

TensorFlow JS PoseNet 模型經過訓練以識別 17 個身體部位，包括面部特徵（鼻子、左眼、右眼、左耳、右耳）和左右兩側的關鍵肢體關節（肩、肘、腕、髖、膝和腳踝）。

要試用它，您需要執行本地端 Web 伺服器——GitHub 儲存庫中的 *11b_posenet.html* 提供了詳細資訊。載入 posenet 套件並用它來估計單一姿勢（而不是其中有多個人的影像）：

```
posenet.load().then(function(net) {
    const pose = net.estimateSinglePose(imageElement, {
        flipHorizontal: false
    });
    return pose;
})
```

請注意，我們要求不要翻轉影像。但是，如果您正在處理自拍影像的話，您可能希望水平翻轉它們，以匹配會觀看到鏡像影像的使用者體驗。

我們可以使用以下方法將傳回值顯示為 JSON 元素：

```
document.getElementById('output_json').innerHTML =
    "<pre>" + JSON.stringify(pose, null, 2) + "</pre>";
```

JSON 裏有被識別出的關鍵點，以及它們在影像中的位置：

```
{
    "score": 0.5220872163772583,
    "part": "leftEar",
    "position": {
        "x": 342.9179292671411,
        "y": 91.27406275411522
    }
},
```

我們可以使用這些來直接註解影像，如圖 11-15 所示。

圖 11-15　帶有註解的影像，註解來自於 PoseNet 的輸出。每個淺灰色框都包含了一個標記（例如 rightWrist），並且它們已經透過骨架被連接起來。

PoseNet 的準確度取決於底層分類模型的準確度（例如，ResNet 往往更大更慢，但比 MobileNet 更準確）和輸出步幅的大小 —— 步幅越大，像素塊越大，因此輸出位置的準確度會受到影響。

載入 PoseNet 時可以更改這些因素：

```
posenet.load({
    architecture: 'ResNet50',
    outputStride: 32, # 預設值為 257
    inputResolution: { width: 500, height: 900 },
    quantBytes: 2
});
```

較小的輸出步幅會產生更準確的模型，但會降低速度。輸入解析度指明了影像在輸入 PoseNet 模型之前所要調整和填充的大小。這個值越大，它就越準確，同樣會以速度為代價。

MobileNet 架構採用一個稱為 `multiplier` 的參數，該參數指明卷積運算的深度乘數。乘數越大，模型就越準確，但速度就越慢。ResNet 中的 `quantBytes` 參數指明用於權重量化（weight quantization）的位元組數。與使用 1 相比，使用 4 這個值會導致更高的準確度和更大的模型。

識別多個姿勢

為了估計單一影像中多個人的姿勢，我們使用上一節中概述的相同技術，並增加了幾個步驟：

1. 使用影像分割模型來識別影像中與人物對應的所有像素。

2. 使用關節組合，確定特定身體部位（例如鼻子）的最可能位置。

3. 使用步驟 1 中所找到的分割遮罩中的像素，以及步驟 2 中所確定的可能連接，將人物像素分配給各個人物。

圖 11-16 顯示了一個範例。同樣的，這裡可以使用第 4 章中討論的任何影像分割模型。

圖 11-16　識別影像中多個人的姿勢。改編自 Papandreou 等人，2018（*https://arxiv.org/pdf/1803.08225.pdf*）。

執行 PoseNet 時，您可以要求它使用以下方法來估計多個姿勢：

```
net.estimateMultiplePoses(image, {
    flipHorizontal: false,
    maxDetections: 5,
    scoreThreshold: 0.5,
    nmsRadius: 20
});
```

此處的關鍵參數是影像中的最大人數（maxDetections）、人物偵測的信賴度閾值（scoreThreshold）以及兩個偵測應相互抑制的距離（nmsRadius，以像素為單位）。

接下來我們看一下支援影像搜尋的問題。

影像搜尋

eBay 使用影像搜尋（*https://oreil.ly/JVE2J*）來改善購物體驗（例如，查找特定名人所戴的眼鏡）和列表體驗（例如，這裡是您正在嘗試出售的小工具的所有相關技術規格）。

這兩種情況的問題的關鍵是，在資料集中找到與新上傳的影像最相似的影像。為了提供這種能力，我們可以使用嵌入。這個想法是兩個彼此相似的影像將具有彼此接近的嵌入。因此，要搜尋相似的影像，我們可以簡單地搜尋相似的嵌入。

分散式搜尋

為了能夠搜尋相似的嵌入，我們必須建立資料集中的影像嵌入的搜尋索引。假設我們將此嵌入索引儲存在大型分散式資料倉儲（data warehouse）中，例如 Google BigQuery。

如果我們在資料倉儲中包含了天氣影像的嵌入，那麼搜尋過去與現在某些場景 "相似" 的天氣情況就變得容易了。這是一個可以執行此操作的 SQL 查詢（*https://oreil.ly/IxTn1*）：

```
WITH ref1 AS (
    SELECT time AS ref1_time, ref1_value, ref1_offset
    FROM `ai-analytics-solutions.advdata.wxembed`,
        UNNEST(ref) AS ref1_value WITH OFFSET AS ref1_offset
    WHERE time = '2019-09-20 05:00:00 UTC'
)
SELECT
    time,
    SUM( (ref1_value - ref[OFFSET(ref1_offset)])
        * (ref1_value - ref[OFFSET(ref1_offset)]) ) AS sqdist
FROM ref1, `ai-analytics-solutions.advdata.wxembed`
GROUP BY 1
ORDER By sqdist ASC
LIMIT 5
```

我們正在計算指明的時間戳記（refl1）處的嵌入與其他每個嵌入之間的歐幾里德距離（Euclidean distance），並顯示最接近的匹配。如下所示的結果：

<0xa0>	時間	sqdist
0	2019-09-20 05:00:00+00:00	0.000000
1	2019-09-20 06:00:00+00:00	0.519979
2	2019-09-20 04:00:00+00:00	0.546595
3	2019-09-20 07:00:00+00:00	1.001852
4	2019-09-20 03:00:00+00:00	1.387520

其實很有意義。前一小時 / 下一小時的影像最為相似,然後是 +/- 2 小時的影像,依此類推。

快速搜尋

在上一節的 SQL 範例中,我們搜尋了整個資料集,並且能夠高效率的進行搜尋,因為 BigQuery 是一個大規模的雲端資料倉儲。然而,資料倉儲的一個缺點是,它們往往具有高延遲。我們將無法獲得毫秒級的回應時間。

對於即時服務而言,我們必須更聰明的搜尋類似的嵌入。我們在下一個範例中使用的 Scalable Nearest Neighbors(ScaNN)(*https://oreil.ly/1A1t4*)會進行搜尋空間修剪並提供一種查找相似向量的有效率方法。

讓我們為 5-flowers 資料集的前一百張影像建構一個搜尋索引(當然,通常我們會建構一個更大的資料集,但這只是用來說明)。我們可以透過建立 Keras 模型來建立 MobileNet 嵌入:

```
layers = [
    hub.KerasLayer(
        "https://.../mobilenet_v2/...",
        input_shape=(IMG_WIDTH, IMG_HEIGHT, IMG_CHANNELS),
        trainable=False,
        name='mobilenet_embedding'),
    tf.keras.layers.Flatten()
]
model = tf.keras.Sequential(layers, name='flowers_embedding')
```

為了建立嵌入資料集,我們遍歷花朵影像資料集並引動模型的 `predict()` 函數(完整程式碼在 GitHub 上的 `11c_scann_search.ipynb` 中):

```
def create_embeddings_dataset(csvfilename):
    ds = (tf.data.TextLineDataset(csvfilename).
          map(decode_csv).batch(BATCH_SIZE))
    dataset_filenames = []
    dataset_embeddings = []
    for filenames, images in ds:
        embeddings = model.predict(images)
        dataset_filenames.extend(
            [f.numpy().decode('utf-8') for f in filenames])
        dataset_embeddings.extend(embeddings)
    dataset_embeddings = tf.convert_to_tensor(dataset_embeddings)
    return dataset_filenames, dataset_embeddings
```

一旦我們有了訓練資料集之後,我們就可以初始化 ScaNN 搜尋器(*https://oreil.ly/ zJm5f*),指明要使用的距離函數是餘弦距離(我們也可以使用歐幾里德距離):

```
searcher = scann.scann_ops.builder(
    dataset_embeddings,
    NUM_NEIGH, "dot_product").score_ah(2).build()
```

這將建構一個用於快速搜尋的樹。

為了搜尋某些影像的鄰居,我們獲取它們的嵌入並引動搜索器:

```
_, query_embeddings = create_embeddings_dataset(
    "gs://cloud-ml-data/img/flower_photos/eval_set.csv"
)
neighbors, distances = searcher.search_batched(query_embeddings)
```

如果您只有一張影像的話,請呼叫 searcher.search()。

部分結果如圖 11-17 所示。我們正在尋找與每列第一張影像相似的影像;三個最近的鄰居顯示在其他面板中。結果並不太令人印象深刻。如果我們使用更好的方法來建立嵌入,而不是使用來自 MobileNet 的用於遷移學習的嵌入呢?

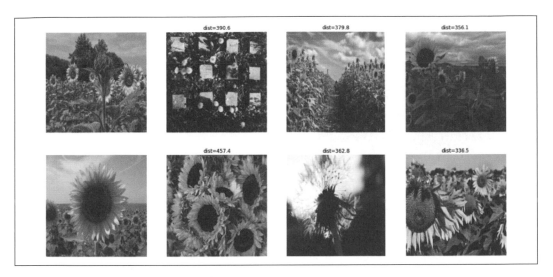

圖 11-17　搜尋與每一列的第一張影像相似的影像。

更好的嵌入

在上一節中，我們使用了 MobileNet 嵌入，它們源自於訓練大型影像分類模型所獲得的中間瓶頸層。我們也可以使用更多的客製化嵌入。例如，在搜尋人臉相似性時，來自被訓練成用在識別和驗證人臉的模型的嵌入將比泛用型嵌入的表現更好。

為了優化用於臉部搜尋的嵌入，一個名為 FaceNet（*https://arxiv.org/abs/1503.03832*）的系統使用了基於臉部特徵進行對齊的匹配 / 非匹配臉部像素塊的三元組。這些三元組由兩張匹配的和一張不匹配的人臉縮圖（thumbnail）組成。使用三元組損失（*triplet loss*）函數的目的，在透過最大可能距離將正向對（positive pair）與負向對（negative pair）分開。縮圖本身是臉部區域的緊密裁剪。隨著網路的訓練過程，顯示給網路的三元組的難度會增加。

 由於圍繞人臉搜尋和驗證的道德敏感性，我們不會在我們的儲存庫中展示人臉搜尋的實作，也不會進一步涵蓋此主題。實作 FaceNet 技術的程式碼可以在線上獲取（*https://oreil.ly/rRZ9Q*）。請確保您以不違反政府、產業或公司政策的方式負責任的使用 AI。

三元組損失可用於建立按標籤群集在一起的嵌入，以便兩張具有相同標籤的影像的嵌入會靠在一起，而兩張具有不同標籤的影像的嵌入會相距很遠。

三元組損失的正式定義使用了三張影像：錨影像（anchor image），具有相同標籤的另一張影像（使得第二張影像和錨影像形成了正對），以及具有不同標籤的第三張影像（使得第三張影像和錨影像形成負對）。給定三張影像，三元組 (a, p, n) 的損失被定義成距離 $d(a, p)$ 會被推向零，而且距離 $d(a, n)$ 會至少比 $d(a, p)$ 還大一點裕度（margin）：

$$L - max(d(a, p) - d(a, n) + margin, 0)$$

對於這種損失，有三類的負向影像：

- 強硬負向（hard negative），即比正向影像更靠近錨影像的負向影像

- 簡單負向（easy negative），即離錨影像很遠的負向影像

- 半硬負向（semi-hard negative），即比正向影像更遠，但在裕度距離內的負向影像

在 FaceNet 論文中，Schroff 等人發現專注於半硬負向所產生的嵌入，其中具有相同標籤的影像會聚集在一起，而且與具有不同標籤的影像會離的很開。

我們可以透過添加一個線性層來改進我們的花朵影像的嵌入，然後再訓練模型以最小化這些影像的三元組損失，重點放在半硬負向上：

```
layers = [
    hub.KerasLayer(
        "https://tfhub.dev/.../mobilenet_v2/feature_vector/4",
        input_shape=(IMG_HEIGHT, IMG_WIDTH, IMG_CHANNELS),
        trainable=False,
        name='mobilenet_embedding'),
    tf.keras.layers.Dense(5, activation=None, name='dense_5'),
    tf.keras.layers.Lambda(lambda x: tf.math.l2_normalize(x, axis=1),
                        name='normalize_embeddings')
]
model = tf.keras.Sequential(layers, name='flowers_embedding')
model.compile(optimizer=tf.keras.optimizers.Adam(0.001),
            loss=tfa.losses.TripletSemiHardLoss())
```

在前面的程式碼中，網路架構確保了所產生的嵌入的維度是 5 ，而且嵌入值是經過正規化的。

請注意，損失的定義意味著我們必須以某種方式確保每個批次會至少包含一個正向對。洗亂和使用足夠大的批次往往會起作用。在 5-flowers 範例中，我們使用了大小為 32 的批次，不過這是一個您必須進行試驗的數字。假設有 k 個類別為均勻分佈，那麼一大小為 B 的批次且其中包含了至少一個正向對的機率是：

$$1 - \frac{k-1}{k}^B$$

對於 5 個類別和 32 的批次大小而言，這個機率可以達到 99.9%。然而，0.1% 還不是零，因此在攝取生產線中，我們必須丟棄不符合此標準的批次。

在訓練這個模型並且在測試資料集上繪製嵌入（完整程式碼在 GitHub 上的 *11c_scann_search.ipynb* 中）之後，我們看到產生的嵌入叢集具有相似的標籤（見圖 11-18）。

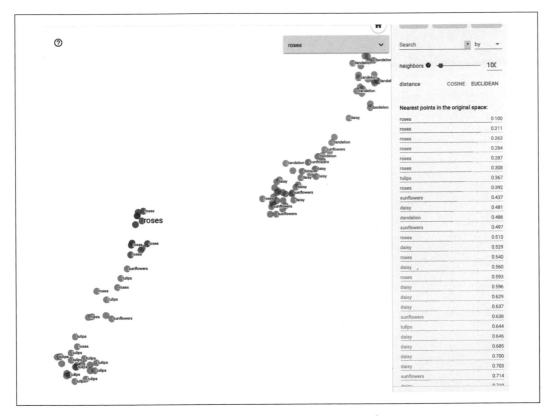

圖 11-18　當使用三元組損失來訓練模型時，我們發現具有相同標籤的影像，在嵌入空間中會聚集在一起。

這個現象在我們搜尋相似影像時所得到的結果中也很明顯（見圖 11-19）——距離更小，而且影像看起來比圖 11-17 中的影像更為相似。

圖 11-19　在使用三元組損失訓練嵌入時，距離變得更小，並且附近的影像是真的相似。請與圖 11-17 進行比較。

總結

在本章中，我們探索了基於基礎電腦視覺技術的各種使用案例。物件測量可以使用參考物件、遮罩、和一些影像校正來完成。計數可以透過物件偵測的後置處理（postprocessing）來完成。但是，在某些情況下，使用密度估計會更好。姿勢估計是透過預測影像中粗粒度區塊上不同關節的可能性來完成的。我們可以透過訓練具有三元組損失的嵌入並使用快速搜尋方法（例如 ScaNN）來改進影像搜尋。

在下一章中，我們將探討如何產生影像，而不僅僅是處理它們。

## 第十二章

影像和文本產生

本書到目前為止，著眼於介紹作用於影像的電腦視覺方法。在本章中，我們將研究可以
產生（*generate*）影像的視覺方法。然而，在我們開始影像產生之前，我們必須學習如
何訓練模型來瞭解影像中的內容，以便它知道要產生什麼。我們還將研究基於影像內容
來產生文本（圖說）的問題。

 本章的程式碼位於本書 GitHub 儲存庫（*https://github.com/*
GoogleCloudPlatform/practical-ml-vision-book）的 *12_generation* 資
料夾中。我們將在適用的情況下提供程式碼範例和筆記本的檔名。

影像瞭解

知道影像中有哪些組件是一回事，但真正瞭解影像中所發生的事情，並將該資訊用於其
他任務又是另一回事。在本節中，我們將快速的回顧嵌入的概念，然後查看對影像進行
編碼並瞭解其屬性的各種方法（自編碼器和變分自編碼器）。

嵌入

深度學習使用案例的一個常見問題，是缺乏足夠的資料或品質夠高的資料。在第 3 章
中，我們討論了遷移學習，它提供了一種方法萃取來自於用較大資料集所訓練的模型中
學習到的嵌入，並應用該知識在較小資料集上訓練出有效的模型。

藉由遷移學習，我們使用的嵌入是透過在同一任務（例如影像分類）上所訓練的模型來建立的。例如，假設我們有一個在 ImageNet 資料集上訓練的 ResNet50 模型，如圖 12-1 所示。

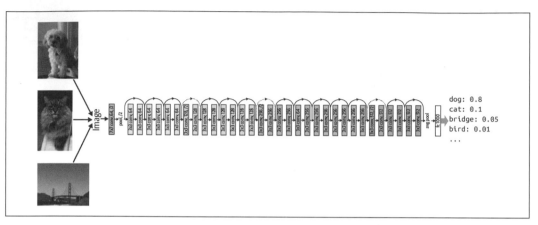

圖 12-1　訓練 ResNet 模型對影像進行分類。

為了萃取所學習到的影像嵌入，我們會選擇模型的中間層之一 —— 通常是最後一個隱藏層 —— 作為輸入影像的數值表達法（見圖 12-2）。

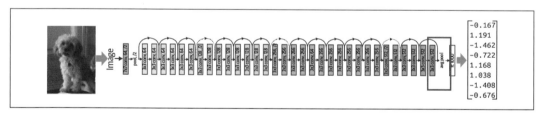

圖 12-2　從經過訓練的 ResNet 模型中萃取特徵以獲得影像嵌入。

這種透過訓練分類模型並使用它的倒數第二層來建立嵌入的方法存在著兩個問題：

- 要建立這些嵌入，我們需要一個大型的、帶標籤的影像資料集。在這個範例中，我們在 ImageNet 上訓練了一個 ResNet50 來獲得影像嵌入。然而，這些嵌入僅適用於在 ImageNet 中能找到的影像類型 —— 也就是網際網路上找到的照片。如果您有不同類型的影像（例如機器零件圖、掃描的書頁、建築圖或衛星影像），從 ImageNet 資料集學習的嵌入可能會效果不佳。

- 嵌入反映了與決定影像的標籤這件事有關的資訊。因此，根據定義，與此特定分類任務無關的輸入影像的許多細節可能無法被嵌入抓到。

如果您想要一個適用於除了照片以外的影像的嵌入，但您沒有包含此類影像的大型標記資料集，而且您又想盡可能多捕獲影中的資訊內容，這時該怎麼辦呢？

輔助學習任務

建立嵌入的另一種方法是使用**輔助學習任務**（*auxiliary learning task*）。輔助任務是我們試圖要解決的那個實際的監督式學習問題之外的任務。這項任務應該是一項可以隨時取得大量資料的任務。例如，在文本分類的情況下，我們可以使用一個不相關的問題來建立文本嵌入，例如預測一個句子的下一個單字，為此已經有大量且容易獲得的訓練資料。然後我們可以從輔助模型中萃取一些中間層的權重值，並用於表達各種其他不相關任務的文本。圖 12-3 顯示了這種文本或單字嵌入的範例，其中的模型被訓練用來預測句子中的下一個單字。使用「the cat sat」作為輸入時，這樣的模型將被訓練來預測出單字「on」。輸入單字首先進行一位有效編碼，但預測模型的倒數第二層如果有四個節點的話，將學習將輸入單字表達為四維嵌入。

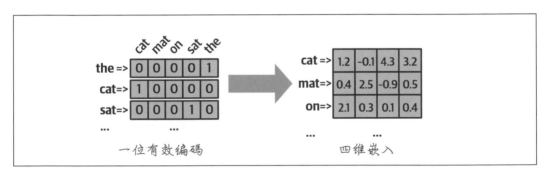

圖 12-3　透過訓練模型來預測句子中的下一個單字而建立的單字嵌入可用於不相關的任務，例如文本分類上。圖繪顯示了在輔助任務之前（左圖）和之後（右圖）的單字編碼。

自編碼器（*autoencoder*）善用了影像的輔助學習任務，類似於文本情況下的預測下一個單字的模型。我們接下來會看看這些。

自編碼器

學習影像嵌入的一個很好的輔助學習任務是使用自編碼器。使用自編碼器，我們接受影像資料讓它通過網路以將它限制為較小的內部向量，然後將其擴展回原始影像的維度。當我們訓練自編碼器時，輸入影像本身就作為它自己的標籤。透過這種方式，我們基本上是在學習損失性壓縮（*lossy compression*），或者在透過受限網路壓縮資訊的情況下，如何回復原始影像。希望我們能從資料中剔除雜訊並學習到有效率的信號圖。

對於透過監督式任務所訓練的嵌入，輸入中沒有用處或與標籤無關的任何資訊，通常會和雜訊一起剔除。另一方面，對於自編碼器，由於「標籤」是整張輸入影像，輸入的每一部分都與輸出相關，因此我們希望能從輸入中保留更多的資訊。因為自編碼器是自我監督的（我們不需要分別的步驟來標記影像），所以我們可以訓練更多的資料並獲得大幅改進的編碼。

通常編碼器和解碼器會形成沙漏形狀，因為編碼器中的每個漸進層的維度數都會縮小，而解碼器中的每個漸進層的維度數都會擴展，如圖 12-4 所示。隨著編碼器維度數的縮小和解碼器維度數的擴大，在某個時刻，維度數在編碼器末端和解碼器開始處達到最小的大小，由圖 12-4 中間的兩像素單頻道區塊來表示。這個潛在向量（latent vector）是輸入的簡明表達法，其中資料被強制通過瓶頸。

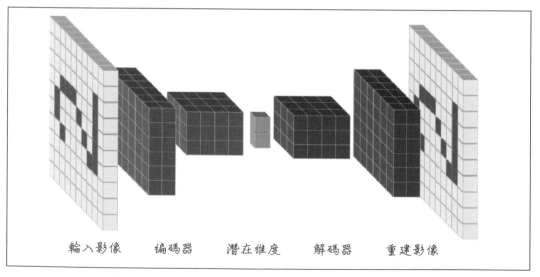

輸入影像　　　編碼器　　　潛在維度　　　解碼器　　　重建影像

圖 12-4　自編碼器將影像作為輸入並產生重建的影像作為輸出。

那麼，潛在維度應該有多大？與其他類型的嵌入一樣，壓縮和表達能力之間存在著取捨。如果潛在空間的維度太小，將沒有足夠的表達能力來完全的表達原始資料 —— 有一些信號會丟失掉。當此表達法被解壓縮回原始大小時，將會因為丟失太多資訊而無法獲得所需的輸出。相反的，如果潛在空間的維度太大，那麼即使有足夠的空間來儲存所有想要的資訊，同時也會有一些空間被用來編碼一些不需要的資訊（即雜訊）。因此，潛在維度的理想大小需要透過實驗來進行調整。典型值是 128、256 或 512，當然這取決於編碼器和解碼器層的大小。

接下來，我們將看看如何實作一個自編碼器，先從它的架構開始。

架構

為了簡化我們對自編碼器架構的討論和分析，我們將選擇一個名為 MNIST（*https://oreil.ly/nia0l*）的簡單手寫數字資料集來應用自編碼器（完整程式碼位於 GitHub 上的 *12a_autoencoder.ipynb* 中）。輸入影像的大小為 28x28，由單一灰階頻道組成。

編碼器從這些 28x28 輸入開始，然後透過讓輸入通過卷積層來逐漸將資訊壓縮到越來越少的維度中，最終得到大小為 2 的潛在維度：

```
encoder = tf.keras.Sequential([
    keras.Input(shape=(28, 28, 1), name="image_input"),
    layers.Conv2D(32, 3, activation="relu", strides=2, padding="same"),
    layers.Conv2D(64, 3, activation="relu", strides=2, padding="same"),
    layers.Flatten(),
    layers.Dense(2) # 潛在維度
], name="encoder")
```

只要編碼器有 Conv2D（卷積）層，解碼器就必須使用 Conv2DTranspose 層（也稱為反卷積層，在第 4 章中介紹過）來反轉這些步驟：

```
decoder = tf.keras.Sequential([
    keras.Input(shape=(latent_dim,), name="d_input"),
    layers.Dense(7 * 7 * 64, activation="relu"),
    layers.Reshape((7, 7, 64)),
    layers.Conv2DTranspose(32, 3, activation="relu",
                           strides=2, padding="same"),
    layers.Conv2DTranspose(1, 3, activation="sigmoid",
                           strides=2, padding="same")
], name="decoder")
```

一旦我們有了編碼器和解碼器區塊時，我們就可以將它們繫結在一起，形成一個可以訓練的模型。

常見 Keras 層的反向運算

在編寫自編碼器時，瞭解常見 Keras 層的「反向」運算會很有幫助。一個接受形狀為 s1 的輸入並產生形狀為 s2 的輸出的 Dense 層：

    Dense(s2)(x) # x 的形狀為 s1

的反向是一個接受 s2 並產生 s1 的 Dense 層：

    Dense(s1)(x) # x 的形狀為 s2

Flatten 層的反向將是一個 Reshape 層，其輸入和輸出形狀用類似的方式交換。

Conv2D 層的反向是 Conv2DTranspose 層。它不是將像素的鄰近區域向下採樣為一個像素，而是將一個像素擴展為鄰近區域以對影像進行向上採樣。 Keras 還有一個 Upsampling2D 層。向上採樣是一種更便宜的運算，因為它不涉及可訓練的權重，只是將來源像素值進行重複，或者進行雙線性內插。另一方面，Conv2DTranspose 使用核心進行反卷積，從而使用權重，在模型訓練期間學習這些權重以獲得出色的向上採樣影像。

訓練

要訓練的模型由鏈接在一起的編碼器和解碼器區塊所組成：

```
encoder_inputs = keras.Input(shape=(28, 28, 1))
x = encoder(encoder_inputs)
decoder_output = decoder(x)
autoencoder = keras.Model(encoder_inputs, decoder_output)
```

模型必須被訓練以最小化輸入和輸出影像之間的重建誤差 —— 例如，我們可以計算輸入和輸出影像之間的均方誤差並將其用作損失函數。此損失函數可用於倒傳遞（backpropagation）以計算梯度並更新編碼器和解碼器子網路的權重：

```
autoencoder.compile(optimizer=keras.optimizers.Adam(), loss='mse')
history = autoencoder.fit(mnist_digits, mnist_digits,
                          epochs=30, batch_size=128)
```

潛在向量

一旦模型經過訓練後,我們就可以刪除解碼器並使用編碼器將影像轉換為潛在向量(latent vector):

```
z = encoder.predict(img)
```

如果自編碼器成功地學會了如何重建影像,相似影像的潛在向量將趨於群集,如圖 12-5 所示。請注意,1、2 和 0 佔據了潛在向量空間的不同部分。

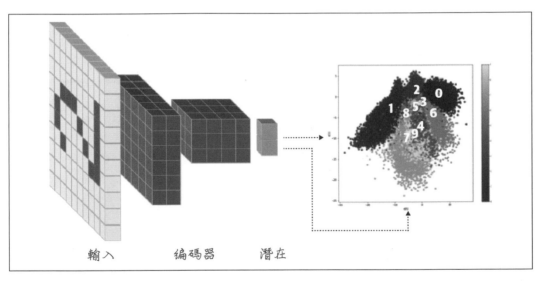

圖 12-5 編碼器將輸入影像壓縮為潛在表達法。特定數字的潛在表達法會群集在一起。我們能夠將潛在表達法表示成二維圖上的點,因為每個潛在表達法都是兩個數字 (x, y)。

因為輸入影像的全部資訊內容都要經過瓶頸層,所以訓練後的瓶頸層會保留足夠的資訊,讓解碼器能夠重建輸入影像的相近副本。因此,我們可以訓練自編碼器進行維度縮減(dimensionality reduction)。如圖 12-5 所示,這個想法是放棄解碼器並使用編碼器將影像轉換為潛在向量。這些潛在向量然後可以用於下游任務,例如分類和分群(clustering),結果可能比使用主成分分析(principal component analysis)等經典維度縮減技術所獲得的結果更好。如果自編碼器使用非線性激發的話,則編碼可以捕獲輸入特徵之間的非線性關係,這會和 PCA 不同,因為 PCA 只是一種線性方法。

一個不同的應用可能是使用解碼器來將由使用者（而不是編碼影像）所提供的潛在向量轉換為產生的影像，如圖 12-6 所示。

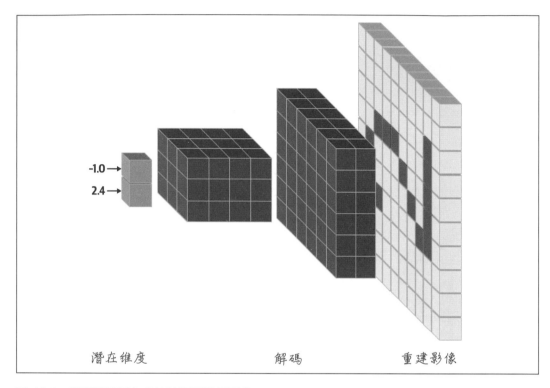

潛在維度　　　　　　　　解碼　　　　　　　　重建影像

圖 12-6　解碼器將潛在表達法解壓縮回影像。

雖然這對於非常簡單的 MNIST 資料集非常有效，但它在實務上並不適用於更複雜的影像。事實上，在圖 12-7 中，我們甚至可以在 MNIST 中的手寫數字上看到一些缺點 —— 雖然數字在潛在空間的某些部分看起來很真實，但在其他地方，它們與我們所知道的任何數字都不一樣。例如，看看影像的左側中央，其中 2 和 8 被內插成不存在的東西。重建的影像完全沒有意義。另請注意，0 和 2 佔優勢，但並不如圖 12-5 中重疊的群集我們期望看到的 1 那麼多。雖然產生 0 和 2 相對比較容易，但產生 1 會相當困難 —— 我們必須讓潛在向量恰到好處，才能得到一個看起來不像 2 或 5 的 1！

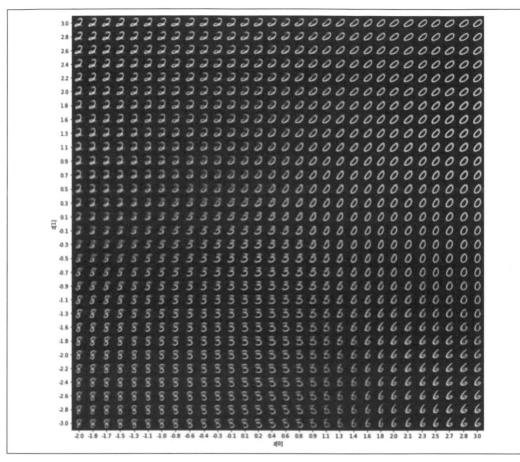

圖 12-7　介於 [-2,-3] 和 [3,3] 之間的潛在空間的重建影像。

可能是什麼問題呢？潛在空間中有很大的區域（注意圖 12-5 中的空白）並沒有對應到任何有效數字。訓練任務根本不關心空白，但也沒有最小化它的動機。訓練好的模型在同時使用編碼器和解碼器時表現出色，這是我們要求自編碼器學習的原始任務。我們將影像傳遞到編碼器子網路中，該子網路會將資料壓縮為向量（這些影像學習到的潛在表達法）。然後我們用解碼器子網路來解壓縮這些表達法以重建原始影像。編碼器使用了或許高達數百萬個參數權重的高度非線性組合，來學習從影像到潛在空間的映射。如果我們天真的嘗試建立我們自己的潛在向量，它將不符合編碼器建立的更細微的潛在空間。因此，如果沒有編碼器的話，我們隨機選擇的潛在向量，不太可能會產生那些解碼器可以用來產生高品質影像的良好編碼。

我們現在已經看到，我們可以使用自編碼器透過使用它們的兩個子網路（也就是編碼器和解碼器）來重建影像。此外，透過刪除解碼器並僅使用編碼器，我們現在可以將影像非線性的編碼為潛在向量，然後我們就可以把它們用作不同任務中的嵌入。然而，我們也看到，天真的嘗試用和刪除編碼器並使用解碼器來從使用者所提供的潛在向量產生影像這件事相反的做法是行不通的。

如果我們真的想使用自編碼器類型結構的解碼器來產生影像的話，那麼我們需要開發一種方法來組織或規範潛在空間。這可以透過將潛在空間中接近的點映射到在影像空間中接近的點並填充潛在空間圖來達成，以便所有的點都做出有意義的事情，而不是在未映射的雜訊汪洋中建立合理輸出的小島。透過這種方式，我們可以產生自己的潛在向量，解碼器將能夠使用這些向量來製作高品質的影像。這迫使我們將經典的自編碼器拋在腦後，並帶我們進入下一個進化：變分自編碼器（variational autoencoder）。

變分自編碼器

如果沒有被適當組織的潛在空間，使用自編碼器類型的架構來進行影像產生，通常會存在兩個主要問題。首先，如果我們要在潛在空間中產生兩個接近的點，我們會期望與這些點相對應的輸出在通過解碼器之後會彼此相似。例如，如圖 12-8 所示，如果我們已經在諸如圓形、正方形和三角形等幾何形狀上訓練了我們的自編碼器，如果我們建立兩個在潛在空間中接近的點，我們會假設它們都應該是任何一個圓形、正方形、三角形，或介於中間的一些內插結果的潛在表達法。然而，由於潛在空間尚未明確正則化，其中一個潛在點可能會產生一個三角形，而另一個潛在點可能會產生一個圓形。

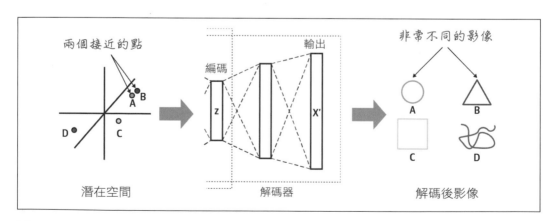

圖 12-8　3D 潛在空間中的兩個接近的點，可能會被解碼為非常不同的影像。

其次，在長時間訓練自編碼器並觀察到良好的重建影像之後，我們希望編碼器將瞭解影像的每個原型（例如，形狀資料集中的圓形或正方形）在潛在空間中最適合的位置，以建立每個原型的 n 維子領域，並且它可以和其他子領域重疊。例如，潛在空間中可能存在著方形影像主要會駐留的區域，以及圓形影像可能會在的另一個區域。此外，在它們重疊的地方，我們會得到介於某個方形一圓形光譜之間的形狀。

然而，由於自編碼器中並未明確的組織潛在空間，因此潛在空間中的隨機點在通過解碼器後可以傳回毫無意義、無法識別的影像，如圖 12-9 所示。並不是我們想像中巨大的重疊區域，而是形成了孤立的小島。

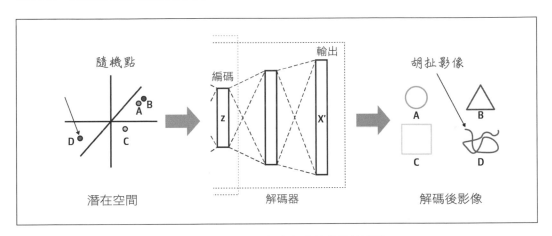

圖 12-9　潛在空間中的一個隨機點被解碼成一個毫無意義的胡扯影像。

現在，我們不能過度責怪自編碼器。它們正在做它們被設計來要做的事情，也就是重建它們的輸入，而目標是最小化重建損失函數。如果擁有小孤島可以達成這一點，那麼這就是它們要學習的內容。

變分自編碼器（variational autoencoder, VAE）是為了回應經典的自編碼器，無法使用其解碼器從使用者產生的潛在向量來產生高品質影像而開發的。

VAE 是生成模型（generative model），可用在當我們想要建立包含類似訓練範例的 n-維氣泡時，而不是僅僅想要判別類別時，例如我們會在潛在空間中建立決策邊界（可能滿足於勉強分離的類別）的分類任務。這種區別如圖 12-10 所示。

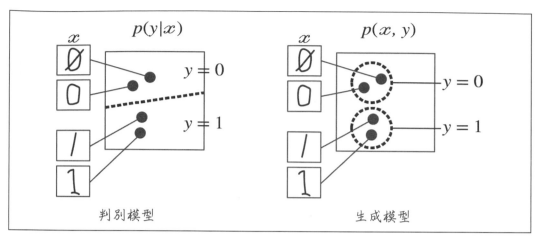

圖 12-10　判別模型條件對上生成模型聯合機率分佈。

判別模型（discriminative model），包括用於分類和物件偵測等任務的流行影像 ML 模型，會學習對類別之間的決策邊界進行建模的條件機率分佈。另一方面，生成模型則學習聯合機率分佈，該分佈會外顯式的對每個類別的分佈進行建模。條件機率分佈並沒有丟失 —— 例如，我們仍然可以使用貝氏定理進行分類。

幸運的是，變分自編碼器的大部分架構與經典自編碼器的架構相同：沙漏形狀、重建損失等。然而，少量額外的複雜性使得 VAE 能夠完成自編碼器無法做到的事情：影像產生。

這在圖 12-11 中進行了描繪，這表明我們的兩個潛在空間正則性（regularity）問題都已解決。靠近的潛在點會產生非常不同的解碼影像的第一個問題已經得到解決，現在我們已經能夠建立相似的影像，平滑地內插到潛在空間內。潛在空間中的點會產生無意義的、胡扯的影像的第二個問題也已解決，現在我們可以產生貌似真實的影像。請記住，這些影像實際上可能與模型訓練所使用的影像並不完全相同，但可能介於一些主要的原型之間，因為學習到的有組織的潛在空間內有平滑的重疊區域。

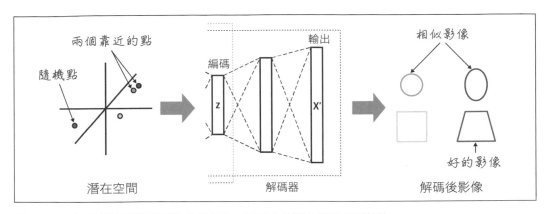

圖 12-11　這兩個問題都已透過有組織的、正則化的潛在空間得到解決。

變分自編碼器不是只在編碼器和解碼器網路之間有一個潛在向量（本質上就是潛在空間中的一個點），它會訓練編碼器以產生機率分佈的參數，並使解碼器使用它們進行隨機採樣。編碼器不再輸出用來描述潛在空間內的一點的向量，而是輸出機率分佈的參數。然後我們可以從該分佈中進行採樣並將這些採樣後的點傳遞給我們的解碼器以將它們解壓縮回影像。

實際上，機率分佈是標準的常態分佈。這是因為接近於零的平均值將有助於防止編碼後的分佈相距太遠而顯示成孤立的島嶼。此外，接近恆等式（identity）的共變異數（covariance）有助於防止編碼後的分佈太窄。圖 12-12 的左側顯示了我們試圖避免的情況，小的、孤立的分佈被毫無意義的胡扯所包圍。

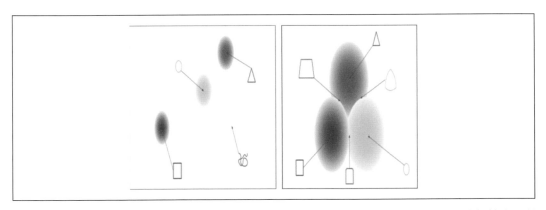

圖 12-12　我們試圖避免的（左圖）和我們試圖達成的（右圖）。我們不想要被巨大的胡扯空間所包圍的小而孤立的島嶼分佈；我們希望整個空間都被 n 維氣泡所覆蓋，如右圖所示。目標是沒有大間隙的平滑重疊的分佈。

圖 12-12 右側的影像顯示了沒有大間隙的平滑重疊的分佈，這正是我們想要的良好產生影像。請注意兩個分佈相交處的內插。事實上，在潛在空間上編碼了一個平滑的梯度。例如，我們可以從三角形分佈的深處開始，然後直接向圓形分佈移動。我們將從一個完美的三角形開始，隨著我們朝著圓形分佈邁出的每一步，我們的三角形都會變得越來越圓，直到我們到達圓形分佈的深處，在那裡我們將擁有一個完美的圓形。

為了能夠從這些分佈中進行採樣，我們需要均值向量（mean vector）和共變異數矩陣（covariance matrix）。因此，編碼器網路將輸出分佈的均值的向量以及分佈的共變異數的向量。為了簡化起見，我們假設它們是獨立的。因此，共變異數矩陣會是對角矩陣，我們可以簡單的使用它，而不是使用大部分為零的 n^2 長的向量。

現在讓我們看看如何實作一個 VAE，從它的架構開始。

架構

在 TensorFlow 中，VAE 編碼器與經典自編碼器具有相同的結構，除了我們現在有一個包含了兩個分量（均值和變異數）的向量，而不是單一潛在向量（完整程式碼位於 GitHub 上的 *12b_vae.ipynb* 中）：

```
encoder_inputs = keras.Input(shape=(28, 28, 1))
x = layers.Conv2D(
    32, 3, activation="relu", strides=2, padding="same")(encoder_inputs)
x = layers.Conv2D(
    64, 3, activation="relu", strides=2, padding="same")(x)
x = layers.Flatten(name="e_flatten")(x)
z_mean = layers.Dense(latent_dim, name="z_mean")(x) # 和自編碼器相同
```

然而，除了 z_mean 之外，我們還需要來自編碼器的兩個額外輸出。而且因為我們的模型現在有多個輸出，我們不能再使用 Keras Sequential API；相反的，我們必須使用 Functional API。Keras Functional API 更像是標準的 TensorFlow，其中輸入被傳遞到一個層，而該層的輸出被傳遞到另一個層作為它的輸入。我們可以使用 Keras Functional API 製作任意複雜的有向非循環圖（directed acyclic graph）：

```
z_log_var = layers.Dense(latent_dim, name="z_log_var")(x)
z = Sampling()(z_mean, z_log_var)
encoder = keras.Model(encoder_inputs, [z_mean, z_log_var, z], name="encoder")
```

採樣層需要從常態分佈中進行採樣，此常態分佈是由我們的編碼器層的輸出，而不是像在非變分自編碼器中那樣，使用來自於最終編碼器層向量進行參數化的。TensorFlow 中採樣層的程式碼如下所示：

```
class Sampling(tf.keras.layers.Layer):
    """ 使用 (z_mean, z_log_var) 來採樣 z, 此向量會編碼一個數字。
    """
    def call(self, inputs):
        z_mean, z_log_var = inputs
        batch = tf.shape(input=z_mean)[0]
        dim = tf.shape(input=z_mean)[1]
        epsilon = tf.random.normal(shape=(batch, dim))
        return z_mean + tf.math.exp(x=0.5 * z_log_var) * epsilon
```

VAE 解碼器與非變分自編碼器中的解碼器相同 —— 它接受編碼器所產生的潛在向量 z 並將其解碼為影像（具體來說，這就是原始影像輸入的重建）：

```
z_mean, z_log_var, z = encoder(encoder_inputs) # 現在有 3 個輸出
decoder_output = decoder(z)
vae = keras.Model(encoder_inputs, decoder_output, name="vae")
```

損失

變分自編碼器的損失函數包含了影像重建項，但我們不能只使用均方誤差（MSE）。除了重建誤差之外，損失函數還包含一個稱為 Kullback-Leibler 發散度（divergence）的正則化項，它本質上是對編碼器的常態分佈（由均值 μ 和標準差（standard deviation）σ 來參數化）並不是完美的標準常態分佈的懲罰（均值為 0，標準差為恆等式）：

$$L = \left\| x - \hat{x} \right\|^2 + KL\big(N(\mu_x, \sigma_x), N(0, I)\big)$$

因此，我們修改編碼器損失函數如下：

```
def kl_divergence(z_mean, z_log_var):
    kl_loss = -0.5 * (1 + z_log_var - tf.square(z_mean) -
                      tf.exp(z_log_var))
    return tf.reduce_mean(tf.reduce_sum(kl_loss, axis=1))
encoder.add_loss(kl_divergence(z_mean, z_log_var))
```

整體重建損失是各像素損失的總和：

```
def reconstruction_loss(real, reconstruction):
    return tf.reduce_mean(
        tf.reduce_sum(
            keras.losses.binary_crossentropy(real, reconstruction),
            axis=(1, 2)
        )
    )
vae.compile(optimizer=keras.optimizers.Adam(),
            loss=reconstruction_loss, metrics=["mse"])
```

然後我們用 MNIST 影像來訓練編碼器 / 解碼器組合，同時作為輸入的特徵和標籤：

```
history = vae.fit(mnist_digits, mnist_digits, epochs=30,
                  batch_size=128)
```

由於變分編碼器已被訓練為在其損失函數中包含了二元交叉熵，因此它考慮了影像中不同類別的可分離性。由此產生的潛在向量將會更可分離、佔據了整個潛在空間、也更適合產生（見圖 12-13）。

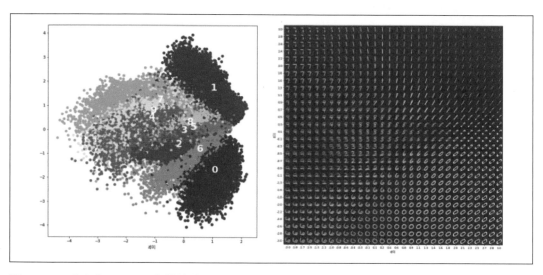

圖 12-13　來自在 MNIST 上訓練的 VAE 的群集（左圖）和產生的影像（右圖）。

變分自編碼器能夠建立看起來就像是它們的輸入的影像，但是如果我們想要產生全新的影像呢？接下來我們將研究影像產生。

影像產生

影像產生是一個重要且快速發展的領域，它不僅僅是為了好玩而產生數字和臉孔；它對個人和企業都有許多重要的使用案例，例如影像回復（image restoration）、影像平移（image translation）、超解析度（super-resolution）和異常偵測（anomaly detection）。

我們之前看到了 VAE 如何重新建立了它們的輸入；然而，它們在建立與輸入資料集中的影像看來相似但又不同的全新影像這方面，並不是特別成功。尤其是如果產生的影像需要在感知上是真實的時候更是如此 —— 例如，如果給定一個工具影像資料集，我們希望模型可以產生新的工具圖片，而這些圖片的特徵與訓練影像中的工具不同。在本節中，我們將討論在這些情況下產生影像的方法（GAN、cGAN），以及影像產生的一些用途（例如平移、超解析度等）。

生成對抗網路

最常用於影像產生的模型類型是生成對抗網路（*generative adversarial network*, GAN）。GAN 借鑒了賽局理論（*game theory*），讓兩個網路相互對抗，直到達到平衡為止。這個想法是有一個網路，即產生器（*generator*），會不斷嘗試建立越來越好的真實影像的複製品。而另一個網路，即鑑別器（*discriminator*），會嘗試在偵測複製品和真實影像之間的差異這方面變得越來越好。理想情況下，產生器和鑑別器將建立一個納許均衡（Nash equilibrium），這樣任何一個網路都不能完全支配另一個網路。如果其中一個網路開始主導另一個網路時，不僅「輸」的網路將無法恢復，而且這種不平等的競爭將阻止網路相互改進。

訓練在兩個網路之間交替進行，每個網路透過受到另一個網路的挑戰而變得更好。這會一直持續到收斂，也就是當產生器非常擅長建立逼真的假影像，使得鑑別器只能隨機猜測哪些影像是真實的（來自資料集）和哪些影像是假的（來自產生器）。

產生器和鑑別器都是神經網路。圖 12-14 顯示了整體訓練架構。

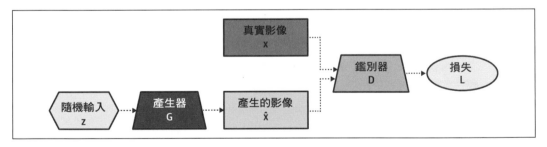

圖 12-14　標準 GAN 架構，由一個產生器和一個鑑別器組成。

例如，想像一個犯罪組織想要創造逼真的錢來存入銀行。在這種情況下，犯罪份子將成為產生器，因為他們正試圖製作逼真的假鈔。銀行家將成為鑑別器，檢查紙鈔並努力確保銀行不接受任何假鈔。

典型的 GAN 訓練將從使用隨機權重來初始化的產生器和鑑別器開始。在我們的場景中，這意味著造假者不知道如何產生真的錢：一開始產生的輸出看起來只是隨機雜訊。同樣的，銀行家們一開始也不知道真實鈔票和產生的鈔票之間的區別，因此他們會對什麼是真實的和什麼是造假的做出非常不明智的隨機猜測。

鑑別器（銀行家群組）收到第一組合法的和產生的鈔票，而且必須將它們分類為真或假。因為鑑別器從隨機權重開始，最初它無法輕易「看出」一張鈔票是隨機雜訊而另一張鈔票是真的鈔票。它根據它的表現多好（或多差）來進行更新，因此經過多次迭代後，鑑別器將開始變得更能夠預測哪些鈔票是真實的，哪些是產生的。在訓練鑑別器的權重時，產生器的權重會被凍結。然而，產生器（造假者群組）也在輪番改進，因此它為鑑別器創造了一個移動目標，逐步增加鑑別任務的難度。它在每次迭代期間會根據它的鈔票欺騙鑑別器的程度有多好（或多不好）來進行更新，並且在訓練過程中鑑別器的權重會被凍結。

經過多次迭代後，產生器開始建立類似於真實貨幣的東西，因為鑑別器越來越擅長鑑別真實的和產生的鈔票。這進一步推動鑑別器在輪到它訓練時，更能夠將現在看起來不錯的產生鈔票和真實鈔票進行區分。

最終，經過多次迭代訓練，演算法會收斂。這種情況發生在當鑑別器失去將產生的鈔票與真實的鈔票分開的能力而且本質上就是進行隨機猜測的時候。

要查看 GAN 訓練演算法更精細的細節，我們可以參考圖 12-15 中的虛擬碼（pseudo code）。

Algorithm 1 Minibatch stochastic gradient descent training of generative adversarial nets. The number of steps to apply to the discriminator, k, is a hyperparameter. We used $k = 1$, the least expensive option, in our experiments.

---

for number of training iterations **do**

    for k steps **do**

        • Sample minibatch of m noise samples $\{z^{(1)}, \ldots, z^{(m)}\}$ from noise prior $p_g(z)$.

        • Sample minibatch of m examples $\{x^{(1)}, \ldots, x^{(m)}\}$ from data generating distribution $p_{\text{data}}(x)$.

        • Update the discriminator by ascending its stochastic gradient:

$$\nabla_{\theta_d} \frac{1}{m} \sum_{i=1}^{m} \left[\log D\left(x^{(i)}\right) + \log\left(1 - D\left(G\left(z^{(i)}\right)\right)\right) \right].$$

    end for

    • Sample minibatch of m noise samples $\{z^{(1)}, \ldots, z^{(m)}\}$ from noise prior $p_g(z)$.

    • Update the generator by descending its stochastic gradient:

$$\nabla_{\theta_g} \frac{1}{m} \sum_{i=1}^{m} \log\left(1 - D\left(G\left(z^{(i)}\right)\right)\right).$$

end for

The gradient-based updates can use any standard gradient-based learning rule. We used momentum in our experiments.

圖 12-15　一個普通的 GAN 訓練演算法。圖片來自 Goodfellow 等人，2014 (*https://arxiv.org/pdf/1406.2661.pdf*)。

正如我們在虛擬碼的第一行所看到的那樣，有一個外層的 `for` 迴圈用在交替的鑑別器 / 產生器訓練迭代次數上。我們將依次查看每個更新階段，但首先我們需要設置產生器和鑑別器。

建立網路

在進行任何訓練之前，我們需要為產生器和鑑別器建立網路。在普通 GAN 中，通常這只是一個由 Dense 層組成的神經網路。

產生器網路接受某個潛在維度的隨機向量作為輸入，並透過一些（可能是幾個）Dense 層來產生影像。在這個範例中，我們將使用 MNIST 手寫數字資料集，所以我們的輸入會是 28x28 的影像。LeakyReLU 激發函數通常非常適用於 GAN 訓練，因為它們具有非線性、沒有梯度消失問題、同時也不會丟失任何負的輸入的資訊或具有可怕的死亡（dying）ReLU 問題。Alpha 是我們想要洩漏的負信號量，其中 0 值會與 ReLU 激發相同，而 1 值將會是線性激發。我們可以在以下的 TensorFlow 程式碼中看到這一點：

```
latent_dim = 512
vanilla_generator = tf.keras.Sequential(
    [
        tf.keras.Input(shape=(latent_dim,)),
        tf.keras.layers.Dense(units=256),
        tf.keras.layers.LeakyReLU(alpha=0.2),
        tf.keras.layers.Dense(units=512),
        tf.keras.layers.LeakyReLU(alpha=0.2),
        tf.keras.layers.Dense(units=1024),
        tf.keras.layers.LeakyReLU(alpha=0.2),
        tf.keras.layers.Dense(units=28 * 28 * 1, activation="tanh"),
        tf.keras.layers.Reshape(target_shape=(28, 28, 1))
    ],
    name="vanilla_generator"
)
```

普通 GAN 中的鑑別器網路也由 Dense 層組成，但它不是產生影像，而是將影像作為輸入，如下所示。輸出是 logit 的向量：

```
vanilla_discriminator = tf.keras.Sequential(
    [
        tf.keras.Input(shape=(28, 28, 1)),
        tf.keras.layers.Flatten(),
        tf.keras.layers.Dense(units=1024),
        tf.keras.layers.LeakyReLU(alpha=0.2),
```

```
        tf.keras.layers.Dense(units=512),
        tf.keras.layers.LeakyReLU(alpha=0.2),
        tf.keras.layers.Dense(units=256),
        tf.keras.layers.LeakyReLU(alpha=0.2),
        tf.keras.layers.Dense(units=1),
    ],
    name="vanilla_discriminator"
)
```

鑑別器訓練

在外層迴圈內是用於更新鑑別器的內層迴圈。首先，我們對一小批雜訊進行採樣，通常是來自標準常態分佈的隨機樣本。隨機雜訊潛在向量透過產生器建立產生的（假）影像，如圖 12-16 所示。

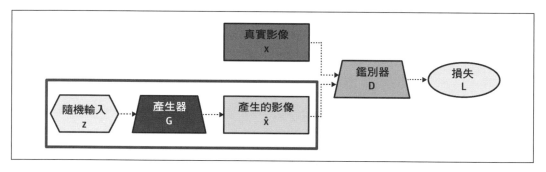

圖 12-16　產生器透過從潛在空間中採樣來建立第一批產生的影像，並將它們傳遞給鑑別器。

例如，在 TensorFlow 中，我們可以使用以下程式碼對一批常態隨機值進行採樣：

```
# 從潛在空間中採樣隨機點。
random_latent_vectors = tf.random.normal(shape=(batch_size, self.latent_dim))
```

我們還從我們的資料集中採樣了一小批範例 —— 在我們的案例中是真實影像 —— 如圖 12-17 所示。

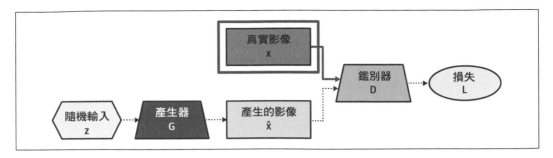

圖 12-17　我們還從訓練資料集中萃取了一批真實影像並將其傳遞給鑑別器。

來自產生器的產生的影像和來自資料集的真實影像，均透過鑑別器進行預測。然後計算真實影像和產生影像的損失項，如圖 12-18 所示。損失可以採用許多不同的形式：二元交叉熵（BCE）、最終激發圖的平均值、二階導數項、其他懲罰……等。在範例程式碼中，我們將使用 BCE：真實影像的損失越大，鑑別器越認為真實影像是假的；產生的影像損失越大，鑑別器就越認為產生的影像是真實的。

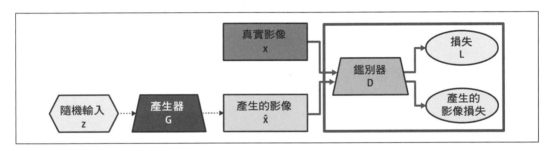

圖 12-18　真實和產生的樣本透過鑑別器來計算損失。

我們在以下的 TensorFlow 程式碼中執行此操作（與往常一樣，完整程式碼位於 GitHub 上的 *12c_gan.ipynb* 中）。我們可以將產生的影像和真實影像連接在一起，並對相對應的標籤執行相同的操作，以便我們可以透過鑑別器進行一次傳遞：

```
# 從雜訊產生影像。
generated_images = self.generator(inputs=random_latent_vectors)

# 組合產生的影像和真實影像。
combined_images = tf.concat(
    values=[generated_images, real_images], axis=0
)
```

```
# 建立假的和真的標籤。
fake_labels = tf.zeros(shape=(batch_size, 1))
real_labels = tf.ones(shape=(batch_size, 1))

# 平滑化真實標籤以幫助訓練。
real_labels *= self.one_sided_label_smoothing

# 組合標籤以與組合影像內聯 (inline)。
labels = tf.concat(
    values=[fake_labels, real_labels], axis=0
)

# 計算鑑別損失。
self.loss_fn = tf.keras.losses.BinaryCrossentropy(from_logits=True)
predictions = self.discriminator(inputs=combined_images)
discriminator_loss = self.loss_fn(y_true=labels, y_pred=predictions)
```

我們首先透過產生器傳遞我們的隨機潛在向量，以獲得一批產生的影像。這會和我們的一批真實影像連接在一起，因此我們是將兩組影像放在一個張量中。

然後我們產生我們的標籤。對於產生的影像，我們製作了一個全為 0 的向量，而對於真實影像，我們製作了一個全為 1 的向量。這是因為我們的 BCE 損失本質上只是在進行二元影像分類（其中正類別是真實影像的類別），因此我們得到了影像是真實的機率。用 1 來標記的真實影像和用 0 標記的假影像，是要鼓勵鑑別器模型對真實影像輸出盡可能接近 1 的機率，以及對假影像輸出盡可能接近 0 的機率。

有時向我們的真實標籤添加單面標籤平滑（one-sided label smoothing）會很有幫助，這涉及將它們乘以 [0.0, 1.0] 範圍內的浮點常數。這有助於鑑別器避免僅基於影像中的一小部分特徵來進行預測，而產生器隨後可以再利用這些特徵（使其擅長擊敗鑑別器但不擅長影像產生）。

由於這是鑑別器訓練步驟，我們使用這些損失的組合來計算有關於鑑別器權重的梯度，然後更新上述權重，如圖 12-19 所示。請記住，在鑑別器訓練階段，產生器的權重會被凍結。這樣，每個網路都有自己的學習機會，獨立於其他網路。

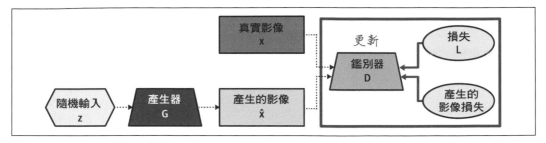

圖 12-19　鑑別器權重根據損失進行更新。

在以下程式碼中，我們可以看到鑑別器更新正在執行中：

```
# " 只 " 訓練鑑別器
with tf.GradientTape() as tape:
    predictions = self.discriminator(inputs=combined_images)
    discriminator_loss = self.loss_fn(
        y_true=labels, y_pred=predictions
    )

grads = tape.gradient(
    target=discriminator_loss,
    sources=self.discriminator.trainable_weights
)

self.discriminator_optimizer.apply_gradients(
    grads_and_vars=zip(grads, self.discriminator.trainable_weights)
)
```

產生器訓練

在對鑑別器應用梯度更新的幾個步驟之後，是時候更新產生器了（這次會凍結鑑別器的權重）。我們也可以在內層迴圈中做到這一點。這是一個簡單的過程，我們再次從標準常態分佈中取出一小批的隨機樣本，並將它們傳遞給產生器以獲得假影像。

在 TensorFlow 中，程式碼如下所示：

```
# 在潛在空間中採樣隨機點。
random_latent_vectors = tf.random.normal(shape=(batch_size, self.latent_dim))

# 建立標籤，就好像它們是真實影像一樣。
labels = tf.ones(shape=(batch_size, 1))
```

請注意，即使這些將是產生的影像，我們也會將它們標記為真實的。請記住，我們想要欺騙鑑別器，讓它認為我們所產生的影像是真實的。我們可以為產生器提供鑑別器在它還沒有被愚弄之前的影像上所產生的梯度。產生器可以使用這些梯度來更新它的權重，以便下次它更能夠去欺騙鑑別器。

隨機的輸入會像以前一樣通過產生器來建立產生的影像；然而，產生器訓練並不需要真實影像，如圖 12-20 所示。

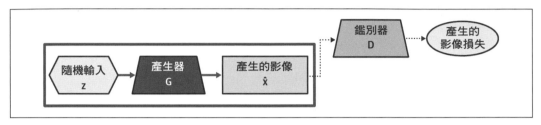

圖 12-20　我們只使用產生的影像來進行產生器訓練。

然後產生的影像會像以前一樣通過鑑別器並計算產生器損失，如圖 12-21 所示。

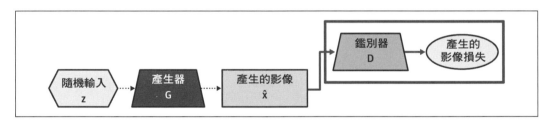

圖 12-21　只有產生的 樣本會通過鑑別器來計算損失。

請注意，此階段沒有使用資料集中的真實影像。損失僅用於更新產生器的權重，如圖 12-22 所示；即使在產生器的前向傳遞（forward pass）中使用了鑑別器，它的權重在這個階段會是被凍結的，所以它不會從這個過程中學到任何東西。

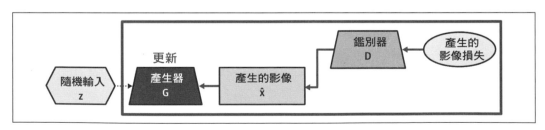

圖 12-22　產生器的權重會根據損失來進行更新。

這是執行產生器更新的程式碼：

```
# "只"訓練產生器。
with tf.GradientTape() as tape:
    predictions = self.discriminator(
        inputs=self.generator(inputs=random_latent_vectors)
    )
    generator_loss = self.loss_fn(y_true=labels, y_pred=predictions)

grads = tape.gradient(
    target=generator_loss, sources=self.generator.trainable_weights
)

self.generator_optimizer.apply_gradients(
    grads_and_vars=zip(grads, self.generator.trainable_weights)
)
```

一旦完成後，我們將回到鑑別器的內層迴圈，依此類推，直到收斂為止。

我們可以從我們的基本的 GAN 產生器 TensorFlow 模型中呼叫以下程式碼來查看一些產生的影像：

```
gan.generator(
    inputs=tf.random.normal(shape=(num_images, latent_dim))
)
```

當然，如果模型沒有經過訓練的話，出來的影像將是隨機雜訊（由傳入的隨機雜訊經過多層隨機權重而產生）。圖 12-23 顯示了我們的 GAN 在 MNIST 手寫數字資料集上訓練完成後所學到的東西。

圖 12-23　由基本的 GAN 產生器產生的 MNIST 數字。

分佈變化

與更傳統的機器學習模型相比，GAN 肯定有一個有趣的訓練過程。就它們如何以數學方式運作來學習它們所做的事情這個角度來看，它們甚至可能看起來有點神秘。嘗試更深入的理解它們的一種方法，是觀察產生器和鑑別器的學習分佈的動態，因為它們都試圖想要超越另一個。圖 12-24 顯示了產生器和鑑別器的學習分佈，在整個 GAN 訓練過程中是如何變化的。

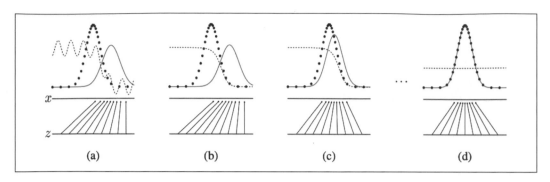

圖 12-24　在 GAN 訓練期間的學習分佈演化。虛線是鑑別器分佈，實線是產生器分佈，點線是資料產生（真實資料）分佈。下方的水平線是從潛在空間採樣 z 的定義域，上方的水平線是影像空間的 x 的定義域的一部分。箭頭顯示了 z 是如何透過 x = G(z) 映射到 x 的。產生器分佈會在低密度區域收縮，並在 z 到 x 映射的高密度區域擴展。圖片來自 Goodfellow 等人，2014 年（*https:// arxiv.org/abs/1406.2661*）。

在圖 12-24(a) 中，我們可以看到產生器的表現並不出色，但在產生一些資料分佈方面則做得不錯。實線的產生器分佈與點線的真實資料分佈（我們試圖從它來學習如何產生）有些重疊。同樣的，鑑別器在對真樣本和假樣本進行分類方面做得相當不錯：當與點線的資料分佈重疊並位於產生器分佈峰值的左側時，它會顯示一個強信號（虛線）。具有鑑別力的信號在實線的產生器分佈峰值的區域中大大的縮小了。

然後，鑑別器在內層的鑑別器訓練迴圈中使用來自固定產生器的另一批真實影像和產生影像進行訓練，並經過一定次數的迭代。在圖 12-24(b) 中，我們可以看到虛線的鑑別器分佈變平滑了，而在右側，它沿著實線的產生器分佈下面的點線的資料分佈前進。左邊的分佈要高得多，且更接近資料分佈。請注意，實線的產生器分佈在這一步驟中並沒有改變，因為我們還沒有更新產生器。

圖 12-24(c) 顯示了產生器經過一定次數的迭代訓練後的結果。新更新的鑑別器的效能有助於引導它改變其網路權重，從而填補它在資料分佈中遺漏的一些空白，因此它在產生假樣本方面變得更好。我們可以看到這是因為實線的產生器分佈現在更接近資料分佈的虛線了。

圖 12-24(d) 顯示了在訓練鑑別器和產生器之間交替進行多次迭代後的結果。如果兩個網路都有足夠的容量，產生器就會收斂：它的分佈將與資料分佈緊密匹配，並且產生漂亮的樣本。鑑別器也收斂了，因為它不再能夠從資料分佈中分辨出什麼是真實樣本，而什麼又是產生器分佈中的產生樣本。因此，鑑別器的分佈趨向於隨機猜測的機率為 50/50，GAN 系統的訓練就完成了。

GAN 改進

這件事情在紙上看起來很棒,而且 GAN 在影像產生方面非常強大 —— 然而,在實務上,由於對超參數的過度敏感、不穩定的訓練、和許多失敗模態,它們可能非常難以訓練。

如果任何一個網路在其工作中做得太好太快,那麼另一個網路將無法跟上,並且產生的影像永遠不會看起來非常逼真。另一個問題是模態崩潰(mode collapse),產生器在建立影像時失去了大部分的多樣性,只產生出同樣的少數輸出。當它偶然發現一個產生的輸出時會發生這種情況,該輸出無論出於何種原因都非常擅長於阻止鑑別器。這可能會在訓練期間持續很長時間,直到偶然的機會下,鑑別器終於能夠偵測到那些少數影像是產生出來的而不是真實的。

在 GAN 中,第一個網路(產生器)從其輸入層到其輸出層的層大小是逐漸擴展的。第二個網路(鑑別器)的層大小從輸入層到輸出層都在縮小。我們的基本 GAN 架構使用了密集層,就像自編碼器一樣。然而,卷積層往往在涉及影像的任務上表現的更好。

深度卷積 *GAN*(*deep convolutional GAN*, DCGAN)或多或少只是一個基本的 GAN,在其中密集層被替換為卷積層。在下面的 TensorFlow 程式碼中,我們定義了一個 DCGAN 產生器:

```
def create_dcgan_generator(latent_dim):
    dcgan_generator = [
        tf.keras.Input(shape=(latent_dim,)),
        tf.keras.layers.Dense(units=7 * 7 * 256),
        tf.keras.layers.LeakyReLU(alpha=0.2),
        tf.keras.layers.Reshape(target_shape=(7, 7, 256)),
    ] + create_generator_block(
        filters=128, kernel_size=4, strides=2, padding="same", alpha=0.2
    ) + create_generator_block(
        filters=128, kernel_size=4, strides=2, padding="same", alpha=0.2
    ) + [
        tf.keras.layers.Conv2DTranspose(
            filters=1,
            kernel_size=3,
            strides=1,
            padding="same",
            activation="tanh"
        )
    ]

    return tf.keras.Sequential(
```

```
        layers=dcgan_generator, name="dcgan_generator"
    )
```

我們的模板化產生器區塊如下所示：

```
def create_generator_block(filters, kernel_size, strides, padding, alpha):
    return [
        tf.keras.layers.Conv2DTranspose(
            filters=filters,
            kernel_size=kernel_size,
            strides=strides,
            padding=padding
        ),
        tf.keras.layers.BatchNormalization(),
        tf.keras.layers.LeakyReLU(alpha=alpha)
    ]
```

同樣的，我們可以像這樣定義 DCGAN 鑑別器：

```
def create_dcgan_discriminator(input_shape):
    dcgan_discriminator = [
        tf.keras.Input(shape=input_shape),
        tf.keras.layers.Conv2D(
            filters=64, kernel_size=3, strides=1, padding="same"
        ),
        tf.keras.layers.LeakyReLU(alpha=0.2)
    ] + create_discriminator_block(
        filters=128, kernel_size=3, strides=2, padding="same", alpha=0.2
    ) + create_discriminator_block(
        filters=128, kernel_size=3, strides=2, padding="same", alpha=0.2
    ) + create_discriminator_block(
        filters=256, kernel_size=3, strides=2, padding="same", alpha=0.2
    ) + [
        tf.keras.layers.Flatten(),
        tf.keras.layers.Dense(units=1)
    ]

    return tf.keras.Sequential(
        layers=dcgan_discriminator, name="dcgan_discriminator"
    )
```

這是我們的模板化鑑別器區塊：

```
def create_discriminator_block(filters, kernel_size, strides, padding, alpha):
    return [
        tf.keras.layers.Conv2D(
            filters=filters,
            kernel_size=kernel_size,
            strides=strides,
            padding=padding
        ),
        tf.keras.layers.BatchNormalization(),
        tf.keras.layers.LeakyReLU(alpha=alpha)
    ]
```

如您所見，產生器使用了 Conv2DTranspose 層來對影像進行向上採樣，而鑑別器則使用了 Conv2D 層對影像進行向下採樣。

然後我們可以呼叫經過訓練的 DCGAN 產生器來查看它學到了什麼：

```
dcgan.generator(
    inputs=tf.random.normal(shape=(num_images, latent_dim))
)
```

結果如圖 12-25 所示。

圖 12-25　由 DCGAN 產生器產生的 MNIST 數字。

我們可以對基本 GAN 進行許多其他改進，例如使用不同的損失項、梯度、和懲罰。由於這是一個活躍的研究領域，因此超出了本書的範圍。

條件 GAN

我們之前討論的基本 GAN，是在我們想要學習如何產生的影像上，以完全非監督的方式訓練的。然後潛在表達法（例如隨機雜訊向量）被用來探索和採樣學習到的影像空間。一個簡單的增強，是使用標籤向我們的輸入添加外部旗標。例如，考慮 MNIST 資料集，它是由 0 到 9 的手寫數字組成。通常情況下，GAN 只學習數字的分佈，當產生器被賦予隨機雜訊向量時，它會產生不同的數字，如圖 12-26 所示。但是，我們無法控制會產生哪些數字。

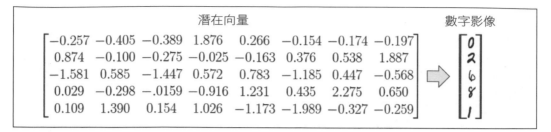

圖 12-26　無條件 GAN 輸出。

和 MNIST 一樣，在訓練期間我們可能會知道每張影像的實際標籤或類別名稱。這些額外資訊可以被包含作為我們的 GAN 訓練中的一個特徵，而後可以在推論時使用。使用條件 *GAN*（*conditional GAN*, **cGAN**），影像產生可以以標籤為條件，因此我們能夠鎖定感興趣的特定數字的分佈。然後在推論時，我們可以透過傳入所需的標籤，而不是接收隨機數字來建立特定數字的影像，如圖 12-27 所示。

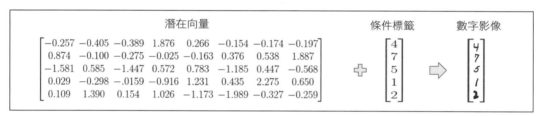

圖 12-27　條件 GAN 輸出。

cGAN 產生器。　我們需要對之前的基本 GAN 產生器程式碼進行一些更改，以便我們可以將標籤整合進來。本質上，我們將把我們的潛在向量與我們標籤的向量表達法串接起來，如下面的程式碼所示：

```
# 建立產生器。
def create_label_vectors(labels, num_classes, embedding_dim, dense_units):
    embedded_labels = tf.keras.layers.Embedding(
        input_dim=num_classes, output_dim=embedding_dim
    )(inputs=labels)
    label_vectors = tf.keras.layers.Dense(
        units=dense_units
    )(inputs=embedded_labels)

    return label_vectors
```

在這裡，我們使用嵌入層將我們的整數標籤轉換為密集表達法。我們稍後會將標籤的嵌入與我們典型的隨機雜訊向量相結合，以建立一個新的潛在向量，該向量是輸入的潛在空間和類別標籤的混合體。然後我們使用一個 Dense 層來進一步混合這些組件。

接下來，我們會使用之前的標準基本 GAN 產生器。然而，這一次我們使用 Keras Functional API，就像我們之前為變分自編碼器所做的那樣，因為我們現在有多個輸入會送到我們的產生器模型中（潛在向量和標籤）：

```python
def standard_vanilla_generator(inputs, output_shape):
    x = tf.keras.layers.Dense(units=64)(inputs=inputs)
    x = tf.keras.layers.LeakyReLU(alpha=0.2)(inputs=x)
    x = tf.keras.layers.Dense(units=128)(inputs=x)
    x = tf.keras.layers.LeakyReLU(alpha=0.2)(inputs=x)
    x = tf.keras.layers.Dense(units=256)(inputs=x)
    x = tf.keras.layers.LeakyReLU(alpha=0.2)(inputs=x)
    x = tf.keras.layers.Dense(
        units=output_shape[0] * output_shape[1] * output_shape[2],
        activation="tanh"
    )(inputs=x)

    outputs = tf.keras.layers.Reshape(target_shape=output_shape)(inputs=x)

    return outputs
```

現在我們有了嵌入整數標籤的方法，我們可以將它與我們原來的標準產生器結合起來以建立一個基本的 cGAN 產生器：

```python
def create_vanilla_generator(latent_dim, num_classes, output_shape):
    latent_vector = tf.keras.Input(shape=(latent_dim,))

    labels = tf.keras.Input(shape=())
    label_vectors = create_label_vectors(
        labels, num_classes, embedding_dim=50, dense_units=50
    )

    concatenated_inputs = tf.keras.layers.Concatenate(
        axis=-1
    )(inputs=[latent_vector, label_vectors])

    outputs = standard_vanilla_generator(
        inputs=concatenated_inputs, output_shape=output_shape
    )
```

```
    return tf.keras.Model(
        inputs=[latent_vector, labels],
        outputs=outputs,
        name="vanilla_generator"
    )
```

請注意，我們現在有兩組使用了 Keras Input 層的輸入。請記住，這是我們使用 Keras Functional API 而不是 Sequential API 的主要原因：它允許我們擁有任意數量的輸入和輸出，以及任何類型的網路連接。我們的第一個輸入是標準的潛在向量，它是我們產生的隨機常態雜訊。我們的第二個輸入是我們稍後將作為條件的整數標籤，因此我們可以透過推論時提供的標籤來訂定產生影像的目標類別。由於在此範例中，我們使用的是 MNIST 手寫數字，因此標籤將是 0 到 9 之間的整數。

一旦我們建立了我們的密集標籤向量，我們就會使用 Keras Concatenat 層將它們與我們的潛在向量結合起來。現在我們有了一個向量的張量，每個張量的形狀都是 latent_dim+dense_units。這是我們新的「潛在向量」，它被發送到標準的基本 GAN 產生器中。這不是我們會從中採樣隨機點的原始向量空間的原始潛在向量，而是由於編碼後的標籤向量的串接，現在是一個新的高維度向量空間。

這個新的潛在向量可幫助我們針對特定類別進行產生。類別標籤現在嵌入在潛在向量中，因此將被映射到影像空間中與原始潛在向量不同的點。此外，給定相同的潛在向量，每個標籤配對將映射到影像空間中的不同點，因為由於串接的潛在標籤的向量不同，它使用了不同的學習到的映射。因此，當 GAN 被訓練時，它會學習將每個潛在點映射到影像空間中對應於屬於 10 個類別之一的影像的點。

正如我們在函數末尾看到的，我們簡單的用兩個輸入張量和輸出張量實例化了一個 Keras Model。查看一下條件 GAN 產生器的架構圖，如圖 12-28 所示，應該可以清楚知道我們是如何使用兩組輸入（潛在向量和標籤）來產生影像的。

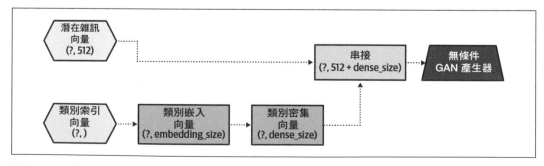

圖 12-28　條件 GAN 產生器架構。

現在我們已經看到了產生器，讓我們來看看條件 GAN 鑑別器的程式碼。

cGAN 鑑別器。 對於產生器，我們建立了與潛在向量串接的標籤向量。對於具有影像輸入的鑑別器，我們會將標籤轉換為影像，並把從標籤建立的影像和輸入影像串接起來。這允許我們將標籤資訊嵌入到我們的影像中，以幫助鑑別器區分真實影像和產生的影像。標籤將有助於扭曲潛在空間到影像空間的映射，以便每個輸入都將與其在影像空間內的標籤的氣泡相關聯。例如，對於 MNIST 來說，如果模型被給予數字 2，鑑別器將在學習到的影像空間中包含 2 的氣泡內產生一些東西。

為了完成鑑別器的條件映射，我們再次透過 Embedding 層和 Dense 層來傳遞我們的整數標籤。但是，批次中的每個範例現在只是一個長度為 num_pixels 的向量。因此，我們使用 Reshape 層將向量轉換為只有一個頻道的影像。請把它想作是我們標籤的灰階影像表達法。在下面的程式碼中，我們可以看到標籤被嵌入到影像中：

```
def create_label_images(labels, num_classes, embedding_dim, image_shape):
    embedded_labels = tf.keras.layers.Embedding(
        input_dim=num_classes, output_dim=embedding_dim)(inputs=labels)
    num_pixels = image_shape[0] * image_shape[1]
    dense_labels = tf.keras.layers.Dense(
        units=num_pixels)(inputs=embedded_labels)
    label_image = tf.keras.layers.Reshape(
        target_shape=(image_shape[0], image_shape[1], 1))(inputs=dense_labels)

    return label_image
```

正如我們對產生器所做的那樣，我們將重用上一節中的標準基本 GAN 鑑別器，將影像映射到 logit 向量，這些向量將用於使用二元交叉熵來進行的損失計算。這是標準鑑別器的程式碼，使用了 Keras Functional API：

```
def standard_vanilla_discriminator(inputs):
    """ 傳回標準基本鑑別器層的輸出。

    引數：
        輸入： 張量， 4 秩張量，形狀為 (batch_size, y, x, channels).

    傳回值：
        輸出： 張量， 4 秩張量，形狀為
            (batch_size, height, width, depth).
    """
    x = tf.keras.layers.Flatten()(inputs=inputs)
    x = tf.keras.layers.Dense(units=256)(inputs=x)
    x = tf.keras.layers.LeakyReLU(alpha=0.2)(inputs=x)
```

```python
    x = tf.keras.layers.Dense(units=128)(inputs=x)
    x = tf.keras.layers.LeakyReLU(alpha=0.2)(inputs=x)
    x = tf.keras.layers.Dense(units=64)(inputs=x)
    x = tf.keras.layers.LeakyReLU(alpha=0.2)(inputs=x)

    outputs = tf.keras.layers.Dense(units=1)(inputs=x)

    return outputs
```

現在我們將建立條件 GAN 鑑別器。它有兩個輸入：第一個是標準影像輸入，第二個是影像將設定為條件的類別標籤。就像我們對產生器所做的一樣，我們將標籤轉換為可用的表達法，以與我們的影像一起使用 —— 也就是轉換為灰階影像 —— 並且使用 Concatenate 層將輸入影像與標籤影像結合起來。我們將這些組合影像發送到我們的標準基本 GAN 鑑別器中，然後使用我們的兩個輸入、輸出和鑑別器 Model 的名稱來實例化 Keras Model：

```python
def create_vanilla_discriminator(image_shape, num_classes):
    """ 建立基本的條件 GAN 鑑別器模型。

    引數：
        image_shape: 元組，沒有批次維度的影像的形狀。
        num_classes: 整數，影像類別的數量。

    傳回值：
        Keras Functional Model.
    """
    images = tf.keras.Input(shape=image_shape)

    labels = tf.keras.Input(shape=())
    label_image = create_label_images(
        labels, num_classes, embedding_dim=50, image_shape=image_shape
    )

    concatenated_inputs = tf.keras.layers.Concatenate(
        axis=-1
    )(inputs=[images, label_image])

    outputs = standard_vanilla_discriminator(inputs=concatenated_inputs)

    return tf.keras.Model(
        inputs=[images, labels],
        outputs=outputs,
        name="vanilla_discriminator"
    )
```

圖 12-29 顯示了完整的條件 GAN 鑑別器架構。

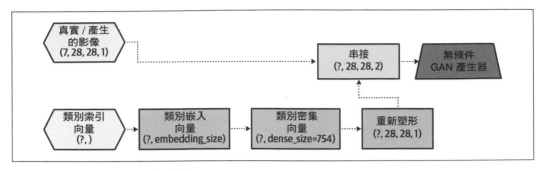

圖 12-29　條件 GAN 鑑別器架構。

條件 GAN 訓練過程的其餘部分實際上與無條件 GAN 訓練過程相同，除了我們現在會從資料集中傳入標籤以用於產生器和鑑別器。

使用 512 的 `latent_dim` 並訓練 30 個週期後，我們可以使用我們的產生器來產生圖 12-30 中的影像。請注意，每一列在推論時所使用的標籤是相同的，這也是為什麼第一列會全為零，第二列全為 1，依此類推。這很棒！我們不僅可以產生手寫數字，還可以特定的產生我們想要的數字。

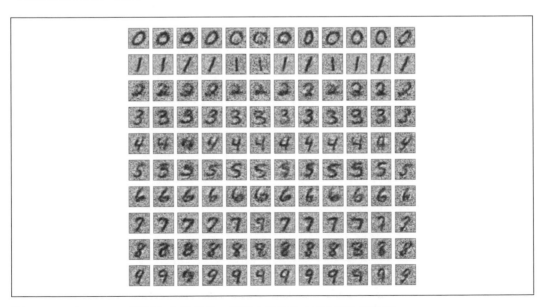

圖 12-30　在 MNIST 資料集上訓練後，從基本的條件 GAN 產生的數字。

如果我們不使用標準的基本 GAN 產生器和鑑別器，而是使用前面展示的 DCGAN 產生器和鑑別器的話，我們可以獲得更清晰的結果。圖 12-31 顯示了在訓練條件 DCGAN 模型後產生的一些影像，其中 latent_dim 為 512，持續 50 個週期。

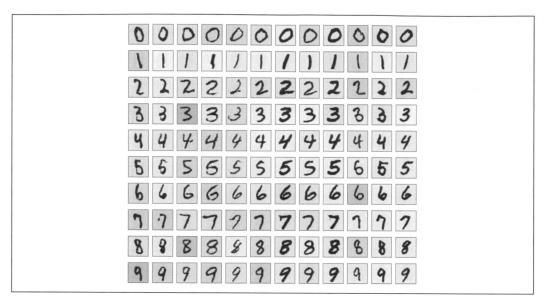

圖 12-31　在 MNIST 資料集上進行訓練後從條件 DCGAN 產生的數字。

GAN 是產生資料的強大工具。我們在這裡專注於影像產生，但其他類型的資料（例如表格、時間序列和音訊資料）也可以透過 GAN 來產生。然而，GAN 有點挑剔，通常需要使用我們在此處介紹的技巧，還有其他更多技巧來提高其品質和穩定性。現在您已經把 GAN 添加到工具箱中作為您的另一個工具了，讓我們看看一些使用它們的進階應用程式。

影像到影像平移

影像產生是 GAN 擅長的較簡單的應用之一。我們還可以組合和操縱 GAN 的基本組件以將它們用於其他用途，其中有許多是目前最先進的。

影像到影像平移（image-to-image translation）是將影像從一個（來源）定義域平移到另一個（目標）定義域。例如，在圖 12-32 中，一匹馬的影像被平移，使得馬看來像是斑馬。當然，由於要找到配對影像（例如，冬季和夏季的同一場景）可能非常困難，我們可以建立一個模型架構，該架構可以使用未配對的影像執行影像到影像平移。這可能不如使用配對影像的模型效能好,但可以非常接近。在本節中,我們首先探討如果我們有未配對的影像(較常見的情況)如何進行影像平移,然後再探討如果我們有配對的影像的情況。

馬(輸入)到斑馬(輸出)

圖 12-32　使用 CycleGAN 將馬的影像平移成斑馬的影像的結果。影像來自 Zhu 等人,2020(*https://arxiv.org/abs/1703.10593v7*)。

用於執行圖 12-32 中的平移的 CycleGAN 架構將 GAN 往前邁進一步,它有兩個產生器和兩個鑑別器進行來回循環,如圖 12-33 所示。接續前面的例子,假設馬的影像屬於影像定義域 X,斑馬的影像屬於影像定義域 Y。請記住,這些是未配對的影像;因此,每張馬的影像都沒有匹配的斑馬影像,反之亦然。

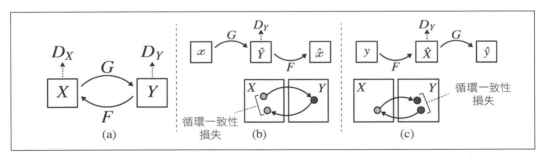

圖 12-33　CycleGAN 訓練圖。影像來自 Zhu 等人,2020(*https://arxiv.org/abs/1703.10593v7*)。

在圖 12-33(a) 中,產生器 G 將影像定義域 X(馬)映射到影像定義域 Y(斑馬),而另一個產生器 F 則反過來將 Y(斑馬)映射到 X(馬)。這意味著產生器 G 會學習將馬的影像(在本範例中)映射到斑馬的影像的權重,對於產生器 F 則反之亦然。鑑別器 DX 引導產生器 F 能夠很好的將 Y(斑馬)映射到 X(馬),而判別器 DY 引導產生器 G 能夠很好的將 X(馬)映射到 Y(斑馬)。然後我們執行循環以向學習到的映射添加更多的正則化,如下一個面板中所示。

在圖 12-33(b) 中，前向循環一致性損失（forward cycle consistency loss）──X（馬）到 Y（斑馬）到 X（馬）──來自於使用產生器 G 將 X（馬）定義域影像映射到 Y（斑馬），然後再使用產生器 F 來映射回 X（馬）後和原始的 X（馬）影像之間的比較。

同樣的，在圖 12-33(c) 中，後向循環一致性損失（backward cycle consistency loss）──Y（斑馬）到 X（馬）到 Y（斑馬）──來自於使用產生器 F 將 Y（斑馬）定義域影像映射到 X（馬），然後再使用產生器 G 來映射回 Y（斑馬）後和原始的 Y（斑馬）影像之間的比較。

前向和後向循環一致性損失，都會將定義域的原始影像與該定義域的循環後影像進行比較，以便網路可以學習來減少它們之間的差異。

透過擁有多個網路並確保循環的一致性，我們能夠獲得令人印象深刻的結果，儘管只有未配對的影像，例如在馬和斑馬之間或在夏季影像和冬季影像之間進行平移時，如圖 12-34 所示。

夏季的優勝美地 → 冬季的優勝美地

圖 12-34　使用 CycleGAN 將夏季影像平移為冬季影像的結果。影來自 Zhu 等人，2020（*https://arxiv.org/abs/1703.10593v7*）。

現在，如果我們確實有成對的範例，那麼我們可以利用監督式學習來獲得更令人印象深刻的影像到影像平移結果。例如，如圖 12-35 所示，城市的鳥瞰圖可以平移為衛星視圖，反之亦然。

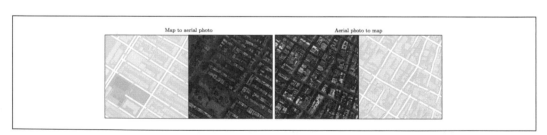

圖 12-35　使用 Pix2Pix 將地圖視圖平移為衛星視圖的結果，反之亦然。影像來自 Isola 等人，2018 年（*https://arxiv.org/abs/1611.07004*）。

Pix2Pix 架構使用成對的影像來建立兩個定義域之間的前向和後向映射。我們不再需要循環來執行影像到影像平移，而是有一個具有跳過連接的 U-Net（之前在第 4 章中看到）作為我們的產生器，還有一個 PatchGAN 作為我們的鑑別器，接下來我們將進一步討論。

U-Net 產生器會接受來源影像並嘗試建立目標影像版本，如圖 12-36 所示。這個產生的影像會透過 L1 損失或 MAE，與實際的配對目標影像進行比較，然後乘以 lambda 以對損失項進行加權。然後產生的影像（來源到目標定義域）和輸入來源影像會進入帶有全 1 標籤並帶有二元 /sigmoid 交叉熵損失的鑑別器。這些損失的加權總和被用於產生器的梯度計算，以鼓勵產生器改進其定義域平移的權重，以欺騙鑑別器。對另一個產生器 / 鑑別器集合也是如此，其中來源定義域和目標定義域被反轉以進行反向平移。

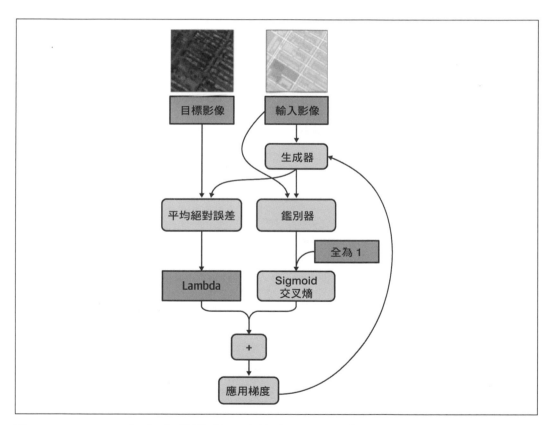

圖 12-36. Pix2Pix 產生器訓練圖。影像來自 Isola 等人，2018 年（*https://arxiv.org/abs/1611.07004*）。

PatchGAN 鑑別器使用較小解析度的像素塊對輸入影像的部分進行分類。透過這種方式，每個像素塊會根據該像素塊中的本地資訊，而不是整張影像來被分類為真實的或假的。鑑別器被傳入兩組沿頻道串接的輸入對，如圖 12-37 所示。

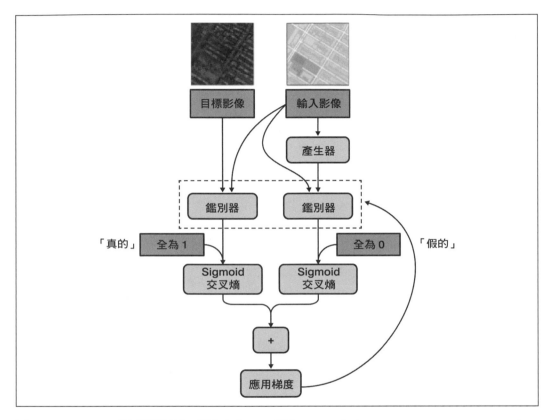

圖 12-37　Pix2Pix 鑑別器訓練圖。影像來自 Isola 等人，2018 年（*https://arxiv.org/abs/ 1611.07004*）。

第一對是由輸入來源影像和產生器產生的「來源到目標」影像組成，鑑別器應該透過用全為 0 來標記它們，以將它們分類為假影像。第二對由輸入來源影像和與其串接的目標影像（而不是產生的影像）所組成。這是真實的分支，因此這一對將用全為 1 來標記。如果我們回想一下更簡單的影像產生過程，這是遵循相同的鑑別器訓練模式，其中產生的影像是在假的、全為 0 標籤的分支中，而我們想要產生的真實影像都在真的、全為 1 標籤的分支中。因此，與影像產生相比，唯一的變化是我們本質上是用來自來源定義域的輸入影像來調節鑑別器，類似於我們對條件 GAN 所做的。

這可能會導致驚人的使用案例，例如圖 12-38 所示，其中可以填充手繪物件以使其看起來像是具有攝影品質的真實物件。

圖 12-38　在繪圖上使用 Pix2Pix 將其轉換為具有攝影品質的影像的結果。影像來自 Isola 等人，2018 年（*https://arxiv.org/abs/1611.07004*）。

就像我們如何在語言之間翻譯文本和語音一樣，我們也可以在不同定義域之間翻譯影像。我們可以將 CycleGAN 之類的架構與（更常見的）未配對影像資料集一起使用，或者使用更專業的架構，如 Pix2Pix 可以充分利用配對影像資料集。這仍然是一個非常活躍的研究領域，其中發現了許多改進作法。

超解析度

對於迄今為止我們看到的大多數使用案例而言，我們一直在使用原始影像進行訓練和預測。然而，我們知道在現實中的影像往往存在許多缺陷，例如模糊或解析度太低。值得慶幸的是，我們可以修改一些我們已經學會的技術來解決其中的一些影像問題。

超解析度（*super-resolution*）是接受降級或低解析度影像並對其進行放大，將其轉換為校正後的高解析度影像的過程。超解析度本身已經存在了很長時間並被使用為一般影像處理的一部分，但直到最近，深度學習模型才能夠使用這種技術來產生最先進的結果。

最簡單和最古老的超解析度方法使用各種形式的像素內插，例如最近鄰或雙三次（bicubic）內插。請記住，我們是從低解析度影像開始，當把它放大時，它會比原始影像具有更多的像素。這些像素需要透過某種方式進行填充，並且以一種感知上看起來正確的方式來填充，而不僅僅是產生平滑、模糊的較大影像。

圖 12-39 顯示了 Christian Ledig 等人 2017 年論文（*https://arxiv.org/abs/1609.04802*）的結果樣本。原始高解析度影像位於最右側。為了訓練過程從這張影像建立了一個較低解析度的影像。最左邊是雙三次內插 —— 它是從原始影像的較小、較低解析度版本中對起始影像進行非常平滑和模糊的再現。對於大多數應用程式來說，這樣的品質還不夠高。

圖 12-39 中左起第二張影像是 SRResNet 建立的影像，它是一個殘差卷積區塊網路（residual convolutional block network）。在這裡，由於高斯雜訊和向下採樣所造成的原始影像的低解析度版本，會通過 16 個殘差卷積區塊。輸出是一個不錯的超解析度影像，非常接近原始影像 —— 但是，還是存在一些錯誤和偽影。SRResNet 中使用的損失函數，是每個像素在超解析度輸出影像和原始高解析度影像之間的均方誤差。儘管該模型能夠單獨使用 MSE 損失獲得相當不錯的結果，但這還不足以鼓勵模型來製作真正逼真且感知上相似的影像。

圖 12-39　超解析度影像。影像來自 Ledig 等人，2017（*https://arxiv.org/abs/1609.04802*）。

圖 12-39 中左起第三張影像，顯示了使用稱為 SRGAN 的模型所獲得的最佳（就感知品質而言）結果。利用 GAN 的想法是來自於 SRResNet 影像所缺乏的：高感知品質，我們可以透過觀看影像來快速判斷出來。這歸因於 MSE 重建損失，因為它旨在最小化像素的平均誤差，但並不會試圖去確保個別像素會組合成一個感知上令人信服的影像。

正如我們之前看到的，GAN 通常具有用於建立影像的產生器，也有用於辨別傳遞給它的影像是真實的還是產生的影像的鑑別器。與其嘗試緩慢而痛苦的手動調整模型以建立令人信服的影像，我們倒不如使用 GAN 自動來為我們進行這種調整。圖 12-40 顯示了 SRGAN 的產生器和鑑別器的網路架構。

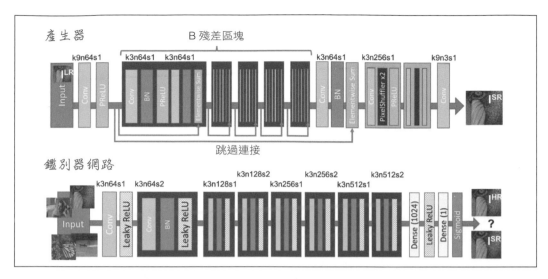

圖 12-40　SRGAN 產生器和鑑別器架構。影像來自 Ledig 等人，2017（*https://arxiv.org/abs/1609.04802*）。

在 SRGAN 產生器架構中，我們首先接受高解析度（high-resolution, HR）影像並對其應用高斯過濾器（Gaussian filter），然後按某個因子對影像進行向下採樣。這會建立影像的低解析度（low-resolution, LR）版本，然後對其進行卷積並通過幾個殘差區塊，就像我們在第 4 章使用 ResNet 所看到的那樣。影像在此過程中被向上採樣，因為我們需要恢復到其原始大小。該網路還包括跳過連接，以便來自較早層的更多細節可以用來調節較晚的層，並在反向傳播期間獲得更好的梯度倒傳遞（backpropagation）。再經過幾個卷積層後，就會產生超解析度（SR）影像。

鑑別器接受影像作為輸入並確定它們是 SR 還是 HR。輸入會通過幾個卷積區塊，最後是一個使中間影像展平的密集層，最後是另一個產生 logit 的密集層。就像使用基本 GAN 一樣，這些 logit 在二元交叉熵上進行了優化，因此結果是影像是 HR 或 SR 的機率，這是對抗性損失（adversarial loss）項。

對於 SRGAN，還有另一個損失項會和對抗性損失一起加權以訓練產生器。這是**語境損失**（*contextual loss*），也就是影像中保留了多少原始內容。最小化語境損失將確保輸出影像看起來與原始影像相似。通常這是逐像素的 MSE，但由於這是一種平均形式，它可能會建立看起來不真實的過於平滑的紋理。因此，SRGAN 改為使用其開發人員所說的 *VGG 損失*（*VGG loss*），它使用了預訓練的 19 層 VGG 網路的每一層的激發特徵圖（在每次激發之後，在相對應的最大池化層之前）。他們將 VGG 損失計算為原始 HR 影像的特徵圖與產生的 SR 影像的特徵圖之間的歐幾里德距離之總和，再將所有 VGG 層的這些值相加，然後按影像高度和寬度進行正規化。這兩個損失項的平衡所建立的影像不僅看起來與輸入影像相似，而且經過正確內插，因此從感知上看，它們看起來像是真實影像。

修改圖片（修復）

可能有其他原因需要修復影像，例如照片中的撕裂，或其中缺失或模糊的部分，如圖 12-41(a) 所示。這種空洞填充被稱為修復（*inpainting*），我們想要真正的繪製應該被填入空白處的像素。通常，為了解決這樣的問題，藝術家會花費數小時或數天的時間手動的恢復影像，如圖 12-41(b) 所示，這是一個費力且不可擴展的過程。值得慶幸的是，使用 GAN 進行深度學習可以使像這樣的可擴展修復影像成為現實 —— 圖 12-41(c) 和 (d) 顯示了一些範例結果。

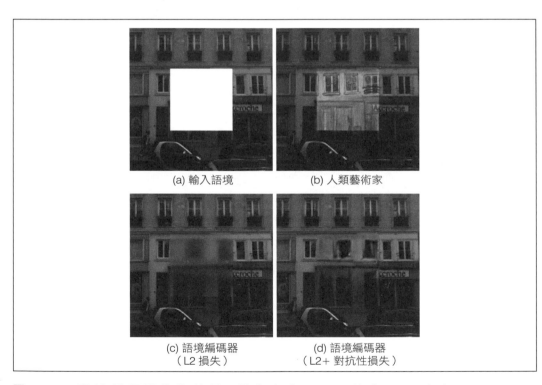

圖 12-41　語境編碼器修復結果。影像來自 Pathak 等人，2016 年（*https://arxiv.org/abs/1604.07379*）。

在這裡，與 SRGAN 不同的是，我們不是添加雜訊或過濾器並對高解析度影像進行向下採樣以進行訓練，而是萃取像素區域並將該區域放在一邊。然後我們將剩餘的影像通過一個簡單的編碼器 / 解碼器網路，如圖 12-42 所示。這形成了 GAN 的產生器，我們希望產生的內容類似於我們萃取的像素區域中的內容。

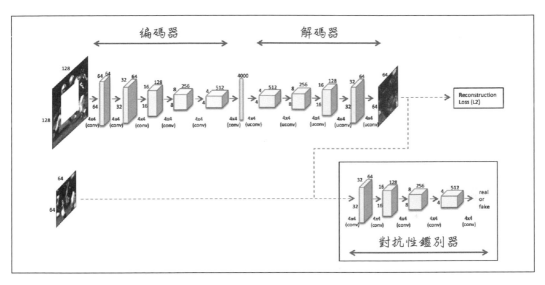

圖 12-42　語境編碼器產生器和鑑別器架構。影像來自 Pathak 等人，2016 年（*https://arxiv.org/ abs/1604.07379*）。

然後鑑別器會將產生的像素區域和我們從原始影像中萃取的區域進行比較，並嘗試確定影像是產生的還是來自於真實資料集。

與 SRGAN 類似，並出於同樣的原因，損失函數有兩個術語：重建損失（reconstruction loss）和對抗性損失（adversarial loss）。重建損失並不是萃取的影像像素塊和產生的影像像素塊之間的典型 L2 距離，而是正規化的被遮罩 L2 距離。損失函數將遮罩應用於整張影像，以便我們只聚合我們重建的像素塊中的距離，而不是它周圍的邊界像素。最終的損失是使用區域中的像素數來正規化的聚合距離。單獨來說，這通常可以很好的建立影像像素塊的粗略輪廓；然而，重建的像素塊通常缺乏高頻細節，並且由於平均逐像素誤差而使影像最終變得模糊。

產生器的對抗性損失來自鑑別器，它幫助產生的影像塊看起來像來自自然影像的流形（manifold），因此看起來很逼真。這兩個損失函數可以組合成一個加權總和聯合損失（weighted sum joint loss）。

萃取的影像像素塊不一定必須來自如圖 12-43(a) 中所示的中央區域 —— 事實上，由於所學習到的低階影像特徵對沒有萃取像素塊的影像的泛化能力很差，這種方法可能不利於訓練。相反的，採用如圖 12-43(b) 所示的隨機區塊，或如圖 12-43(c) 所示的隨機像素區域的話，會產生更通用的特徵，並且大大優於使用中心區域遮罩的方法。

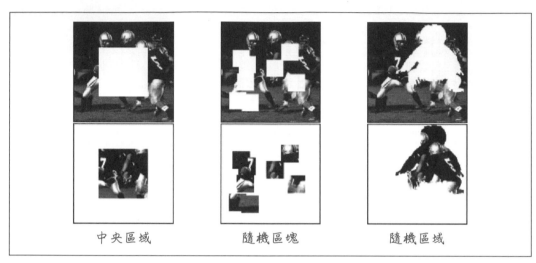

圖 12-43　不同萃取的像素塊區域遮罩。影像來自 Pathak 等人，2016 年（*https://arxiv.org/abs/1604.07379*）。

異常偵測

異常偵測是另一個可以從 GAN 的使用中受益的應用 —— 影像可以傳遞到修改後的 GAN 模型並標記為異常與否。這對於偵測偽造貨幣或在醫學掃描中尋找腫瘤等任務非常有用。

通常，深度學習使用案例中可用的未標記資料會比已標記資料多得多，而且標記過程通常非常費力，可能需要深入的主題專業知識。這會使監督式的方法不可行，意味著我們需要非監督式的方法。

為了執行異常偵測，我們需要瞭解什麼是「正常」的樣子。如果我們知道什麼是正常的話，那麼當影像不符合該分佈時，它可能就包含異常。因此，在訓練異常偵測模型時，重要的是僅用正常資料來訓練模型。否則，如果正常資料被異常資料污染的話，那麼模型將學習到這些異常也是正常的。在推論時，這將導致真的異常影像不會被正確標記，從而產生比我們可接受還更多的偽陰性。

異常偵測的標準方法是首先學習如何重建正常影像，然後學習正常影像的重建誤差分佈，最後學習一個距離閾值，其中任何高於該閾值的東西都視為異常。我們可以使用許多不同類型的模型，來最小化輸入影像與其重建影像之間的重建誤差。例如使用自編碼器，我們可以讓正常影像通過編碼器（將影像壓縮為更緊湊的表達法），可能會通過瓶頸中的一兩層，然後再通過解碼器（將影像擴展回其原始表達法），最後產生一個應該是原始影像的重建影像。重建從來都不會是完美的；總是有一些誤差。給定大量正常影像，重建誤差將形成「正常誤差」的一種分佈。現在，如果網路得到一張異常影像時 —— 它在訓練期間並沒有看到任何類似的東西 —— 它將無法正確的壓縮和重建它。重建誤差將超出正常誤差的分佈。影像因此可以被標記為異常影像。

將異常偵測使用案例往前更進一步，我們可以執行**異常定位**（*anomaly localization*），將個別像素標記為異常。這就像一個非監督式的分割任務，而不是一個非監督的分類任務。每個像素都有一個誤差，這可以形成一個誤差分佈。在異常影像中，許多像素會表現出很大的誤差。與原始版本相距一定距離閾值以上的重建像素可以被標記為異常，如圖 12-44 所示。

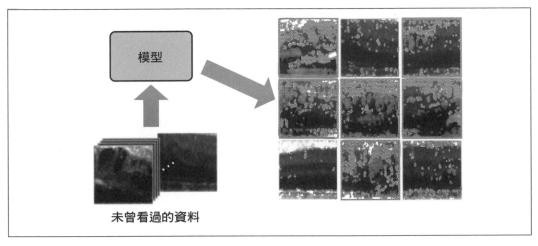

未曾看過的資料

圖 12-44　異常定位將個別像素標記為異常。影像來自 Schlegl 等人，2019 年（*https://oreil.ly/bsOpV*）。

然而，對於許多使用案例和資料集來說，這並不是故事的結束。只使用自編碼器和重建損失的情形下，模型可以學習到如何將任何影像映射到自身，而不是學習正常情況是什麼。本質上，重建會在組合的損失方程式中佔據主導地位，因此模型會學習壓縮**任何**影像的最佳方法，而不是學習「正常」影像流形。對於異常偵測來說，這是非常糟糕的，因為正常和異常影像的重建損失將是相似的。因此，與超解析度和修復一樣，使用 GAN 會有所幫助。

這是一個活躍的研究領域，因此模型架構、損失函數、訓練程序等層面都存在許多相互競爭的變體，但它們都有幾個共同的組件，如圖 12-45 所示。通常它們由產生器和鑑別器所組成，有時根據使用案例不同還會有額外的編碼器和解碼器網路。

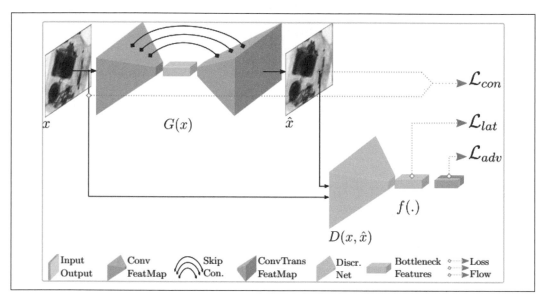

圖 12-45　Skip-GANomaly 架構，使用帶有跳過連接、鑑別器和多個損失項的 U-Net 產生器（編碼器 / 解碼器）。影像來自 Akçay 等人，2019 年（*https://arxiv.org/abs/1901.08954*）。

如果輸入和輸出都是影像，如圖 12-45 的 *G* 所示，則產生器可以是自編碼器或 U-Net，或者產生器也可以只是一個接受使用者所提供的隨機潛在向量作為輸入的解碼器。因為這個影像自編碼器是 GAN 的一部分，有時也被稱為對抗性自編碼器。

如圖 12-45 的 *D* 這樣的鑑別器，被用於對抗性的訓練產生器。這通常是一個編碼器類型的網路，會將影像壓縮成 logit 向量，然後用於損失計算。

如前所述，有時會有一個額外的編碼器或多個產生器 / 鑑別器對。如果產生器是自編碼器，則額外的編碼器可用於正則化產生器的中間瓶頸向量。如果產生器只是一個解碼器，那麼編碼器可以將產生器所產生的影像，編碼為特徵向量以重構雜訊先驗（prior），本質上充當產生器的反動作。

與 SRGAN 和修復一樣，通常有多個損失項：即圖 12-45 範例架構中的重建損失（例如 L_{con}）和對抗性損失（例如 L_{adv}）。此外，還可以有其他損失項，例如圖 12-45 的 L_{lat}，這是一種潛在損失，它會對來自鑑別器的中間層中的兩個特徵圖之間的歐幾里德距離來求其總和。這些損失的加權總和旨在鼓勵所需的推論行為。對抗性損失確保了產生器已經學習了正常影像的流形。

影像重建、計算正常預測誤差分佈、和應用距離閾值的三階段訓練過程，將根據通過訓練後的產生器的是正常影像還是異常影像，來產生不同的結果。正常影像看起來與原始影像非常相似，因此它們的重建誤差會很低；因此，與學習到的參數化誤差分佈相比，它們的距離將低於學習到的閾值。然而，當異常影像通過產生器時，重建的影像將不再只是稍微差一點而已。因此，應該繪製異常，產生出模型認為沒有異常時的影像會是什麼樣子。產生器將根據其學習到的正常影像流形來幻想它認為應該存在的東西。顯然，與原始異常影像相比，這會導致非常大的誤差，從而使我們能夠分別的正確標記異常影像或像素以進行異常偵測或定位。

深度偽造

最近成為主流的一種流行技術是製作所謂的**深度偽造**（*deepfake*）。深度偽造將現有影像或視訊中的物件或人物替換為不同的物件或人物。用於建立這些深度偽造影像或視訊的典型模型是自編碼器，或者效能更好的 GAN。

建立深度偽造的一種方法是建立一個編碼器和兩個解碼器，A 和 B。假設我們試圖將人 X 的臉與人 Y 的臉互換。首先，我們先扭曲人 X 的人臉影像，並將它通過編碼器獲得嵌入，然後再通過解碼器 A。這鼓勵兩個網路學習如何從雜訊版本中重建人 X 的臉。接下來，我們透過同一個編碼器傳遞人 Y 的臉的扭曲版本，並將其傳遞給解碼器 B。這鼓勵這兩個網路學習如何從雜訊版本中重建人 Y 的臉。我們一遍又一遍地重複這個過程，直到解碼器 A 擅長產生人 X 的乾淨影像，並且解碼器 B 擅長產生人 Y 的臉。這三個網路已經學習了兩張臉的本質。

在推論時，如果我們現在讓人 X 的影像通過編碼器然後再通過解碼器 B，而解碼器 B 是在另一個人（人 Y）而不是人 X 上訓練的，網路會認為輸入是具有雜訊的並對影像進行「去除雜訊」而變成了人 Y 的臉。為對抗性損失添加鑑別器有助於提高影像品質。

在建立深度偽造方面還有許多其他改善作法，例如只需要一個來源影像（通常是透過在諸如**蒙娜麗莎**（*Mona Lisa*）之類的藝術作品上執行深度偽造來證明）。但是請記住，要獲得出色的結果，需要大量資料來充分的訓練網路。

深度偽造是我們需要密切關注的東西，因為它們可能被濫用以謀取政治或經濟利益 —— 例如，讓政治家看起來像在說一些他們從未說過的事情。現在有很多研究正在研究偵測深度偽造的方法。

影像圖說產生

到目前為止，在本章中，我們已經瞭解了如何表達影像（使用編碼器）以及如何從這些表達法產生影像（使用解碼器）。然而，影像並不是唯一值得從影像表達法中產生的東西 —— 我們可能想根據影像的內容來產生文本，這個問題被稱為**影像圖說產生**（*image captioning*）。

影像圖說產生是一種非對稱變換問題。這裡的編碼器會對影像進行操作，而解碼器則需要產生文本。典型的方法是對這兩個任務使用標準模型，如圖 12-46 所示。例如，我們可以使用 Inception 卷積模型將影像編碼為影像嵌入，以及使用語言模型（由灰色框標記）來進行序列產生。

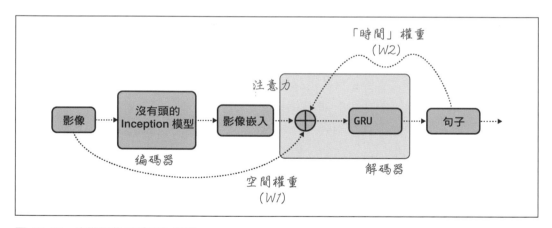

圖 12-46 高階影像圖說產生架構。

有兩個重要的概念對於理解語言模型中發生的事情是必要的：注意力和閘控遞歸單元（gated recurrent unit, GRU）。

注意力（*attention*）對於模型要學習影像中特定部分和圖說中特定單字之間的關係很重要。這是透過訓練網路來達成的，它學會將注意力集中在影像的特定部分，以獲取輸出序列中的特定單字（見圖 12-47）。因此，解碼器結合了一種機制，可以**注意**影像來預測下一個單字。

A woman is throwing a <u>frisbee</u> in a park.

圖 12-47　模型透過將注意力集中在輸入影像的相關部分來學習預測序列中的下一個單字。此圖顯示了要預測「飛盤」這個字時網路的注意力。影像來自 Xu 等人，2016（*https://arxiv.org/abs/1502.03044v3*）。

GRU 細胞（*GRU cell*）是序列模型的基本積木。與我們在本書中看到的影像模型不同，語言模型需要記住它們已經預測過的單字。為了讓語言模型將英語輸入的句子（「I love you」）翻譯成法語（「Je t'aime」），模型對句子進行逐字翻譯是不夠的。相反的，模型需要有一些記憶體。這是透過具有輸入、輸出、輸入狀態和輸出狀態的 GRU 細胞來完成的。為了預測下一個單字，狀態會一步一步地傳遞，一個步驟的輸出成為下一步驟的輸入。

在本節中，我們將建構一個端到端的圖說模型，從建立資料集和圖說的前置處理開始，然後繼續建構圖說模型、訓練它並使用它來進行預測。

資料集

為了訓練模型來預測圖說，我們需要一個由影像和這些影像的圖說所組成的訓練資料集。COCO 圖說資料集（*https://oreil.ly/t4xr6*）是此類含圖說影像的大型語料庫。我們將使用作為 TensorFlow 資料集一部分的 COCO 資料集的一個版本 —— 該版本包含來自 COCO 2014 的影像、定界框、標籤和圖說，拆分為由 Karpathy 和 Li（2015）所定義的子集合，並處理一些原始資料集的資料品質問題（例如，原始資料集中的某些影像並沒有圖說）。

我們可以使用以下程式碼建立訓練資料集（完整程式碼在 GitHub 上的 *02e_image_captioning.ipynb* 中）：

```
def get_image_label(example):
    captions = example['captions']['text'] # 所有圖說
    img_id = example['image/id']
    img = example['image']
    img = tf.image.resize(img, (IMG_WIDTH, IMG_HEIGHT))
    img = tf.keras.applications.inception_v3.preprocess_input(img)
    return {
        'image_tensor': img,
        'image_id': img_id,
        'captions': captions
    }

trainds = load_dataset(...).map(get_image_label)
```

此程式碼將 `get_image_label()` 函數應用於所讀取的每個範例。此方法會萃取圖說和影像張量。影像的大小各不相同,但我們需要它們的形狀為 (299, 299, 3) 以便使用預訓練的 Inception 模型。因此,我們將每張影像調整為所需的大小。每張影像都有多個圖說。圖 12-48 顯示了一些範例影像和每張影像的第一個圖說。

圖 12-48　來自 COCO 資料集的一些範例影像和這些影像的第一個圖說。

符記化圖說

給定一個圖說,例如:

```
A toilet and sink in a tiled bathroom.
```

我們需要刪除標點符號、將其小寫、拆分為單字、刪除不常見的單字、添加特殊的開始和停止符記(token),並將其填充到一致的長度:

```
['<start>', 'a', 'toilet', 'and', 'sink', 'in', 'a', 'tiled', 'bathroom', '<end>'
, '<pad>', '<pad>', '<pad>', '<pad>', '<pad>', '<pad>', '<pad>', '<pad>', '<pad>'
, '<pad>', '<pad>', '<pad>', '<pad>', '<pad>', '<pad>', '<pad>', '<pad>', '<pad>'
```

```
, '<pad>', '<pad>', '<pad>', '<pad>', '<pad>', '<pad>', '<pad>', '<pad>', '<pad>'
, '<pad>', '<pad>', '<pad>', '<pad>', '<pad>', '<pad>', '<pad>', '<pad>', '<pad>'
, '<pad>', '<pad>', '<pad>']
```

我們首先將 **<start>** 和 **<end>** 符記添加到每個圖說字串：

```
train_captions = []
for data in trainds:
    str_captions = ["<start> {} <end>".format(
        t.decode('utf-8')) for t in data['captions'].numpy()]
    train_captions.extend(str_captions)
```

然後我們使用 Keras 斷詞器來建立單字到索引查找表：

```
tokenizer = tf.keras.layers.experimental.preprocessing.TextVectorization(
    max_tokens=VOCAB_SIZE, output_sequence_length=MAX_CAPTION_LEN)
tokenizer.adapt(train_captions)
```

斷詞器現在可用於在兩個方向上進行查找：

```
padded = tokenizer(str_captions)
predicted_word = tokenizer.get_vocabulary()[predicted_id]
```

批次處理

COCO 資料集中的每張影像最多可以有五個圖說。因此，給定一張影像，我們實際上最多可以產生五個特徵 / 標籤對（影像是特徵，圖說是標籤）。正因為如此，建立一批訓練特徵並不像這樣簡單：

```
trainds.batch(32)
```

因為這 32 個範例將擴展為 32 到 32 * 5 個可能範例。我們需要批次的大小一致，因此在對它們進行批次處理之前，我們必須使用訓練資料集來產生必要的範例：

```
def create_batched_ds(trainds, batchsize):
    # 進行斷字的產生器，填充圖說字串
    # 產出影像，圖說
    def generate_image_captions():
        for data in trainds:
            captions = data['captions']
            img_tensor = data['image_tensor']
            str_captions = ["starttoken {} endtoken".format(
                t.decode('utf-8')) for t in captions.numpy()]
            # 將每個向量填充到圖說的 max_length 大小
            padded = tokenizer(str_captions)
```

```
        for caption in padded:
            yield img_tensor, caption # 重複影像
    return tf.data.Dataset.from_generator(
        generate_image_captions,
        (tf.float32, tf.int32)).batch(batchsize)
```

請注意，我們正在讀取圖說字串，並對上一節中的每個字串應用相同的處理。這是為了
建立單字到索引查找表，並計算整個資料集的最大圖說長度，以便可以將圖說填充到相
同的長度。在這裡，我們簡單的應用查找表並根據在整個資料集上計算的內容來填充圖
說。

然後，我們可以透過以下方式批次建立 193 個影像 / 圖說對：

```
create_batched_ds(trainds, 193)
```

圖說模型

該模型由一個影像編碼器和一個圖說解碼器組成（見圖 12-46）。圖說解碼器結合了一種
注意力機制，專注於輸入影像的不同部分。

影像編碼器

影像編碼器由預訓練的 Inception 模型和 Dense 層組成：

```
class ImageEncoder(tf.keras.Model):
    def __init__(self, embedding_dim):
    inception = tf.keras.applications.InceptionV3(
        include_top=False,
        weights='imagenet'
    )
    self.model = tf.keras.Model(inception.input,
                                inception.layers[-1].output)
    self.fc = tf.keras.layers.Dense(embedding_dim)
```

引動影像編碼器會應用 Inception 模型、將 Inception 傳回的 [批次 , 8, 8, 2048] 的結果
展平到 [批次 , 64, 2048]、並將其傳遞到 Dense 層：

```
def call(self, x):
    x = self.model(x)
    x = tf.reshape(x, (x.shape[0], -1, x.shape[3]))
    x = self.fc(x)
    x = tf.nn.relu(x)
    return x
```

注意力機制

注意力組件比較複雜 —— 請結合圖 12-46 和 GitHub 上 *02e_image_captioning.ipynb* 中的完整程式碼來看看下面的描述。

回想一下，注意力指的是模型去學習影像中的特定部分與圖說中特定單字之間關係的方式。注意力機制由兩組權重組成 —— W1 是一個密集層，用於空間成份（features，影像中要關注的位置），W2 是一個用於「時間」成份的密集層（指示要關注輸入序列中的哪個字）：

```
attention_hidden_layer = (tf.nn.tanh(self.W1(features) +
                          self.W2(hidden_with_time_axis)))
```

將加權注意力機制應用於遞歸神經網路的隱藏狀態以計算分數：

```
score = self.V(attention_hidden_layer)
attention_weights = tf.nn.softmax(score, axis=1)
```

這裡的 V 是一個密集層，它有一個輸出節點，該節點透過一個 softmax 層來獲得最終的組合權重，其中所有字的權重總和為 1。特徵由這個值來進行加權，這是解碼器的輸入：

```
context_vector = attention_weights * features
```

這種注意力機制是解碼器的一部分，我們接下來會看到。

圖說解碼器

回想一下，解碼器需要對它過去預測的內容有一些記憶，因此狀態會一步一步地傳遞，一步驟的輸出成為下一步驟的輸入。同時，在訓練過程中，圖說字會以一次一個字的方式輸入到解碼器中。

解碼器一次接受一個圖說字（以下列表中的 x）並將每個字轉換為字的嵌入。然後將嵌入與注意力機制的語境輸出（它指出注意力機制當前聚焦在影像中的哪個位置）串接並傳遞到遞歸神經網路細胞（此處使用 GRU 細胞）：

```
x = self.embedding(x)
x = tf.concat([tf.expand_dims(context_vector, 1), x], axis=-1)
output, state = self.gru(x)
```

GRU 細胞的輸出然後會通過一組密集層以獲得解碼器的輸出。這裡的輸出通常是一個 softmax，因為解碼器是一個多標籤分類器 —— 我們需要解碼器來判斷下一個單字必須是 5,000 個單字中的哪個單字。但是，由於在預測部分中會變為明顯的原因，將輸出保留為 logit 會是有幫助的。

將這些部分放在一起，我們得到：

```
encoder = ImageEncoder(EMBED_DIM)
decoder = CaptionDecoder(EMBED_DIM, ATTN_UNITS, VOCAB_SIZE)
optimizer = tf.keras.optimizers.Adam()
loss_object = tf.keras.losses.SparseCategoricalCrossentropy(
    from_logits=True, reduction='none')
```

圖說模型的損失函數有點棘手。這不僅僅是整個輸出的平均交叉熵而已，因為我們需要
忽略那些填充的單字。因此，我們定義了一個損失函數，在計算平均值之前先遮罩掉填
充的單字（它們全為零）：

```
def loss_function(real, pred):
    mask = tf.math.logical_not(tf.math.equal(real, 0))
    loss_ = loss_object(real, pred)
    mask = tf.cast(mask, dtype=loss_.dtype)
    loss_ *= mask
    return tf.reduce_mean(loss_)
```

訓練迴圈

現在我們的模型已經建立了，我們可以繼續訓練它。您可能已經注意到我們並沒有單一
的 Keras 模型 —— 我們有一個編碼器和一個解碼器。那是因為在整個影像和圖說上呼叫
model.fit() 是不夠的 —— 我們需要將圖說單字一個一個的傳遞給解碼器，因為解碼器
需要學習如何預測序列中的下一個單字。

給定影像和目標圖說，我們初始化損失並重設解碼器狀態（以便解碼器不會繼續使用前
一個圖說的單字）：

```
def train_step(img_tensor, target):
    loss = 0
    hidden = decoder.reset_state(batch_size=target.shape[0])
```

解碼器輸入以一個特殊的起始符記開始：

```
dec_input = ... tokenizer(['starttoken'])...
```

我們引動解碼器並透過將解碼器的輸出與圖說中的下一個單字進行比較來計算損失：

```
for i in range(1, target.shape[1]):
    predictions, hidden, _ = decoder(dec_input, features, hidden)
    loss += loss_function(target[:, i], predictions)
```

我們每次都將第 i 個單字添加到解碼器輸入中，以便模型根據正確的圖說進行學習，而不是根據預測的單字：

```
dec_input = tf.expand_dims(target[:, i], 1)
```

這稱為**教師強制**（*teacher forcing*）。教師強制會將輸入中的目標單字與上一步驟的預測單字交換。

為了計算梯度更新，必須抓取剛剛描述的整個運算集合，因此我們將其包裝在 GradientTape 中：

```
with tf.GradientTape() as tape:
    features = encoder(img_tensor)
    for i in range(1, MAX_CAPTION_LENGTH):
        predictions, hidden, _ = decoder(dec_input, features, hidden)
        loss += loss_function(target[:, i], predictions)
        dec_input = tf.expand_dims(target[:, i], 1)
```

然後我們可以更新損失，並應用梯度：

```
total_loss = (loss / MAX_CAPTION_LENGTH)
trainable_variables = \
    encoder.trainable_variables + decoder.trainable_variables
gradients = tape.gradient(loss, trainable_variables)
optimizer.apply_gradients(zip(gradients, trainable_variables))
```

現在我們已經定義了在單一訓練步驟中發生的事情，我們可以迴圈遍歷它以獲得所需的週期數：

```
batched_ds = create_batched_ds(trainds, BATCH_SIZE)
for epoch in range(EPOCHS):
    total_loss = 0
    num_steps = 0
    for batch, (img_tensor, target) in enumerate(batched_ds):
        batch_loss, t_loss = train_step(img_tensor, target)
        total_loss += t_loss
        num_steps += 1
    # 儲存週期結束時的損失值以供稍後繪製
    loss_plot.append(total_loss / num_steps)
```

預測

出於預測的目的，我們獲得了一張影像並需要產生一個圖說。我們以符記 `<start>` 來開始圖說字串，並將影像和初始符記提供給解碼器。解碼器傳回一組 logit，而我們的詞彙表中的每個單字都有一個 logit。

現在我們需要使用 logit 來獲取下一個單字。我們可以遵循以下幾種方法：

- 一種貪婪的（greedy）方法，我們選擇具有最大對數似然（log-likelihood）的單字。這實質上意味著我們對 logit 執行 `tf.argmax()`。這會很快，但往往會過分強調「a」和「the」等沒有資訊量的單字。

- 一種波束搜尋（*beam search*）方法，我們選擇前三或前五名候選者。然後我們將使用這些單字中的每一個來強制解碼器，並選擇序列中的下一個單字。這將建立一個輸出序列樹，從中選擇最高機率的序列。因為這優化了序列的機率而不是單一單字的機率，所以它往往會給出最好的結果，但它在計算上非常昂貴並且可能導致高延遲。

- 一種機率方法，我們根據其可能性按比例選擇單字 —— 在 TensorFlow 中，這是使用 `tf.random.categorical()` 來達成的。如果「crowd」後面的詞有 70% 的可能性是「people」，30% 的可能性是「watching」，那麼模型選擇「people」的可能性為 70%，「watching」的可能性為 30%，所以不太可能的詞語也會被探索了。這是一個合理的取捨，以不可重複為代價達成了新穎性和速度。

讓我們嘗試第三種方法。

我們首先將所有前置處理應用於影像，然後將其發送到影像編碼器：

```python
def predict_caption(filename):
    attention_plot = np.zeros((max_caption_length, ATTN_FEATURES_SHAPE))
    hidden = decoder.reset_state(batch_size=1)
    img = tf.image.decode_jpeg(tf.io.read_file(filename),
                               channels=IMG_CHANNELS)
    img = tf.image.resize(img, (IMG_WIDTH, IMG_HEIGHT)) # inception 的大小
    img_tensor_val = tf.keras.applications.inception_v3.preprocess_input(img)

    features = encoder(tf.expand_dims(img_tensor_val, axis=0))
```

然後我們用符記 <start> 來初始化解碼器的輸入並重複引動解碼器，直到接收到 <end>
圖說或達到最大圖說長度：

```
dec_input = tf.expand_dims([tokenizer(['starttoken'])], 0)
result = []
for i in range(max_caption_length):
    predictions, hidden = decoder(dec_input, features, hidden)
    # 從預測給出的對數分佈中進行萃取
    predicted_id = tf.random.categorical(predictions, 1)[0][0].numpy()
    result.append(tokenizer.vocabulary()[predicted_id])
    if tokenizer.vocabulary()[predicted_id] == 'endtoken':
        return result
    dec_input = tf.expand_dims([predicted_id], 0)

return img, result, attention_plot
```

圖 12-49 顯示了一個範例影像和由此產生的圖說。該模型似乎已經捕捉到這是一群在球
場上打棒球的人。但是，該模型認為中心的白線很有可能是街道的中間分隔線，並且該
遊戲本可以在街道上進行。停用字（stopword）（of、in 和 a 等）不是由模型產生的，
因為我們已將它們從訓練資料集中刪除。如果我們有一個更大的資料集的話，我們可以
嘗試透過保留這些停用字來產生正確的句子。

圖 12-49. 由作者提供的範例影像以及模型產生的一些圖說。

我們現在有了一個端到端的影像圖說模型了。影像圖說是理解大量影像的重要方式，並
開始使用在許多應用中，例如為視障人士產生影像描述、滿足社交媒體的可存取性要
求、產生像在博物館中使用的語音導覽，還有執行影像的跨語言註解。

總結

在本章中，我們研究了如何產生影像和文本。為了產生影像，我們首先使用自編碼器（或變分自編碼器）來建立影像的潛在表達法。通過經過訓練的解碼器的潛在向量被用來當作影像產生器。然而在實務上，產生的影像很明顯是假的。為了提高產生影像的真實性，我們可以使用 GAN，它使用賽局理論的方法來訓練一對神經網路。最後，我們研究了如何透過訓練影像編碼器和文本解碼器以及注意力機制來達成影像圖說產生。

後記

1966 年，麻省理工學院教授 Seymour Papert 為他的學生發起了一個暑期專案（*https://oreil.ly/AC3Xh*）。該專案的最終目標是透過將影像中的物件與已知物件的字彙集（vocabulary）進行匹配，來命名影像中的物件。他幫助他們將任務分解為子專案，並期望該小組能在幾個月內完成。我們可以肯定的說，Papert 博士有點低估了問題的複雜性。

本書一開始我們著眼於單純的機器學習方法，例如不利用影像特殊特性的全連接神經網路。在第 2 章中，嘗試單純的方法使我們能夠學習如何讀入影像，以及如何使用機器學習模型來進行訓練、評估和預測。然後，在第 3 章中，我們介紹了許多創新概念 —— 卷積過濾器、最大池化層、跳過連接、模組、擠壓激發……等 —— 這些概念使現代機器學習模型很能夠從影像中萃取資訊。實際上，實作這些模型涉及使用內建的 Keras 模型或 TensorFlow Hub 層。我們還詳細介紹了遷移學習和微調。

在第 4 章中，我們研究了如何使用第 3 章中所介紹的電腦視覺模型，來解決電腦視覺中兩個更基本的問題：物件偵測和影像分割。

本書接下來的幾章，深入介紹了建立生產電腦視覺機器學習模型所涉及的每個階段：

- 在第 5 章中介紹了如何以對機器學習有效率的格式建立資料集，還討論了可用於建立標籤以及為了模型評估和超參數調整，而保留獨立資料集的選項。

- 在第 6 章中，我們深入研究了前置處理和防止訓練服務偏斜。前置處理可以在 `tf.data` 輸入生產線、Keras 層、`tf.transform` 中完成，也可以混合使用這些方法。我們涵蓋了實作細節以及每種方法的優缺點。

- 在第 7 章中，我們討論了模型訓練，包括如何在 GPU 和 worker 執行緒之間分散訓練。

- 在第 8 章中，我們探討了如何監控和評估模型。我們還研究了如何進行切片評估以診斷模型中的不公平和偏見。

- 在第 9 章中，我們討論了可用於部署模型的選項。我們實作了批次處理、串流媒體和邊緣預測。我們能夠在本地端和網路上引動我們的模型。

- 在第 10 章中，我們向您展示了如何將所有這些步驟結合到一個機器學習生產線中。我們還嘗試了一個無程式碼影像分類系統，以利用機器學習正在進行的民主化。

在第 11 章中，我們擴大了視野，超越了影像分類。我們研究了如何使用電腦視覺的基本積木來解決各種問題，包括計數、姿勢偵測和其他使用案例。最後，在第 12 章中，我們研究了如何產生影像和圖說。

在整本書中所討論的概念、模型和過程都伴隨著 GitHub（*https://github.com/GoogleCloudPlatform/practical-ml-vision-book*）中的實作。我們強烈建議您不只是閱讀這本書，還要閱讀程式碼並嘗試它們。學習機器學習的最好方法就是動手去做。

電腦視覺正處於激動人心的階段。底層技術運作良好，在 Papert 博士向他的學生提出問題 50 多年後的今天，我們終於可以將影像分類變成一個為期兩個月的專案！我們希望您在把這項技術應用於改善人類生活這方面取得成功，並希望它為您帶來使用電腦視覺來解決現實世界問題的樂趣，就像它為我們帶來的一樣。

索引

※提醒您：由於翻譯書排版的關係，部份索引名詞的對應頁碼會和實際頁碼有一頁之差。

N

S

關於作者

Valliappa (Lak) Lakshmanan 是 Google Cloud 的分析和人工智慧解決方案總監,他領導一個團隊為業務問題建構跨行業的解決方案。他的使命是使機器學習民主化,以便任何人都可以在任何地方進行。

Martin Görner 是 Keras/TensorFlow 的產品經理,專注於改善在使用最先進模型時的開發人員體驗。他對科學、技術、程式設計、演算法以及介於它們之間的一切充滿熱情。

Ryan Gillard 是 Google Cloud's Professional Services 組織的 AI 工程師,他為各種行業建構 ML 模型。他的職業生涯始於醫院和醫療保健行業的研究科學家。他擁有神經科學和物理學學位,喜歡在這些學科的交集領域工作,透過數學來探索智慧。

出版記事

《電腦視覺機器學習實務》封面上的鳥是綠巨嘴鳥(emerald toucanet,學名 *Aulacorhynchus prasinus*),這是一種最小的巨嘴鳥。從哥斯達黎加到委內瑞拉的雲霧森林都有大量族群。

充滿活力的綠色羽毛為熱帶地區的綠巨嘴鳥的偽裝。成鳥通常長 12 至 13 英寸,體重通常介於 120~240 公克間,在野外能活 10 至 11 年。牠們的喙是彩色的:頂部是黃色,輪廓是白色,底部是紅色或黑色。牠們吃水果和昆蟲,以及小蜥蜴和其他鳥類的蛋和幼鳥。大約八隻為一組一起狩獵和覓食。綠巨嘴鳥會透過擴大較小鳥類的巢穴來築巢。雄性和雌性在巢穴中輪流進行孵化、餵養和清潔牠們的雛鳥。

森林砍伐已將綠巨嘴鳥趕到咖啡農場的蔭下。總體而言,牠們的族群正在減少。O'Reilly 封面上的許多動物都瀕臨滅絕;所有這些對世界都很重要。

封面插圖由 Karen Montgomery 繪製,基於 Shaw's Zoology 的黑白版畫。

電腦視覺機器學習實務｜建立端到端的影像機器學習

作　　者：Valliappa Lakshmanan, Martin Görner, Ryan Gillard
譯　　者：楊新章
企劃編輯：蔡彤孟
文字編輯：詹祐甯
設計裝幀：陶相騰
發 行 人：廖文良

發 行 所：碁峰資訊股份有限公司
地　　址：台北市南港區三重路 66 號 7 樓之 6
電　　話：(02)2788-2408
傳　　真：(02)8192-4433
網　　站：www.gotop.com.tw
書　　號：A700
版　　次：2022 年 06 月初版
建議售價：NT$780

國家圖書館出版品預行編目資料

電腦視覺機器學習實務：建立端到端的影像機器學習 / Valliappa
　Lakshmanan, Martin Görner, Ryan Gillard 原著；楊新章譯. --
　初版. -- 臺北市：碁峰資訊, 2022.06
　　　面；　 公分
　譯自：Practical Machine Learning for Computer Vision
　ISBN 978-626-324-207-4(平裝)
　1.CST：電腦視覺　2.CST：機器學習
312.831　　　　　　　　　　　　　　　　　　111007814